中华现代佛学名著

虞愚文集

虞愚 著　单正齐 编

2018年·北京

《中华现代佛学名著》编委会

主　编：赖永海　陆国斌

编　委（以姓氏拼音为序）：

陈　坚	陈永革	程恭让	邓子美	董　平
董　群	府建明	龚　隽	洪修平	黄夏年
净　因	赖永海	李利安	李四龙	李向平
李　勇	刘立夫	刘泽亮	吕建福	麻天祥
潘桂明	圣　凯	唐忠毛	王邦维	王雷泉
王月清	魏道儒	温金玉	吴根友	吴晓梅
吴言生	吴忠伟	徐文明	徐小跃	杨维中
业露华	余日昌	张风雷	张　华	朱丽霞

出版策划：王　皓

总　　序

晚清民国是中国近现代史上一个比较特殊却又非常重要的发展阶段。与清王朝的极度衰落相对应，中国佛教也进入一个"最黑暗时期"。在汉传佛教生死存亡的关键时刻，宁波天童寺的"八指头陀"和南京金陵刻经处的杨仁山居士，一僧一俗，遥相呼应，掀起了一场波澜壮阔的佛教复兴运动。

晚清民国的佛教复兴催生了一大批具有重大社会影响的佛教思想家。其中，既有以佛教为思想武器，唤醒民众起来推翻封建帝制的谭嗣同、章太炎，又有号召对传统佛教进行"三大革命"的太虚大师，更有许多教界、学界的知名学者，深入经藏，剖析佛理，探讨佛教的真精神，留下了数以百计的佛学著作。他们呼唤佛教应该"应时代之所需"，走上贴近社会、服务现实人生的"人间佛教"之路。这种"人间佛教"思潮，对当下的中国佛教仍然产生着深刻的影响。

晚清民国佛教复兴的另一个重要产物，是在中国近现代思想史上留下一大批哲学、佛学名著。诸如谭嗣同的《仁学》、太虚的《即人成佛的真现实论》、梁漱溟的《东西文化及其哲学》等。这批著作所产生的巨大影响力，既推动了当时中国佛教实现涅槃重生，实现历史性转变；也是那个时代整个社会思潮历史性转向的一个缩影，是一份极其宝贵的思想文化遗产。

习近平主席在联合国教科文组织总部的讲话中指出："佛教产生于古代印度，但传入中国后，经过长期演化，佛教同中国儒家文化和道家文化融合发展，最终形成了具有中国特色的佛教文化，给中国人的宗教信仰、哲学观念、文学艺术、礼仪习俗等留下了深刻影响。"

从宗教、文化传播、发展史的角度说，佛法东传，既为佛教的发展焕发出生机，又为中国传统文化注入了活力。13世纪后，佛教在其发源地——印度日渐消失，与此不同，佛教在中国的发展却是另外一种景象。自两汉之际传入中国后，两千多年来，佛教与中国本土文化，在既相互排斥斗争，又相互吸收融合的道路上砥砺前行，逐渐发展成为一股与儒、道鼎足而三的重要的思想、学术潮流。此中，佛教在中国化过程中的契理契机，是其所以能不断发展壮大、历久弥新的最重要的原因之一。

值得一提的是，佛教的中国化，尤其是中国化佛教的形成，既成就了佛教自身，也进一步丰富和促进了中国传统文化的发展。

首先，中国化的佛教本身就是中国传统文化的一个重要组成部分，例如最能体现中国佛教特质的"禅宗"，它本身就是一种中国传统文化。对此，学界、教界应已有共识。

其次，佛教的中国化，一直是在与中国本土文化互动的过程中实现的。在这个过程中，佛教对于中国本土传统文化影响之广泛和深远，在许多方面也是人们所始料未及的。

就哲学思想而论，中国古代传统的哲学思想，自魏晋南北朝起，就与外来的佛学产生深刻的互动乃至交融。佛教先是依附于老庄、玄学而得到传播，但当玄学发展到向、郭之义注时已达到顶点，是佛教的般若学从"不落'有''无'"的角度进一步发展了玄学。

隋唐时期的中国哲学，几乎是佛教哲学一家独大。此一时期作为儒家代表人物之韩（愈）、李（翱）、柳（宗元）、刘（禹锡）之哲学思想，实难与佛家之天台、华严、唯识、禅宗四大宗派的哲学思想相提并论。

宋明时期，儒学呈复兴之势，佛学则相对式微。但是，正如魏晋南北朝老庄玄学之成为"显学"，并不影响儒家思想在伦理纲常、王道政治等方面仍处于"主流"地位一样，对于宋明时期"中兴"的"新儒学"，如果就哲学思辨言，人们切不可忘记前贤先哲的一个重要评注："儒表佛里""阳儒阴释"。"儒表"一般是指宋明新儒学所讨论的大多是儒家的话题，如人伦道德、修齐治平，等等；"佛里"则是指佛教的本体论思维模式。一言以蔽之，宋明"新儒学"，实是以佛家本体论思维模式为依托建立起来的心性义理之学。

哲学之外，佛教对于中国本土传统文化的各种表现形式，诸如诗歌、书画、雕塑、建筑、戏剧、音乐乃至语言文字等，都有着十分深刻的影响。当今文史哲各学科，乃至社会各界之所以逐渐重视对佛学或佛教文化的研究，盖因中国传统文化与佛教确实存在着十分密切的甚至是内在的联系。就此而论，不了解佛教、佛学和佛教文化，实难对中国传统文化有一个全面深刻的理解和认识。

晚清民国时期是中国现代史上一个重要的历史阶段，也是中国本土文化与外来思想激烈碰撞的一个重要的时间节点。此一时期的中国佛教，一身而兼外来宗教与本土文化二任，扮演着十分重要的角色。当时所产生的一大批佛学名著，也是近现代中国思想文化的一个重要组成部分。整理、再版和研究这批历史名著，对于梳理近现代中国思想文化的发展大势，理解思想文化与社会发展之间的相互关系，进而达到文化自觉和文化自信，具有十分重要的意义。有鉴于此,商务印书馆约请了一批著名的佛学研究专家,组成"中华现代佛学名著"丛书编委会。由编委会遴选、整理出百部最具影响力的晚清民国时期的佛学名著,并约请了数十位专家、学者,撰写各部名著的导读。导读包含作者介绍、内容概要、思想特质、学术价值和历史影响等,使丛书能够最大限度地适应不同人群、不同文化层次读者的需求。丛书既为人文社会科学研究者提供了一批弥足珍贵的原始文献资料,也为普罗大众了解佛教文化打开了方便之门;既有利于进一步推动"全民阅读"和"书香社会"的建设,也能让流逝的历史文化获得重新彰显,让更多读者从优秀传统文化中汲取营养,不断提升人文素养和人生境界。应该说,这也是我们编纂"中华现代佛学名著"丛书之初衷。

第一辑佛学名著即将付梓,聊寄数语,以叙因缘,是为序。

赖永海

丁酉年仲秋于南京大学

凡　　例

一、"中华现代佛学名著"收录晚清以来，为中华学人所著，成就斐然、泽被学林的佛学研究著作。入选著作以名著为主，酌量选录名篇合集。

二、入选著作内容、编次一仍其旧，正文之前加专家导读，意在介绍作者学术成就、著作成书背景、学术价值及版本流变等情况。

三、入选著作率以原刊或作者修订、校阅本为底本，参校他本，正其讹误。前人引书，时有省略更改，倘不失原意，则不以原书文字改动引文；如确需校改，则出脚注说明版本依据，以"编者注"或"校者注"形式说明。

四、作者自有其文字风格，各时代均有其语言习惯，故不按现行用法、写法及表现手法改动原文；原书专名（人名、地名、术语）及译名与今不统一者，亦不作改动。如确系作者笔误、排印舛误、数据计算与外文拼写错误等，则予径改。

五、原书为直排繁体，除个别特殊情况，均改作横排简体。原书无标点，仅加断句；有简单断句者，不作改动；专名号从略。

六、原书篇后注原则上移作脚注，双行夹注改为单行夹注。文献著录则从其原貌，稍加统一。

七、原书因年代久远而字迹模糊或纸页残缺者，据所缺字数用"□"表示；字数难以确定者，则用"（下缺）"表示。

目　录

导读 ································ 单正齐　1

因明学

　　重印说明 ·································· 21

　　江亢虎博士序 ······························ 27

　　太虚大师序 ································ 28

　　自序 ······································ 29

　绪论 ·· 31

　　第一章　因明学之意义 ···················· 31

　　第二章　因明学历史沿革大概 ············ 33

　　第三章　因明学研究法 ···················· 35

　　第四章　因明学发展中重要之变态 ······ 37

　　第五章　因明与演绎逻辑 ················· 47

　本论 ·· 56

　　第一章　以颂摄要义 ······················ 56

　　第二章　别释八门为七 ··················· 62

　　第三章　以颂总结 ························ 132

印度逻辑

　　自序 ····································· 137

第一章　印度逻辑历史沿革大概……………………… 140
第二章　印度逻辑之研究方法…………………………… 153
第三章　三支比量——宗及似宗………………………… 158
第四章　因及似因………………………………………… 177
第五章　喻及似喻………………………………………… 190
第六章　似能立与似能破………………………………… 200
第七章　真能立与真能破………………………………… 213
第八章　现比真似………………………………………… 222
第九章　印度逻辑之实用………………………………… 233

因明专题研究

因明学发展过程简述……………………………………… 239
印度逻辑
　　——因明的基本规律………………………………… 288
印度逻辑推理与推论式的发展及其贡献………………… 326
试论因明学中关于喻支问题
　　——附论法称对"喻过"的补充…………………… 344
试论因明学中关于现量与比量问题……………………… 359
法称在印度逻辑史上的贡献……………………………… 377
法称的生平、著作和他的几个学派
　　——重点介绍《量释论》各章次序所引起的争论…… 395
因明在中国的传播和发展………………………………… 412
玄奘对因明的贡献………………………………………… 434
因明学概论………………………………………………… 452
说"有"谈"空"话因明…………………………………… 468

导　读

单正齐

一、虞愚生平与学术

虞愚(1909—1989),原名虞德元,字竹园,号北山,是中国现代著名的佛学家、因明家、诗人和书法家。

虞愚先生祖籍浙江绍兴,生于福建厦门。曾就学于厦门敦品小学、厦门同文中学,后赴南京支那内学院习学佛学。1930年上海大夏大学预科毕业,1934年厦门大学毕业,任厦门大学预科理则学教员。1936年赴南京任监察院于右任办公室主任。抗战爆发后辗转入渝,1941年辞去监察院之职,任贵州大学理则学讲师、副教授。1943年回到母校长汀厦门大学任哲学、文学副教授。1945年随厦门大学由长汀迁回厦门,仍任哲学、文学副教授,1946年升为教授。新中国建立后,1950年被派往苏州政治学院学习一年,仍回厦门大学任教,兼任逻辑教研组组长。1956年奉国务院调令赴北京参与斯里兰卡《佛教百科全书》中国佛教条目编写工作,并兼任中国佛学院教授。1980年受聘为中国社会科学院文学研究所兼职研究员,1982年调入中国社会科学院哲学研究所任研究员。①

---

① 参见虞琴整理:"虞愚年表",载刘培育编:《述学　昌诗　翰墨香》,厦门大学出版社2009年版,第238—248页。

虞愚一生学术成就主要集中于因明学教学研究。他早年师从欧阳竟无和太虚大师，习学因明唯识之学。从1929年开始，发表《因明学古今对比研究》《因明学发凡》等论文，以后陆续发表《因明学》(1934)《印度逻辑》(1939)两本著作，对推动因明学研究，普及因明知识作了巨大贡献。新中国成立后五六十年代，先生继续深入研究因明学，撰写《因明的基本规律》(1950)、《印度逻辑推理与推论式的发展及其贡献》(1957)、《因明学发展过程简述》(1957)等多篇论文，同时在中国佛学院讲授因明学和佛教史课程。在20世纪80年代，虞愚先生发起"抢救因明遗产"的倡议，并积极参加因明学和逻辑学学术会议，倡导和推进因明学术研究，同时致力于因明教学科研和人才培养。他招收中国第一个因明学硕士研究生，多次为佛学讲习班和中外逻辑史讲习班讲授因明学和佛学课程，发表《玄奘对因明的贡献》《法称在逻辑史上的贡献》等论文，主编《中国逻辑思想史料·因明卷》，等等。先生学识渊博，治学严谨，虚怀若谷，平和低调，显示出大家风范，如春风化雨，引领诸多学人走上因明学术研究之路。

先生也兼治中国名学和西方逻辑，并融会贯通，相互发明。他在三四十年代就发表《中国名学》《墨家论理学的新体系》《演绎推理上之谬误》等论文和专著。他认为："印度因明、西方逻辑和中国名学在其各自的历史发展中所得的思维形式及规律基本一致，但趋向各有所侧重，进展也不尽相同，对三者进行比较研究，有助于促进其全面发展。"①他特别指出，"因明可以补逻辑或名学所未逮"②，应以"逻辑为经，因明、名学为纬"③推进逻辑研究。

---

① "因明学发展过程简述"，《现代佛学》1957年第11期，1958年第1—2期。
② "因明在中国的传播和发展"，《哲学研究》1936年第11—12期。
③ 同上。

先生对唯识学及佛学也用功甚勤,成果颇丰。其代表性成果有《唯识学的知识论》《龙树的辩证法》《印度佛教史》等。先生认为,后期因明学是知识论的逻辑体系,研究唯识学有助于深化对因明学的认识;龙树中观学没有应用因明与外道辩论,而是用辩证法即辩证逻辑来论证缘起性空的道理,这同样是佛教中重要的逻辑体系;印度佛教史可主要分为"我空""法空"和"外境空"三个重要时期,第三阶段出现后,新因明也就代替了古因明。

先生治学广泛,学识渊博,除治因明佛学外,也兼治西方哲学、中国哲学和宗教学,发表《费希特哲学评述》《康德不可知论述评》《怎样辨别真伪》《宗教的科学研究》等论文与专著。他曾对学生讲治因明方法,既要微观,见一字如见深仇,每一字都要弄清,伸进去;还要宏观,要跳出来,站得高,宏观越多,金字塔塔基越牢,"要识因明真面目,因明以外看因明"①。先生自己的学术经历,即是对此最好的写照。

先生不仅治哲学,且在文学上也造诣颇深。20世纪四五十年代,先生在贵州大学和厦门大学任教,除讲授因明、逻辑课程外,也讲授先秦文学史、杜诗研究、佛典翻译和中国文学等课程。先生著有《试论屈原作品》《变文与中国文学》《杜诗初探》等论著,对文学理论深有研究。先生尤其擅长作旧体诗,著有《北山楼诗集》,认为作诗必须具备"大、深、新、雅"四个要素:"大"即先立乎其大,即气魄要大,不是托诸空言;"深"即反映最基本的矛盾,最尖锐的矛盾;"新"即要充分体现时代精神,具有现实意义;"雅"即具有完美的艺术形式,感人的艺术魅力,而不流于标语口号。②

---

① 《述学 昌诗 翰墨香》,第172页。
② 参见《述学 昌诗 翰墨香》,第212页。

虞愚先生也是中国著名书法家,他吸收北碑的刚健和南帖的婀娜,熔炼于一体,并博采众长,融会贯通,逐渐形成自己笔断意连、形神兼备、纵横放逸的独特风格。先生墨迹遍及大江南北的名山胜地,其书法作品也被海内外学者名士广为收藏。

虞愚先生既重抽象思维,又重形象思想;既具理智,又富情感。他专治因明哲学,又兼治文学,从事诗歌、书法创作,所涉领域均有创新和收获,实现宇宙人生"情"与"理"的统一,走过了一条丰富而充实的人生道路。

二、《虞愚文集》内容简介

(一) 虞愚先生的因明学著述

因明是古代印度佛家五明之一。五明所指如玄奘法师所说:"一声明,释古训字,诠目疏别。二工巧明,伎术机关,阴阳历数。三医方明,禁咒闲邪,药名针艾。四因明,考定正邪,研核真伪。五内明,究畅五乘,因果妙理。"① 因者,理由义。明者,学问义。因明即是运用理由论证命题成立的学问。它是佛家论义之方便法,它的主要方法就是立论,论证,涉及一套逻辑法则,同时又服务于追求真理的目的。因明学产生于印度,在唐代由玄奘传到中国,又东传到朝鲜、日本。在有唐一代玄奘及其弟子传译、注疏因明经典,发掘因明要义,使因明学研究达到新的高度。近代以来,西洋逻辑、哲学科学传入中国,又随着近代佛学的复兴,因明学也重现光辉,迎来因明研究的新高峰。

---

① 《大唐西域记》卷二。

1.《因明学》的写作及出版

虞愚先生生于1909年,早年曾赴武昌佛学院和南京支那内学院习学因明唯识之学。先生于1929年考入上海大夏大学预科,课余潜心研读因明经典,尤其对《因明入正理论》用功甚勤。当其时,中国因明学在杨仁山、吕秋逸和太虚等人推动和倡导下,盛极一时,取得卓越成果。虞愚先生参阅众家之长,并就因明与名学、西洋逻辑对比参照,写成《因明学》一书,并于1929年至1930年连续刊载于《大夏月刊》。该书分引论与本论两编。引论部分对因明与论理学的关系、因明的定义、因明学历史、因明推论式等作了简要概述。本论部分则参考窥基《大疏》对《因明入正理论》逐句注疏解释,解读和提炼《因明入正理论》深刻的义理内涵,梳理因明论式法则。先生又于同年发表《因明学古今对比研究》(《大夏大学预科同学会会刊》)一文,深入研究新因明对古因明的继承、吸收和创新,弥补了《因明学》对相关问题研究上的不足。

先生于1931年考入厦门大学,适逢太虚在厦大开设《法相唯识学》课程,由于擅长书法,遂获准作授课笔录,并在闽南佛学院兼国文课教师,有机缘研读大量因明典籍。不久,发表《因明学发展中重要之变态》(《厦大周刊》1934),对新因明重要概念如因三相、宗体与宗依、喻体与喻依、现量与比量等作了细致的分析梳理。1934年先生毕业后留校任理则学教员,同年发表《因明学发凡》(《民族(上海)》1934)。这两篇论文实际上是对早年发表的《因明学》引论部分所作的拓展性研究成果。

虞愚先生在研究因明的同时,也对中国名学及西方逻辑进行研究,并把因明学放在中国名学、西洋逻辑学比较视域下重新加以考察研究,汇集前期研究成果,并作扩充修改,充实论证,写成新

《因明学》一书,于 1936 年由中华书局出版。该书体例与 1929 年刊行的《因明学》相同,分绪论与本论二部分。绪论是对因明学理论形态及历史发展作总体性的概括,本论则是对《因明入正理论》随文注疏阐释。该书是对作者前期因明研究成果的一个总结。太虚作序评论该书:"根据古疏而采择近人最明确之说,以相发明,并进而与西洋逻辑及名辩归纳诸术,互资参证,冀为介绍因明学入现代思想界之一方便","与中国名辩及西洋逻辑作比较之研究,尤足引起学者之兴味。"①

《因明学》在 1936 年由中华书局出版时,附录有《墨家论理学的新体系》一文,以供读者将因明与中国名学参照比较。该书列入中华书局大学用书系列。该书出版后,引起学界广泛好评,日本因明学者林彦明当时撰文给予高度评价。中华书局出版《世界名著介绍》一书,《因明学》名列其间。一直以来,虞愚《因明学》也是因明学者、佛教学者必备参考用书。1939 年和 1941 年,中华书局出版了《因明学》二版、三版。1989 年,中华书局再次以民国版为底本,影印出版《因明学》。在重印说明中,虞愚补充了两点:一者介绍了《因明入正理论》作者商羯罗主的生平及此论之要旨,二者总结了译者玄奘在因明上的贡献。1995 年,甘肃人民出版社出版《虞愚文集》,将《因明学》收录其中。2006 年,该书列入中华书局《真如·因明学丛书》,与吕澂《因明学》合集出版;2014 年,又列入《现代学术精品丛书》,由贵州大学出版社出版。

2.《印度逻辑》的写作与出版

先生于 1936 年赴南京监察院任于右任办公室主任,工作之余研读因明书籍及近人因明著述,"益觉斯学之精微博大",尝思将前

---

① 参见《因明学》,中华书局 1936 年版。

作因明学重新增订,但公务繁忙,未暇著笔。[①]1937年抗战爆发,先生自南京返回厦门,面对日寇侵略,自叹"既不忍默视其沦胥,复无从假手以共济,则舍致力学术又奚由自励自献哉"[②]!于是立志著书,写出《印度逻辑》一书,"深期是非之法则日彰,人类社会或公理之可言"[③]。1938年,完成书稿之际,厦门沦陷,先生只身辗转入渝,于重庆国民政府监察院复职。1939年,《印度逻辑》由商务印书馆出版。

《印度逻辑》对印度逻辑历史沿革进行了考察,勾勒出印度逻辑发展的线索及学派之间继承和发展的逻辑关联;认为印度学术之主流是大乘佛学,而佛学体系乃依赖因明学而建立,因明学的发展又促成瑜伽学和般若学佛学系统的发展。在因明学理论系统上,《印度逻辑》认为宗、因、喻三支及因三相是印度逻辑学的核心。该书对三支比量所涉及的宗及似宗、因及似因、喻及似喻、似能立与似能破、真能立与真能破、现比真似等分专章阐述,并结合胜论、数论、声论及佛学等相关知识详加分析,更深入而全面地阐释了因明学理论体系及推论法则。

《印度逻辑》是在《因明学》基础上,对因明学理论及推论法则研究的深化;不同于《因明学》以注疏解释为主的写作方式,《印度逻辑》采用总论的方式,对因明学主要概念及推理论式作更全面细致的研究,并且多选择数论、声论、胜论等印度外道哲学资料详加分析和论证,不仅推进了因明学理论研究,而且有助于深化印度外道哲学研究。1939年,《印度逻辑》由商务印书馆出版,不仅在学

---

① 参见《印度逻辑·序》,商务印书馆1939年版。
② 同上。
③ 同上。

术上产生较广泛的影响,而且其中所包含的为往圣继绝学的传道精神也深深地激励着中国人民的抗日斗志。1995年,《印度逻辑》被收入甘肃人民出版社《虞愚文集》印行出版。

3. 后期因明学研究

新中国成立后,虞愚先生迎来了因明学研究的新阶段,他开始用马克思主义观点来对待因明学,运用西方逻辑概念来解释因明术语,又参照英译本,结合现代学术方法和学术语言研究因明,真正做到了深入浅出、通俗易懂,而且在一定程度上将因明与逻辑作了比较研究,使因明研究更上一层楼。

1950年,虞愚发表《因明的基本规律》(《现代佛学》1950年第9—11期),认为因明从其学科的性质而言属于形式逻辑,它研讨命题的结构与命题的蕴涵关系。在该文中,作者尝试运用小词、大词、中词这些西方逻辑概念来解释因明术语如宗有、宗法及因喻等,并对比研究因明学与形式逻辑、先秦名学推论结构的不同;概括因明学中违反命题规律而犯的逻辑错误。

1957年,虞愚发表《印度逻辑推理式与推论式发展及其贡献》(《哲学研究》1957年第5期),运用普遍与特殊的关系范畴来研究因明的推理过程,对比因明学与演绎推理、墨家名学之间的差别。同年,又发表《因明学发展过程简述》(《现代佛学》1957年第11期,1958年第1—2期),清晰地勾勒出因明学从佛陀到陈那、法称时代的逻辑发展进程。

1958年,虞愚发表《试论因明学中关于喻支问题》(《现代佛学》1958年第8期),认为在陈那新因明学中,因支是用来作为论题的充足理由,以证实论题正确性的判断;后举同喻异喻,引用正证与反证的判断来证明论题与论据之间的离合关系,使论题的正确性更加明显。同年,虞愚发表《试论因明学关于现量和比量问题》(《现代佛学》1958 年第 12 期),讨论因明学中的量论从尼也耶派的四种量到陈那唯存现、比二量的发展过程。

1962 年,虞愚发表《法称的生平、著作和他的几个学派》(《现代佛学》1962 年第 1 期),对法称的生平和著述作了概括的介绍,梳理了为法称作注疏的几个学派。1981 年,又发表《玄奘对因明的贡献》(《中国社会科学》1981 年第 1 期),总结了玄奘在印度游学和回中国后对因明学术的杰出贡献。

1986 年,虞愚发表《因明在中国的传播和发展》(《哲学研究》1986 第 11—12 期),梳理了因明学在中国汉地和西藏的传播过程,指出汉地因明学主要推进和发展了陈那的逻辑学说,藏地因明学则主要发展了陈那后期的量论学说。

虞愚先生于 1982 年在中国社科院哲学所举办的佛学讲习班上的因明学讲稿的导言部分被整理成《因明学概论》一文。在该文中,虞愚先生运用现代学术语言以通俗易懂的方式,对因明的概念、印度逻辑的性质、推论式的种类、古因明与新因明等重要问题作了简明扼要的解释,较全面地展现了因明学理论的基本内容。

这些论文和演讲构成了虞愚因明学研究的后期成果,是对新中国成立前因明学研究的拓展和深化,而现代学术话语的表达方式以及比较逻辑的研究视域,也有助于因明学的传播和推广,引领了因明学领域的研究新方向,助推了中国现代逻辑学的发展。

(二)虞愚因明学研究的贡献

虞愚先生一生从事因明学研究,出版了因明学专著多部,发表了因明学术论文多篇,成果极其丰富,成就非常显著。先生的因明学研究涵盖了四个方面的成就。

1. 因明学理论体系研究

虞愚先生早年写作的《因明学》和《印度佛教》都属于因明学理论体系研究。先生指出，因明学是"辨真似之学"，因明学所言者"令他了决自宗之真似"①；因明即是运用理由成立真命题的学问。它既涉及一套逻辑法则，但同时又服务于追求真理的目的。

《因明学》一书分绪论与本论两部分。绪论部分对因明的定义、历史沿革、研究方法、逻辑形态等作了简明扼要的论述。虞愚着重从八个方面论述了陈那新因明学与古因明学的不同：精简因明论式，将五支式改为三支式；划定能立与所立，明确宗因喻不同功能；区分宗依与宗体，宗依必须立敌共许，宗体必须顺自违他；概括因之三相以简别命题之真伪；厘定喻体喻依，喻体以明宗因之关系，喻依乃举示有关系之事实；唯立不顾论宗，以利于自由思想之发挥；唯立现、比二量，坚定知识论之基础；离合作法之通遍，以使宗因二支打成一片。而这八个方面构成新因明学的义理体系。本论部分则分八门对《因明入正理论》逐句注释，其中，真能立、真能破、似能立、似能破，此四门能令他悟；真现量、真比量、似现量、似比量，此四门令自得悟。这八门二益，构成因明学的基本纲领和逻辑框架。

《印度逻辑》则是对因明理论体系综述性的研究。虞愚认为，印度逻辑的核心即是宗之构成及因之三相，由此而立"依系之真似"②，能"知依系真似之义，则印度逻辑思过半矣"③。该书侧重于对因明概念及推理论式进行细致分析，并运用因明法则来做知识论的推演论证，而所举知识论例证材料内容广泛，包括了胜论、声论、数论、耆那教、婆罗门教等多家印度外道哲学。在写作格式

---

① 《因明学·自序》。
② 《印度逻辑·自序》。
③ 同上。

上,采用辩证方法,将对立范畴并列加以讨论,重构因明学理论体系。在该书中,虞愚先以三支比量为核心,分析了宗及似宗、因及似因、喻及似喻等概念,以明确因明学命题的逻辑规则和成立条件(正宗、正因、正喻),以及违反逻辑规则和条件所犯的过错(宗过、因过、喻过),这涉及因明中的真能立与真能破。立论者确立本宗之旨,主张一种言论而为显正悟他之立量,并且立量正当,无诸过失,能引发敌方证了宗之智,此论真能立。凡能破他量谬执,以悟他人之破量,并于自所立宗无过,此论真能破。继而分析了似能立与似能破,即违背前述正宗、因、喻条件所犯的各种过失,即宗支九过、因支不成四过、不定六过、相违四过、喻支十过,此为似能立;若他人立论本无过失,而反诬他人有过,此即是似能破。最后又论真现量、真比量和似现量、似比量,以成立因明逻辑的知识论依据。如此,方能成立完整的因明逻辑体系。虞愚强调,印度因明不是抽象的逻辑规则,而有实际应用价值。因明是用来认识真理,传播真理,判决是非,驳斥异说的理性工具。印度因明是一种关于论证和反驳的学说,它与具体的知识相关,服务于求真的目的。

2. 因明发展史研究

虞愚先生在《因明学》和《印度逻辑》中简要梳理了因明学的发展历史。他认为,因明学肇自印度正理派(尼也耶派)逻辑学。正理学派创立的五支式(即宗、因、喻、合、结),与后来的龙树、弥勒、无著所说论式作法(五支式)大旨无异。至世亲,改为三支作法,但其所著书中仍用五支作法。直至陈那,始将古因明学改订一新,将五支作法精简为三支论式,创立新因明学。后经玄奘传至中国,得到进一步的发展。

虞愚早年认为,正理派逻辑形成时间最晚在五千余年前,早于公元前六世纪的佛陀时代。在后来写的《因明学发展过程简述》一文中,通过年代考证,他修正了这一说法,认为正理派逻辑产生时间为公元三世纪与四世纪之间,大致与中观学派龙树活动的时期相当。虞愚认为,佛陀时代就有因明的萌芽,佛教因明学有自身的历史发展渊源。后起的正理派逻辑思想由于具有较完整的逻辑体系,它显然对佛教因明学发生较大影响。我们可以看到弥勒、无著、世亲的古因明五支论式与正理派有惊人相似之处。因此,虞愚认为因明学有两个发展渊源,一个是佛教内部自身的逻辑发展,称为内缘;一个是来自于佛教外部正理派逻辑的发展,称为外缘。内外二缘共同促进了佛教因明学的发展,当然这期间必然发生着内外二缘相互启发、相互影响的互动发展过程。

经过较详细的学术考察和经典考证,虞愚先生将因明发展过程总结为五个时期:第一,佛陀时代,"四无记答"、《论法》已露因明端倪。第二,佛灭后七百年,尼也耶派《正理经》完成,出现较系统的逻辑和知识论,与龙树《方便心论》相互影响、相互启发。不过,早期因明主要是学派之间的辩论工具。第三,佛灭后九百年,弥勒吸收佛教因明及正理派逻辑,作《瑜伽师地论》,明确提出因明名称,并有关于辩论和逻辑问题的论说,这标志着因明学从单纯的辩论术向逻辑的逐渐过渡。第四,佛灭千年,无著、世亲学承弥勒,陈那创新因明。陈那因明学研究分二期,前期以逻辑学为中心,《因明正理门论》是代表作,提出因明三支论式;后期以知识论为中心,发展出知识论的逻辑体系,这标志着因明学从逻辑转到知识论。第五,佛灭度一千一百年,陈那的再传弟子法称,使因明学摆脱辩论术的羁绊,将逻辑与知识论紧密地结合在一起。用一句话来说明因明学的发展,就是"从单纯的论辩术而逻辑而认识论的逐渐发展过程"[①]。

---

① "因明学发展过程简述"。

3. 因明人物专题研究

（1）对陈那的研究。虞愚先生称陈那因明学说是一座高峰。陈那诞生于南印度婆罗门家族，曾入犊子部，后师事世亲，对于大小乘经典都很精通，特别是对因明学有深刻的研究。陈那著作有八种，代表作是《因明正理门论》（前期）和《集量论》（后期）。虞愚先生总结了陈那对因明学的理论贡献主要有如下几个方面：

第一，改五支式（宗因喻合结）为三支推论式（宗因喻），增设喻体以避免无穷类推的弊病。第二，对能立与所立、宗体与宗依做出区分，宗是"所立"即被证明的，因喻是"能立"即用来证明的；宗之前陈（主词）与后陈（宾词）是宗依，并非立敌双方所争焦点，只有连贯前陈与后陈成为宗体（命题），才成为争论焦点；宗依必须立敌共许，宗体则立者许，敌者不许。第三，概括出因之三相（"遍是宗法性""同品定有性""异品必无性"），用三相的俱与缺，做区别正确命题与错误命题的标准。第四，总结古因明学中尼也耶派关于知识来源的四种量论（即现量、比量、比喻量、声量）和弥勒三种量论（即现量、比量、正教量），直探知识的本源，又重在立破依据，唯立现量和比量，为佛家因明学提供坚实的知识论基础。[①]

此外，陈那围绕宗因喻详说正确命题成立的条件，及"似宗"所犯的过错，使因明学成为精微的逻辑学体系。陈那也被后人称为"中世纪逻辑之父"。

（2）对法称的研究。法称是印度因明学发展的另一高峰，他继陈那之后，建立了一个认识论的逻辑体系。法称生于南印度婆罗门家族，后跟护法学习大乘，又从自在军学习《集量论》，是陈那

[①] 参见《因明学概论》，载《虞愚文集》第一卷，甘肃人民出版社 1995 年版，第 402—410 页。

再传弟子,写过七部逻辑学著作,代表作是《量释论》和《正理滴论》。他的思想是接着陈那来讲的,深化了陈那的认识论和逻辑学思想。

虞愚指出,法称发展了陈那关于喻过的学说。陈那重视譬喻,将喻分为同喻和异喻两种,并对喻过细分为十类,即似同法喻五种过、似异法喻五种过。法称则主张譬喻在推论式中并不重要,因为它已包含在中词中了。但是这得分具体情况,如果是"自身推理"就不必说喻支,如果是"为人推理",则喻支终不能废。法称还认为,陈那同异喻中是着重"排斥"和"包含",着重肯定的一面。其实,带有疑问不定性质同样也是错误的。因此,法称在《正理滴论》中对陈那喻过又增加六种,即"大词的真实性含有疑问""中词的真实性含有疑问""中词与大词的真实性都含有疑问"(同喻过),"大词的除遣含有疑问""中词的除遣含有疑问""中词与大词的除遣都含有疑问"(异喻过)。另外,在中词与大词的普遍联系上(同喻合、异喻离),又加上"中词(因)与大词(宗)没有必然联系"和"大词与中词没有必然的分离"等两种过。①

虞愚指出,法称的因明学不是单纯的逻辑,而是与知识论紧密地结合在一起,把逻辑的基础知识论树立得更坚固。他继承陈那的说法,认为知识的来源只有两种,即现量与比量。陈那对现量规定是"除分别",即除去名言概念等分别。法称则增加构成现量的另一个必要条件,那就是要排除由于内外因引起的错觉。此外,法称还对陈那"为自比量"因三相说作了补充,对陈那"为他比量过类"也作了删削和增补。②

---

① "试论因明学中关于喻支问题——附论法称对'喻过'的补充",《现代佛学》1958 年第 8 期。

② "法称在印度逻辑史上的贡献",《哲学研究》1982 年第 2 期。

虞愚还指出，法称因明学影响深远，后人对法称著作的注疏形成了几个学派。一为语言学派的注疏家，注重用语言正确处理注疏原文的直接意义；二为克什米尔派的注疏家，注重探讨法称著作更进一层深邃的哲学，此派认为作为绝对存在和绝对知识化身的佛陀，是一个隐喻的实在，我们不能用肯定或否定的方式去认识它；三为宗教学的注疏家，认为注疏目的用来建立遍知者和佛陀其他本性以及法身的存在。后二派有将逻辑视作通向形而上学之途的倾向，是对因明学的新发展。①

（3）对玄奘因明学研究。介绍因明这门知识到中国内地的玄奘是因明学史上的重要人物。他在印度游学十七年，学遍当时所有学说，并能融会贯通，尤其对因明学有甚深造诣。虞愚把玄奘对因明的贡献分为"在印度"和"在中国"两个时期。

在印度期间玄奘对因明的贡献具体包括三个方面。

一是对他的老师胜军"诸大乘经皆是佛学"一量的修改。相传胜军四十余年立一比量，即：诸大乘经皆佛说（宗），两俱极成非诸佛语所不摄故（因），如增一等阿笈摩（喻）。此量流行很久，没有人发觉他的逻辑错误。玄奘仔细研究这个量后，发现原来的论据对小乘来说就有"随一不成"之过。因为小乘并不认同大乘经"为佛语所摄"。于是他将该量的论据改为"自许极成，非诸佛语所不摄故"，这样就避免"随一不成"的逻辑过失。

二是解答了正量部针对"所缘缘"提出来的难题。陈那作《观所缘缘论》，认为识托质而变似质之相，就是所缘缘。正量部立难：瑜伽行派向来主张"正智"缘"真如"时不许带有似如之相，那么所缘"真如"望"能缘"正智，就没有所缘缘意义了。为解答这个疑难，

---

① "法称的生平、著作和他的几个学派"，《现代佛学》1962年第1期。

玄奘把"带相"分为"变带"和"挟带"两种：陈那所主张的识托质而变似质之相，是"变带"；而"正智"缘"真如"是"挟带"，"正智"挟带"真如"体相而起，能所不分，冥合为一。通过玄奘释难解围后，瑜伽行派的营垒又重新巩固起来。

三是立"真唯识量"，坚定唯识理论。玄奘在曲女城举行的无遮大会上，提出真唯识量：真故极成色不离于识（宗），自许初三摄眼所不摄故（因），犹如眼识（喻）。玄奘立这个量，用"初三摄眼（根）所不摄故"来做论据，用眼识做同喻（正证），无非是要启发对方对"色不离于眼识"这一论题，也就是对唯识"同体不离"的论点有所理解。因为他考虑周到，灵活地运用了寄言简别的方式，避免了逻辑上的各种错误，所以经十八天辩论没有人能驳倒他，创造了因明史上的一个光辉记录。

玄奘回国后对因明学的贡献，首先体现为宣讲和翻译《因明正理门论》和《因明入正理论》，培养一批精通因明的弟子。其次发展因明学义理，具体包括：区分论题为"宗体"与"宗依"，宗依必须立敌共许，宗体必须立者许，敌者不许；提出"寄言简别"的办法，以利于打破陈规，自由发挥思想而不犯逻辑错误；对立论者的"生因"与论敌的"了因"各分成言、智、义三种情况而成六因，正意唯取"生因""智了"；将每一过类分为全分和一分两种情况；对宗因喻分别作了有体无体的分类，等等。虽然繁琐，但细致入微，其思维之缜密、逻辑之严谨，堪称逻辑研究之典范。①

4. 因明的比较逻辑研究

虞愚先生认为，思维的规律与形式具有全人类性质，"印度有因明，中国有名学，西欧有逻辑，在世界逻辑史上，堪称鼎足而三。

---

① "玄奘对因明的贡献"，《中国社会科学》1981年第1期。

三者互不相谋,而它们的形式(概念、判断、推论)以及这些形式在发生作用方面的规律,基本上是一致的"①。但三大逻辑系统也具有各自的特殊性,彼此之间有明显的差异。

虞愚在《因明学》一书列"因明与演绎逻辑"一章讨论因明与西洋逻辑之异同。他认为,因明学三支论式与演绎推理三段论法,同为三部分组成,但次序不同。演绎推论是先大前提,次小前提,后示结论。因明三支论则是,先示立论宗旨,相当于结论;次示立论依据,相当于小前提;后举譬喻以证宗,相当于大前提。三段式在思维形式上体现为由普遍性推出特殊性,但普遍性的大前提是全称判断具有不可靠性,且既然说凡是,那么已包含结论在内,不是从已知推出未知,而直以既知包括未知。因明学则先立个待证明的特殊命题,然后给出立敌双方共同认可的理由,再举同喻与异喻,从正反两方面的经验事实来为命题做出证明。因明乃是"根据少数经验以推知多数之未经验"②,所以不是如西洋逻辑演绎由普遍推出特殊。因此,因明推论式"可以补形式逻辑充足理由律之不足"③。

1936 年,虞愚在其《因明学》一书的附录《墨家论理学的新体系》一文中,从知识论、论辩术、逻辑论式等多方面进行了比较研究,认为《墨经》中的"小故"就是因明中的因支,"大故"则相当于因明的喻体;把弥勒五法和因三相与《墨经》中的"同""异"范畴作比较。在《因明学概论》中,虞愚指出墨辩里的"亲知"相当于现量,"说知"相当于比量,因明与墨辩对知识的看法有共同之处。

虞愚在 1957 年发表《印度逻辑推理式与推论式发展及其贡

---

① "因明在中国的传播和发展"。
② 《因明学》。
③ "印度逻辑推理与推论式发展及其贡献",《哲学研究》1957 年第 5 期。

献》从普遍性与特殊性的关系角度,对因明学、墨家名学和西欧逻辑作了对比研究,认为演绎推理是从普遍到特殊,墨家名学是从特殊到普遍,而因明学则是从特殊到特殊。演绎推理大前提用全称判断,而因明学喻体用假言判断。演绎推理的大前提必须由科学的归纳法而得,没有严格执行科学归纳,则大前提就失之于空;而因明的喻体采用假言判断,惟取所知或经验为限,它反映现象之间所存在的现实联系。所以,因明的喻体不同于演绎推理中的大前提。

在1986年发表的《因明在中国的传播和发展》一文中,虞愚先生概括了因明不同于名学、西欧逻辑的几个特点:在概念的使用上,因明认为概念都不是从正面表示意义,而是通过否定一方,承认另一方的方法,即所谓遮诠;在推理方面,因明认为从感觉或推比来审了宗智,都是远因,忆因之念才是近因;因明把推理分为自推理与为人推理两种;此外还有过类细分,宗因喻有体无体等都是名学、西欧逻辑所没有的。因此,"因明可以补逻辑或名学所未逮,其值得研究者,或在于斯"[①]。虞愚提出"以逻辑为经,因明名学为纬,从概念、判断、推理、演绎、归纳、证明、驳斥各个方面密密比较"[②],开拓和推进逻辑研究,以促进人们的逻辑思维,从而提高理论水平。

虞愚先生将其一生都奉献给因明学研究,其丰硕的研究成果,揭开了因明学的神秘面纱,展现了因明学的思辨魅力,使得中国因明研究重放光辉,达到新的高度;其独特的研究视角,开阔的学术视野,理性与情感并重的学术态度,也为中国现代逻辑学发展以及佛学研究开拓出一个充满活力的新空间;不断吸引一代代青年学人接近因明,了解因明,并最终走上因明研究之路。

[①] "因明在中国的传播和发展"。
[②] 同上。

因明学

重印说明[*]

　　五十年前,愚依据《因明入正理论》编写因明学,列为中华大学用书,今承北京中华书局影印重新出版,感可知也。惟此书保留原样影印出版,无从进行修改。略有二事,须加补充:一者《因明入正理论》作者商羯罗主之生平及此论之要旨,前书未畅,须向读者略加补充。二者译者玄奘在因明上之贡献,亦须略为论述。

　　一、《因明入正理论》(Nyaya-Pravesa)一卷,商羯罗主(Sankara-Svamin)著,唐玄奘于唐贞观二十一年(647)在弘福寺译出。因明(Hetuvidya)一词,梵本原来没有,译者因为要表示这部论著的性质才加上去的。

　　作者商羯罗主的历史已难详考,据窥基《因明入正理论疏》说,商羯罗意云骨锁,是指自在天苦行时形销骨立之象。作者双亲少无子息,从天象乞,便有生育,因而以天为主,立名为商羯罗主,亦称天主。从这一传说可以推知作者的家庭事天,当属于婆罗门种姓。《疏》又说他出于陈那(450—520)门下,今从他的著作对于陈那晚年的量论很少涉及,推知他可能是陈那早年的弟子。又陈那久在南印度案达罗一带讲学,而天主此论的主要内容,后来也被吸收在南印度泰弥儿语文学作品之内。由这些事实的旁证,作者可

---

　　* 本书以1989年影印版为底本,并与1995年甘肃人民出版社《虞愚文集》第一卷、2006年中华书局《真如·因明学丛书》互为校勘。

能是南印度人。

本论之名"入正理",有两层意义:其一,陈那前期关于因明重要著作是《正理门论》(Nyaya-mukha),文字简奥,不易理解。本论之作,即为《正理门论》入门阶梯,所以称为入正理。其二,正理是因明论法的通名,本义为通达论法的门径,所以称为入正理。窥基曾说此论"作因明之阶渐,为正理之源由",这是很恰当的论断。

本论的全部内容,在开头有总括一颂说:"能立与能破,及似唯悟他。现量与比量,及似唯自悟。"这就是后人通说的八门(能立、似能立等)二益(悟他、自悟),实际包含诸因明论所说的要义。

这八门二益虽然不出陈那诸论的范围,但本论是做了一番整理补充功夫的。特别是在似能立一门里,依照宗(论题)、因(论据)、喻(论证)三支整理出三十三过,以便实用,可以说是一大进展。这三十三过是:似宗九过(其中相违五种、不极成或极成四种);似因十四过(其中不成四种、不定六种、相违四种);似喻十过(其中由于同法的五种,由于异法的五种)。本论对于这些过失,都作了简要的说明,并举了适当的例证,极易了解。

《入论》辨别三支过失那样的精细,完全是以构成论式的主要因素"因的三相"为依据的。这三相即"遍是宗法性""同品定有性""异品遍无性"。三相的理论虽然从世亲以来就已组成,又经过陈那用九句因刊定而渐臻完备,但到了商羯罗主才辨析得极其精微。像他对于因初相的分析,连带推论到宗的一支,需要将宗依即有法(论题中的主词)和能别(论题中的宾词)从宗体(整个论题)区别开来,而主张宗依的两部分须各别得到立论者和论敌的共同承认而达于极成。因此在似宗的九过里也就有了"能别不极成""所别不极成""俱不极成"三种。这些都是陈那著作中所未明白提出的。

另外,他对因的第二、三相的分析,连带将陈那所立因过里的"相违决定"和四种"相违"一一明确起来,不能不说是一种学说上的发展。《入论》是一部极其精简的著作,词约而义丰,但仍包括不尽,所以在论末更总结了一颂说:"已宜少句义,为始立方隅,其间理非理,妙辩于余处。"这是要学者更参照陈那所著的《理门》《因轮》等论而求深入的。

二、玄奘游学印度的时候,参访精通因明的论师很多,见于传记的,除了戒贤、胜军以外,还有僧称和南侨萨罗国婆罗门智贤两家。玄奘跟他们反复学习了陈那、商羯罗主等有关因明论著,不局限于一家,务使眼界广阔,以求大成,真正做到了"转益多师是汝师"。

玄奘在回国前,对因明的贡献,具体表现在对胜军"诸大乘经皆是佛说"一量的修改和戒日王为玄奘在曲女城召开了无遮大会所立的"唯识量"上。回国以后,对因明的贡献,不仅表现在翻译商羯罗主的《因明入正理论》和陈那的《因明正理门论》,而且表现在纠正吕才对因明的误解上。尽管玄奘只译《入论》与《门论》,但通过翻译、讲授,和他的弟子窥基的《因明大疏》,对因明仍有所发展,有所创造。今归纳几个要点,分述如下:

1. 区别论题为宗依与宗体,宗依指论题中的"主词"或"宾词",宗体则指整个论题。窥基说:"有法(论题的主词)能别(论题中的宾词),但是宗依而非是宗(整个论题),此依(主宾二依)必须两宗共许(两宗谓立论者与论敌),至极成就,为依义立,宗体方成。所依若无,纯依何立?由此宗依,必须共许。"至于宗体,乃指整个论题,又须立论者许,论敌不许,才有争辩价值。

2. 为照顾立论者发挥自由思想,打破顾虑,提出"寄言简别"的办法,就不成为谬误。如果只是自宗承认的,加"自许";他宗承认的,加"汝执";两家共认又不是泛泛之谈的,则加"胜义"或"真故"等。这样就有了自比量、他比量、共比量的区别。窥基说:"凡因明法,所能立中(能立指因、喻,即论据与论证;所立指宗,即论题)若有简别,则无过失。若自比量,以'许'言简,显自许之,无他随一等过。若他比量,'汝执'等言简,无违宗等失。若共比量,以'胜义'等言简,无违世间、自教等失。玄奘、窥基在这一方面的发展,不仅使三支比量(三段推理)的运用富有灵活性,同时对佛家立量以及理解清辨、护法等著作,均有很大帮助。

3. 立论者的"生因"与论敌的"了因",各分出言、智、义而成六因,正意唯取"言生""智了"。因从立量使别人理解来说,六因是应该以言生因(语言的启发作用)最为重要;从立者来说,又应以智了因(智力的理解作用)最为重要。窥基说:"分别生、了虽成六因,正意唯取言生、智了。由言生故,敌证解生;由智了故,隐义今显。故正取二,为因相体,兼余无失。"又说:"由言生故,未生之智得生;由智了故,未晓之义今晓。"

4. 每一过类都分为全分的、一分的,又将全分的、一分的分为自、他与共。如现量相违(论题与感觉相矛盾),析为全分的四句:甲、违自现非他,乙、违他现非自,丙、自他现俱违,丁、自他现俱不违。一分的亦析为四句:甲、违自一分非他,乙、违他一分非自,丙、自他俱违一分,丁、自他俱不违。其他过类,也分为全分的、一分的两类四句(以正面对自许、他许、共许而为三句,反面全非又为一句)。这种分析发自玄奘,由窥基传承下来。如依基《疏》分析,在宗过(论题错误)中,有违现非违比,乃至违现非相符;有违现亦违比,乃至违现亦相符,错综配合,总计合有二千三百零四种四句。这虽不免类似数学演算,流于形式化,但在立敌相对的关系上,穷究了一切的可能,不能不说是玄奘对于因明的一种发展。

5. 有体无体。基《疏》推究有体与无体约有三类:甲、指别体的有无。有体意即别有其体,如烟与火各为一物;无体意即物体所具的属性,如热与火,热依火存,非于火外别有热体。乙、指言陈的有无,言陈缺者叫无体,不缺者叫有体。丙、此类又分三种:一以共言为有体,以不共言为无体。二约法体有无以判有体无体。三以表诠为有体,如立"声是无常"宗,即是表诠;以遮诠为无体,如立"神我是无"宗,即是遮诠。这三种有体无体,就宗因喻三支分别来说,就不是固定一种。宗的有体无体,意取表诠遮诠。基《疏》所谓以无为宗(谓无体宗),以有为宗(谓有体宗),即指此而言。因的有体无体,意取共言、不共言。共言有体之中又分有无二种,以表诠为有体,以遮诠为无体。喻体的有体无体,亦取第三表遮之义。喻依的有体无体,指物体的有无,有物者是有体,无物者是无体。如立"声是无常"宗,其"无常法"表诠有体。"如瓶等"喻,有物有体。又如立"过去未来非实有"宗,其"非实有"遮诠无体。以"现常"为因,共言有体。若非现常见非实有,遮诠无体,如"龟毛"喻,非实有物,故亦无体。基《疏》解释有体无体,不是纯依一个意义,要视宗因喻三者分别判定。一般说来,异喻作用在于止滥(即预防"中词"外延太宽,通于大词的对立面),不妨用无体之法为喻依。至于三支之有体无体,就应当互相适应,有体因喻成有体宗,无体因喻成无体宗。但亦不可拘泥,在"破量"亦得用有体因喻成无体宗。如大乘破经部立"极微非实"宗,"有方分故"因,"如瓶"等喻。此宗的有法(主词)"极微",大乘不许为有体,能别(宾词)说它非实,即是遮诠。

以上五点,虽散见在基《疏》之中,但寻其来源,咸出自玄奘传授。相传玄奘为窥基讲唯识,圆测去窃听,并抢先著述,窥基很有意见。玄奘对窥基说,圆测虽为唯识论作注解,却不懂因明,便以因明之秘传之窥基。《宋高僧传·窥基传》这些话虽不尽可信,但不难看出基《疏》对因明的论述尽出自玄奘。故以上五点也不妨看作是玄奘对因明的贡献。

最后,再简单地谈一下有关《因明入正理论》的作者问题。《因明入正理论》在我国汉族只有玄奘一种译本,而在西藏地区,曾有两种译本。初译的一种是从汉译本重翻,这是汉人胜藏主和广语教童所译,并经汉人法宝校订,但误题《因明入正理论》作者之名为方象(Fang-Siang),即域龙的同意语,乃陈那一名的异译。后译的一种是从梵本直接译出,这是迦湿弥罗一切智护和度语名称幢祥贤所译,时间较晚,故在《布敦目录》旧录上未载。这一译本,大概是受了旧译本误题作者名字的影响,也将著者题作陈那,并错认《因明入正理论》即是陈那所作的《因明正理门论》,而在译题之末加上一个"门"字。以上两种译本,都收入《西藏经丹珠尔》中,经译部第九十五函。但德格版、卓尼版均缺第二种译本。

就因为西藏译本上一再存在着错误,近人威利布萨那(Dr. S. Vidyabhusana)《印度逻辑史》(History of Indian Logic)中依据藏译本详细介绍了《因明入正理论》,也看成是与《因明正理门论》同本而出于陈那手笔。由此在学者之间对于《因明入正理论》与《因明正理门论》是一是二,以及作者是陈那还是商羯罗主,引起很长久的争论,始终未得澄清认识。其实,如要相信最早传习《因明入正理论》的玄奘是学有师承的,那末,他说《因明入正理论》作者是商羯罗主,也一定是确实不容置疑的。至于《因明入正理论》和《因明正理门论》全为两事,则玄奘于贞观二十三年(649)另有《因明正理门论》(Nyaya-mukha)的译本存在,更不待分辨而明了。

江亢虎博士序

中国有名学，印度有因明，泰西有逻辑，此三者同乎异乎？夫名学乃九流之一家，因明乃佛教之一宗，逻辑乃哲理之一科，似乎无与于人事与学术之全体。然不通名学，则言不顺而事不成；不通因明，则说教析理，失所凭依；不通逻辑，则精神科学与社会科学举无由树立，是其重要，超绝等伦，可以概见。三者论证法虽各有不同，而功用则一也。独怪世之治斯学者，每知其一而不知其二，或贰以二而不参以三，求其能穷原竟委融会贯通者盖鲜矣。当山海未通舟车未接时犹可说也，至于今日，印度不幸受制于白人，上古神秘哲学遂与宝石香料同输送大西洋去；希腊先贤之遗教，已编入远东学童之教科；周秦诸子亦屡经移译，为欧美大师所称引。然而荟萃三途，折衷一是者，前此未之闻焉。虞子德元年少而才多，学博而说约，质美而功勤，被服儒素，眈研禅悦，涉猎和籍，旁通蟹行，用力十年，成书三帙，举逻辑因明名学，分疏其义例而合论其指归，期于阐发绪言，启迪后学，与坊肆间作家之寻行数墨者，复乎不同。前年余过厦门，承出示原稿，虽未遑细读而心折久之。兹先举因明付刊问世，更远道陲索序文，自惟薄殖久荒，于此又夙未嫥究，何敢妄有论列，来不知而作之讥。然而虞子虚怀，不可固却，走笔草此，亦徒见拙者之不善藏而已。

民国廿五年二月江亢虎识

太虚大师序

因明学策源于印度正理派,其时代较早希腊亚里士多德之逻辑与中国墨荀公孙龙诸子之名辩。但名此学为因明,盖始于佛教,而迄今流传于世之因明学,实由佛教改造以成者,故虽谓之佛教论理学,亦无不宜。

此学传入中国者不及传于西藏完备,且传入中国后研究而应用者,犹不逮日本之盛;则因中国为文学的伦理政治的自然无名的民族,对于辨析名理兴趣不厚,故发达者在反因明的禅宗,而因明学与应用因明学的法性法相学,均束高阁。

近缘日本因明学之反哺与西洋逻辑及应用逻辑之西洋哲学科学盛传入中国,而隐埋在中国古书堆中之因明学,其研究遂亦极一时之盛,而与中国名辩及西洋逻辑作比较之研究,尤足引起学者之兴味。

山阴虞德元学士愚,尝从予问学,有文艺之才而对论理学亦深有研究。少时所作诗歌,曾选入《石遗室诗话续编》。比年在闽南佛学院作教,又有因明学之作,根据古论疏而采择近人最明确之说,以相发明,并进而与西洋逻辑及名辩归纳诸术互资参证,冀为介绍因明学入现代思想界之一方便。数数请予余序之,予喜其能抉隐明微,乃书此以发其凡焉。

佛历二五九年十二月在南普陀兜率陀太虚

自　序

　　学问极则,在舍似存真,知所真似,辨之有术。因明一学,本印度教人以辨真似之学也。易词而言,因明学所言者非他事也,以令他了决自宗之真似而已。所学者何,科哲诸学之所问也。所为之术者何,因明学之所究也。何谓因明？因也者,言生因谓立论者建本宗之鸿绪也。明也者,智了因谓敌证者智照义言之嘉由也。非言无以显宗,含智义而标因称。非智无以洞妙,苞言义而举明名,因明论式有三支,曰宗[Thesis(Siddhanta)]曰因[Reason or Middle term(hutu)]曰喻[Example(Udaharana)]是也。真能立(Demonstration)真能破(Refutation)真现量(Perception)真比量(Inference)为理,似能立(Fallacy of demonstration)似能破(Fallacy of refutation)似现量(Fallacy of peception)似比量(Fallacy of inference)为非理,非理则可破,失于正因故耳。理则不可破,得于正因故耳。举凡天下事物之争端,莫非属理与非理而已。然欲辩理非理,示人以宇宙万有之真相,以因明之学为最。所以然者,正为因明观察义故。由此因明入彼正理故。因既明则能立能破,能破则似无不摧,能立则真无不显,譬如航海,须指南针乃识方隅,如是摧似存真之则,须此因明乃能晓也。其道阐明原因,预定结论,判明真似,成宗义故。立论者必先明其所立之理是曰"自悟"(Useful for self-understanding)。使敌者同喻斯理，是曰悟他（Useful in arguing with others）。此因明所以为事物之轨持，抗辩标宗之铃键也。昔登庸鹿林，众经备焉。应符道树，斯风扇矣。惟文广义散，未易寻究。爰暨足目（Aksapada）创标真似，迨及世亲，咸陈法式，虽纪纲已张，而舛词碎义，时复错见。故使宾主对扬，犹疑立破之则。有商羯罗主，陈那之门人，此本论之本文，是彼所造也。扬真殄谬，夷难解纷。因明精彩于焉独寄。启以八门，通其二益。善穷二喻，妙究三术。其义简而彰，其文约而显，实察理之枢机，诚辩事之利器矣。愚也不敏，遂以平日所记及读书所得，编著斯册，颜曰因明学，用饷有心研究斯学者。全书内容分为引论及本论二篇。本篇固祖述前哲立论之体系，引论则在阐发历史之沿革及其发展中重要之变态，中间庸疏乖盭之处，在所难免，幸我华夏英才辈出，其或有因余之所述而匡正其舛谬奋然更精厥趣者，吾其瓣香顶礼以从之。

中华民国廿五年二月十日山阴虞愚德元序于闽南佛学院

绪 论

第一章　因明学之意义

　　欲学因明,先辨因体。因体有二:一曰生因,二曰了因。如种起芽,能别起用,故名生因。《理门论》云:"非如生因,由能起用。"如灯照物,能显果故,名为了因。是知生因云者,以立言者所立论有致敌者之悟了而生之效力者是。所谓了因云者,谓证敌者智力有了悟立言者之言之效用者是。生因有三:一言生因,二智生因,三义生因。一言生因者,谓表此义理者之言论,能由此多言,开示敌论者未了义决定解也。二智生因者,谓立言者发言之智力也。三义生因者,谓立言者所表宣之义理也。《大疏》于义生因特分二种:一道理名义,二境界名义。道理名义者,谓立论者言所诠义,生因诠故,名为生因。境界名义者,为境能生敌证者智,亦名生因。根本立义,拟生他解,他智解起,本藉言生。故言为正生,智义兼生摄。论上下所说,多言开悟他时名能立等,斯则三者之中,直接于论敌之辩论以致了悟者,言生因为最重要也。自论敌方面言之,则其所以能悟了者,须具有相当之智力焉(智了因)。智力之外,又须具有智力所了解之义理焉(义了因)。又须闻夫言论,而达此义理焉(言了因)。首闻言论,后本智力,以判断言论中表宣之义理而了解之,非然者,终不了矣。故了因亦别为三:曰言了因,曰智了因,曰义了因。一言了因者,谓了解立论者表宣此义理之言论。二智了因,谓了解立论者之智力。三义了因者,谓了解立论者之义理。而三者之中,以智了为重。何以故?由智了隐义今显故。凡立论者,须有所以致此悟了之言论(言生因),而所以致论敌者须有悟了之智力(智了因)。简言之:前则立论者之言论,后则论敌者之智力耳。故《大疏》曰:分别生了虽成六因,正意唯取言生智了,故正取二为因相体,兼余无失。一生一了,始成例证。因之明故,名为因明。易词而言:因明学所言者非他事也,即说明何者为立论者所必须之条件,而何者为论敌者所必由之途径,以令他了决自宗之真似而已。今将言生智了二因,再以左表明之。

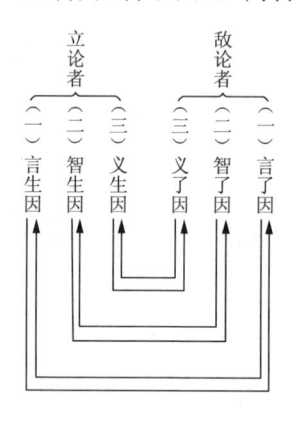

```
    立论者              敌论者
(一) (二) (三)      (三) (二) (一)
言   智   义        义   智   言
生   生   生        了   了   了
因   因   因        因   因   因
 ↑    ↑    ↑        ↑    ↑    ↑
 └────┼────┼────────┘    │    │
      └────┼─────────────┘    │
           └──────────────────┘
```

第二章　因明学历史沿革大概

　　印度物产丰富，人民不必劳于治生，生活之外，辄游心于宗教哲学诸问题。古代人民几以研究哲理为事业，主宾抗辩，风气之盛，世界上任何国家无有其匹矣。故有弥曼萨派（Puarra Müsansa）、吠檀多派（Uedanta）、僧佉派（Samknya）、瑜伽派（Yoga）、吠世史迦派（Vaisesika）、尼也耶派（Nyaya）诸哲学之勃起。极思路之自由，究真理为能事。抗辩既常，方法自密。因明一学，本印度教人以辨真似之学也。肇自古时足目氏为印度第六尼也耶派哲学之祖，其时代在《大疏》中曰"初劫"。据史学家考证，至少有五千余年历史，当亚历山大进至里海之滨，东越今之西土耳其斯坦，建一城，今名赫拉特（Herat），又复北经喀布尔（Cabul）及今之撒马尔罕（Samarkand）者，直入中土耳其斯坦群山中。复南回，经开伯尔岭（Khyber Pass），以入印度。东西文化必有若干之接触，即亚里士多德（384—322B.C.）所著《工具论》一书，其中讨论结论与证验之"分析法"（Analytics）及讨论归纳及或然之"辨义法"（Topics），与印度因明学属有统系之研究，为古今东西学者所共尊，谅有多少关系，不尔，五分作法与《工具论》之三段论式，何相似之甚耶？（此问题惜无确实考证，犹属悬案）以因明本身之历史言之，其创标之五支式，与龙树《回诤论》《方便心论》、弥勒《瑜伽师地论》第十五卷、无著《阿毗达磨杂集论》之十六卷《显扬圣教》①及世亲《如实论》中所见作法，大旨无异。五支式者，宗因喻合结也。迨至世亲，改为三支作法，可知世亲以前，同属古因明之部。陈那以后，乃为新因明时代。唯今日讲求新因明，实由古因明沿革而成。世亲虽改三支论式，《如实论》中，仍用旧法。经陈那论师将古来因明组织法改订一新，在因明学上重开一新纪元，遂成新因明之开山祖师。考陈那论师关于因明学论著有四十余种，译本所存，仅有《因明正理门论》一书，殊憾事也。陈氏门人商羯罗主，绍其宗，宏其业，著《因明入正理论》一书。自是因明一学，大放光彩，而今日所讲之因明，亦多以此论为依据也。唐贞观三年，玄奘大师留学印度，就众称②、戒贤、胜军诸论师学习因明，归国后译《因明正理门论》，及《因明入正理论》二书。复以因明学大要授其弟子窥基。窥基著《因明入正理论》大疏八卷，阐扬尽致。厥后慧沼（著有《因明纂要》及《义记》）、智周（著有《因明疏前记》及《后记》）、道邑（著有《因明义范》）、如理（著有《因明纂记》）诸学者，相继而起，整理斯业，大有人在。独惜元明以降，《大疏》佚失，正理沦亡，慧日沉空，放矢无的，黑暗百余年矣。逊清末叶石埭杨仁山居士将《大疏》一书从东瀛取回，锓板流通，讹谬仍多，近从《续藏》中取《前后记》等详为参考，更得日人扶桑摄津浪华僧濬凤潭之《瑞源记》等以为校核之助，向之所谓诘屈不可通者，今尽释然。吾人得抚因明学之真面目，不能不感吾先哲缔造之艰难也。

---

① 原文为"显扬正教"，改作"《显扬圣教》"，《显扬圣教论》是古因明学重要著作之一。——编者注

② "众称"，《因明纲要·因明学》（中华书局 2006 年版）中作"僧称"，系音译不同，实指同一论师。——编者注

第三章 因明学研究法

第一节 覃思本文

因明本文,精论越世。一辞一义,确有依据,非心气粗浮者所能望其项背,故读者须静心定气求之,方可悟入。初读本文于辞气朴重之处,尤当知存疑熟读,不可放松,顺序直进,治一义毕算一义。如是读竟,则可以与本文如理相应矣。

第二节 鉴别古今

因明论者,佛源有说,唯文广义散,备载群经。厥后世亲、陈那、商羯罗主、玄奘、窥基辈出,覃思精研,立破轨范,总括纪纲,规模乃定。吕秋逸先生于古今因明学沿革略分五期,兹录于下,以便参考:

一、自佛说至马鸣。(此迄佛灭后五百年)——论法初行,散见四《阿含》诸小乘论。

二、自龙树至青目。(此迄佛灭后八百年)——论法渐详,散见《中论》《百论》《十二门论》等。

三、自弥勒至于世亲、德慧。(此迄佛灭后千年)——论轨具备,散见《大论》《显扬》《方便心论》《如实论》等。

四、自陈那至于亲光、无性。(此迄佛灭后千一百年)——因明大成,译籍今存因明二论,又见《广百论释》《般若灯论》等。

五、自法称至于天喜。(此迄佛灭后千五百年)——因明再盛,无专书,但梵蕃本俱在。

第三节　旁考经论

因明释例,《方便心论》《如实论》等源有所说,唯过类等事,采纳足目,亦复不少。学者欲考核因明学发展程序,于外当旁考有关于因明之书籍,于是援引事实,根据理由,以为参证之助。于内当精研经论,以比较其得失,审察其关系。内外并进,当有大成也。

第四章　因明学发展中重要之变态

因明之学，肇自足目，其中演进已在《因明学历史沿革大概》一章详之。唯时节迁流，学者研究所得其内容辄有推陈出新之见。故吾人今日研求之因明，实由古因明沿革而来，即经陈那师资相承，总括纪纲，重新编定。内容既经多数专家之手改作而成，当有进化之痕迹，爰集八节，说明陈那以前之因明如何，陈那之革新所用之因明又如何，比较而兼论其重要之变态焉。

第一节　五支式改为三支式

世亲以前之因明有五支式，曰宗、因、喻、合、结作法。陈那以后因明改为三支命题，曰宗、因、喻作法。盖合支可归摄喻体，结支可归摄宗支故也。兹将通用一例，比列两式观之。

五支依正理疏列	三支依本论列
声是无常，	宗——声是无常，
所作性故，	因——所作性故，
犹如瓶等，于瓶见 ⎫ 同	⎧若是所作，见彼无
是所作与无常。　 ⎭ 喻	⎩常，犹如瓶等。
声亦如是，是所作性。…合	
故声无常。　　　　　　结	
犹如空等，于空见 ⎫ 异	⎧若是其常，见非所
是常住与非所作。 ⎭ 喻	⎩作，犹如空等。
声不如是，是所作性。…合	
故声无常。　　　　　　结	

十力先生云:"五支始见《正理》,其源盖莫得其详,至陈那改作三支,以喻摄因,特对胜论及自宗古师有所规定,语其凭藉,则在五支。形式虽更,实质未甚更也。"斯言可谓得之矣。

第二节 能立所立之划定

陈那以前,宗支视为能立,自性差别二为所立。《瑜伽》《显扬》有八种能立:一立宗,二辨因,三引喻,四同类,五异类,六现量,七比量,八正教量。印度古师有四种能立:一宗,二因,三同喻,四异喻。世亲《论轨》有三能立:一宗,二因,三喻。陈那遂以二为宗依非所乖诤,说非能立。如声是无常宗。声,自性也。无常,差别也。此二虽是宗依而非兴诤之处,何则?但举声,固立敌所共许也。但举无常,亦立敌所共许也。既非所诤,何成所立?所立即宗,有许不许,所诤义故。如声是无常宗,此即诤端,以有不许声是无常者,故立者用因喻以成立敌所未许之宗,故宗是所立也。《理门论》云:"以所成立性说,是名为宗。"此论亦言随自乐为所立性,是名为宗。因及二喻,成此宗故,而为能立。陈那、天主二意皆同。但以禀先贤而后论,文不乖古,举宗为能。唯等之一言,义别先师。实取所等因喻为能立性。故能立中,举其宗等。以上所释宗支原为兴诤之目的,适成其所立。因等原为解决宗支之理由,有能成宗之功能,亦适成其能立。故今若不标定因喻为宗之能立,则恐闻者不察,仍谓同古以自性差别为所立,而以因喻为自性差别之能立也。岂可忽哉?又能所立义本为法式上之解释,古今沿革,得失攸关;

故两相对照为图如下：

古学 { 所立 { 自性（宗中之声）/ 差别（宗之无常）; 能立 { 宗（声是无常宗）/ 因（所作性故因）/ 喻（如瓶等喻） }

今学 { 所立——宗（声是无常宗）; 能立 { 因（所作性故因）/ 喻（如瓶等喻） }

第三节　宗依宗体之辨证

宗支原为兴诤之目的，其中有前陈后陈之分，如立声是无常宗，在古因明有以前陈声为宗依者，有以后陈无常为宗依者，有以前陈声自性为宗体者，有以后陈无常差别为宗体者，争论纷纷，不一而足。至陈那兴世，辨正宗依宗体之别，即前后两独名词，各得组织立敌兴诤之材料，故前陈自性后陈差别皆得名为宗依，联贯两独名辞不相离性为一语，方有思想意味而为立敌兴诤之点，即此一语，为宗体也。如世说言青色莲花，但言青色，不言莲花，不知何青？为衣、为树、为瓶等青？唯言莲花，不言青色，不知何花？为赤、为白、为红等花？今言青者，简赤等花。言莲花者，简衣等青。先陈后说，更互为简，互为所别，互为能别，此亦应尔。后陈别前，前陈别后，应互名为能别所别。答前陈者，非所乖诤。后说于上，彼此相违。今陈两诤，但体上义。故以前陈名为所别，后名能别，亦约增胜，以得其名。《瑜伽》十五说所立有二：一立法体，二立法义。体之与义，各有三名。既如疏说。今取一例，以次胪列。

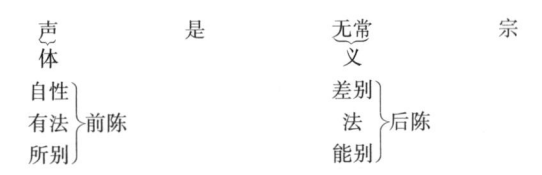

```
声            是            无常         宗
体                                         义
自性                        差别
有法  }前陈                 法  }后陈
所别                        能别
```

有法(宗之前陈)能别(宗之后陈),但是宗依而非是宗,此依(有法与能别二依)必须立敌共许,至极成就,为依义,宗体方成。所依(有法能别)若无,能依(宗也)何立。由此,宗依必须共许,共许名为至极成就。至理有故,法本真故。若许有法能别二种,非两共许,便有二过。宗体既以互相差别不相离性和合而成,同时又必须一许一不许,名宗依极成,宗体不可极成。即前陈体后陈义两独名词为立敌兴诤所应须之资具,必立敌共许,所谓极成有法,极成能别,宗依极成。然组合两独名词,立一命题,定非立敌同许,乃立许敌不许也。兹举金刚石可燃一例,略表之如下:

宗(断　案)——金刚石可燃
因(小前提)——炭素物故
喻(大前提)——若炭素物见彼可燃(喻体),譬如薪油等(喻依)

名目 区别	宗　依	宗　体
分合关系	两独名词分析言之,均称宗依。	两独名词联合一语,宗体始成。
成立条件	(1) 前陈体 (金刚石) {言语发言 / 意思含蕴} {自相 / 差别} }有法 (2) 后陈义 (可燃) {言语发言 / 意思含蕴} {自相 / 差别} }法	(一) 后陈别前,前陈别后,互相差别。 (二) 前陈体后陈义,一贯不相离性。
依体特点	宗依极成有法(前陈),极成能别(后陈),立敌共许。	前陈体后陈义之宗体定立许敌不许,而兴诤论。

第四节　因支究三相之具阙

古因明之五支作法与新因明三支作法,关于宗因喻命题之提出大致无异,惟古因明对于中间之因支,必有如何之关系而后始知为正式或不正式,则未计及。此等问题为检查论式正否之关键,陈那深究得因支三相(Three characteristics of the middle term)之具阙,即表示因之所以重要也。云何谓三相？一遍是宗法性(The whole of the minor term must be connected with the middle term),二同品定有性(All things denoted by the middle term must be homogeneous with things denoted by the major term),三异品遍无性(None of the things heterogeneous from the major term must be a thing denoted by the middle term)是也。夫所谓三相者,即因对于同喻异喻有两种关系,合因对宗之关系凡三也。第一遍是宗法性者,为因应于宗之有法遍满之性质者之意。换言之,是因必为宗之前陈所有之或一事件,及因对于宗之前陈,其范围必相等或较大而后可,不尔,亦不能成立也。今举例以明之,如声是无常宗,所作性因。声是所作性之一部分,所作性必具一切声,此合宗之前陈所有之义也。又所作性之范围较声为大,所作性三字于一切声决定遍有,此又与宗之前陈其范围必相等或较大之义也。由此可知第一相因之范围必大于前陈也。第二同品定有性者,何谓同品？谓若一物与所立宗中法齐均相似义理品类,说名同品。质言之,则因必关系于有宗之后陈(宾辞)性质之意。如立无常,瓶等无常,是名同品定有所作之义。后陈无常法瓶等之上亦有无常,故瓶等聚①名为同品。此中但取瓶等上有因之所成无常义，名为同品，非取瓶等名同品。由此可知第二相因与后陈须有同品必然性之关系也。第三异品遍无性者，何谓异品？谓除宗外余一切法，（体通有无）谓若诸法处无因之所立，说名异品。《理门论》云："若所立无，说名异品。"但无所立，即是异品。换言之，于异品之中，须是遍无，如虚空等，若有其常，周遍推求，见非所作之性义也。由此可知同品从正面推断以证所立之宗，而异品乃从反面确定，凡此因性之所在，必成同品之宗也。凡举一因必究三相之具阙，即此三相之具阙，于论式意思之含蕴，不难知其正与不正也。新古因明之分界亦以此为关键矣。

第五节　喻依喻体之辨正

喻之一名，在印度云达利瑟致案多。达利瑟致云见，案多云边，合言之曰见边。本典②一二五曰：凡圣见解一致之事件曰见边，谓一般人共认无违之事件之关系者也。由此比况，令宗成立，究竟名边。他智解起，照此宗极，名之为见。故无著云：立喻者谓以所见边与未所见边和合。正如师子觉言：所见边者，谓已显了分；未所见边者，谓未显了分。以显了分显未显了分，令义平等，所有正说，是名立喻。今顺方言，名之为喻。喻者，譬也，况也，晓也。由此譬况，晓明所宗，故名为喻。古因明师论式，有宗因喻合结之命题，故喻支无喻体喻依之别。及陈那出世，喻支分前后二部：

---

① "聚"，疑作"俱"。——编者注
② 指《正理经》，下同。——编者注

以指定若干事物为喻依,喻依所有之条件为喻体。喻体所以明宗因之关系,喻依乃举示若干有此关系之事实。如立声无常宗,所作性因。若是所作,便见无常,是同喻体;如瓶等是同喻依。若是其常,见非所作,是异喻体;如空等,是异喻依。陈那显同喻云:若是所作,便见无常。即此同喻是因之第二相同品定有性。显异喻云:若是其常,见非所作。即此异喻,是因之第三相异品遍无性。古师以瓶空为喻体。陈那反之,唯以因之后二相为喻体,而不以瓶空为喻体。但名瓶空为喻依,以因之义依瓶空而显故。故瓶等名同喻依,空等名异喻依。由此可知因明喻支中之喻体类论理学之大前提,喻依则具有归纳之精神也。研究论理学者当细心求之。

第六节　唯立不顾论宗

古因明于宗过无详细之抉择,故宗义立法有四:曰遍所许宗,曰先承禀宗,曰傍准义宗,曰不顾论宗是也。一遍所许宗者,具如其名,所示众皆许可之主张也。本典一二八曰:谓不与众派相反能适用之宗义,而自宗采用之主张之者。凡次耶那举"如鼻根缘香者也"之命题为例。故此虽无异宗义,而于义论主题,殆无价值。二先承禀宗者,于一宗派自先代继承之宗义也。本典一二九曰:同一学派为确定义而他派之所不容认者也。此即自派为遍所许宗,对他派则为议论争论之主张。三傍准义宗者,主张者之目的,以存于其为主题之物之内面意义为目的之主张也。本典一三十曰:依一事件之证明,而他之意图被证明,名傍准义宗。凡次耶例解,有人论能由视或触觉认识一物其里面,依之而证明灵魂之存在立论法也。盖由视或触觉能认识即能示视触觉非认识之主体,而暗示此外必有认识之主体也。四不顾论宗者,谓不顾所依经典之说,或宗派意见,率尔主张自己意见者也。本典一三一曰:谓认定又为权证经文所不说明之事实,由之论其事实之特性。陈那《理门论》中唯立第四不顾论宗,不取余三。第初二有相符极成过,第三缺言生因,非正所诤;唯第四不顾论宗随自乐所立性,又不与现量自教等相违,正可成立为宗支也。

第七节　立量之审定

量在印度为摩量之语根,作一般尺度或标准之意。在古因明师立有多量,正理派之现量、比量、声量、譬喻量四种,后无著、世亲渐次缩小。至陈那仅以现比二量为真正知识。何谓现量?《大疏》曰:"行离动摇,明证众境,亲冥自体(自体者,谓所缘境之自体。略似柏格森 Henri Louis Bergson 之直觉),故名现量。"《显扬》十一云:现量者,有三种相。一非不现见相。《论》自释云:谓由诸根不坏、作意现前时,无障碍等。无障碍者复有四种:一非覆障所碍,二非隐障所碍,三非映障所碍,四非惑障所碍。覆障所碍者,谓黑暗、无明障、不澄净色之所覆隔。隐障所碍者,谓或药草力,或咒术力,或神通力之所隐蔽。映障所碍者,谓少为多物之所映夺,故不可见,或饮食等为诸毒药之所映夺,或发毛端为余尘物之映夺,如是等类,无量无边。又如能治映夺所治,令不可得,如无相观力映夺众相。惑障所碍者,谓幻化所作,或相貌差别,或复相似,或内所作,目眩昏憒、闷乱酒醉、放逸癫狂,如是等类,名为惑障。若不为此四障所碍,名无障碍。二非思构所成相,此谓现量所取境界,非是思构所成也。三非错乱所见相。《论》自释云:错乱略有七种:一想错乱,谓于非彼相起彼相想。如于阳焰相,起于水想。二数错乱,谓于少数起多增上慢。如瞖眩者,于一月处,见多月像。三形错乱,谓于此形起余形增上慢。如于旋火,见彼轮形。四显错乱,谓于显色起余显色增上慢。如为迦末罗病,损坏眼根,于非黄色,悉见黄相。五业错乱,谓于无业起有业增上慢。如执拳驰走,见树奔流。六心错乱,谓即于前五种所错乱义,心生喜乐。七见错乱,谓于前五种所错乱义,妄想坚执。若非如是错乱所见者,即名现量。何谓比量?《大疏》云:"用已极成,证非先许,共相智决,故名比量。"换言之,对于现量智之现见而为之推论之智也。即基于立敌共许之事实,能将敌者所不许而证明决定之谓。原注云:"因喻已成,宗非先许,用已许法,成未许宗,如缕贯华,因义通被,共相智起,印决先宗,分别解生,故名比量。"比量有二类:一为自义比,自心推度,唯自开悟。二为他义比,说自所悟,晓喻于他,即三支是。据少数之经验,以例推多数之未经验者,实约他义比说,抑亦穷理致知之天职也。譬喻量性质应摄现量,声量应归摄现量或比量,以无独立处置之理由故也。

第八节 离合作法之通遍

通遍者,因喻间必有必然不离关系之法则。详言之,于同喻时有因处,必从有宗之法,于离作法异喻无宗之法处,亦必无因之关系之法则也。前者称合作法的通遍,后者称离作法的通遍。今仍以例说明之,如立声无常宗,所作性因;凡所作性,皆是无常,同喻体,譬如瓶等,是同喻依;凡常住者,皆非所作,异喻体,譬如空等,异喻依。此凡所作性皆是无常,使宗因二支,打成一片,以证因之所在,宗必随之。又恐推论有失当之处,不能引起论敌之信仰,非于现前事物中举所作性而无常之瓶等为同喻依不为功。据此不惟所作性因之所以能成无常之宗,已可概见,则已习见瓶之性质,而得判其声为无常之所以,亦归纳是等现象于胸中。经验上瓶是所作,瓶是无常;盆是所作,盆是无常;乃至衣服卧具,凡是所作,皆属无常。则所作性与无常有必然之关系也。藉演绎论理学言之,则全称肯定命题之前提,主辞与宾辞之关,依主宾辞所表事物为人所共知,凡此间媒辞之主辞,亦应周延之规则而已。故此关系曰合作法的通遍也。虽然此合作法的通遍,固能证明所作性皆属无常矣。然此所作性,纵能成立异品之常宗,换言之,无常虽遍所作性全部,而所作性不遍无常全部,不独自宗不能成立,而论敌适乘此机拈出不定过,推翻所成立之无常宗。故陈那于异喻中,复加离作法的通遍之法则,以反证云:凡常住者,皆非所作(异喻体),譬如空等(异喻依)。以声无常宗,所作性因,举空等为异喻依,即因之异品与宗之后陈,居反对之地位,不惟可以证明非无常者不具所作性,并可以反证具所作者必是无常。何以故?虚空常住而非所作点[①]与瓶等所作性而无常者全异故。此表示非无常者之范围绝对的无所作性之关系也。离作法的通遍,将合作法的通遍之命题,换质换位,反证论解,实为推论之极则,舍此别无他术也。

[①] "点",疑作"性"。——编者注

第五章　因明与演绎逻辑

欲明逻辑学者，必先明原理论与方法论。原理论分为三部：一论概念。概念者何？概括的观念。在英语曰 Concept，有集取之义。即将数种观念比较分别其属性之共通者与不共通者，集共通者而取之以成一概念也，略同唯识学之"共相"。例如桃李梅等花之属性，互有异同，择其同而舍其异者总名之曰"花"。花之一名，即一概念之代表也。然则概念虽为名个体之共通属性，而概念非即个体也。故拉丁语又名概念为 Universalia，有普遍之义，即此意耳。要言之，概念之成立，乃由思考经济起见，由一一特殊之事物观念（自相）构成玄通浑一之观念，或集一类概念之通性构成更高之概念。质言之，使知识进为有统一的完全的性质者之活动，曰概念作用，所得结果曰"概念"。二论判断（Judgment）。判断者，所以规定两概念之关系。详言之，联结两概念为心理之对象，施以分析比较而认定其有无如何性质及关系也。其作用有二：一曰分析（Analysis），二曰综合（Synthesis）。如云人者动物也。此一判断，即先分析"人"之一概念，而引出"动物"之一概念为其属性，更使两者综合以明其关系。夫然，则后之一概念即为前概念之规定，故判断作用与心理学观念联合（Association of ideas）作用异趣。盖观念联合者，一观念起时，此观念往往以某种关系，牵引他观念，数种观念连续以兴，其后观念实无规定前概念之性质。至于判断，则常以前概念或观念为中心,因引起无数后概念,就其中择一以为规定而舍其余。详言之,即择其本质的而舍其非本质的也。分析作用止于整理既有之知识,综合作用足以扩充知识之范围。判断之性质既若是矣,而已用符号表示之判断者为命题(Proposition)。判断(结果之表现于言语文字者,统称曰"词"或"命题")在文法上则谓之句。然文法上所谓"句"(Sentence)者有五:一曰实叙语句(Indicative),二曰询问语句(Interrogative),三曰命令语句(Imperative),四曰期望语句(Optative),五曰感叹语句(Exclamatory)。论理学之命题则唯限于实叙语句,其余四者必改为实叙语句,方可成为"命题"。盖须断言两概念之关系,而"询问"、"命令"、"期望"、"感叹"等不能断言之故也。命题之要素有三:即主辞(Subject,因明称曰前陈),宾辞(Predicate,因明称曰后陈),系辞(Copula)是也。主辞者,判断之对象也,或谓之主概念。宾辞者,对象之规定也,或谓之宾概念。宾辞之于主辞也,或为其种概念(Species)或为其类概念(Genus),或表其特有性(Specific Attribute),或表其偶有性(Accidental Attribute),或表其差异点。至于系辞,则连络主辞与宾辞之关系形成一判断,中文多用者也。略当因明随自乐为所成立性,"是"、"非"、"为"等字常为系辞。三论推理(Inference)。推理者,以既知之判断为根据,而推知新判断之谓也。但所根据之判断有只一种者,亦有二种或二种以上者,如既知凡牛之非马,便可知凡马之非牛。或既知凡人皆动物便可知某动物为人,此根据一判断而得新判断之推理也。至如既知凡人皆为动物,又知凡动物皆为有机体,然后知凡人皆为有机体,此根据二判断而始得新判断之推理也。要之,其所根据之判断,称为前提(Premise);而所得之新判断,则称为结论(Conclusion)。前提与结论之关系,普通用连络语以表之,如"故""夫然""所以"等字是也。推理者,或因前提主宾概念之关系即可推出结论者,或于前提主宾概念之外,更得第三种概念以为媒介,然后可得结论者。前者谓之直接推理(Immediate inference),后者谓之间接推理(Mediate inference)。普通所谓大前提(Major premise)、小前提(Minor premise)、结论(Conclusion)三部所组织之三段论法(Syllogism),则属间接推理。严格言之,直接推理将原判断以他种形式表示而已。如以"凡牛非马"为前提,因推出"凡马非牛"之结论,此时牛与马两概念迭为宾主,并无媒介其关系已自明。间接推理则两前提之中须有一共通概念以为媒介,方可得结论者也。如云,北京人皆中国人也,今张三北京人也,故张三中国人也。此即间接推理之一例。须知"张三"与"中国人"其始本无关系,因得"北京人"一概念为媒介,其关系始显。此推理常由二前提及一结论而成,故称为"三段论法"。严几道译为"演连珠"即此。论理若仅有原理论之研究,由全而知偏,依公而证独,犹未足以尽求真之天职,必须对于特殊的事物以精密有系统的观察,再加以审慎的分类排列,方始可以得到一普通之定律。换言之,须注重方法论即归纳的研究法也。此种方法论大别为二:一曰研究法论。以各种经验为基础,而论究其如何获得或产生新知识方法之谓。如因果律之规定,事实之认识,预定一目的而观察,自然发生之事物,施以人为研究事物之证验,记述各种事实而说明之,探究其所含之普通原理,计算事物为一总数量,并定各总数量之平均比例,记入于图表之统计,皆为最必需之工具也。二曰整理法论。讨论如何整理统一既有之知识,使为有秩序有系统之方法之谓。如规定概念之内包(Intension),以阐明其意义之定义,使概念有明了整饬之区分,进而组织一完全系统之分类是也。论理学即所以研究思想活动之形式,并立其应守之方法,本之以求真理之科学也。简言之,即致真之学也。盖其所研究,不外立定规范以判别思考之真伪与指导吾人之思路,使循一定方向以获新知也。

西洋论理学之发达甚早,素有科学之科学(The science of Sciences)之称,此非评论各科优劣之语,特表论理学之研究法为各科研究法之根本。其名称不曰"论理学",而曰"逻辑"(Logic)。是科也,法谓之 Logique,德谓之 Logik,谓拉丁之 Logica。兹三者,皆导源于希腊字之形容词 Logike,其名词本为 Logos。罗郭斯 Logos 者,意指一完全之思想或代表一完全思想之一字。斯学创造于古代希腊哲士亚里士多德(Aristotle 384—322 B.C.)。亚氏之先,非绝无论理之研究也。芝诺(Zeno 490—430 B.C.)以辩证法证多与动两概念之不能实在,已启论理学之端绪;苏格拉底(Socrates)主张在感情感觉差异之下,仍有共同之思想概念(Concept);柏拉图(Plato)《对话集》(Dialogues)中,证明在思想概念中,亦须建立若干标准,其中时有关于思想与言语中间根本分别之研究。惟使论理学具有组织之体系而成一独立之学问者,以亚里士多德为第一人耳。亚里士多德之论理举说,后人合成一书,名曰《工具论》(Organon)。其中分为五篇:曰范畴篇,曰解释篇,曰先天之分析,曰题目篇,曰辩士派之谬语。观其立论次序,首说思想范畴,次述判断成立及其种类,又次论三段推论法定义法及证明法,末述推论之谬误。亚氏论理虽以演绎逻辑(Deductive logic)为主,然归纳逻辑(Inductive logic)亦尝论及,惟不若演绎部分之完全致密耳。亚里士多德之后,斯多噶(Stoics)学派对于逻辑之理论略有增益,择言推理(Disjunctive inference)及设言推理(Hypothetical inference)两部,皆斯多噶学派之所增补者也。中世学派哲学者

(Scholastic philosophers),欲利用演绎逻辑,以证明耶教教理。当时学校教育,取亚氏《工具论》一书,列为七艺(Seven liberal arts)之一,于学科中占重要之位置,然皆墨守亚氏陈说,以为求学之方,未从根本上加以变革,遂成极端之烦琐与虚伪耳。至亚氏之归纳逻辑,以与研究教理无大关系,为经院学者所不顾,故不惟无丝毫之进展,转因以湮没。后世昌言归纳,目演绎逻辑为无用,职是之故。近世之初,均知经院学派之逻辑,仅为证明已有知识之方,绝不能助吾人求知之新发明,而引起种种之改革。拉姆斯(Ramus 1515—1572)之著逻辑已与亚氏异趣,迨十六、十七世纪英哲培根(F. Bacon 1561—1626)之攻击演绎逻辑为尤烈,然其改革功绩亦较伟大。培根著有《新工具论》(Novum Organum)一书,以示反亚里士多德之《工具论》而作,批评三段论法不适于探究新知而昌言归纳研究法。盖归纳法者,汇集特殊之事实,以精密有系统之观察,再加以审慎之分类,然后发见普遍之原理。其优点将已知包括于未知之范围,吾人只将已知之事实一一推求,而未知之大范围则可令刃而解矣。培根之归纳法,以今科学盛行时代观之,固不足奇,然其提倡改革,促后世科学之进步,于逻辑之发展上功业甚伟。厥后洛克(Locke 1711—1776)所著人类知识论文,继述培氏之业,于逻辑发展上亦与有功。及英之穆勒(Mill 1806—1873)出世,集斯学之大成。穆著《逻辑之系统》(System of Logic)为逻辑上之名著,出版于1843年,分三段论法及归纳论法两部分,对于亚氏所说弱点,多所指斥,而于归纳法尤独具只眼,所谓科学实验法,即彼所创立也。大陆方面于近世之初,虽学者辈出,如法国笛卡尔(Descartes 1596—1650)提倡以数学为标准,一切知识均应合于数学,然其对于逻辑上之贡献,似不若英国学者之大。瓦弗(Moff)以逻辑为哲学之序论,且依照哲学分类法分逻辑为理论与实用二部,理论之部论概念、判断及推理,实用之部则论科学之研究法也。至德儒康德(Kant)发明"超绝的逻辑"(Trancendental logic),摭拾亚氏范畴之说,而立十二范畴(Categories),分判断为十二种:曰单独(Singular),曰特别(Particular),曰普遍(Universal),曰肯定(Affirmative),曰否定(Negative),曰不定(Infnite),曰断言(Categorical),曰设言(Hypothetical),曰择言(Disjunctive),曰或然(Problematic),曰信然(Assertorical),曰必然(Apodictical)。且谓判断作用有分析的、综合的两种:分析的判断只能分析固有之知识,不能扩充认识之范围;综合的判断则能积累新经验,使人得新知识者也。是故康德之见解实以综合的形式为创造之力。康德以后,言逻辑者析有两派:一派发展其形式之部,如现代罗素(B. Russell)主张"数理逻辑"(Mathematical logic),谓宜以数学的方程式,以表示概念间之关系,且欲应用数理的方法以引出新断案。所著《数理的哲学》及《哲学中之科学方法》二书,皆阐明数理之研究法,可谓于形式逻辑更立一种形式,布尔(Boole 1815—1864)、耶芳斯(Jevons 1835—1882)等,已开其端焉。一派发展其内容之部,美国詹姆斯(James)为现代名哲,主张实验哲学,谓后来之形式逻辑鲜有实益于日常生活,唯实验逻辑(Experimental logic)较切近于人生。其弟子杜威(Dewey)绍述师说,尤发挥光大。杜氏以为思维作用之本质存于解决实际问题之作用,其支配环境之功能与他种之精神无以异,惟思维带有反省作用耳。盖思维之理解环境,亦尝经过"试行"及"错误"也。

因明(Hetuvidyasthana)为五明之一。五明者:一内明(Adhyatmavidyasthana),明身心性命之学术。二因明,明察事辩理之学术。三声明(Sabdavidyasthana),明名字语言之学术。

四医药明(Ci-kitsavidyāsthāna),明医方药物之学术。五工巧明(Silpakarmavidyāsthāna),明工艺技巧之学术。因明于印度俱视为一科之学而研究之,其目的所在,则辩察据因,以判真似也。明处梵言,通称学术或学艺,遂称斯学以为因明。何谓因?诸法(宇宙万有之总称)所以然之故,所据以主张一论旨是,乃三支比量之一支,三支谓宗因喻也。盖凡立言人得以因何而为此言,之[①]之询之以求其因,故将立言必须示其言之所以足立之理由。而理由云者,又非徒然,必如何始足引为理由而依据之乎?讨论此事,即所以明因也。《大疏》云:因乃诸法之因,明乃彻法之智。乃至万法之因,明了无碍,故曰"因明",此明能因所之义也。兹将因明与演绎论理学差别之处,试表解如下,至详细比较僭论得失,则有俟于异日焉。

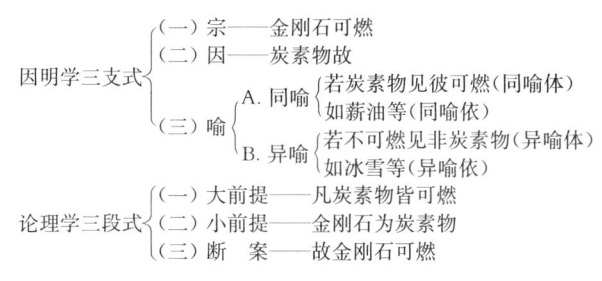

因明学三支式
- (一) 宗——金刚石可燃
- (二) 因——炭素物故
- (三) 喻
  - A. 同喻
    - 若炭素物见彼可燃(同喻体)
    - 如薪油等(同喻依)
  - B. 异喻
    - 若不可燃见非炭素物(异喻体)
    - 如冰雪等(异喻依)

论理学三段式
- (一) 大前提——凡炭素物皆可燃
- (二) 小前提——金刚石为炭素物
- (三) 断 案——故金刚石可燃

因明三支式与三段论法,同为三部所组成,惟其次序略有不同。形式论理之三段论法,先示大前提,次示小前提,后示断案。而因明三支式,先示立论宗旨 Thesis(Siddhanta),相当断案;次示立论所依据之因由 Reason or Middle Term(Hetu),相当小前提;后举譬喻 Example(Udaharana)以证宗,相当大前提也。因明喻体等于三段论法之大前提,而喻依则为其所独有,此其不同者也。三段论式意在示立说与原因与归结之关系,惟先列大前提,后出断案,未免有

[①] "之",疑作"征"。——编者注

窃取论点（Petitis principii）之性质。如云金刚石是否为可燃物也。由小前提之介绍，金刚石与炭素物虽发生关系，但炭素物是否可燃，尚无凭藉，则凡炭素物皆可燃，从何说起耶？立者既不能尽取宇宙间所有之炭素物而一一燃之，则凡炭素物皆可燃，又何所据以言"凡"耶？既言凡矣，则可燃不可燃未定之金刚石，不得不包含在内，根据以推论特殊之大前提尚不可靠，由大前提所得到之断案，复安足问耶？又既言凡炭素物皆可燃矣，金刚石为炭素物之一种，可燃之性当然不能超出其他炭素物之外。循此推理，非由既知推求未知，直以既知包括未知也。因明论式先示论旨，后示论据，可谓顺思想进行之自然程序。又金刚石可燃宗，因明以因支三相之具阙作邪正之准绳，实可补逻辑充足理由原则（Principle of sufficient reason）之不足。因三相中，初遍是宗法性，即研究属性（Attribute）之关系。此中宗言，唯诠有法，即取有法之一分，名之为宗，非谓有法（主辞）及法（宾辞）合名为宗之总宗也。法有两种：一者宗后陈法，二者因体性法。今言宗法，谓宗之法，即因体是；非彼宗之后陈法，可得名宗法也。所谓"宗法"具有两种要义：一宗即法，二宗之法，故名宗法。今不取之，唯取因体"宗之法"名为宗法。如是宗法，是宗有法之属性，正此中言是宗法性。盖有法之上所有含义，名宗即法及宗之法。宗即法者，是立许敌不许。宗之法者，是立敌共许。今说因相，要以因体共许有法，方成宗中不共许法。故此宗法，唯因体耳。如立金刚石可燃宗，炭素物故因。一金刚石体上，能有"可燃"及"炭素物"之含义，故名有法，可燃是所立，即立许敌不许之"宗即法"。炭素物故是能立，即立敌共许之"宗之法"。要以炭素物因——立敌共许之"宗之法"，方成可燃宗——立许敌不许之"宗即法"。炭素物因，即宗之法。由是应说是宗法性，即为因体须遍于前陈有法，故云

"遍"即是有法宗之法性也。若所举因,非是宗家法性,即不能用以成宗。何以故?由此因义,与有法宗不相涉,敌者既不承认金刚石是炭素物,即不许金刚石是可燃也。二此因所根据正当与否,则又必喻支为证,可以使听者不驰想象能得事实于当前可使他人晓喻,即研究因果性之关系也。金刚石可燃之宗,虽未经敌者俯首,然因炭素物故之因,已有同品之薪油等具宗之后陈,则金刚石之可燃,已有推论之可能,盖由薪油等之共同炭素物,为可燃之真因,理不倾动,所举真因于所立宗同品法上决定要有,故名同品定有性也。虽然炭素物皆是无常,并有同品之薪油等为证,惟恐此炭素物之因性太宽,溢入异品法中,宇宙间使有一物是炭素物而非可燃者,则敌者可以拈此而为不定,故须更举宗异品之冰雪等者与宗之后陈居于相反之地位,以反证非可燃者不是炭素物,即可以证明具炭素物者之必是可燃矣。是故真因必是异品遍无性也。盖以真因成所立之宗,以同品喻直证而后以异品喻反证,乃正确之标准,依据少数之经验以推知多数之未经验者,亦为求知穷理者之天职。舍此以外,别无他术也。

　　复次二者实质之不同,略举有五:一、论理学乃研究思考形式之法则,因明学则辨别立论真似之法则也。二、形式论理学演绎断案,因明学证明断案也。三、形式论理学以思考之正当为目的,因明学以晓他立论为目的也。四、形式论理学非如因明学注意过失论,如相符极成(A thesis universally accepted)一过,在论理学并无不对,但为失掉争辩之本意,在因明上便成为过。其他如自教相违(Incompatible with one's own belief or decetrine)等,亦注意过失论所产生,为论理学所无有也。五、形式论理学非如因明学含有归纳之意味,喻体类似形式论理学之大前提,喻依则具有归纳中个个事物的一个之意味也。观以上所述形式及实质二点,则因明学与演绎逻辑不同之处,已大略可知矣。

本　论

第一章　以颂摄要义

第一节　颂八门二益

颂：能立与能破，及似、唯悟他。现量及比量，及似、唯自悟。

《大疏》曰："初颂之中，谈颂为一，彰悟有二，论句有四，明义有八。一颂四句，文瞩可知。悟他自悟，论各别显。四真四似，即为八义。"此全论之大纲也。一真能立，二真能破，三似能立，四似能破。此四门令他得悟，总名他益。五真现量，六真比量，七似现量，八似比量。此四门令自得悟，总名自悟。盖言八门二益也。

一者真能立。立论者确立本宗之旨，而为显正之论式，其论式因喻具正，宗义圆成，毫无相违不定不成之过，可以显正，是悟他之目的可全，故名能立。陈那能立唯取因喻，古兼宗等也。因喻二义：一者具而无阙，离七等故。二者正而无邪，离十四等故。宗亦二义：一者支圆，能依所依皆满足故。二者成就，能依所依俱无过故。由此论显真而无妄，义亦兼彰具而无阙。发生诚言，生他正解。宗由言显，故名能立。由此似立，决定相违。虽无阙过，非正能立,不能令他正智生故。《略纂》曰:"善申比量,独显己宗,邪敌屏言,故曰能立。"有云此解未全尽理,言善申比量者,虽有正义而未解具义,故不遮缺减也。言独显己宗邪敌屏言者,此亦虽表宗而圆邪敌屏言,然他犹有未悟故也。

二者真能破。《大疏》曰:"敌申过量,善斥其非,或妙征宗,故名能破。"《后记》云:"善斥其非者,出过破也。或妙征宗者,立量破也。绮互皆得随举配一也。"凡破敌之论有立量破与出过破两种。立量破者,组织论式。出过破者,指敌者论式之过失而驳之斥之也。但立量破,亦得称出过破,盖组织论式以破敌者,同时不能不出敌者之过,唯出过破则不必定是立量破。故曰能破之境,体即似立,真能破者,即出似能立之境而晓问之也。

三者似能立。谓欲申量三支带过,反于真能立。《大疏》曰:"三支互阙,多言有过。虚功自陷,故名似立。(此有二义:一者阙支,宗因喻三,随应阙减。二者有过,设立具足,诸过随生。伪立妄陈,邪宗谬显,兴言自陷,故名似立)。"《略纂》曰:"谬缘三支,妄陈伪执,危同累卵,故名似立。"有云虽解支过,未述阙减,喻亦疏耳。

四者似能破。即真能破之反面,敌者之量(或论式)圆密无过,而对之者妄生弹诘,妄出彼过,彼实无过。所谓似破之境,即真能立是也。("此有二义:一者敌者无过量,妄生弹诘十四过类等。二者自量有过,谓为破他,伪言谓胜,故名似破。")《略纂》曰:"螳螂怒臂当车辙,拒伪难同之,故名似破。"上述言语表示之论式已,以下现比二量,则言语所依而发之根也。

五者真现量。现量谓无分别智,了解万有自相,即以五官之能力直接觉知外界显然之现象,而不杂意思在内,是名现量智。《大疏》曰:"行离动摇,明证众境,亲冥自体,故名现量。原注云:能缘行相,不动不摇,自唯照境,不筹不度,离分别心照符前境,明局自体,故名现量。然有二类:一定位,二散心。定心澄湛,境皆明证,随缘何法,皆名现量。一切散心,若亲于境冥得自体,亦皆现量。"《略纂》曰:"诸法自相不带名言,如镜鉴形,故名现量。"总之,因明学之所谓现量,与普通之纯粹感觉之精者略同,依此现见现象组织论式,由是得其正确者焉。

六者真比量。比量智对于现量智之现见而为之推论之智也。如论理学上判断与推理,即基于立敌共许之事实,能将敌所不许而证明决定之谓。换言之,亦即以因之三相贯通宗喻,使敌者对于此宗之断案决然无疑。非然者,敌者既不能决定无疑,则共相之智不起,分别之解不生,纵令此宗得成,终非真比量所摄。夫何以故?此宗不免相违不定之过故。《大疏》曰:"用已极成,证非先许,共相智决,故名比量。(因喻已成,宗非先许。用已许法,成未许宗。如缕贯华,因义通被,共相智起,印决先宗,分别解生,故名比量。虽将已许,成未许宗,智生不决,非比量摄)。"《略纂》曰:"托验于显,幽旨可包,类契其宗,故名比量。"

七者似现量。前述真现量之性质,若一有筹度,非明证境,妄谓得体,则终陷于似现量境。换言之,若以能缘之心理上起随念计度之分别,复于所分别之误认境说为现见,此则成为似现量矣。所谓有分别智于义异转是也。原注云:散心有二:一有分别,二无分别。诸似现量,遍在二心。有分别心妄谓分明得境自体,无分别心不能分明冥证境故,名似现量。论据决定,唯说分别。非无分别心,皆唯现量故。

八者似比量。即真比量之反面有过之推论也。立者成立断案,若无共相之智与敌者之间不免生出违解,所谓虚妄分别,不获正解。故《大疏》曰:"妄兴由况,谬成邪宗。相违智起,名似比量。(妄起因喻,谬建邪宗。顺智不生,违解便起,所立设成,此彼乖角,异生分别,名似比量)。"《略纂》曰:"图形于影,未尽丽容。拟而失真,名似比量。"

上述八义二益竟,令为图再示如下:

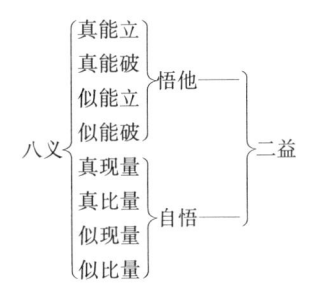

$$
\text{八义}\begin{cases}\begin{rcases}\text{真能立}\\\text{真能破}\\\text{似能立}\\\text{似能破}\end{rcases}\text{悟他}\\\begin{rcases}\text{真现量}\\\text{真比量}\\\text{似现量}\\\text{似比量}\end{rcases}\text{自悟}\end{cases}\text{二益}
$$

第二节　明摄诸要义

论:如是总摄诸论要义

此谓八义二益,不惟为此论纲纪,并总摄诸论要义。盖论义虽多,建章总不出立破二门,是非总不出四真四似,利益总不出自他二悟也。《大疏》曰:"如是者,指颂所说。总摄者,以略贯多。诸论者,今古所制一切因明。要义者,立破正邪,纪纲道理。此意总显《瑜伽》《对法》《显扬》等说。"一切因明者,分别有七。颂曰:论体,论处所,论据,论庄严,论负,论出离,论多所作法(此颂即出《瑜伽》第十五,乃至长行广明其相,如彼疏解)。一者论体,谓言生因立论之体。《瑜伽》论体性谓有六种:一言论,二尚论,三诤论,四毁谤论,五顺正论,六教导论。言论者,谓一切言说言音言词是名言论。

尚论者,谓世间随所应闻所有言论乃至顺正。论者谓于善说法律中宣说教诫,随顺正行。教导论者,谓教修习增上心学慧学,补特伽罗,令得解脱,所有言论。此六论中,后二真实,中二所应远离,初二应当分别。《略纂》①解云:"言论者,以音声为性,言说是体,言音是相,言词是用,是三差别,或以音声说,一因二喻立三差别,"具如彼释,《伦记》亦同。二者论处所,谓于王家证义者等,论议处所。《瑜伽论》曰:"云何论处所?当知亦有六种:一于王家,二于执理家,三于大众中,四于贤哲者前,五于善解法义沙门婆罗门前,六于乐法义者前。"三者论据,谓论所依,即真能立及似真现比量等。其自性差别,义为言诠,亦所依摄。《瑜伽论》云:"云何论所依?当知有十种",谓所成立义有二种,一自性、二差别。能成立法有八种,见《瑜伽》之八能立。《略纂》曰:"此中宗等,名为能立。自性差别,为所立者。此有三重:一云宗言所成立义,名为所立。故此所立而有义言,其宗能诠之言及因等言义,皆名能立。……二云诸法总聚自性差别,若教若理,俱是所立。此俱名义随因有故,总中一分,对敌所申,若言若义,自性差别,俱名为宗,即名能立。……三云自性差别,合所依义,名为所立。能依合宗说为能立。"乃至广解。文初第一重者,净眼师义。次一重者,文轨师解。复一说者,即疏主义。今言即真能立者,此即宗等八种能立,至下当解言及似真现比等者。此八能立外,更举似现似比等故,真字恐剩,以真现等既真能立摄故。故《瑜伽》《略纂》并《伦记》但云似现比量等也。言其自性差别等者,谓论所依者,非但能成立法而所成立义亦所依摄,以为言诠故。四者论庄严,谓真能破。论②曰:"论庄严者,略

---

① 窥基《瑜伽师地论略纂》。——编者注
② 指《瑜伽师地论》。——编者注

有五种：一善自他宗,二言具圆满,三无畏,四敦肃,五应供。"五者论负,谓似立似破。论曰："论堕负者,谓有三种：一舍言,二屈言,三言过。"六者论出离,将兴论时,立敌安处身心之法。论出离者,谓立论者先应以彼三种观察论端,方兴言论或不兴论,一观察得失、二观察时众、三观察善巧不善巧。七者论多所作法,由具上六,能多所作。论曰："论多所作法者,谓有三种于所立论多所作法,一善自他宗、二勇猛无畏、二辩才无竭。"此一颂中唯摄第一第三第四第五之要,不摄余三,以非要义故也。今将七要简示如下：

（一）论体——一言论,二尚论,三净论,四毁谤论,五顺正论,六教导论。

（二）论处所——一王家,二执理家,三大众中,四贤哲者前,五善解法义沙门婆罗门前,六乐法义者前。

（三）论据——一自性,二差别。

（四）论庄严——一善自他宗,二言具圆满,三无畏,四敦肃,五应供。

（五）论负——一舍言,二言屈,三言过。

（六）论出离——一观察得失,二观察时众,三观察善巧不善巧。

（七）论多所作法——一善自他宗,二勇猛无畏,三辩才无竭。

第二章　别释八门为七

第一节　真能立门三

第一项　初　标

论：此中宗等多言，名为能立。由宗因喻多言，开示诸有问者未了义故。

谓此门中宗因喻多种语言，名为能立。何以故？由此宗因喻多种语言，则能开示诸有问者，所未了之义故。《理门论》亦云："由宗因喻多言，辩说他未了义。"诸有问者，谓敌证等，未了义者。立论者宗，其敌论者，一由无知，二为疑惑，三名宗学，未了立者立何义旨而有所问，故以宗等如是多言成立宗义，除彼无知、犹豫、僻执，令了立者所立宗义。

第二项　解又三

1. 释　宗

论：此中宗者，谓极成有法，极成能别，差别性故，随自乐谓所立性，是名为宗。如有成立声是无常。

谓此真能立门三支之中所言宗者，即是前陈极成有法，以为宗依；后陈极成能别，以为宗体；及自意许差别性故，故名为宗。《大疏》曰："极者至也，成者就也，至极成就，故名极成。有法（前名词宗之前陈)能别(后名词宗之后陈),但是宗依,而非是宗。此依必须两宗(两宗谓立敌两家)共许至极成就,为依义立,宗体方成。所依(有法能别)若无,能依何立。由此宗依必须共许,共许名为成就①,至理有故,法本真故。若许有法能别两②种非两共许,便有二过。"以要言之,但随其自意乐至极为所成立性,即名为宗。譬如有人成立声是无常,声之一字,——上部——即前陈有法;无常二字,——下部——即后陈宗体。或指明论声无常,或指余声论无常,或总指一切声皆无常,口虽不言,心有所指也,即意许差别性也。唯此前陈有法,后陈宗体,不但于发言上有时间之区别,其本有性质亦不相等。今欲明此义,必先明体之三名与义之三名。体即前陈,义属后陈。前陈所以名体者,以前陈为立敌争论之立题也。后陈所以名义者,以后陈显争论主题之义理也。此体义各有三名,可见前陈后陈性质之不同也。体三名者,一自性、二有法、三所别也。义亦三名者,一差别、二法、三能别也。今取一例,示列如下:

```
            声是      无常(宗)
          ┌ 自性     差别 ┐
     体三名│ 有法     法   │义三名
          └ 所别     能别 ┘
            前陈      后陈
```

何谓自性差别耶?《瑜伽》十五所立说所立有二:一立法体,二立法义。体与义,各有三名,既如前说。所谓自性云者,例如花开鸟飞诸语中,其花、鸟之前陈,只称自体之名,尚无显示何种性质何种义理。至后陈开、飞之差别云者,乃望自性而有分别之义,亦能

---

① "成就",疑作"至极成就"。——编者注
② "两",疑作"二"。——编者注

通他之上。如花开一语,花之名词,只局于花体之名称也。鸟之名词,只局于鸟自体之名称也。而开之性质及飞之性质,则可适用于花鸟以外之范围。故《大疏》云:"诸法自相,唯局自体,不通他故,名为自性。如缕贯华,贯通他上诸法差别义,名为差别"即此意也。今凭因明总有三重:一者局通。自体名自性,狭故;通他名差别,宽故。二者先后。前陈名自性,前未有法可分别故;后陈说名差别,以前有法可分别故。三者言许。言中所带名自性,意中所许名差别,言中所申之别义故。二释何谓有法与法耶?有法与法[①],前陈名有法者,凡前陈之名词中,必含有无常之意义。至后陈之所以名法者,有二义故:一者能持自体,谓能住持自体而不失也;二者轨生物解,轨谓轨范,物者人也,言具有轨范,可令人生解也。前持自体,一切皆通。后轨生解,要有屈曲,要有声韵屈曲以显义也。如说声于声之上无何等解释,他人闻之,不能令他敌者及敌者生起异解。乃后陈继之曰无常,至此有解释声之性质。声是无常,非非无常之声;声是无常,非色香等无常。由此义故,能使他人发生悟了别得异解。后之于前者,其义殊胜,故得名法。换言之,前者仅有法之一义,后者兼具二义。又前者义非殊胜,其能使人了别,端在后陈,故后者名之为法也。三释何谓所别能别耶?前陈后陈所以名为所别能别者,盖前陈对望后陈,实为分别前陈故。如前说花开,本来花开云者,乃开之花,非残之花;后陈既分别前陈,同时前陈亦可分别后陈者,谓是花之开,非门之开也。此因明学中所谓互相差别也。虽然,若从立敌诤论主要言之,则争论是非然否,全在后陈,即后陈之分别前陈也。由此应知,前者为后者所分别故,前陈名所别;后者具有分别之功能,故后陈曰能别。《大疏》曰:"立敌

---

① "有法与法",疑衍。——编者注

所许不诤前陈,诤前陈上有后所说。以后所说别彼前陈,不以前陈别于后陈,故前陈自性名所别,后陈差别名为能别也。"

2. 释 因

A 总标三相

论:因有三相。何等为三?谓遍是宗法性,同品定有性,异品遍无性。

欲述因相,必先知因之语义。因者,所由也,所以也,释所立宗义之所以然也。简言之,即立说之原因,抑根据。如立声是无常。有人问云,何以知声是无常耶?答之以因,曰是所作性故。由此所作性,知声之所以是无常宗义,乃因之成立也。但此原因为如何之原因乎?兹分述如下:

一立敌对望。若立一宗欲使敌者了悟,则不能不举一充分之理由以证明之,是立敌诤论时,惹起敌智之原因也。

二宗因对望。因所以成立宗之断案,由立此因顺益宗义,令宗义立。譬如凡所作性定属无常,故用所作性三字为所由、所以然之因,成立无常之宗而为其果也。由此因而宗之证明始得成立,是敌者对于未决之宗,而得决定之原因也,故名之为因。然对于宗喻便有三相,三相者谓有三方面也。一对于宗者,曰遍是宗法性。对于同喻者,曰同品定有性。对于异喻者,曰异品遍无性。太虚大师曰:"以因对宗上前陈之有法一面及对宗上后陈法同品异品之正反二面,或对喻中同喻异喻二面,成为三面,故云三相。非谓因有三个体相谓之三相。"斯言可谓得之矣。兹先作图示之。

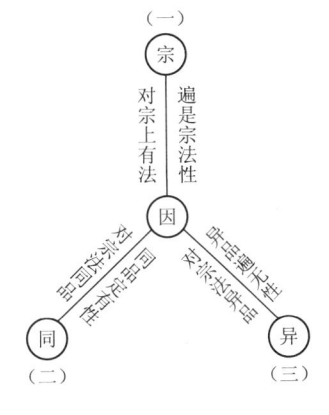

一所谓遍是宗法性者，须要遍是宗及有法之性。太虚大师曰："谓所用因，其性质必须完全是宗上有法所有之差别义——法。宗中有法上所有差别之义法，有未共许而欲令他人共许者，则立之为宗法；有已共许而可令他人信解未许之宗义者，则用之为因法。设此因法有一点非宗中有法上所有之法义，则便不能决定有法之必有此因法，更不能用此决定有法之必是彼宗法矣。"如所作性三字，望于声之有法无常之宗，决定皆有所作性义，故名遍是宗法性。举一例诸，凡所出因不得与宗相违也。若因不遍宗有法上，此所不遍，便非因成。（秋篠云："若立宗宽，立其因狭，非因成宗。如外道师，立一切卉木应有心识，以有眠觉故，如合欢树。此因不遍宗有法上，便非能成宗。盖宗有法一切卉木便宽，其眠觉因非一切卉木上有，即狭也。"）有所不立，显皆因立，是故称遍。（十力云："如声上无常敌未许，名有所不立。今言遍者，显此不立，因皆能立。"）若但言遍，不言宗法，即不能显因是有法宗之法性，能成于法。

二所谓同品定有性者，言于同品喻中须是定有之性，显第二相。同是相似义，品是体类义。相似体类，名为同品。十力云："疏以体类释品，似不妥。应云：品者类义，义之类故。盖言同者，非取法之自体，但取法体上所有之义，如瓶上有是所作与无常义，声上亦有所作与无常。义类相似，故言同品，实非取瓶与声名同品。"故《理门》云："此中若品，与所立法邻近均等，说名同品，以一切义皆名品故。"彼言意说，虽一切义皆名为品，今取其因正所成法，（宗之后陈法是因正所成也。）若言所显法之自相，若非言显意之所许，但是两宗所净义法，皆名所立。随应有此所立法处说名同品。太虚大师曰："按论以所立宗之后陈法均等义为同品，用以作因之法有时，彼所立法均等义之同品，必定须随之以俱有。若不定随之以俱有,则此能成立法之因与彼所成立法之宗上后陈法无定关系,今虽有此因法仍不足以决定必有彼宗上后陈法。故此因有时,彼同品法必定随有也。"

三所谓异品遍无性者,言异品喻中须是遍无之性,显第三相。异者别义。所立无处,即名别异。品者聚类,非体类义,许无体故,不同同品类义解品。(智周《后记》云:"此中意说,同品必须所立宗因有体无体皆须相似,……异即不尔,但止其相滥良尽,是真异喻也。非要有体无体皆同,故言许无体①,故不同同品类义解品也。")随体有无,但与所立别异聚类,即名异品。如虚空等,非是无常,名异品。此喻周遍推求,决无所作性义也。太虚大师曰:"若宗上后陈法无处,此因法仍有者,则此因法即为不定,而不能决定成立彼宗上前陈有法必是彼宗上后陈法矣,故若无所立宗上后陈法处之异品中,必须遍无因法也。"古因明云:与其同品相违或异,说名异品。如立善宗,不善违害,故名相违。苦乐明暗冷热大小常无常等一切皆尔,要别有体,违害于宗,方名异品。此以与同品相违名异,古师第一义也。或说与前所立有异,名为异品。如立无常,除无常外,自余一切苦、无我等、虑碍等义,皆名异品。此以与宗别异故名异,古师第二义也。智周《后记》云:"此与第一义何别耶?答:初狭后宽。初解狭者,如立无常,但是常者即是异喻。"第二解宽者,"如立声无常,所作性因,瓶为同喻,空为异喻。即声上无我等义,亦复是异。"所作性因,于彼无我等上亦许有故。即此因于义②品有,成其不定。准此若与所立别异即名异者,应一切量无有正者,故今应依陈那所说,但是所立宗无之处,即名异品,

---

① "故言许无体",疑衍。——编者注
② "义",疑作"异"。——编者注

非要一切别异方名异也。

此因之三相为全论之枢要,此三若完密无阙,其余诸过自较轻矣。

B 别释二品

论:云何名为同品异品。谓所立法,均等义品,说名同品。如立无常。瓶等无常,是名同品。异品者,谓于是处无其所立。若有是常,见非所作,如虚空等。

言同品者,谓与空法平均齐等之义品也。《大疏》曰:"所立法者,所立谓宗。(案:自性差别,不相离性,总合名宗,为因所成故名所立。)法谓能别。均谓齐均。等谓相拟。义谓义理。品谓品类。有(案:有体)无(案:无体)法处,(案:如立有宗,以有名同品;如立无宗,以无名同品。)此义总名。谓若一物(案:喻依)有与所立宗中法(案:别体依主)齐均相似义理品类,说名同品。"盖同品与宗相同,宗以自性差别不相离性以为体性,故同品亦取彼喻上无常及瓶不相离性以为体性,不别取瓶及无常,但取瓶等上有因之所成无常义也。故《大疏》曰:"是中意说宗之同品,所立宗者,因之所立自性(案:前陈)差别(案:后陈)不相离性,同品亦尔。有此立中法,互差别聚不相离性相似种类,即是同品",正显此义也。如立无常为宗,而瓶等无常是名同喻;言异品者,谓于是喻处无自所立无常之宗,是名异喻。所谓若有是常,见非所作,如虚空等。若有是常句,遣无常宗,见非所作句,遣所作句,如虚空等句番[①]瓶等喻,故上文云:异品遍无性也。《大疏》曰:"如立其无常宗,所作性为因,若有处所是常法聚,见非所作,如虚空等,说名异品。"龙树又云:"若所立无,说名异品,非但与同品相违或异而已。"

---

① "番",疑作"翻"。——编者注

C　结成因性

论：此中所作性。或勤勇无间所发性，遍是宗法，于同品定有，于异品遍无，是无常等因。

勤勇无间所发性，人之意力所发者也。谓假如此立声是无常宗中，或云所作性以为其因，或云勤勇无间所发性故以为其因，则遍是宗及有法之性，既是同品定有性，亦是异品遍无性。由欲觉悟之人不同，用以为因之法当随之而不同，是故得无常及同喻异喻之因也。举二因者，所作性因以对声生论，勤勇无间所发性因对声显论（古印度论师）。因能成宗之条件，必宗后陈之范围与因相等，可大于因，决不可小于因。故《大疏》曰："因狭（案：所作、勤勇狭因）若能成立狭法，（案：如所作狭因，成得无常狭宗。）其因亦能成立宽法。（案：即前狭因亦得成无我宽宗，以无我通所作与非所作，故宽也。）同品之上虽因不遍，于异品中定遍无故。"十力云："前狭因成无我宽宗，取瓶空双为同喻，但定有即得，虽无异喻，因无溢故。因宽，若能成立宽法（无我宽宗），此（所量性宽因）必不能定成狭法（不可成无常狭宗）。于异品有，不定过等，随此生故。（若立声无常宗，所量性故，有不定过）。是故于此，应设勋劳也。"

3. 释　喻

论：喻有二种：一者同法，二者异法。同法者，若于是处显因同品决定有性。谓若所作，见彼无常，譬如瓶等。异法者，若于是处，说所立无，因遍非有。谓若是常，见非所作，如虚空等。此中常言，表非无常。非所作言，表无所作，如有非有，说名非有。

喻之一名，梵云达利瑟致案多。达利瑟致，此云见。案多，此云边。由此比况，令成立究竟名边。他智解起，照此宗极，名之为见。依《大疏》言："喻者，譬也，况也，晓也。晓明所宗，故名为喻。"

如立声是无常，所作性故，譬如瓶等。正由如瓶之语以同喻之条件，证明声之无常，故曰由此譬况，晓明所宗也。以宗之义，依瓶空而显故。喻有同法异法之分。同法者，从正面上推断以证明所立之宗也。异法者，从反面上确定同喻之推断也。简言之，同喻者，宗同品因同品也；异喻者，宗异品因异品也。同法者，若于是喻处，显示因之同品决定有性，谓若所作之因，见彼无常之宗，则以瓶等为同喻，瓶亦所作，瓶亦无常，名为同法也。异法者，若于是喻处，说所立宗法决定是无（即宗无），所出因性，亦遍非有（因不有也），乃名异法。谓若是常，则无所立无常宗法，见非所作，则遍非有作性因，如虚空等，则无瓶等可为同喻，故名为异法也。太虚大师曰："显有因之法处，彼同品法必定随有，若有所作性之瓶等法处，彼无常性定有，名同法喻。显无彼同品法处，则因遍非有，若无有无常性之虚空等法处，所作性必完全无有，名异法喻。"复次，此中所言常者，但是遮而非是表，惟表示其非无常耳。非立常为宗以与无常相对也。此中所言非所作，但是遮无所作之性，非另立非所作之性以与所作相对也。譬如有人，遮一切有，说曰非有。其说非有，所以说明非有耳，岂可更有一个非有，以与有相对哉？此显示异喻但遮非表，借虚空常非所作为异喻，以表无常正宗，决不立虚空为常宗也。若计虚空是常，即非本意。要之，因明论式如形式论理学属于研究的，其目的专在实用的，使敌者悟了所立之义，所立悟他为主，故立者论意之所立，但使敌者得所了解，即已达因明之目的。若敌者了悟敏捷，一陈因体，直达宗义，不别陈同异二喻，自亦无妨。是知所以陈同异二喻者，抑亦不得已，使敌晓宗义之含蕴焉耳。

第三项　结

论：已说宗因等如是多言开悟他时，说名能立。如说声是无常,是立宗言,所作性故者,是宗法言。若是所作,见彼无常,如瓶等者,是随同品言。若是其常,见非所作,如虚空者,是远离言。惟此三分,说名能立。

此简古师与陈那之同异也。古师说八种为能立,或说宗等为能立。今说一因二喻为能立,故异名也。若顺世亲,宗亦能立,义如前释。故言宗等因喻三名为多言,立者以此多言开悟敌证之时,说名能立。陈那以后,举宗能等取其所等,一因二喻名为能立,宗是能立之所立具,故以能立总结明之。如有成立声是无常者,此是所诤立宗之言,若说所作性者,是宗之法能立因言。由是宗法,故能成前声无常宗,即是遍是宗法性之言。若合云:凡是所作,见彼无常宗,犹如瓶等是无常宗,随因所作同品之言。若云设是其常,离所立宗,见非所作,离能立因。如虚空者,指异喻依,此指于前宗因二滥,名远离言。(十力云:"离者别离,远亦离也。异喻于宗及因,通远离故。")远宗离因,或通远离,或体疏名远,义乖名离。与所能立,体相疏远,义理乖绝,即是远离无常宗及所作因之言,故名远离。惟此宗因喻三分,说名能立也。《理门论》云:"又比量中,唯见此理,若所比处,此相审定(案:遍是宗法性),于余同类,念此定有(案:同品定有性),于彼无处,念此遍无(案:异品遍无性)。是故由此生决定解。"即是此中唯举三能立。(一因二喻名能立,二喻体即是因后二能。)能指能立之因,宗即所成立之宗,合必先能后所,离则先所后能。故但可云:一切所作,皆是无常;不可云:一切无常,皆是所作。合必先因而后宗故。又但可云:若是常者,定非所作;不可云:非所作是常。离必先宗后因也。

第二节 似能立门二

第一项 正释又三

1. 释似宗又三

A 初列九过

论：虽乐成立，由与现量等相违故，名为似立宗。谓现量相违，比量相违，世间相违，自语相违，能别不极成，所别不极成，俱不极成，相符极成。

乐所成立，义统真似，虽复乐为所立之宗，无成立之能力，与现量等九义相违，明有过非真也。《略纂》云："与现等九相违，故名似立宗。"乐成立中无失比量，云当时乐为，不可更成立也；有失比量，云当时乐，更可成立也。故《大疏》曰："乐为（案：指前随自乐为所成立性）有二。一当时乐为（案：虽乐成立者，当时乐为今①成立故）。二后时乐为（案：由与现量等者，后时乐为更可成立故）。前乐为当时之所乐，似宗所立，后时乐为。（案：后时乐为之宗，当时必有过故。）故乐为言，义通真似，前将当时之乐为，简非当时之所乐（有过故名似立宗），故似宗等非是真宗。论说虽有得失二义，从得义说，虽复前言乐所成立说名为宗，此为得也，当时立故，无得诸过故。从失义说，即若与现量等相违，故后时之乐为，非当时之所乐，名似立宗，此为失也。后时立故，有诸过故。又显不定义，乐为之言，通今后二时不定。前当时乐所立名能立宗，今后时乐名似立宗也。"似立之过有九，陈那唯立前五相违，天主又加此四不成，故

---

① "今"，疑作"令"。——编者注

72

《大疏》曰："陈那唯立此五,天主更加余四。"又曰："若依结文,(案:结似宗文)或列有三,初显乖法。(案:五相违)。次显(案:四不成过)非有(案:能别所别及俱),后显虚功(案:相符),此即初也。乖法有二,(案:第一说)自教自语,唯违自而为失,(案:不以违他共而为失)。余之三种,违自共而为过(案:不以违他为失,本欲违他故)。(案:第二说,)叉①现比违立敌之智;自教违所依凭;世间依胜义而无违,依世俗而有犯,据世间之义立,违世间之理智;自语立论之法有义有体,体据义释,立敌共同,后不顺前,义不符体,标宗既已乖角(案:有法与法乖角),能立何所顺成? 故此五相违,皆是过摄。"现量谓无分别智所知,略似柏格森之直觉。比量谓正分别智所知。自教谓不论大小内外各有自己禀承之教。世间谓世人依于世谛共所许事实,即《瑜伽》真实品所谓世间极成真实。自语,谓自所立法。以上五种随一相违,便非真能立宗者也。能别谓后陈宗体,所别谓前陈有法,俱谓宗及有法。以上二种随一不成便不成立,况俱不成,岂能立哉。相符,谓与敌家更无二趣,既已相符,何劳别立? 总此五相违、四不成,名似立宗也。既名似宗,其非真能立也审矣。

B　别释九过

论:此中现量相违者(Incompatible with perception),如说声非所闻。

耳识闻声,是现量境。以声是耳识相分故。正闻声时,不带名言无分别故。若于声是有法而立声非所闻宗,岂不全与亲证之事实相违乎? 既违亲证之事实,则事实为众人所共许不能否认,而所立声非所闻宗,又适与事实相违,违现量即违道理,徒资人之一笑

---

① "叉",疑作"又"。——编者注

矣。《大疏》曰："此中简持，唯且明一（案：声非所闻）。现量体者，立敌亲证法自相智。（案：亲证法自相智者：自相者，体义。亲者，谓能缘智于所缘法体，冥合若一，能所不分。证者知义，虽能所不分，而非无能缘所缘，由能缘智于所缘境，冥冥证故，无等分别，是名亲证法自相智。）以相成宗，本符智境。（案：立者以因三相，成所立宗，本须符应现量智之境，方无邪谬。）——立宗已乖正智，（案：即亲证法自相之能证正智）令智那得会真？（案：谓比量智）耳为现体，（案：《义范》云：问：现量体者，谓证自相智。云何色根名为现体？答：如《瑜伽》第十五说：如是现量，谁所见耶？答：略说四种所有，一色根现量云云。故知耳等色根，得为现体，非唯智也。）彼此极成。（案：立者、敌者、证者，共许耳根是现量体，耳识依之亲取境故。）声为现得，本来共许。（案：耳所闻声时，即是亲证自相故。立敌本来共许。）今随何宗所立，但言声非所闻，便违立敌证智，故名现量相违。"

论：比量相违者（Incompatible with inference），如说瓶等是常。

现量为现证之相分，虽极确实，唯其范围狭小，且有误认之虞。例如认绳为蛇、见烟为火之属，苟仅现量断定，其为蛇为火而已，而绳烟之真相，终无由知。又如化学之原子离子电子之说，亦非吾人感官所能接触，诚以现量为限，则吾人眼识未见有原子等。可知事物之真相不限于现量智，亦可从比量智之比较推论，故其范围较现量为广，亦可补现量智之不足。因明学之辩证，亦以比量为最重要之成分也。何谓比量？凡未现见事实，由间接推理而得者是。比量相违者，即论理学上之矛盾律。今举一例释之，如说有一磁[①]瓶，吾

[①] "磁"，疑作"瓷"，下同。——编者注

人不见从作而成、从成而坏之无常相,然磁瓶因缘和合之假相,乃正分别智之所比知。若于瓶等有法而立常宗,则与所作性之因相违,何则？所作性者必是无常,凡所作性既是无常,今立瓶等为常,宁不与自他推论之知识相违乎？既违自他已经认定之理,则违比量所知道理矣。比量之体者何？证敌者之智是也。简言之,即证敌者闻立论之言所起之智名比量体。故《大疏》曰："比量体者,谓敌证者(案:敌者证者),借立论主能立众相而观义智。(案:以敌证者借立论主能立众相而观于所立宗义之智为比量体。)宗因相顺,他智顺生。宗既违因,他智返起,故所立宗,名比量相违。"如所作性因而出以无常之宗,此宗因相顺,敌者闻之,必能俯首,故曰他智顺生。反之,于所作性因而成常宗,宗既违因,敌者闻之忽生异解,故曰他智返起。《大疏》复解之曰："彼此共悉瓶所作性,决定无常。今立为常,宗既违因,令义乖返；义乘返故,他智异生,由此宗过,名比量相违。"

论:自教相违者(Incompatible with one's own belief or doctrine),如胜论师立声为常。

《大疏》曰："自教有二:一若立所①师,对他异学,自宗业教(案:谓对他异学立自宗中所禀业教)；二若不顾论,立随所成教。今此但举自宗业教,对他异学,凡所竞理,必有依凭,义既乖于自宗,所竞何有凭据？"胜论自宗明声无常,今立为常,故违自教。《后记》云："若不顾论随所成教者,意云随入他宗立他宗义,亦不得违他之教也。问:既是他教何得言自？答:自比量教随其量而得自名,实是他教也。"盖无论何种学派何种教派,皆有其教系相传成一家之言,则不得于其自家之学说而反对之。夫何以故？自家学说

---

① "立所",疑作"所立"。——编者注

自家所凭信故。若乖违自家教义，已失其议论之立足点，虽有争辩，何能成立？如是名自教相违。考胜论师之声为常者，胜论立六句义：一实句义（Dravya Padartha），二德句义（Guna Padartha），三业句义（Karma Padartha），四同句义（Samanya），五异句义（Vicesa Padartha），六和合句义（Samavaay Padartha）。英人约翰·洛克分胜论六句义：一实句义属实体的，德句义、业句义、同句义属样式的，异句义和合句义属关系的。实句义乃叙明物质之原子，前四是不灭之原子，万物之集合而成者也，其种类有九：一地、二水、三火、四风（纯物质）、五空（如以太状）、六时、七方（时间空间）、八我、九意。生活①体原属常，声属德句非常。德句义乃一切现象之概念，如性质、容量、状态、地位运动者，是其种类。凡二十四种：一色，眼根所感者如青白等是。二味，舌根所对了境如甘苦等是。三香，鼻根所对之境如臭与香气等是。四触，皮肤所感如冷热等是。五数，吾人对物数数之观念，如自一至九以至无量者是。六量，对于事物容量之关系，如微粗短长等是。七别体，事物各自立者是。八合，物之相感者曰合。九离，物之相距者曰离。十彼体，如空间之远其主体者，时间之为过去者是。十一此体，如空间之近其主体者，时间之为现在者。十二重体，坠落之因曰重体。十三液体，有流动之可能者如水者是。十四润，粘着之因曰润。十五声，耳根所对之境，如鼓之音人之声者是，空之特有之德，为根所对之境，分由鼓发之音，及人喉发之语。二种本典与《尼也耶经》同主张此声之无常，所以对抗弥曼萨派之声常住论。十六觉，如现量、比量、记忆皆是觉之作用。十七乐，适心曰乐。十八苦，逼恼曰苦。十九欲，希来②

---

① "生活"，疑作"实"。——编者注
② "来"，疑作"求"。——编者注

曰欲。二十瞋,损害之心曰瞋。二十一勤勇,热烈的追求或回避曰勤勇。二十二法,正者曰法,此作熏习我体为惹未来生善恶因,由所命行业而生曰法。二十三非法,不正者曰非法,此指业力而言,由所禁行业而生曰非法。二十四行,如物理的造作因,心理的记忆因皆曰行。业句义,乃物体合离之状态,如实体之去取及其运动是也。其种类有五:一曰取业,先时本相离,今时使之合曰取。二曰舍业,先时本相合,今时使之离曰舍。三曰屈业,以高就下,以远合近曰屈。四曰伸业,提低使高,引近使远曰伸。五曰行业,离此就彼,离彼就此,变迁无常曰行。同句义,即是双重之意。异句义,在实句义所有九种,各各相异。和合句义,如物质与性质,原子与原子所出东西;又如 Genus 与 Species,或 Object 及 Jeneral Idea,彼此有不可分离的一种关系,是名和合句义。由上所述,可知彼自家教义谓声为无常属德句所摄,其根本主张原以声为无常也。假使彼复立声为常宗,而声本含所作性非常住,既违自教德句所诠之义,复犯所作性而常住之失,对辩者举彼所传教义而破之,则适成自教相违矣。复次,应知自教相违,由乖乎争辩本意,而说为过。在争论上亦非不能推翻,唯推翻时,须加标简法也。

论:世间相违者(Incompatible with public opinion),如说怀兔非月,有故。又如说言,人顶骨净,众生分故,犹如螺贝。

世间相违者,即反于世间一般人共同所信仰。《大疏》引《理门论》云:彼言意显,以不共世间所共有知故,无有道理可成比量,令余不信怀兔非月,是故为过。例如兔因望月而怀妊,(世人谓兔望月踏影成胎,《西域记》七,黄狐兔猿共为亲友,行仁义时,天帝欲试为饥渴人,兔烧身供养。帝伤叹良久曰:君感其心,不泯其迹,寄之月轮,传于后世,故西竺咸言,月中之兔由斯而有。)人之顶骨为不净故，通常之说，都是如此。今翻谓母兔之怀小兔非因望月而成——宗，以有体故——因，如日星等——喻；又说，人之顶骨是净——宗，以是众生身分——因，犹如螺贝——喻，能立因喻虽无有过，然所立之宗，必非一般世人所能共信，（案：据《纂要》云：此因喻亦有不定过，因云众生分故者，为如贝等，众生分故，是不净耶？又世间不必共许贝等是净，故喻亦不定。）宗违世间共为不净，是故为失。又如世间学者，有物质不灭之说，已成普通定理，今忽反对其说，亦不免世间相违之过。凡因明法，所能立中，若有简别，便无过失。若自比量，以许言简，显自许之，无他随一等过。若他比量，汝执等言简，无违宗等失。若共比量以胜义等言简，无违世间自教等失。随其所应，各有标简。吾人于世间一般世俗习惯，非谓不可反对，唯反对时须加标简耳。同一世间有学者非学者之区别。此世间之外，竟有超出世间，超出世间则非世间所摄者，可破坏有迁流名世，落在世中者曰世间。一切世间从其本际展转传来，想自分别，共所成立。不由思惟筹量观察，然后方取。《瑜珈师地论·真实品》谓之世间极成真实。《大般若》第四百九十八卷云：是世间故，名为世间。造世间故，由世间故，为世间故，因世间故，属世间故，依世间故，名为世间。《大疏》于此，分有二种：一非学世间，除诸学者，所余世间所共许法。（案：世间知能学艺政治等事，总名非学世间。以对三乘出世之法，总名非学世间所摄。）二学者世间，即诸圣者所知粗法。（案：《后记》云：三乘教法，总名学者世间。）若深妙法，便非世间。（案：《后记》云：真如理法，名为深妙，便非世间之所摄也。）以上怀兔顶骨之例，即属非学世间。十力云："今人每谓佛家因明，说世间相违、自教相违诸过，为束缚思想之道，此妄谈也。因明所标宗因诸过，本斟酌乎立敌对辩之情而立。用是为辩论之则,非所以立思想之防,文义甚明,可复按也。浮浅之士,援思想自由之新名词,妄行攻诘,不思与所攻诘者渺不相干。轶世士夫,蚁智羊膻,剽窃西洋肤表,一唱百和,遇事不求真解,谈学术,论群治,无往不然。盲俗既深,牢不可破。吾以游怀孤乎昏世,众棘怵心,丛锥刺目,茫茫天壤,搔首何言?百感在心,不觉其言之蔓,斯言可谓深且切矣。"

论:自语相违者(Incompatible with ones own statement),如言我母是其石女。

自语相违,即一人所说前后矛盾之谓。凡一命题宗之所依,皆用前陈之有法及后陈之法合成。有法是一法体。法是有法所有之差别义。此有法所有之差别义法,依于有法彼体不相乖角,可相顺立。如言水者冷也,冷之为言,不外说明水中所含之性质。斯则有法所有之差别义(冷性质),依有法体(水),不相乖角,道理极成。反之,前后之语自相矛盾论中,不能成立。如言我母是其石女,即其例也。梵语悉怛理阿迦,正翻应为虚女。今顺古译,存石女名。所谓石女者,谓不产子之妇人也。我母者,乃曾亲生育我身之女人也。生我身者,乃名我母。既言我母,语中已含有子之意。若曰石女,则不能生育,而决非我母。若曰我母,则既经生育,而决非石女。石女不能生儿,复曰我母是其石女,此语前陈之有法,与后陈之法已显然成为论理上之自语相违矣。《大疏》曰:"今言我母,明知有子。后言石女,明委无儿。我母之体,与石女义有法及法不相依顺,自言既已乖角,对敌何所申立?故为过也。"如立一切言皆是妄。谓有外道,立一切言皆是虚妄。陈那难言:若如汝说,诸言皆妄,则汝所言,可称实事,既非是妄,一分实故,便违有法一切之言。若汝所言,自是虚妄,余言不妄,汝今妄说非妄作妄,汝语自妄,他语不妄,便违宗法言皆是妄,故名自语相违。

论:能别不极成者(Incompatible with an unfamiliar major term),如佛弟子对数论师,立声灭坏。

能别不极成者,简言之,既后陈不共许之宗也。盖立宗规则,前陈有法谓之所别,后陈之法谓之能别,必须立敌共许。今前陈虽为共许,而后陈若非共许者,则为能别不极成之过。如佛弟子对数论,立声灭坏,是其例也。声本刹那刹那灭坏,但数论师决不许声坏灭,故对彼立灭坏宗,名能别不极成,以彼决不肯信受故。若破数论师计声是实者,应云声是有法决定无实宗。兹将数论大要略述如下,以明其学说之崖绪。梵云僧佉奢萨怛罗,此云数论。(数是劫比罗仙之智慧,数论是智慧,数云所起也。)谓以智慧数(三量)数度诸法,从数起论,论能生数,名为数论。此派成立(E.B.C.)为诸派中之最古者,其理论之完备与精透,较之他派尤为特放异彩,其创立者名 Kapila。考其源流,发萌于 Rigveda,而与 Upanishad 与原始佛教及 Jainism 亦有相当之关系。此派学者之泰斗格尔柏氏,谓此派立二元二十五谛,略为三,中为四,广为二十五谛,以数量而解释万有,凭思辩之知见而求解脱,最后乃成纯然之二元论,立精神的神我(Purusha)与物质的自性(Prakriti)解释一切。神我在乎认识,自性基于活动,其活动力可以三种概念表示之,喜(Priti)、忧(Vicoda)、暗(Vi-cada),Purusha 为动力因,Prakriti 为质料因,万有依此二因而成立。先从自性生觉,复从觉生我慢,我慢既立,复生五知根、五作根、心根之十一根,另一方面生细微物质之五唯,更由五唯生粗物质之五大,以此而成千差万别之现象。自性与神我复加上从自性发展的二十三谛,即所谓二十五谛。彼师说二十五谛,略为三,中为四,广为二十五谛,今以次胪列:

```
         ┌(一)自性——冥性第一谛
略为三   ┤(二)变易——中间二十三谛
         └(三)我知者——神我——第二十五谛

         ┌本而非变易——自性——第一谛
         │变易而非本┌一说十六谛——(十一根至五大)
中为四   ┤          └二说十一谛——(十一根)
         │亦本亦变易┌一说七谛——(大我执五唯量)
         │          └二说十二谛——(前七五大)
         └非本非变易——我知者——(第二十五谛)

            ┌(一)自性——二十三谛能变之本极其微细,而彼以凤命通八万劫外
            │    不可觉知,故云冥性。从冥性初生觉心。
            │(二)大——既是自性渐渐增长名大。
            │(三)我执——知神我所须诸境,既由我执,能令自性变起,神我体外
            │    别有我执,与神我为受者曰执。
广为二十五 ┤(四)五唯——色声香味触。
            │(五)五大——地水火风空。
            │(六)五知根——眼耳鼻舌皮。
            │(七)五作业根——手足舌生殖器排泄器。
            │(八)心平等根——分别为体
            └(九)我知者——谓神我能受用境有妙用故
```

数论说二十五谛:一、自性。二、大。三、我执。四、五、六、七、八,五唯,即色、声、香、味、触。九、十、十一、十二、十三,五大,即地、水、火、风、空。十四、十五、十六、十七、十八,五知根,即眼、耳、鼻、舌、皮。十九、二十、二十一、二十二、二十三,五作根,即舌、手、足、生殖器、排泄器。二十四、心平等根。二十五、神我。略之为三义:一、自性第一谛也。二、变易中间二十三谛也。三、我知第二十五谛也。或张之为四句:一本而非变易,谓自性。二变易而非本,谓十六,或但云十一根。三亦本亦变易,谓七谛或云十二法。四非本非变易,谓我知。要言之,举世间一切事物归纳于二十三谛——由自性神我,和合转生——虽是无常,而唯转变,非有生灭。自性神我,用或有无,体是常住,然诸世间无灭坏法。此数论学说之梗概也。今佛弟子对数论师言声可坏灭,殊不知数论派只认一切法有

81

变化,绝对不认有灭坏者。换言之,灭坏乃数论哲学中所绝无之物,此名辞既为敌者所不许,以之为后陈,必陷能别不极成之过。《大疏》曰:"今佛弟子对数论师,立声灭坏。有法之声,彼此虽许。灭坏宗法,(案:宗中之法,亦名能别。)他(数论)所不成,世间无故。(案:数论说世间无灭坏法,彼宗立自性及神我,体是常住。复说二十三谛虽是无常,而是转变,非有灭坏。《唯识疏》说:"二十三谛初从自性转变而生,后变坏时还归自性。但是隐显,非后无体。体皆自性,更无别体。")总无别依,应更须立。(《后记》:"宗之后陈能别名为别依。别依不成,总宗无依,故言总无别依,须更成立也。)非真宗故,是故为失。上五过违他非过,以下三过,违他是过,所以别也。

　　论:所别不极成者(Incompitible with an unfamiliar minor term),如数论对佛弟子,说我是思。

　　所别与能别对待而成,所别不极成者,既前陈不共许之宗也。有时宗之后陈为立敌共许,而前陈中有不共许之名词者,是名所别不极成。《论》中如数论对佛弟子说我是思,其能别之思,为彼此所共许,(佛家说思是诸心所之一,有思是心所故。数论立神我谛,体为受者,由我思用五尘诸境,自性便变二十三谛,故说我是思。思虑即神我用,用不离体故。)惟所别之我,独为数论所立,非佛家所许,佛家谓一切法皆无我故。则虽成后陈之能别,而前陈之所别不成矣。此如今唯物学派,否认有心理现象之存在,则任彼说唯物而何,皆不能成效。盖当先决物本身是否存在,若认是存在,乃可进言为何义也。如要实有林,然后方言此林从多树成,林先不可得,何得别有树等耶?

　　论:俱不极成者(Incompatible with both terms),如胜论对佛弟子,立我以为和合因缘。

　　俱不极成者,既前陈后陈俱不共许之宗。《论》中如胜论师对佛弟子立我以为和合因缘。胜论所执之我,既为佛弟子所否认;胜论点①句义中所云之和合因缘,亦佛弟子所认为非有者。故此我以为和合因缘一句,对佛弟子言,便有前陈有法及后陈之法两俱不成之过。《大疏》曰:"前已偏句,一有一无,(案:如能别不成,所别定成,即能别不成为一偏句。能别无,所别有,名一有一无。如所别不成,能别定成,即所别不成为一偏句。所别无,能别有,亦名一有一无。)今两俱无,(案:谓所别与能别俱无,)故亦是过。"今特对胜论六句论大意从略列表如下:

本　名	译名	含　　义	备　　说
(一) 陀罗骠 (Dravya)	实	实有九种:谓地、水、火、风、空、时、方、我、意。	即主谛式所依谛
(二) 求那 (Guna)	德	德有二十四种:谓色、味、香、触、数、量、别体、合、离、彼性、此性、觉、乐、苦、欲、瞋、勤勇、重性、液性、润性、行、法、非法、声。	即依谛
(三) 羯摩 (Karma)	业	业有五:谓取、舍、屈、伸、行。	即作谛
(四) 三摩若 (Samanya)	有	有体是一,实德业三,同一有故。	即总相谛或总谛
(五) 毗尸沙 (Vcesa)	同异	同异体多,实德业三,各有总别之同异故。	即别相谛或别谛
(六) 三摩婆夜 (Samavaga)	和合	和合唯一能令实等不相离相属之法故。	即无障碍谛

上列表中可知,胜论计我为实句义摄,由德句中觉乐苦欲瞋勤勇法非法等九种和合因缘起智为相,名我。(《演秘》释云:"由我能令觉等九德和合,而能起智。故举所和及所起智,以显我体。"《义范》曰:"问我十四德,何故唯与九德和合因缘?答:觉乐等九,是能

---

① "点",疑作"的"。——编者注

遍法故。和合此九,方能起智决择是非。数量等五,虽亦是我之德,非能遍法,故不说之。")谓和合性,和合诸德与我合时,我为和合因缘,和合始能和合,令德与我合。不尔,便不能。(《前记》云:"此意即说和合之和合觉乐等法与我合时,由何而得和合?由我为因缘,和合始能令觉等与我合。若我不为因,觉等终不能和合。"《义范》曰:"由我证境,理须九德,故为和合因缘。")然佛弟子不许实我,则彼立我以为所别,非佛弟子所许也。佛弟子不许和合句为实有,则彼立和合因缘以为能别,亦不能成立。所别之我与能别之和合因缘,俱非佛弟子所许,故云俱不极成也。

论:相符极成者(A thesis universally accepted),如说声是所闻。

前三不极成过,即是对于宗依须是极成而犯不极成过。此相符极成即是对于宗体须不极成而犯极成过。有法及法在为差别之不相离性,是名宗体。此如说声是所闻,立敌共许之宗体也。声是耳所闻,无论何人,均无是非然否之辩。彼此既无是非然否之争,即相符,何劳立量对辩建立以为宗,立因喻以为争端乎?未立之先,已极相符,则再立之,更无异义。立同不立,辞费何用?故《论本》云:"若如其声两义同许,俱不须说。"盖义有违反,方须立量。今既相符,不须更说。如凡人必死,凡人皆知,不应说而说,说同不说,是为相符极成也。唯在演绎论理学,相符极成失掉争端之本意不算为过。因明学较论理学注重过失论,于相符极成一过可见之矣。

C 总结九过

论:如是多言,是遣诸法自相门故,不容成故,立无果故,名似立宗过。

此总结九过也。多言指上九种似宗之语言也。前五相违过是遣诸法自相门故。使了解所示之诸法自相,则以听者之智为门。此相违宗排遣听者之智全不能起,故云遣诸法自相门。又以诸法自相为门,能生听者之智,此相违宗排遣诸法自相,使不能生听者之智,故云遣诸法自相门。后三不极成,是不容成;相符极成,立无果故,所以不名真能立也。遣诸法自相门者,如说声非所闻,即此非所闻是宗之后陈差别义,此违耳根现量,故令敌证之智返起,而作声是所闻解,便与声之自相相违,而不顺宗义矣。如言瓶常,即此常是宗之后陈差别义,此违所作性义,故令敌证之智返起,而作瓶是无常解,便与瓶之自相上所有之差别义相违,而不顺宗义矣。如说怀兔非月者,亦兔之后陈差别义相违。如说人顶骨净,即此净是宗之后陈差别义,便与顶骨自相相违。如说我母是石女,即此石女是宗之后陈差别义,便与我母自相相违矣。不容成者,即能别不极成、所别不极成、俱不极成三过,以敌家不许,故不容成。相符极成,则恰到好处,无所诤辩,说同不说,不须妄立,亦不容成也。立无果故者,谓真能立令人生正智名为有果,今似能立虽立无有功效,故云立无果也。《大疏》曰:"宗之有法,名为自相,局附自体,不通他故。立敌证智,名之为门,由能照显法自相故。(案:如声是诸法自相为耳所闻,宗之后陈差别义名之为门,义能生敌证智故。今言声非所闻,正遣能闻之门,故遣现量为过。又瓶等是法自相,其瓶自相为比量所知,其比量智名之为门。今言瓶是常,正遣无常之门,故违比量。为声为瓶如是,其他亦然。)立法有法,(案:立法与有法合之一处,名之为宗,)拟生他顺智,(案:本拟生他顺宗之智也。)今标宗义,他智解返生,异智既生,正解不起,无由照解所立宗义,故名遣门。(案:即遣彼宗自相上所有差别义门)。"二说自相即门,持业释也。《大疏》曰:"又即自相名之为门,以能通生敌智故。

（案：谓能通生敌者之智，如声是法法自相之一，其声自相，为耳所闻。通生耳识，即所闻之义名之为门。今言声非所闻，正遣宗自相上所有义门，故违现量为过，余亦准此。）凡立宗义，能生他智，可名为门，前五（案：谓现量等五种相违）立宗，不令自相正生敌证真智解故，名遣诸法自相之门。"不容成故者，释立三不极成之所由也。《大疏》曰："容谓可有，宗依无过，容可有成；依既不成，更须成立？故所立宗，不容成也。（案：三不极成所立宗，不容成立正宗也。）故似宗内，立次三过，（案：宗之前陈有法，亦名所别；宗之后陈法，亦名能别。所别能别，耳①是宗依，依若不极，宗岂容成？故次明所别不极成、能别不极成、俱不极成三过。）"立无果者，释立相符之所由过也。《大疏》曰："果谓果利。对敌申宗，本争先竞。返顺他义，所立无果。由此相符，亦为过失。结此九过，名似立宗。"

2．释似因二

A　总　标

论：已说似宗，当说似因。不成、不定、及与相违，是名似因。

此结前生后也。似因之名大类有三：不成因过有四，不定因过有六，相违因过有四。一曰不成。能立之因，不能成宗，或本非因，不成因义，名为不成。（《略纂》云："不成有两解。一云因体不成，名不成因。其因于宗，俱不许有，随一不容，或复犹豫无宗可依，如此之因，皆体不成，名不成因。不成即因，名不成因也。二云因不证宗，名不成因，不成之因，名不成因也。"②）二曰不定。或成所立，或同异宗，无所楷准，故名不定。（《前记》云："或成所立云云者，即成

---

① "耳"，疑作"俱"。——编者注
② 此段引文出自《因明入正理疏瑞源记》，是《瑞源记》作者转引慧诏《略纂》中的话。慧诏《略纂》今已佚失。——编者注

宗或同或异,此名不定也。"《略纂》云:"不定有两解。一云因体不定,名不定因,不定即因,名不定因也。以不定因,同异品有,非定一品转故,名不定因。虽复同有异无,然为敌量乖返,因喻各成,两因犹豫,亦名不定。二云令宗不定,名不定因。此不定之因,名不定因也。")三曰相违。能立之因,违害宗义,返成异品,名相违。(《略纂》云:"此亦二解。一云宗因两形为相,因返宗故名违,相违即因,名相违因。二云常与无常,两相返故,名为相违,与相违法为因,名相违因。相违之因,名相违因,即同品无异品有也。")不成因过有四,不定因过有六,相违因过有四,共十四因过,义如下释。

B　别释三

a　释不成

1. 列　名

论:不成有四:一两俱不成(When the lack of truth of the middle term is recognized by both parties);二随一不成(When the lack of truth of the middle term is recognized by one party only);三犹豫不成(When the truth of middle term is questioned);四所依不成(When it is questioned whether the minor term is predicable of the middle term)。

此标不成之数而列其名也。不成之过虽四,简言之,因之三相中缺其第一相遍是宗法性之谓耳。如立"甲者乙也,为丙之故"之量。因中之丙,对于宗有法之甲上,或全无关系,或有关系而非定普遍,违遍是宗法性之定律,故为不成之过也。《大疏》曰:"凡立比量,因后宗前,将已极成,成未共许。彼此俱谓,因于有法非有,不能成宗故,名两俱不成。"二随一不成者,"一许一不许因于有法有,非两俱极成故,名随一不成。"三犹豫不成者,"说因依有法,决定可成宗,说因既犹豫,其宗不定成,名犹豫不成。"四所依不成者,"无因依有法,有法通有无。(案:第一句无因依有有法,第四句无因依无有法。)有因依有法,有法唯须有,(案:第三句有因依有有法。《后记》云:"如无体因所依有法,有法得通有体无体,若有体因所依,必有体故也。"《广百论》首卷云:"因有三种,一有体法,如所作性等;二无体法,如非所作等;三俱二法,如所知性等。"准此,宗法亦有三种。有体因必依有体宗。如所作因,依声有法。所作者,表其生义。声有体故,得有生灭。若有法无体,依谁说生?故曰有因依有法,唯须有也。无体因通依有无宗。若依无体有法者,如神我是无宗,不可得故因。又即此因,成蕴中无我宗。宗有法蕴是有体,不可得因,即无体也。俱二者,如所知性因,成一切法无我宗。因言所知,即通有无;有法曰一切法,有无皆通,亦可知也。)因依有法无,(案:有体因依无体有法,即所依无,)无依因不立,(案:有法无者,据不共言无也。意云因之所依,有法若不共许时,即因无所依,故此因不成立也。)名所依不成。故初相过立此四种。

2. 释　相

论:如成立声为无常等。若言眼所见性故,两俱不成。(When the lack of truth of the middle term is recognized by both parties.)

此释四不成之前一种也。两俱不成者,因不遍通于宗之有法,为立敌所共知也。设立量云:如胜论对声论,立声无常之宗,以眼所见性为因。此因缺第一相(遍是宗法性),无论为立为敌皆不共许。何则?此所说之因,不但不能使敌者承认声为无常,且亦不许声是眼之所见,此眼所见故为声无常之因,非宗上有法所有之差别义,为立敌两者所不共许,故名两俱不成也。故《大疏》曰:"凡宗法因,(案:意云宗有法上所有之因法。宗者谓有法。)必两俱许,依宗有法，而成随一不共许法。今眼见因胜、声二论皆不共许声有法有。（案：立者胜论与敌者声论，皆不许宗有法声之上有眼见因故。）非但不能成宗，自亦不成因义，（案：因自体自不成故），立敌俱不许，名为俱不成。此不成因，依有有法，（案：谓此因依有体之有法也），合有四句：一有体全分两俱不成。如《论》所说。（案：眼见因，是有体因。然立敌俱全不许此因在有法声上有，故名有体全分两俱不成。）二无体全分两俱不成。如声论师对佛弟子，立声是无常，实句摄故。此实摄句，两说无体。（案：立者声师，与敌者佛家，俱不许有胜论实句义故。故实摄因，是无体因。）共说于彼有法无故。（案：立敌共说有法声上全无实摄因，故名无体全分两俱不成。）三有体一分两俱不成。如立一切声皆常宗，勤勇无间所发性因。立敌皆许此因于彼外声无故。（案：思之可知。）四无体一分两俱不成。如声论师对佛弟子，说声常宗，实句所摄，耳所取因。耳所取一分因，立敌皆许于声上有；实句所摄一分因，两俱无故，于声不转。（案：思之可知）此四皆过，不成宗故。论眼见因，不但成声无常为失，成声之上无漏等义，一切为过。故宗云等。（案：《论》云，如成立声为无常等。）"

论：所作性故，对声显论随一不成。（When the lack of truth of the middle term is recognized by one party only.）

胜论师对声显论立声无常，所作性故，此犯随一不成之过。随一不成者，因之是否周延于宗有法，由立敌之见而各异，即立者一边见为不周延时，名自随一不成。敌者一旁见为不周延时，名他随一不成。今《论》举所作性之例，属他随一不成。何则？声是所作性，唯声生论许之。声显论谓是本有，由缘而显，非所作性之新生物。在声显论则可翻曰：声非无常，非所作故，不许所作性之因为声上有也。(或有传释谓所作性之语,不限于新生,亦能通于声显者。但《大疏》破之,以为未可依据。此之所作,对声显论不成,故所作言,必唯生义。)《大疏》曰:"若胜论师对声显论,立声无常,所作性因。其声显论说声缘显,不许缘生。(案:声显师说,声性本有,但从缘而显,非从缘所生。)所作既生,由斯不许,故成随一,(案:立敌两家,一许一不许,各随一。)非为共因。"言明论者,有人遍执五明论之声论是常,谓其能为决定不易之量,以表诠法故。唯识论则以许能诠故破之。谓余声亦能诠表,既非常住,声论能诠与余声同,何独常住?今以所作故破之亦得。盖声论既所作,决定无常故也。言声显论者,执一切声性皆是常住,不从缘生,但待缘发,方有诠表,故名声显论。唯识论中则以待众缘故破之,谓既待众缘,喻如瓶衣,宗非常住。今若对彼立所作性故之因,彼将反破斥曰:声是所显,岂言所作?则宾家不许,犯随一不成矣。故对声显论,须云勤勇无间所发性故,即与唯识论中待众缘故义同。然设以勤勇无间所发性故而对明论,则明论不许,亦犯随一不成。盖因喻之法,必须立敌双方许可,始得有用;若为敌方未许,不能为能立因,只可为所立宗也。此随一因,于有有法,略有八句。一有体他随一。如《论》所说,(所作者,表其生义,故此因是有体,然敌者不共许,名他随一不成)。二有体自随一。如声显论对佛弟子,立声为常,所作性故。(声显论既说声性本有,不许声上有所作义,故是自随一不成也。)三无体他随一。如胜论对诸声论,立声无常,德句摄故。声论不许有德句故。(敌者声论既不许有德句,故此因是无体他随一不成也。)四无体自随一。如声论师对胜论,立声是其常,德句摄故。五有体他一分随一。如大乘师对声论者,立声无常,佛五根取故。大乘佛等诸根互用,(互用者,谓眼可闻声,耳可见色等是也)于自可成。(立者大乘自许此因声上有故)于他一分,四根不取。(声论但许耳根取故。)六有体自一分随一。如声论师对大乘者,立声为常,说次前因。(次前因者,即前有体自随一中所作性因。声论师分为二:一生师,说声从缘生。二显师,说声但从缘显非生。今此所作性因,在立者声论师中显师方面,便是自一分随一不成。)七无体他一分随一。如胜论师对声论者,立声无常,德句所摄,耳根取故。耳根取因,两皆许转。(立敌俱许因中耳根取义,于有法声上遍转故。)德句摄因,他一分不成。(敌者声论,不许有德句义故。)八无体自一分随一。如声论师对胜论者,立声为常,说次前因。(此次前因,谓前无体自随一中德句摄因。)此中诸他随一全句,自比量中说自许言;诸自随一全句,他比量中说汝许言,一切无过,有简别故。若诸全句无有简别,及一分句,一切为过。

论:于雾等性,起疑惑时,为成大种和合火有,而有所说,犹豫不成。(When the truth of the middle term is questioned.)

此释第三不成也。雾等性者等于烟性。雾为水火之种,烟为和合火有。火有二种:一者性火,如草木极微火大。二者事火,炎热腾焰,烟照飞烟。(《前记》云:"此有六义,显其事火。一有焰,二有热性,三腾焰,四有烟,五有照显,六飞烟。具此六义,故名事火。")其前性火,触处可有,立乃相符。(性火即火大,诸论说温热义是火大义。自大小乘以至外道,皆建立火等四大,以说明器界之成立。火大既触处皆有,故不须立。)其后事火,有处非有,故今建立。凡诸事火,要有地大为质为依。(《前记》云:火望薪炭为质,是地大。按《论》说坚劲义是地大义。事火者,即以薪等地大为质为依。)风飘动焰,水加流润故,为成大种和合火有,(言为成立此大种和合火之为有,而有所说也)。有彼火故。假如多人共望远处于烟于雾,于尘于蚊,见理未确,妄有所说,名为犹豫。遽彼所远望处大种和合火有,以现烟故,喻如厨等。此不但立者犹豫未决,彼处是否有火,即使敌者不能决知彼处有火。须能决成宗义,乃成因法。因为成宗之唯一条件,于此要件尚难决定,安望能生成宗之效果耶?故《大疏》曰:"此因不但立者自惑,不能成宗,亦令敌者于所成宗,疑惑不定。夫立共因,成宗不共,欲令敌证决定智生,(案:夫立量者,立共许之因法,以成所不共许之宗法,欲令敌证生决定智故。)于宗共有疑,(案:宗言似有火,似字即立敌共有疑。)故言于雾等性,起疑惑时,更说疑因,不成宗果,决智不起,是故为过。"远见雾起,其实非烟,疑惑是烟,遂为成立大种和合火有之宗,而有所说远处火起。是有法火与大种和合为宗,因云以见雾烟等故,是则犹豫不决之因,何能成立于宗法也。

论:虚空实有,德所依故,对无空论,所依不成。(When it is questioned whether the minor term is predicable of the middle term.)

此释第四不成也。无空论师所谓虚空,乃一切都无之别称,亦绝无所谓虚空者。胜论师立虚空实有,德所依故。在无空论即可反诘云:虚空且无,德何所依?故犯所依不成也。所依者何,即宗之有法。是有法既是因之所依,则因不可不为有法之属性。故所依不成者,即有法上之事物在立敌两不共许时而因所生之过也。换言之,宗上若有所别不极成,因上亦有所依不成之过。如空非外实法,原不可许定有无。然有外道计空定有,复有外道计空定无。今以计定有之因,对彼定无之论,故名所依不成也。计定有者,曰虚空是有法定有为宗,因云德所依故。谓万法皆依空生,皆依空住也。然在计定无者则可破曰:一切都无,故名虚空。虚空非有,云何可依？则彼德所依故之因不成矣。《大疏》曰："凡法（案：宗之后陈）有法（案：宗之前陈），必须极成，不更须成，宗方可立。况诸因者，皆是有法宗之法性，标空实有，有法已不成。（案：《后记》云：有法曰虚空，对无空论，已不成也。）更复说因，因依于何立？（案：《后记》云：因是有法之因，有法不成，因更无所依之处。）故对无空论，（案：顺《正理论》云：彼上座部及余一切譬喻师部，咸作是说：虚定界者，不离虚空，然彼虚空体非实有，故虚空界，体亦非有。此有虚言，而无实义。光法师云：萨婆多宗，虚空实有，别有空界是谓窍隙，体明暗显色差别，亦是实有，与虚空别云云。《顺正理论》即破此也。）因所依不成。"

b 释不定

1. 列 名

论：不定[The uncertain(Aniscita)]有六：一共(When the middle term is too general, abiding equally in the major term as well as in the opposite of it)；二不共(When the middle term is not general enough, abiding neither in the major term nor in its opposite)；三同品一分转异品遍转(When the middle term abides in some of the things homogeneous with, and in all things heterogenous from, the major term)；四异品一分转同品遍转(When the middle term abides in some of the things heterogenous from, and in all things homogeneous with, the major term)；五俱品一分转(When the middle term abides in some of the things homogeneous with and in some heterogeneous from the major term)；六相违决定[When there is a non-erroneous contradiction(i.e. When a thesis and its contradictory are both supported by what appear to be valid reasons)]。

此标不定过之数而列其名也。前之四不成缺因之第一相而生。今之六不定，乃于因之第二相同品定有性或第三相异品遍无性随缺一而生者也。盖第二支之因为和合第三支同喻与第一支宗之媒介物，故因于同品不可无多少之关系也审矣。同时对于异品一方，又须毫无关系。然或以因于异品见无关系，随而对同品亦立无关系之因，则缺因之第二相同品定有性矣。反之，于同品见有关系，随而对异品亦立有关系之因，则缺因之第三相异品遍无性矣。如甲者乙也，以丙不定因。或成为乙，或成为非乙，皆不定故。《大疏》曰："因三相中，后二相过，于所成宗（案：乐为宗）及宗相违（案：不乐为宗），二品之中，不定成故，名为不定。"九句因中，唯二与八为正因。今以表顺序解释如下：

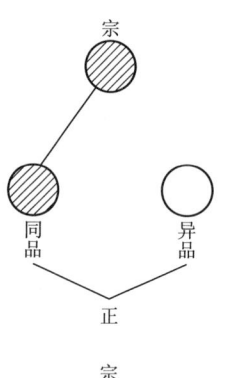

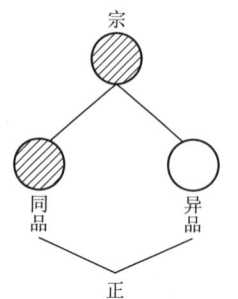

二、同品有，异品非有。例如：

宗——人身必死。

因——有生物故。

有死者皆有生，不死者皆无生，唯无生才能无死。有生之物，莫不有死，故以人之有生，得断定其必死，得正因故，名为正因。

八、同品有非有，异品非有。例如：

宗——某处有人类。

因——土器存在故。

有人类处——同品——未必尽有土器，然无人类处——异品——，则决无土器，故以某处之有土器，可推知其有人类，如是亦得为正因。

凡真正之因，望于同品异品必于上两例

中相当其一。反之如不定过等,必不与此二例相当,殆无疑也。《大疏》曰:"初五过中,唯第二过,是因三相第二相失,于同品非定有故。余四皆是第三相失,谓于异品非遍无故。后一并非,至下当知。"

(一)缺因之第二相——第二不共不定。

(二)缺因之第三相——第一、第三、第四、第五。

(三)非缺因相——第六相违决定。

(一)(二)中缺相之种类,分别图示如下:

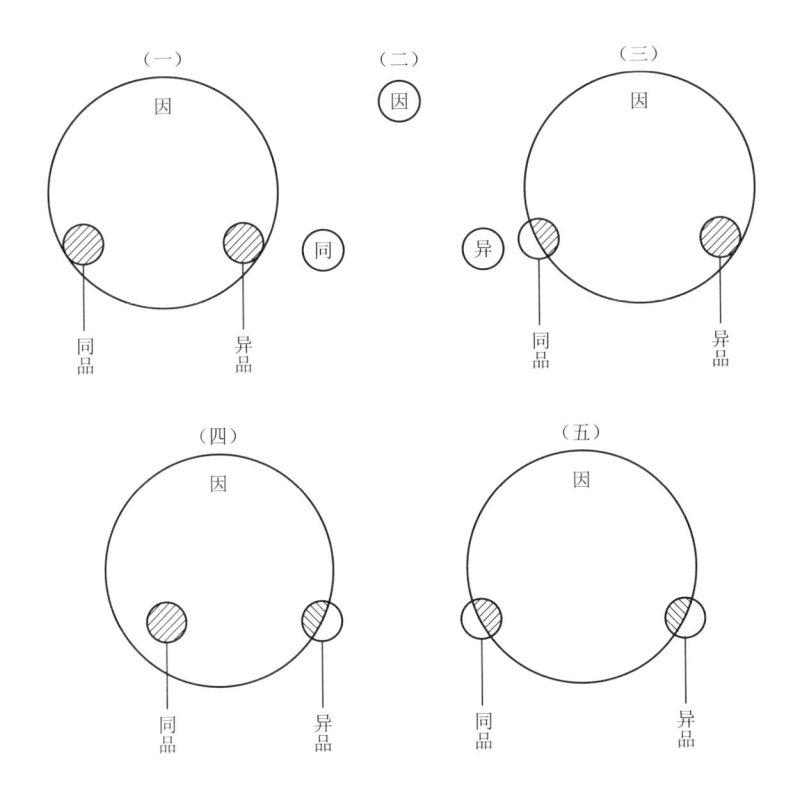

上图第二为关于同品之过失,余四均关于异品之过失。与前

正因之二例比观,自知六不定中,除相违决定外,所有之五不定依五图相当。《大疏》曰:"若立一因,于同品异品皆有,名共。(案:一共)皆无(同品无异品亦无),名不共。(案:第二不共)同分异全,是第三。(案:第三同品一分转异品遍转)同全异分是第四。(案:第四异品一分转同品遍转)同异俱分,是第五。(案:第五俱品一分转)若二别因,三相虽具,名自决定,成相违宗。令敌证智,不随一定,名相违决定。(案:第六相违决定)"

2. 释　　相

论:此中共者(When the middle term is too general, abiding equally in the major term as well as in the oppsoite of it),如言声常,所量性故,声无常品,皆共此因,是故不定。为如瓶等,所量性故,声是无常;为如空等,所量性故,声是其常。

共不定者,即前(一)图因之范围甚广,不惟遍通于同品之全体,抑且遍通于异品之全体也。因遍于同品,固属正因,因遍于异品,则与第三相异品遍无性之义相违,故为过失。如胜论立量云:声是有法,定常为宗,因云所量性故。所量性者,是心心所法所量度之义。凡宇宙间之事物,常法若虚空,为心心所之量度,非常法若瓶等亦为心心所量度。此所量性因范围甚广,共通于同异品两面,从同品可成宗之为常,从异品又可成宗之无常,故为共不定过也。前例之同品如空,异品如瓶,空与瓶皆所量性故。敌者遂出其不定之过曰:汝举所量性,为如瓶等是所量性,瓶等无常;声是所量性,声亦同瓶之无常耶?为如空等是所量性,空等是常;声是所量性,声亦同空是其常耶?故此因不定随于两可也。《大疏》云:"声论者立声常宗,心心所法所量度性为因,空等常法为同品,瓶等无常为异品。故释共义,同异品中,此因皆遍,二共有故,名为不定。"

论：言不共者（When the middle term is not general enough, abiding neither in the major term nor in its opposite），如说声常，所闻性故。常无常品，皆离此因。常无常外，余非有故。是犹豫因，此所闻性，其犹何等？

二不共不定，正与上列共不定相反。上因失于宽，此因失于狭，与前（二）图相当，缺因第二相。声论师立声常宗，耳所闻性为因。凡宇宙间除声以外，其余一切常住之法，或无常之法，更无有是所闻性者，所闻性只声之自相。而此宗同品之虚空、异品之电等，与所闻性因之关系果如何耶？虚空非以所闻性之故而为常，电等非以所闻性之故而为无常。即此所闻性因，除声自相以外，于一切同品异品，皆无何等之关系，故曰常、无常品皆离此因。异品离因，固属正因，同品离因，则无从决定，乃违因之第二相同品定有性之义，以相违故，名为过失，称犹豫因。若喻如空，空何所闻性而显常耶？若喻如瓶，瓶何所闻性而显无常耶？于除空与瓶之常无常外，余同品喻更非有故，遂无从决定声之果常果无常，而堕于犹豫因矣。复次，此所闻性既非犹空之常，又非犹瓶之无常，毕竟其譬犹何等之事物耶？《大疏》曰："如声论师对胜论师立声为常，耳所闻性为因。此中常宗，空等为同品，电等为异品。所闻性者，二品皆离，于同异品皆非有故。离常无常，更无第三非常非无常品，有所闻性。故释不共云：离常无常二品之外，更无余法是所闻性，故成犹豫。不成所立常，亦不返成异品无常。"其指不定相，曰犹者，如也。夫立论宗，因喻能立。（案：因与喻皆能立也。）举因无喻，因何所成？其如何等，可举方比，因既无方，明因不定，不能生他决定智故。《略纂》云："问解共不定，即是为如之言，何故不共直云其犹何等？答应曰：为如瓶等非所闻性，声是所闻声即常耶？为如空等体是常住非所闻性,声是所闻声无常耶?"

论:同品一分转,异品遍转者(When the middle term abides in some of the things homogeneous with, and in all things heterogenous from the major term),说声非勤勇无间所发,无常性故。此中非勤勇无间所发宗,以电空等为其同品。此无常性,于电等有,于空等无。非勤勇无间所发宗,以瓶等为异品,于彼遍有。此因以电瓶等为同品故,亦是不定。为如瓶等,无常性故,彼是勤勇无间所发。为如电等,无常性故,彼非勤勇无间所发。

同品一分转,异品遍转。又同分异全,(即同品一分异品全分之意),与前(三)图相当,缺因之第三相(异品遍无性)也。如立量云:声是有法,非勤勇无间所发为宗,因云无常性故。此无常性之因,对于所立宗上非勤勇无间所发之同品上一分转(转能到能达义),于异品却遍转。此无常性因对于同品定有性、异品遍无性,两俱相违,不能决定声是否非勤勇无间所发,故名不定过也。盖此中既以非勤勇无间所发为宗,以电空等喻为其同品,然此无常性之因于同品电等则有,于空等同品则无,是同品止一分转矣。《大疏》云:"非勤勇宗。电光等并虚空等皆是同品,并非勤励勇锐无间所发显。是故无常之因,电有空无,故是同品一分转也。"复次,此非勤勇无间所发宗,当以瓶等喻为其异品,然此无常性之因,于彼瓶等却是遍有,是异品却遍转矣。以勤勇无间所发者,若瓶等皆无常故。此显异全(因于异品上全有也)。瓶是勤励勇锐无间因四尘泥所显发故,无常之因,于彼遍有。《大疏》曰:"若声生论,本无今生,是所作性,非勤勇显。(案:生师说声性本无,从缘所生,即内声亦非勤勇所显。)若声显论,本有今显,勤勇显发,非所作性故。(案:显师说一切声性本有,即此内声亦由勤勇显发,非新生故。)今声生对声显,立声勤勇无间所发宗,无常性因,此因虽是两俱全分两俱不成,今取不定,亦无有过。"(《后记》云:"声生声显,俱不许无常性因于声上转,即是因中两俱不成之过;然虽不成,指法而已,且求不定。"《音石诠》云:"问如下疏言,若有两俱不成,必无不定;此无常性因,有两俱不成,何故今取指法求不定耶?"《义范》曰:"彼下卷意,具约三中,唯阙初相,名为不成。后二相中,遍阙一相,名为不定,二相俱阙,名为相违,非尽理说。不是前后自相违害,据其实理,得有两俱不成,兼余过也。")宗之同品(非勤勇发者)如虚空与电等,异品(勤勇发者)如瓶等(瓶是勤励勇锐无间因四尘泥所显发故)。然同品中电为无常,虚空为常,于无常因仅一分转;而瓶等之异品反遍通于无常之因。如是可作不定云:为如瓶等无常性,故声是勤勇无间所发耶?为如电等无常性,故声是非勤勇无间所发耶?异品不当转而遍转,同品当转而仅得一分转,缺因之第三相,岂非过耶?

论:异品一分转,同品遍转者(When the middle term abides in some of the thing heterogeneous from, and in all things homogeneous with the major term),如立宗言,声是勤勇无间所发,无常性故。勤勇无间所发宗,以瓶等为同品。其无常性,于此遍有。以电空等为异品,于彼一分电等是有,空等是无。是故如前亦为不定。

异品一分转,同品遍转,又名异分同全(即异品一分同品全分),与前(四)图相当,亦缺因之第三相也。如声显对声生,立声是有法,以勤勇无间所发为宗,因云无常性故。此无常性因不但能成立声如瓶等是勤勇无间所生,亦能成立声如电等非勤勇无间所生,此无常性之因于同品上虽能遍转,于异品上仍一分转,是故亦名为不定过也。盖勤勇无间所发宗,同品如瓶等,异品如电空等,今其无常性之因,于此瓶等是遍有,是谓同品遍转,固无过失,然异品中于彼一分电等仍复是有,于一分空等方得是无,岂非异品仅能一分不转,而另有一分转乎?盖无常之物不定,是勤勇无间所发,则非同品定有。非勤勇所发又不定无无常性,则非异品遍无。设使转计此无常性以电瓶为同品,则当难曰:为如电等无常性,故声非勤勇无间所发耶?为如瓶等无常性,故声是勤勇无间所发耶?同品尽转遍转而不转,异品不当转而转一分,故亦如前不定。

论:俱品一分转者(When the middle term abides in some of the things homogeneous with and in some heterogeneous from the major term),如说声常,无质碍故。此中常宗,以虚空极微等为同品,无质碍性,于虚空等有,于极微等无。以瓶乐等为异品,于乐等有,于瓶等无。是故此因,以乐以空为同法故,亦名不定。

俱品一分转,即俱分不定,与前(五)图相当亦缺因之第三相也。以因通于同品之一分,复通于异品之一分。通于同品固无不可,通于异品正违异品遍无性之法,是故为过。如立量云:声是有法,定常为宗,因云无质碍故。此无质碍因,对于所立声是常宗。在常宗之同品有无质碍者,若虚空等;有质碍者,若极微等。故曰:无质碍性,于虚空等有,于极微等无。故于同品喻仅一分转不能遍转。复执有无质碍者,若所受乐等;有质碍,若瓶等。于异品喻,仍一分转不能遍转,是故名不定过也。盖此中常宗必将以虚空极微等为同品喻。(虚空性常,极微亦常,当为同品。)今此无质碍性之因,于虚空则有,(空无质碍,故说为有),于极微等①(极微有质碍,故说为无),是同品仅一分转矣。又此常宗必将以瓶乐为异品喻,今此无质碍性之因,于乐等有,于瓶等无,是异品仍一分转矣。

---

① "于极微等",疑作"于极微等无"。——编者注

《大疏》曰："声胜二论,皆说声无质碍,无质碍故。空大(案:空大者五大之一)为耳根,(案:《前记》云:胜声二论,俱说空为耳根,何以故?空无障碍故,若有障碍,是即不闻,故取空为耳根)亦无质碍。(案:意说声无质碍故,空大为耳根,亦无质碍也。)今声论对胜论立声常宗,无质碍因。此声常之宗以虚空极微为同品,二宗俱说地水火风极微常住。(案:《二十唯识疏》云:地水火风,是极微性。若劫坏时,此等不坏,散在处处,体无生灭,说为常住。粗者无常,(极微所成粗色,便是无常。)劫初成,体非生。劫后坏,体非灭。二十空劫,散居处处,后却成位,两合生果,如是展转,乃至大地,所生皆合一,能生皆离多。(极微众多,其体非一。)广如《二十唯识疏》中解。)以瓶乐等为异品,彼二宗中皆说觉乐欲瞋等为心心所。此二(《论》所举乐等及瓶等)非常,为常异品,(彼二非常,乃为此常宗之异品),无质碍因于乐等中有,于瓶等上无,故是异分。盖无质碍之因,通于乐之无常异品及空之常同品,故亦名不定。无质碍云者,为如空无质碍,证声是常耶?抑如乐无质碍,证声是无常耶?结不定。《大疏》曰:"无质碍因,空为同品,能成声常;乐为同品,能成无常。由成二品,是故如前,亦为不定。"如成声常宗,空为同品,无质碍因,得成此宗。如成声无常宗,乐为同品,无质碍因,亦得成此宗。故是不定。

论:相违决定者[When there is a non-erroneous contradiction (i.e. When a thesis and its contradictory are both supported by what appear to be valid reasons)],如立宗言,声是无常,所作性故,譬如瓶等。有立声常,所闻性故,譬如声性。此二皆是犹豫因故,俱名不定。

相违决定者,乃立两个不同之因,立者主张甲者乙也,敌者主张甲者非乙也。如立者胜论及佛弟子立声是无常，所作性故，如瓶；敌者声生论立声常，所闻性故，如声性，互成相违之宗，而各自宗中，因相具足，皆能决定。此则立者胜论与敌者声生论二派，对于有法之声宗，各树一因，结局胜负不能解决。常无常二相违义并立于有法之声上，是为相违决定之过。言决定者，以立二宗各具三支，皆具三相，是谓决定。谓同品之因遍于同品，异品之因遍于异品，为遍是宗法性。同品之因不转异品，是为同品定有性。异品之因不转同品，是为异品遍无性。虽则两宗并立，然于有法声上，不能决定，说立为过也。《大疏》曰："具三相因，各自决定，成相违之宗，名相违决定。相违之决定，(案：《后记》云：意者，相违即宗。决定是因，不得名为相违。相违之因，属主为名。第六转摄。)决定令相违。(案：《后记》云：由因能令宗法相违也。还是相违宗之决定也。第三转摄。虽由于因，宗两方相违。此《论》文中，正明因过。因不得名相违，从相违主以得其名，名相违决定也。)第三第六两转(案：相违之决定，为第六，属声相违，力在宗，故宗为主，因为属也。决定令相违为第三，具声相违，由因助力，故因为主，宗为伴也。)俱是依主释也。"如胜论对于声生论立声无常，所作性，譬如瓶等。而敌者之声生论，本其反对之意见欲加攻击，而立者之量，又完全无过。不得已另辟蹊径，组织他量以保存自有之宗。其量曰：声常，所闻性故，譬如声性故。致二宗立敌相违，在胜论虽以所作性为因，然不可说声非所闻性，则不能破妄计常者而立无常。而在声生论，虽以所闻性为因，然不可说声非所作，则亦不破无常宗而立常宗。互相决定，使听者莫知其所可，遂堕犹豫不定中矣。复次，应知佛家立声无常宗，用所作性，以不承认离声之外别有常住声性。故先破声性非常，再进破其声是无常，则不堕于犹豫因矣。此迥异二家之点,不可不辨之也。所作性之因,胜论与声生皆共许可,广如前释。所闻性之因,胜论声性,谓同异性,实德业三,各别性故。(实中如地等,别有地等性。德中如声等,别有声等性。余可类推。)本有而常,大有共有,非各别性,不名声性。(依《广百论》,大有亦名声性,今此不尔。《庄严轨》曰:"问:大有句义,何故不名声性? 答:声之同异,唯与声为性,不通余法,故是声性;大有通一切,不名声性。"《筱山钞》云:"泛言声性,有通有别。通者,大有体一是常,一切共有,亦是色等性故,不得偏名为声性也。别者,谓同异性,体多而常,诸法别有故,闻声性时亦闻同异性故。"当知《广百》,依通性说;今约别性,亦不违也。)声生说声总有三类。一者响音,虽耳所闻,不能诠表。如近叽语别有响声。二者声性,一一能诠,名有性类。(案:《后记》云:声性随能诠声许有多也。)离能诠外,别有本常,(案:声生师,言声从缘生已,即此声别有体性,而是常住,以望后不灭,故名本常。)不缘不觉。新生缘具,方始可闻。(案:《后记》云:声性,缘未具时,耳根不取,名不缘不觉。觉者,起耳缘时,名之为觉也。不缘者,无缘也。总意而言,要须缘具,声性之上,方有可闻。若不然者,但住本常,不缘不觉。)不同胜论,(案:《后记》云:胜论但取同异性,名为声性。声生说缘具不具,有闻不闻。)三者能诠,(案:即前第二中所云一一能诠是也),离前二此新有(案:离前响音及声性二者而别有此能诠也),虽响及此(能诠),二皆新生,响不能诠。今声生是常住(案:今声生对胜论立声常宗,有法之声,即新生声),以本有声性为同喻。《大疏》又曰:"两宗虽异,并有声性可闻,且常住故,总为同喻。不应分别何者声性。如立无常,所作性因,瓶为同喻,岂应分别何者所作,何者无常? 若绳轮所作,打破无常,声无瓶有。若寻伺所作,(案:由意中寻伺力故,击咽喉等发声,故说声是寻伺所作。)缘息无常,(案:寻伺或咽喉等缘,不起用时,声缘便息,尔时声灭,名无常。)声有瓶无。若尔一切皆无同喻,故知因喻之法,皆不应分别。由此声生立量无过。(案:《明灯钞》云:胜论声性谓同异性也,声论别有本性是常。两宗所说声性离异,而不应分别。盖因喻之法,依总相而立,如所作因,不分别绳轮所作,或咽喉所作,但取声及瓶上有是所作之总相以为因法。此亦如是,不分别立者声生所说声性如何,敌者胜论所说声性如何,但取两宗所说声性之总相,以为同喻,由依总相立,故无有过。)若分别者,便成过类分别相似。(案:《理门论》云:分别同法差别,由此分别颠倒所立,说名分别相似等。)"

c 释相违

1. 列 名

论:相违[The contradictory(Viruddha)]有四,谓法自相相违因(When the middle term is contradictory to the major term)、法差别相违因(When the middle term is contradictory to the implied major term)、有法自相相违因(When the middle term is inconsistent with the minor term)、有法差别相违因(When the middle term is inconsistent with the implied minor term)等。

此标相违之数而列其名也。相违因者,谓此能立之因与彼所立之宗相违反也。宗为所违反者,因为能违反者,立者欲以此因成立己宗,而敌者即利用此因,转成其相反之宗。如立者主张甲者乙也,为丙之故。丙之一因,敌者即利用此因转成其相反之宗,曰甲者非乙也。《大疏》曰:"相违因义者,谓两宗相反,此之四过。不改他因,能令立者宗成相违,与相违法而为因故,(案:如立声常宗,所作性因。无常即常宗相违法。今此所作因,非与本所立常宗为因,乃与无常法而为因故,即与相违法为因。)名相违因。(案:由因但与相违法为因故,即名此因曰相违因。)非因违宗,名为相违。(案:此中不约因违宗义以名相违也。)"今欲分说四相违,须先明以下之条件:

(一)相违因亦如前之相违决定,立敌两家各自组织论式,立者之论式曰前量,敌者之论式曰后量,唯此相违因,关于因支立敌相同耳。

(二)前不定过中之相违决定,立者敌者各成其论式之宗相。换言之,乃各有能立之因,以成其所立之宗。故其结果各成二量,胜负不决。此相违因,则用同一之因,以成立相违之宗。换言之,则敌者就立者之因,别成立与立者相违之宗也。此与相违决定不同者二也。

(三)前不定过中之相违决定,立敌前后各成二量,并存不决,使听者犹豫不决,故立敌二量,皆似能立摄,乏悟他之效用。此相违因既用同一之因,以成相违之宗。前有一非,后一必是,立者之论属似能立摄,敌者之论属真能破,能起人之决定解也。此与前相违决定不同者三也。

(四)比量相违与此相违因之区别。如立声常为宗,所作性因。所作性因,本成无常之宗,今成常宗,当然有相违因之过。然声常之宗,与所作性之因,适成相反,是又比量相违矣。二者大体类似,其不同者,比量相违,立者之宗违于敌者见到之因也。相违者,立者之宗违于敌者之宗,固不待言,但敌者之因,则利用立者之因,转成其相反之宗。易词而言,敌者之因,即立者之因也,立者之因不顺自己之宗,反与之相违成立敌宗。从宗因相对言,比量相违,就宗之方而论违因之失;相违因者,就因之方而论违宗之失,前后颠倒。又从立敌相对言,比量相违,立者之宗,违于敌者之因;相违因者,立者之因违于敌者之宗,亦宗因颠倒之不同也。在本论中相违因一节,颇难解,特述之较详。

（五）因明学中宗之前陈称自性,或自相;宗之后陈称差别,或共相。然在此中言自相与差别,与他处所言自性差别不同。盖他处以前陈之有法为自性,后陈之法为差别。此所谓自相差别者,不同其位置无前后陈之别,凡言语显示发表之全名词(即言陈),皆曰自相;凡意中所含许之含蕴(即意许),皆曰差别。简言之,不似他处之固定耳。如立声无常宗,宗之有法曰声,此言所陈是自相,于声之上有可闻不可闻等义,必有其一,为意中所许,方名有法差别。宗之法曰无常,此言所显名法自相,于无常之上有灭坏无常,或转变无常等义,必有其一为意中所许,方名法差别。太虚大师于此假立一例,意极明显,故特录之,以便初学。师曰:如"天"之一字,可含多义:或指真神上帝,或指大圈空界,或指自然,或指理性,如泛言富贵在天,自力致故。人或反之曰:富贵不在天,自力致故。即用其所出力致因,以违彼富贵在天之后陈法,直斥其不在天,是为法自相相违因。又假如基督徒亦言富贵在天,不可强故。虽言天同,然其意则特指上帝,不及其余。今不能用其因,以斥其言之非,乃采其言内所含许之意,实专指于上帝者,可反之云:富贵必但在自然之天,而不在上帝之天,不可强故。则彼不可强因,便成法差别相违因矣。若将天字用之前陈,或曰天不可知,或曰天道无亲。若其所出之因乖返,亦可成有法自相相违因及有法差别相违因,故相违因之所违,有兹四宗也。以表示之如下:

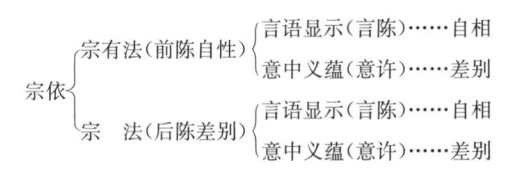

宗依 ｛ 宗有法(前陈自性) ｛ 言语显示(言陈)……自相 / 意中义蕴(意许)……差别 ； 宗 法(后陈差别) ｛ 言语显示(言陈)……自相 / 意中义蕴(意许)……差别

法自相,即宗体之言陈。法差别,即宗体之意许。有法自相即宗依之言陈,有法差别即宗依之意许。自相差别之义,总有三重相对,一者局通相对,由范围之广狭而得局通之名也。如花香一语,花之一言不通花以外之物,其范围局于自相狭;香之为言通花以外之物,如花之香、烟之香、墨之香等,是其范围通为差别广。二者前后相对,如上例花为前陈自相,香为后陈差别。花为前,香为后,即前后相对。三者言许相对,以言语显示自相言陈,凡言语以外,意中所含义蕴为意许差别。如说若人生专以衣食住为尚,则失其人生之真价一言,此自相也。其意中义蕴有人生之真价不端在衣食住之间,或人生更有高尚之真价,或人主因有其他高尚之真价故是人生,或人生能达到其真价才是人生,或人生有真价故不同于其他动物。言语中虽不现示,然意中有所许指也。

2. 释　相

论:此中法自相相违因(When the middle term is contradictory to the major term)者,如说声常,所作性故,或勇无勤间所发性,故此因唯于异品中有,是故相违。

以下随列释相也。问相违有四,何故初说法自相违因耶?《大疏》答曰:"正所诤故。"(案:宗之法自相,是立敌两宗正所诤故,故应初说也。)法自相相违者,法谓宗之后陈自相,简别立者之意许,以言语显示之事件也。相违对於立者言陈之法出以反对之断案也。故法自相相违因云者,亦可谓反对后陈之言之因。盖于法上之言陈出以反对之因也。如说声是有法定常为宗,以所作性为因,或以勤勇无间所发为因。此之二因者,皆法自相相违因。何则?此中所举所作性或勤勇无间所发为因,与声之后陈意许常义相反。若言常,则无所作或勤勇无间所发。若言所作性或勤勇无间所发,

决定是无常故也。故即用彼所作性因,破彼声常宗云:

声是无常——宗

所作性故——因

如瓶等——同喻

如空等——异喻

《大疏》亦曰:"此之二因(案:即所作性及勤勇无间所发二因,)返成无常,违宗所陈法自相故,(案:生显二师皆立声常宗。宗之后陈曰常,即是法自相。今所作或勤勇因,返成无常,便违本所立宗之法自相也。)名相违因。故《理门》云:于同有及二,在异无是因,返此名相违。所余皆不定。此所作性因,翻九句中第二正因,彼同品有,异品非有,此同[①]非有,异品有故。此勤勇因,翻九句中第八正因,彼同品有非有,异品非有,此同非有,异品有非有故。上说数论略不繁述。此一似因,(案:《前记》云:即是此四相违中法自相相违因是也,即所作因或勤勇因是也。)因仍用旧,喻改先立,后之三相,因喻皆旧,由是四因,因必仍旧,喻任改同。"

论:法差别相违因(When the middle term is contradictory to the implied major term)者,如说眼等必为他用,积聚性故,如卧具等。此因如能成立,眼等必为他用,如是亦能成立所立法差别相违,极聚他用,诸卧具等,为极聚他所受用故。

法差别相违者,法亦宗之后陈,差别即前说意许之义。立者欲成论式,其自己本来所主张者,有时或不便以言语直显示,特谓一暧昧之语,冀免非难。但此暧昧语中,必含有两种相违之义,立者不显其真意之所在,只于表面上装饰其论式之正当而已。此暧昧

[①] "同",作"同品",下同。——编者注

之言语即自相,其内容所欲成之真意即差别。所谓两种之意义者,立者之真意为其中之一部,而他之一部非立者之所欲成者。此二差别各二等之意许差别。立者之所欲成者,亦名意许之乐为所立宗。今于论式之上即自相观之,三支悉具,三相无阙,似无可指摘之处。然若进而求其意旨之所在,而分析其暧昧之造语,则前之三相完全所谓同有异无之因,忽转为同无异有之因,遂陷后二相俱缺之过。由是望立者之乐为所立宗,不但不能成立,反将其暧昧之语而破之,适成其相反之宗。《大疏》曰:"凡二差别(案:谓法差别及有法差别也)名相违者,非法有法上除言所陈,余一切义皆是差别。要是两宗各各随应因所成立,意之所许,所诤别义(案:立敌所诤),方名差别,因令相违,名法差别相违因。"如数论师,立眼等必为他用为宗,因云积聚性故,同喻如卧具等。其宗上后陈法所云他用,"他"之一字,可泛用于一切事物,语极暧昧。然推数论师欲立其所立之神我,故他之一字,乃神我之代名词,无用迟疑。依数论计我有二种:一者实我,不生不灭常住之体,即彼二十五谛中神我谛也。体既常住,故非积聚。二者假我,积聚四大等所成,有生有灭,神我之所受用,即彼二十三谛中摄也。易词而言,则积聚四大等以为眼等之身,亦必为神我之所受用。故立量云:眼等是有法必为他(指神我)所用为宗,因云眼等是积聚性故,同喻如积聚卧具必为身所受用。今即用其积聚性之因,立量以破其为非积聚性之神我所用如下:

宗——眼等但为积聚性之五蕴和合假我所用,决不为非积聚性常住之神我用。

因——积聚性故。

喻——如卧具等。

盖积聚性之卧具,既为积聚性眼等五根身所用,则积聚性之眼等五根身,亦决为积聚性之五蕴和合假我所用,决不为非积聚性常住之神我所用。反之,神我既本有常住而非积聚性,则不能用于眼等。夫何以故?现见诸卧具但为积聚他之所受用故。积聚卧具,既但积聚身用,则积聚身又岂为神我所用哉?设使果有神我,而神我既不须卧具,又何须身?又积聚卧具既但为积聚身用,则积聚身亦但当为积聚性之五蕴和合之假我用。若神我亦是积聚,故名为他,则是无常,亦非实我。若神我非是积聚则不当用积聚眼等,以积聚身乃须受用积聚物。彼此异因不可得故。是中"所立法"三字,即指外道所立必为他用宗体,彼欲以积聚性之因,适成立积聚性五蕴和合之假我而为能用,则神我不攻自破,复何从而证明其必有而立之耶?复次应思,且不论眼等为他用不他用,就许我受用眼等,则有所别不极成之过。(有法亦名所别,佛家不许有我,今数论对彼立我,故是所别不成。)若以我为法,眼等必为我用,则有能别不极成之过。(以我为宗之能别,敌者佛家不许有我,故不成也。)积聚性因,为两俱不成。(若我为有法,立敌俱不许有积聚因,数论说神我是常,故不许有积聚因也。佛家不许有神我,何论因耶?)卧具之喻为所立不成,阙无同喻。积聚性因,违法自相,(如立眼等必为我用宗,积聚性因,我用即宗之法自相,此积聚因返成相违)有所立不成。若说眼等为假他用,又犯相符极成。(假他者,即假我之谓也。依眼等根假名曰我,佛家亦许,故不须立,立便相符。)数论所执常住非积聚性之神我,诚不攻而自破矣。况此积聚性因,假如能成立眼等必为神我所用,如是亦能成立彼自所立法中差别相违之义,以积聚他用诸卧具等,为积聚他所受用故。《大疏》曰:"眼等有法,(案:宗之有法曰眼等)指事显陈,为他用法,(案:宗之法曰为他用。)方便显示。意立必为法差别不积聚他实我受用(案:不积聚他者,隐目实我。数论神我是常,非积聚性故。其积聚他者,隐目假我。以本无有我,但依眼等积聚法假名为我故。数论立眼等必为他用宗。他用者,即宗之法自相。于他用之上,有积聚他用,或不积聚他用等义。今数论意中许是不积聚他用,即此不积聚他用,是宗之法差别。故《大疏》云:"意立必为法差别不积聚他实我受用。")若显立云,不积集他用,能别不成,(案:敌者佛家不许有不积聚他故。)所立亦不成,亦阙无同喻。因(案:积聚性因)违法自相,故须方便立。(案:方便立者,谓言所显法自相,但曰他用,意中所许法差别则是不积聚他用。)积聚性因,积多极微成眼等故。如卧具喻,其床座等,是积聚性。(案:五唯所积故。)彼此俱许为他受用,故得为同喻。因喻之法,不应分别,总终建立。"

论:有法自相相违因(When the middle term is inconsistent with the minor term)者,如说有性非实非德非业,有一实故,有德业故,如同异性。此因如能成遮实等,如是亦能遮有性,俱决定故。

宗上前陈是谓有法,言表所陈是谓自相。故有法自相相违者,亦可谓反对前陈之言之因,盖于宗上有法言表所陈而出以反对之因也。欲解此有法自相与有法差别二相违因过,应知下列两种要件:

(一)凡立论之分类,有诤论之存在不存在者,此名诤体立论。有诤论之属性为如何者,此名诤义立论。有法自相与差别相违之二,皆属于诤体立论也。

(二)凡立论之目的,端在后陈,以后陈附于前陈而成不相离性,其立敌二者之诤点,全在后而不在前也。然一用暧昧之语出之,则此事不能一定,因此二者之诤点,往往不限于后陈,而反移于宗之前陈。因明上所谓有法意许,是有法自相与差别相违二因,根本上由于立者暧昧之造语,在言语之表面上似见完备,以为立论诤点仍在后陈,与通常之论式无异,然一试探立者之意旨,其实在诤点不在后陈,而转在前陈。此有法意许所以为立者之所立而为敌者之所破也。故立者于论式发表之因,适足以打消自己之发言(有法自相相违),或打消其意义(有法差别相违),是为相违因之后二所由来。

由上观之,有法自相相违因者,毕竟立者发表之论式其所出因能与宗上有法言表所陈自相相违,足以打消自己之意许也明矣。胜论立六句义:一曰实句,谓地等九种。二曰德句,谓色等二十四种。三曰业句,谓取等五种。四大有句,谓离实德业外别有一法为体,由此大有乃有实德业故。盖计大有是能有,实德业是所有。五曰同异句,谓有此句,故令诸法各有同异,如地望地有其同义,地望水火等有其异义也。地之同异是地,非水火等亦然。妄计此同异,亦别有自性也。六曰和合句,谓法和聚由和合句,如鸟飞空忽至树枝住而不去,由和合句故令有住业也。今先就彼妄计立量,然后出过。先立量云:假如说大有性是有法非实非德非业为宗,因云有一实故,有德业故,喻如同异性。(此有性有实德业为同,非实德业为异,故说同异性。)平常立宗,本是成立后陈不离于前陈之宗体,即如此量,只应是立有性非实德业,非是为成有性。然此乃由胜论师授其学说于弟子至第四句,弟子疑非实德业外别有一大有性存在。其所欲成立者,乃在有性之自身,并不是有性之如何,盖先犯有法不极成过者也。嗣其所出之因,又与宗上有法言表所陈自相相违反,陈那遂为破云:

宗——汝所执有性应非有性。

因——有一实故有德业故。

喻——如同异性。

如同异性能有于实德业同异性非有性,则有性能有于实等有性亦非有性。此与相违者,不在有性之是而直取消其有性。此有一实故,有德业故之因,假如能成立,彼遮于实等而云非实非德非业即亦非大有性。何以故?有实德业者,既决定非实德业,则实德业有者,亦决定非大有性,俱决定故。(谓宗及有法与因相违俱决定故。)《大疏》曰:谓前三宗言有性,非实非德非业有性,是前有法自相。今陈那仍用彼因喻,总为一量破之云:所言有性,应非有性宗。有一实故,有德业故。因如同异性喻。同异能有于一实等(等德及业),同异非有性,有性能有于一实等,有性非有性。(同异性,是胜论师鸺鹠者六句中之一。虽非即实等,亦非即大有。鸺鹠矫立为同喻,故成相违。)释所由云:此因既能遮有性非实等。(遮有性即实等,而说为非实等。)亦能遮有性非是大有性。(亦能遮彼有性,而言有性非大有性。)两俱决定故。《后记》云:"本立者,似立决定。出过者,真破决定。非是立敌俱真决定,名两俱决定也。本立者谓鸺鹠量,出过者谓陈那量。")可知有一实等之因,能遮实等而曰非实非德非业,亦能遮有性而曰非大有性。对此非实等非大有两宗,皆能决定成立其相违之量,曰大有性非实在,有一实故,如同异性。(德业亦同。)因之有一实者,在立者之地位主张大有性有(能有之有),一实离实而别存在,由敌者一面单就一实之有(有无之有),以解即实之义,故得成为凡有一实者,皆非实在之命题也。

论:有法差别相违因者(When the middle term is inconsistant with the implied minor term),如即此因即于前宗有法差别作有缘性,亦能成立与此相违作非有缘性,如遮实等,俱决定故。

有法差别相违,乃与彼前陈有法中所特含之意相违也。凡暧昧之论法与语中含有二种之意义：一为自己之乐为所立，一为自己所不欲成立者。此论式表面上虽见三相完全，若望其乐为所立宗，正可以同一之因而反对方面而成相违之宗，此谓之差别相违。要之，暧昧之语在后陈者为法差别，在前陈者为有法差别，此其不同也。彼鸺鹠仙，以五顶不信离实德业别有有故，即以前因（有一实等之因）成立前宗（有性非实等之宗）。言陈有性，是有法自相，意许差别，为有缘性（意中所许作有缘性），是有法差别。十力解曰："作有缘性者，缘者缘虑义。胜论宗现比智等为能缘。有缘性者，即所缘境之异名。由境为因，引起能缘故，遂说境名有缘性。据鸺鹠义，实德业本非即大有，亦非从大有生，然必依大有而有。设无大有为依，实德业亦不能自有，由此说实德业依大有为体。即得为所缘境，以引起能缘，能缘缘于实德业时，亦俱缘于大有，故说大有作有缘性。"假如其立量云：有性（能作心心所缘，实等为有之大有有缘性）非实非德非业为宗，因云有一实故，有德业故，喻如同异性。今遂破云：

宗——汝所执非实德业之有性，应非作心心所缘实等为有之大有有缘性。

因——有一实故，有德业故。

喻——如同异故。

太虚大师曰："非实德业有实德业之同异性，是作非大有之有缘性者，汝非实德业有实德业之有性，亦应非大有有缘性。盖此有性是有法之自性，作大有有缘性及非大有有缘性。彼本意欲成立作大有有缘性者，今即用其因喻使成相违之非作大有有缘性。"谓假如即此有一实故有德业故之因，即于前非实非德非业之宗，其有法差别上，并可作有实句有德句有业句之因。然亦便能成立此相违而作非有实句非有德句非有业句之因。何以故？如以此有一实故,有德业故之因,而遮大有句非实非德非业于大有句外,决定别有实德业句,亦即以此有一实故有德业故之因,而成大有句外决定非有实句德句业句,俱决定故。是立量云:实德业是有法,离大有性外决定别有宗,因云有一实故,有德业故,喻如同异性。申违量云:彼所执实德业是有法,离大有性决定非有宗。因云有一实故,有德业故,喻如大有性。《大疏》曰:"谓即此因,亦能成立与前宗有法差别作有缘性之相违法,而作非大有有缘性。(案:即非有大有作所缘境性。)量云:有性,应作非大有有缘性,有一实故,有德业故,如同异性。同异有一实等,而作非大有有缘性。有性有一实等,应作非大有有缘性。(案:能缘缘于同异时,同异即是所缘境性。非可以同异境性,别作大有境性解。故云同异作非大有有缘性,然有一实等因,于同异上有,故可以同异之有此因,而作非大有有缘性。例彼有性有此因,亦应作非大有有缘性。)不遮作有缘性。(案:泛言作有缘性,即无可遮。)但遮作大有有缘性。(案:鸲鹆意许大有性所缘境性,故可遮也。)故成意许别义相违。不尔,违宗。有性,可作有缘性故。(案:宗之有法曰有性,本取立敌共许实德业上不无之义,即此有性,可作有缘性,理不容遮。若遮此者,便有违宗之失,故应但遮作大有有缘性也。)文言虽略,义核定然。"

3. 释似喻二

A 总 标

论:已说似因,当说似喻。似同法喻(Fallacies of the homogeneous examples)有其五种:一能立法不成(An example, not homogeneous with the middle term);二所立法不成(An example not homogeneous with the major term),三俱不成(An example homogeneous with neither the middle term nor the major term），四无合（A homogeneous example showing a lack of universal connection between the middle term and the major term），五倒合（A homogeneous example showing an inverse connection between the middle term and the major term）。似异法喻（Fallacy of the heterogeneous examples 亦有五种）一所立不遣（An example not heterogeneous from the opposite of the major term），二能立不遣（An example not heterogeneous from the opposite of the middle term），三俱不遣（An example heterogeneous from neither the opposite of the middle term nor the opposite of the major term），四不离（A heterogeneous example showing an absence of disconnection between the middle term and the major term），五倒离（A heterogeneous example showing an absence of inverse disconnection between the middle term and the major term）。

此结前生后也。以下总标似喻所有之过失共有十种，与因之十四过全然不同。因之过失属于因之三相缺第一相者，则有四不成。缺第二相或第三相之一，则有六不定。后二相共缺，则有四相违。凡过失分义少缺及少相缺二种。因过属少相缺，喻过则属义少缺，此其不同也。故一论式，先从三相门检因之完否，若无少相缺之过，然后更就三支门审其言语上是否有失，此为晓他立量者一定之手续，不容偏废者。少相缺之中缺后二相者，喻中固不免有过，而喻中有过则只属义少缺，不必定为少相缺。何以言之？道理虽不见有何缺点，然言语诠表之方法，未达完善，则不能生起敌智，反失因明之本意。此似喻之过失，所以有说明之必要也。似同法喻之五种，《大疏》解曰："因名能立，宗法名所立。同喻之法，必须具此二。因贯宗喻,喻必有能立,令宗义方成。喻必有所立,令因义方显。今偏(案:能立所立)或双于喻非有,故有初三。喻以显宗,令义见其边极。不相连合,所立宗义不明,照智不生,故有第四。初标能以所逐。(案《前记》云:"即说因宗所逐也。因为能立故。")有因,宗必定随逐。初宗以后因,乃有宗以逐其因。返覆能所,令心颠倒。共许不成,他智翻生,(案:若先宗后因,以因随宗,则及其能所,使敌证心生,其颠倒即不生。生者,必灭之正智;及生灭者,必生之邪智也。)故有第五。依增胜过,但立此五故,无结及倒结等。以似翻真故,亦无合结。(案:谓以似量翻真量故,非但无有无结等过,亦无合结,此乃真似相翻之义也。)"似异法喻亦有五种,《大疏》解曰:"异喻之法,须无宗因,离异简滥,方成异品。既偏或双,于异上有,故有初三。要依简法,简别离二(案:异喻须离宗及因故)。令宗决定,方名异品。既无简法,令义不明,故有第四。先宗后因,可成简别。先因后宗,反立异义。非为简滥,故有第五。翻同立异,同既五过,异不可增。故随胜过,亦唯此五。"

B 别 释

论:能立法不成者(An example not homogeneous with the middle term),如说声常,无质碍故。诸无质碍,见彼是常,犹如极微。然彼极微,所成立法,常性是有。能成立法,无质碍无。以诸极微,质碍性故。

以下别释似同法喻能立者,三支之中第二因也。盖因所以成宗,宗为所立,因即能立,同喻者又助因成宗而得圆满能立之效果也。反之,若因能成立法所举之喻为因所无,是谓能立法不成。凡喻者本和合所见边与未所见边,如为丙之故之因,为既知事件欲以之证明甲者乙也之未知,故举丁戊之喻,则丁戊事物之中,不可不具丙与乙之性质。此理亦当然矣。例如说言声是有法,定常为宗。因云无质碍故。合云诸无质碍,见彼无常,犹如极微。即如此举极微为喻,在彼虽许是常,声胜论俱计极微体常住故,然不许无质碍。何以故?以诸极微,亦是质碍性故。今极微既是质碍,故此喻上无能立也。

论:所立法不成者(An example not homogeneous with the major term),谓说如觉。然一切觉,能成立法无质碍有,所成立法常住性无,以一切觉皆无常故。

所立即宗后陈。同喻之规则,应具因同品、宗同品之二。前能立不成,缺因同品之一。今所立不成,缺宗同品之一。既非宗之同品,则不能助因以成宗之所立,故名所立法不成。例如声论对胜论立声常为宗,无质碍因。(宗因同前)诸无质碍,见彼是常,谓说如觉。夫觉者,即心心法之总名也。(心心法者,心谓心王,心法谓心所。小乘说识有六,大乘说识有八,每一识中,又分王所。所者,心上所有之法,如心上有发动势故,名作意心所;有苦乐等,名受心所。余不胜举,心王则心所之统摄者也。)因无质碍为立敌所共许。然觉之喻虽于无质碍之因法则有,而于宗法之常住性则无,只具因同品,而缺宗同品。夫何以故?以一切觉心心所法所摄生灭无常故。是则喻与宗违,当然不能成宗之所立,盖即以不离前陈之后陈法为所成立法也。

论:俱不成者(An example homogeneous with neither the middle term nor the major term),复有二种,有及非有。若言如瓶,有俱不成。若说如空,对无句论,无俱不成。

俱不成者,合前能立、所立二不成之过也。此有二种:一有俱不成,二无俱不成。有俱不成者,喻中所引事物缺因同、宗同之二件。(缺因同能立不成,缺宗同所立不成。二者俱缺,故曰俱。)先例有喻,《论》举例曰:声常,无质碍故,如瓶。瓶既非常,复非无质碍。按之因同品、宗同品一无所有,故有俱不成也。二无俱不成者,无体喻俱不成,《论》举例曰:声常,无质碍故,如空。此对有空论说则可,对无空论如空则不可。盖空且自无,何论空之如何,更何得论常无常,碍无碍哉?《大疏》曰:"以立声常宗,无质碍因。瓶体虽有,常无碍无。(案:瓶体上无有常义及无碍义。)虚空体无,二亦不立。(案:二者谓常义与无碍义。虚空喻上,都无此二,故云不立。)有无虽二,(案:如瓶喻依是有,如空喻依是无。)皆是俱无。(案:瓶空二喻以上,都无其所立常宗及能立之无碍因法,名为俱无。)问:虚空体无,常可不有;(案:虚空既已无体,更何从有所谓常耶?)空体非有,无碍岂无?(案:意云,空体既无,即空上非无彼无碍因法。)答:立声常宗,无质碍因,宗因俱表。(案:宗之法曰常,即声是常法也。因云无质碍,非但遮于质碍法,实表有无质碍之法也。)虚空不有,故无碍无。(案:无碍法者,其体本有,但有非碍耳。今虚空者,体既本无,更何所谓无碍耶?)"

论:无合者(A homogeneous example showing a lack of universal connection between the middle term and the major term),谓于是处无有配合。但于瓶等,双现能立、所立二法。如言于瓶,见所作性及无常性。

同喻五过,前三关于事喻之过,后二关于理喻之过。无合者,即理喻过之一无合作法之理由也。凡论式之主要分为四段:

(一) 声是无常。——甲者乙也。

(二) 所作性故。——为丙之故。

(三) 凡所作性,皆见无常。——凡丙者皆见为乙。

（四）如瓶等。——如丁戊等。

上列缺第三段即无合之过。因明论式，虽有具陈略陈之别，不必具有第三段手续，然在敌者若只见第四段之事喻，到底不解第三段理喻之脉络，则合作法之理不具，故为过也。《大疏》曰："谓于是喻处，若不言诸是所作，见彼无常，犹如瓶等，即不证有所作处，无常必随。即所作无常，不相属着，是无合义。由此无合，纵使声上见有所作，不能成立声是无常。故若无合，即是喻过。若云，诸是所作，见彼无常，犹如瓶等，即能证彼无常，必随所作性。声既有所作，亦必无常随，即相属着，是有合义。"《论》文但于瓶等双现能立所立法，如言"于瓶见所作性及无常性"，谓但言所作性故，譬如瓶等，有所作性及无常性（双现二法），不以之成"诸所作性，皆是无常"。但双举瓶等之所作性及无常性，其间无合作法而义不显，则喻之助成因（所作）以成宗（无常）之效果，终无由见，故亦为过也。

论：倒合者（A homogeneous example showing an inverse connection between the middle term and the major term），谓应说言，诸所作者，皆是无常；而倒说言，诸无常者，皆是所作。

倒合者，倒转合作法之义。凡合作法以先因后宗为定则，今反先宗后因，故名倒合之过。例如以所作性之因，成无常宗，而合云："诸所作皆无常"。今倒其次序，谓说"诸无常，皆为所作"，则于事于理皆不符合。何以故？盖所作皆无常，而无常或不为所作故。以正因有异品遍无、同品有非有之例故。如金石说皆有之，故亦成过也。兼之此论式，以未知之宗为先，由未知以及于已知，适反因明以已知而成未知之者。《大疏》曰："谓正应以所作证无常，今翻无常证所作，故是喻过，即成非所立，有违自宗及相符等。"（案：本以所作证无常，今反以无常证所作，故违自所立宗；又所作既立敌共许，今成所作，便犯相符。）此总结似同法喻品有五种也。

论：似异法中所立不遣者（An example not heterogeneous from the opposite of the major term），且如言诸无常者，见彼质碍，譬如极微。由于极微，所成立法常性不遣，彼立极微是常住故。能成立法无质碍无。

以下别释似异法喻。不遣者，不遮遣义。异喻反于同喻，必须与宗（后陈）因二者毫无关系（即宗异品、因异品），乃奏遮遣之效力。遮遣者正于同喻之范围外明其界限，使不混滥也。今异喻对所立宗（后陈）不能遮遣其关系，故名所立不遣。凡立异喻，本反拣同法，故欲以无常反拣常，质碍反拣无质碍，因须立异喻反显同喻。且如立声常者，或复有言诸无常者，见彼质碍，譬如极微，则极微喻于所立常宗不能遮遣，以彼许是常故。又计极微有质碍，故曰能成立法（即因）无质碍无，以彼许极微有质碍故。故此异喻极微，惟于无质碍因则无，而于常宗仍有。凡异品必具宗异品、因异品之二，今虽有因异品于因成异喻，而先缺宗异品于宗不成异喻，名为所立不遣之过。

论：能立不遣者（An example not heterogeneous from the opposite of the middle term），谓说如业，但遣所立，不遣能立。彼说诸业无质碍故。

能立不遣者，谓但有宗异品，而缺因异品也。异喻对能立之因，无遮遣义，故名能立不遣。《论》中举例说：声常，无质碍故，异喻如业。业是善恶行为之总称，声胜二论俱许。业是无质碍而生灭无常者，此则可遣所立之常，不能遣能立之无质碍。以彼说诸业无质碍故,是则宗成异喻,于因不成异喻,故曰能立不遣也。

论:俱不遣者(An example heterogeneous from neither the opposite of the middle term nor the opposite of the major term),对彼有论说如虚空,由彼虚空,不遣常性,无质碍故。以说虚空是常性故,无质碍故。

俱不遣者,即异喻上缺宗异品及因异品,不能遮宗因二者之关系也。如声论对有论(萨婆多之有宗)立声常,无质碍故,异喻如虚空。以对有虚空论,则彼虚空二字不能遣常住宗,亦不能遣无质碍因,则举虚空作声常宗,无质碍因之同喻乃可,于此举作异喻,遂成二俱不遣也。

论:不离者(A heterogeneous example showing an absence of disconnection between the middle term and the major term),谓说如瓶,见无常性,有质碍性。

异喻五过,前三关于事喻,后二关于理喻。不离者,即理喻过中之一无离作法之理也。《大疏》曰:"离者,不相属著义。"十力解云:"如声常宗,无质碍因。异喻双离宗因。应云:'若是无常,见彼质碍。如此,则将质碍属著无常,返显无碍属著常住,故声无碍,定是其常。今如古师举喻,但云:如瓶等见无常性,有质碍性。此则以无常性与有碍性,各别说之。不显无常属有碍性,即不能明无宗之处,因定非有,何能返显有无碍处定有其常?不令常住性与无碍性互相属著,故为过也。"《庄严疏》云:离者,不相属著也。若言诸无常者,见彼质碍,如瓶等者,此即显常宗无处,异品无常,与无碍因不相属著,即是离义。由此返显声有无碍,定与常义更相属著,故异喻须离。今既但云:于瓶见无常性,有质碍性。此但双现宗因二无,不明无宗之处,因定非有,故是不离。由此,不能返显无质碍因与常宗更相属著,故是过也。如声论对胜论立声常宗,无质碍故,诸无质碍皆见是常,如虚空。(同喻)诸无常,皆有质碍,如瓶等(异喻)。但云异喻如瓶,见无常性,有质碍性,而不云诸无常者,见有质碍,犹如瓶等,则离遣之旨不显,故为不离之过也。

论:倒离者(A heterogeneous example showing an absence of inverse disconnection between the middle term and the major term),谓如说言诸质碍者,皆是无常。

倒离者,倒转离作法之义。凡离作法必先宗后因,为定则,今反先因后宗,故曰倒离之过也。《大疏》曰:"宗因及同喻,皆悉同前。异喻应言,诸无常者,见彼质碍,即显宗无,因定非有。(案:常宗无处,其无碍因,亦定非有。)返显正因,除其不定及相违滥,亦返易有因宗必随逐。(案:谓返显有无碍因,其常宗必随逐也。)今既倒云:诸有质碍,皆是无常。即以质碍因,成非常宗。不简因滥,返显于常。"此有二过,已如前辩。(一成非本所说,二相符过以质碍因成无常宗。)如声论对胜论,立声常无质碍故,诸无常者见彼质碍,如瓶等。(异喻)今反离其作法而曰:诸质碍者,皆是无常,则不可通。盖立敌共许极微有质碍而常住者也,故得为过。

第二项　结

论:如是等似因喻言,非正能立。

此明非正能立,总结非真也。《大疏》曰:"言如是者,即指法之词。复言等者,显有不尽,内辩三支,皆据申言而有过故,未明缺减,非在言申,故以等。"《前记》云:"似宗因喻三支过中,《论》文之中,除四相违,自余诸过,各据言陈,未明意许。今言等者,等彼意许,又缺减过。《论》文之中,言陈意许,俱并不说。又缺过中,有分有全,《论》亦不明。今此等言,并皆等彼诸过失。"孝仁云:"未明缺减者,谓有体缺,即似宗等,而尚未明其无体缺,非言陈有故,故言等。")复云似宗因喻者,此牒前三,总结非真,故是言也。

第三节 真现量真比量二门为三

第一项 总 标

论:复次为自开悟,当知惟有现比二量。

真现量[Peception(Pratyaksa)]、真比量[Inference(Anumana)]是真能立之所须具,以有现量比之智,乃能明义言陈故。观《大疏》之文,可明其立意与遮执也。《大疏》曰:"问:若名立具,应名能立,即是悟他。如何说言为自开悟? 答:此造论者,欲显文约义繁故也。明此二量,亲能自悟,隐悟他名及能立称。次彼二立明(案:真能立及似能立),显亦他悟疏能立,(案:次彼其似二立而明者,兼显亦能悟他而为疏能能立也。)犹二灯二炬互相影响故。《理门论》解二量已,云:如是应知悟他比量(案:立者之比量智),亦不离此(案:指敌者自悟之比量智)得成能立,故知能立必借于此量,显即悟他。明此二量,亲疏(案:亲能自悟疏能悟他,皆能立也)合说。通自他悟,及以能立。此即兼明立量意讫。(案:正明二真量亦通悟他兼明立意也。)当知唯有现比二量者,明遮执也。唯言是遮,亦决定义。遮立教量及譬喻等,决定有此现比二量,故言唯有。"(古师说量,略有六种:现及比外,复有第三曰圣教量,或名声量,观可信声而比义故;复有第四曰譬喻量,如不识野牛,言似家牛,方以喻显故;又有第五曰义准量,谓若法无我准知必无常,无常之法,必无我故;又有第六曰无体量,入此室中见主不在,知所往处,如入鹿母堂不见苾刍,知所往处。陈那废后四种。)

第二项 别 释

论:此中现量,谓无分别,若有正智于色等义,离名种等所有分别,现现别转故,名现量。

现者,现证现知义。量者,度量楷定义。现量一名,原出因明,本就五根取境而立。此名谓无分别者,是正智于色等事理无彼名言种类等所起分别,故曰若有正智于色等义离名种等所有分别。凡名言或种类经意识推度,皆非现量,现量离诸分别推度等故。然此无分别,非谓如土木金石,以是智故。(虽无心念分别而了了明知,即自体分别也。一切和合相续对待假相皆随念分别,但此分别不能坚固,加以计度则固执矣。可知随念是俱生我法执,计度分别,我法执也。)现现别转者,五根明现五尘之境,各别缘于自境,名为别转,若眼识缘色不缘声等,耳识缘声不缘色等。胜论宗《十句论》云:"现量者,于至实色等根等和合时,有了相生,即名现量。"据现量本义,仅约五识而谈,其后大乘引申现量智,凡有四类:(一)诸根现量,即眼耳鼻舌身五识,依眼等根缘色等局于自相故。(二)意识现量,即与五识同俱起而明了取境自相者。(三)自证分现量,即诸心法一分自知之用,(如眼见色,同时亦知是见非闻,即为心之自知。)悉得自相。(四)定心现量,凡在定境,不论观法体与法义皆离教各各别现,故得自相。此四类中,前三为世间智,即以世间境界为所缘故。第二俱意,第三自证事实,本为世俗所有,然世俗于此不分析,故论略不言。后一亦通出世正智,则于定中起故,世俗一向无之。总之,现量要义,本约五识明证明境为言,后三不须详究也。《大疏》曰:"若有正智,简彼邪智,谓患翳目,见于毛轮第二月等,虽离名种等所有分别,而非现量。故《杂集》云:现量者,自正明无迷乱义。此中正智,即彼无迷乱,离旋火轮等。(案:旋火见有轮形,此即迷乱,正智必离此等也。)"观此可得现量之义矣。

论:言比量者,谓借众相而观于义。相有三种,如前已说。由彼为因于所比义,有正智生。了知有火,或无常等,是名比量。

现量所余非颠倒智,悉入比量。比量约有二种:一为自义比,自心推度,唯自开悟。二为他义比,说自所悟,晓喻于他,即三支是。陈显因三相,比量方法于焉可明。因明有三,故名众方观境义也。因三相者,一遍是宗法性,二同品定有性,三异品遍无性,广如前释。由即因由,借待之义,以因三相推度彼境而后决定。前谈照境之能,曰之为观。后约筹虑之用,号之曰比。就其体言,唯决定智,得比量名。《大疏》曰:"谓虽有智,借三相因,而观于境。犹豫解起,此即因失。"由此说因,虽具三相,有正智生,方真比量。(如前相违决定中,声论之因虽具三相,然不能令正智生,故非正智。)因见烟故了知有火,两法必不相离。后时更见远山烟起,忆念前知,由以此度决定山中亦复有火。以譬因所作遍在声上,知法无常,设声有非所作者,此因便非,然历观此因今无不遍,合证所作无常必随。声所作故,亦复无常,虽未现证而于所观境(声)义(无常)如理不谬。此决定智即是比量。《大疏》曰:"明正比量,智为了因,火、无常等是所了果。以其因有现比不同,果亦两种。火、无常别,了火从烟,现量因起;了无常等从所作等,比量因生。此二(案:谓所作因及烟)望智俱为远因(案:所作因望解无常之智为远因,烟望解火之智为远因),借此二因,缘因之念,为智近因,忆本先知所有烟处,必定有火,忆瓶所作,而是无常,故能生智,了彼二果(案:火及无常)。故《理门》云:谓于所比审观察智,从现量生,或比量生,及忆此因与所立宗不相离念。由是成前举所说力,(案:《前记》云:敌者念力,能令立者所立宗成,举宗所说有力也。敌者既解立者宗,故知立者所立义,成有力也。)念因同品定有等故,是近及远比度因故,俱名比量。……由借三相因,比度知有火、无常等故,是名比量。"

第三项　总　结

论:于二量中,即智名果,果证相故。如有作用而显现故,亦名为量。

此明二真量之果。二量者,现比二量。现量无分别智及比量有分别正智,名之为果。唯现量是证相故。比量虽未现证,如有作用而显现故,亦名为量。《大疏》曰:"或此中意,约三分明。能量者,见分。量果,即自证分。体不离用,即智名果。是能证彼见分相故。(案:见分相者,指见分之自体而名之。)如有作用而显现者,简异正量。彼心取境,如日舒光,如钳钳物,亲照境故。(案:正量说心亲照外境,如日舒光云云,则以心与境为条然各别之二实物,故是邪执。)今者大乘,依自证分,起此见分取境功能,及彼相分为境生识,(案:此言依自证分上起见分及相分也。相分能为境界,牵生能缘见分,故云为境生识。见分对于所缘相分境,而有缘虑用,故云取境功能。)是和缘假,(案:自证变起相见,即三分俱时显现,良由众缘和合,有以三分假现耳,不可说为实物。)如有作用。(案:三分互为缘起,似有作用,而不可执为实。)自证能起故,言而显现故,(案:自证是体,现见是用,一体之上现起二用,数论说而显现故。)不同彼执真实取。(案:不同正量执有实能取心与实所取境故。)此自证分亦名为量,亦彼见分,或此相分,亦名为量,不离能量故。(案:相分亦名为量者,以相非离见而独存,故随能量亦名量。)

如色言唯识。(案：言唯识者,非谓无色,以色非离识而有,故言唯识。)此顺陈那三分义解。"

第四节　似现量门

论：有分别智,于义异转,名似现量[Fallacy of pereption（Pratysabhasa）]。谓诸有智,了瓶衣等分别而生。由彼于义,不以自相为境界故,名似现量。

有分别智,谓有随念计度,不依正智。于义异转者,谓此有分别智,以名言种类等所指之物为所观境,而不以五识所观色等自相为境界故,此有分别智于名物为所缘义故。如世人现见瓶衣等,妄谓亦是现量,其实不然。以眼识所见,但为色故；耳所闻者,但为声故；乃至身所触者,但为冷暖等故。如斯色等可云现量等境。汝言瓶衣既有多法,而眼等见识等等时,但得一分,不得余分,云何得言眼识生时,现见瓶等？若眼见色,即见瓶等,应一切色俱是瓶等,俱是眼识现所见故。复次：眼见色时,但有似色行相显现,亦且不作瓶衣等解,以眼识等（五识）无分别故,色等实法现了知故。故《成唯识论》云："现量证时,不执为外。(案：外有瓶视等,)后意(案：意识所行)分别,妄生外想。故现量境是自相分,识所变故亦说为有,意识所执外实名等妄计有故,说彼为无。又色等境,非色似色,非外似外,如梦所缘,不可执为实外色。"是知现见瓶衣有分别智是意识所行,于色等不得自相,况此眼等识现量证时,尚不觉有色声等名,尚不别作色声异解,云何得言现证瓶衣耶？是故瓶衣等非真现量,是似现量。

第五节　似比量门

论：若似因智为先，所起诸似义智，名似比量。似因多种，如先已说，用彼为因，于似所比，诸有智生，不能正解，名似比量[Fallacy of inference(Anumanabhasa)]。

谓由前十四过之似因智为先导，所起虚妄分别，诸似义智不能得成正解，名似比量也。《大疏》曰："似因及缘似因之智为先，生后了似宗智，名似比量。问：何故似现先标似体（案：有分别智），后标似因（案：于义异转），此似比中先因后果？答：彼之似现，由率遇境，即便取解，谓为实有，非后筹度，故先标果。此似比量，要因在先，后方推度，邪智后起，故先举因。"似因过中随犯一过，则不解正义而非正智矣。《大疏》曰："由彼邪因，妄起邪智，即如前例，不能正解彼火有无，名似比量。"

第六节　真能破门

论：复次，若正显示能立过失，说名能破。谓初能立，缺减过性，立宗过性，不成因性，不定因性，相违因性，及喻过性。显示此言，开晓问者，故名能破[Refutation(Dusana)]。

此明真能破者，可以破彼似能立也。《大疏》曰："他立有失，如实能知，（案：于他立之失，能如其实而知之也。）显之令悟，名正显示能立之过失。若能显示似能立所有过失，说名能破。谓彼初似能立者，有种种缺减过性，或犯立宗过性者，宗之九过；不成因性、不定因性、相违因性，因之十四过；喻过性者，喻之十过。今为显示此言，以开晓于问者，故名能破。《大疏》曰："立者过生，敌责言汝失，立证俱问其失者何，名为问者。敌能正显缺减等非，明之在言，名显示此。因能破言，晓悟彼问，令知其失，舍妄起真，此即悟他，名为能破。此即简非，兼悟他，以释能破名。简虽破他，不令他悟，亦非能破。"

第七节　似能破门

论：若不实显能立过言，名似能破[Fallacy of refutation（Dusanabhasa）]。谓于圆满能立，显示缺减性言。于无过宗，有过宗言。于成就因，不成因言。于决定因，不定因言。于不相违，相违因言。于无过喻，有过喻言。如是言说，名似能破。以不能显他宗过失，彼无过故，且止斯事。

此明似能破不能破真能立也。若其语言不能显实能立之过，名似能破。《大疏》曰："立者量圆，妄言有缺。（案：立者量圆，破者乃妄言其有缺也。）因喻无失，虚语过言，不了彼真，（案：不了立者量是真能立也。）兴言自负。（案：破者对真能立，妄与攻诘之言，徒自负而已矣。）由对真立，名似能破。准真能破，思之可悉。"谓立者宗本无过，破者乃妄谓彼宗有过；立者因无不成之过，破者乃妄谓为不成；立者因无不定失，破者乃妄谓为不定；立者因无相违失，破者乃妄说为相违；立者喻无过，破者乃妄说有过。如是言说，皆名为似能破。《大疏》曰："夫能破者，彼立有过，如实出之，（案：如实而出彼立之过也。)显示敌(案:谓所破者)证(案:谓同闻证义者),令知其失,能生彼智(案:能生敌者证者之智也)。此有悟他之能,可名能破。彼实无犯(案:立者量不犯过),妄起言非(案:破者妄起言非),以不能显他宗之过,何不能显,彼无过故。由此立名,为似能破。"本文二别释八门竟。

第三章　以颂总结

颂：已宣少句义，为始立方隅。其间理非理，妙辩于余处。

《大疏》曰："一部之中，文分为二。此即第二。显略指广。上二句显略，下二句指广，略宣如前少句文义，欲为始学立其方隅。八义之中，理与非理，如彼《理门》《因门》《集量》，具广妙辩。"故曰妙辩于余处也。

本书参考材料略举如下：

　　《方便心论》（后魏西域三藏吉迦夜与昙曜译）

　　《如实论》（陈天竺三藏真谛译）

　　《回诤论》（龙树菩萨造，后魏三藏毗目智仙共瞿昙流支译）

　　《印度六派哲学》（本村泰贤原著）

　　《因明入正理论疏》（唐京兆大慈恩寺沙门窥基撰）

　　《因明论疏瑞源记》（唐京兆大慈恩寺沙门窥基撰，扶桑摄津浪华僧濬凤潭记）

　　《因明概论》（太虚大师）

　　《因明纲要》（吕澂）

　　《因明大疏删注》（熊十力）

《陈那以前中观派与瑜伽派之因明》(许地山)

《穆勒名学》(严复译)

S.C.Vidyabhusanas：History of the Medieval School of Indian Logic.

Keith：Indian Logic and Atomism.

《世界史纲》(梁思成等译)

《因明正理门论述记》(大域龙菩萨造,玄奘译,神泰撰)

《印度哲学概论》(梁漱溟)

《因明入正理论疏节录集注》(梅光羲集注)

《中国哲学史大纲》(胡适)

印度逻辑

自　序*

印度学术自输入中国后，生活上与思想上所发生之变动，较之今日西洋学术输入我国后所发生之变动为深广；惟于印度学术之研究，一方似未曾撷其精英弃其糟粕相与迈进于创造之大道；而一方亦未曾对印度学术之主流有正确之抉择从而发挥其优点。就根本上言：印度学术之主流，实在大乘之佛学，而佛学之体系端系因明为其建立；由因明之发展，更坚定瑜伽般若之系统。瑜伽般若发展之过程，俟另文僭论。今就因明之输入中国言，为时不为不早，自后魏吉迦夜及毘目智仙共瞿昙流支译龙树《方便心论》及《回诤论》，陈天竺三藏真谛译世亲《如实论》，已有因明粗略理论。至唐贞观三年，我三藏法师玄奘留学印度，亲炙大论师僧伽耶舍（此云众称）、特善萨婆多及尸罗跋陀罗等学习五明，归国后永徽六年，翻译陈那《因明正理门论》及商羯罗主（陈那门人）《因明入正理论》，是为印度逻辑输入中国较完备之时期。然在此悠久时间，国人之研究佛学者，鲜能注意佛学所应用之逻辑，间虽有一二贤明之士对于因明有所研究，然其所著述亦鲜能引起士大夫或学者之注意，即唐宋元明之散文，亦类多讲究修辞文法气韵，绝少含有逻辑意味之论文。此一方面固因中国为伦理的文学的政治的沉静寡言之国民性所形成；一方亦由介绍因明学者缺乏深入浅出之文字，对于辨析

---

* 本书完成于1938年，1939年由商务印书馆出版。——编者注

名理兴趣不厚,故中国佛学之发达,向来偏在不合逻辑之台贤禅净诸宗,而印度逻辑与合于逻辑之瑜伽般若之学,反束置高阁。印度逻辑在中国沉滞之状况,盖可知矣。

予自少喜运用思想及范围思想之法则。十年前负笈武昌佛学院及南京支那内学院,对于因明唯识之学,颇感兴味。然而平生怀抱辄不自揆,思欲冲抉宇宙之罗网,"为天地立心,为生民立命,为往圣继绝学,为万世开太平"。惟以奔走故,展转难偿,甚矣其苦也。民十九年秋,应太虚法师命,始执教鞭于闽南佛学院,课余写成《因明学》《中国名学》《书法心理》三书,先后付中华、正中、商务书馆出版。民二十五年秋,应右公命任监察院院长办公室主任职,公余仍喜读因明书籍及近人述作,前后不下十余种,益觉斯学之精微博大,尝思将前作因明学重新增订,顾所得材料甚多,且编法亦须全部改易,似非另写一书,不足以畅吾怀。每欲下笔,辄以公务故,欲然而止。二十六年春,在京出席中国哲学会第二届年会,宣读《互涉的原理》论文,得与海内专家相聚一堂讨论学理,深感致力学术为复兴民族之根本要图,为人类无限之前途计,正有待于学术上做一番彻底之改造与建设。

余拟写印度逻辑之目的,在乎将所有法则应用于寻求知识与建设言论。从前一般因明学者,大抵集中精力于章句之解释及过类之推行(如唐人一分过、四分过等),予则转而注意历史及法则之演进。一部印度逻辑,不外明"依系之真似"。宗之构成固在规定前陈及后陈之关系,惟宗之成立端成其所系,并非成其所依单独之前陈或后陈,是故前陈后陈本身之构成须立敌共许,所系又须立许敌不许,应以极成之因成其不极成之宗,成其相应之不成,此宗之依系也。至因之三相(Three characteristics of the middle term),

即出其依系之体。依因初相（遍是宗法性 The whole of the minor term must be connected with the middle term）与宗中前陈相依系成与宗有关之因；依因后二相（同品定有性 All things denoted by the middle term must be homogeneous with things denoted by the major term 及异品遍无性 None of the things heterogeneous from the major term must be a thing denoted by the middle term），又可决定宗中后陈之是及简尽与总宗相违义之非，举因初相或不生敌智，又举因后二相敌智则无不生也。印度逻辑，因三相尽之矣。所不同者，前一相考定总宗前陈属性关系，后二相研究总宗后陈正反关系耳。依"依系"义而因三相生；依因之初相而不成之作法生；依因后二相而正因及不定（The uncertain, aniscita）、相违（The contradictory, viruddha）之作法生。是故比量三支皆成其互相依系，知依系真似之义，则印度逻辑思过半矣。

去秋芦沟难作，主权与领土之丧失，几有日蹙百里之概。暴敌挟其武装力量之优越，蔑视国际联盟，破坏非战公约，故违历史惯例，不经宣战手续，而占领我土地，屠杀我人民，直欲率人类返于獉獉狉狉之境，绝非二十世纪所谓"文明时代"所宜有之现象也。余困蛰厦门，既不忍默视其论胥，复无从假手以共济，则舍致力学术又奚由自励自献哉？于是乃立志写成《印度逻辑》一书，深期是非之法则日彰，人类社会或有公理之可言。顾此书草创之日，频闻空袭警报，脱稿之后十日，又值厦门沦于敌手之时，序此益滋余痛矣。

中华民国二十七年五月二十日
即厦门失陷后七日山阴虞愚序于香江

第一章　印度逻辑历史沿革大概

印度称学艺为"明处",或简称为"明",其所分类总有十八明之多。佛家尝总括诸学艺曰五明:一曰内明(Adhyatmavidyasthana),阐扬五乘因果妙理。二曰声明(Sabdavidyasthana),释诂训字诠目流别。三曰医方明(Cikitsavidyasthana),禁咒闲邪药石针艾。四曰工巧明(Silpakarmavidyasthana),技术机关阴阳历数。五曰因明(Hetuvidyasthana),考定邪正研核真伪。因在梵语为醯都(Hotu),具有理由原因与知识之因诸义,今顺现代学科,因明亦称印度逻辑(Indian logic)也。考此学发展之因缘,其外缘渊源自足目(Aksapada)。足目亦称乔答摩(Gotama),为尼也耶派之开祖,传有《尼也耶经》(Nyaya Sutra)五卷。第一卷明哲学之要,以下多有关于逻辑者。大抵第二卷明量,适与"因"第三义相当。第三四卷明所量。第五卷明堕负。此其不同也。尼也耶原意为深入主体(Going into a subject),在尼也耶派之分析(Analysis)正与数论之综合(Synthesis)相对,一般学者以为尼也耶与逻辑有关,不谓无故。然尼也耶之义,实足供给人类寻求主观及客观种种知识之方法也。此派虽亦有求得解脱为其旨趣,然其重心,仍在学者互相讨论,以逻辑而求理性之历程及思想之规律为其解脱之方法也。其立说分为十六句义(Sixteen Padarthas),今以次胪列:

第一句义曰量(Pramana),以此而得到正确之计度也。关于知识论者有四：一现量（Pratyaksha），即由感官与外物接触而生之知识。二比量（Anumana），由推理而生之知识。三譬喻量（Upamana），由此而晓喻之知识。四声量（Cabda），由圣典或圣言而获之知识。推论式（Infcrence）有五支所谓五分论式（Panca-avagavas），兹将通用一例观之：

一宗（Pratigna）　　　　所主张之命题

二因（Hetu）　　　　　　所主张命题之理由

三喻（Udaharana）　　　所主张命题之例证

四合（Upamaga）　　　　应用或理由之应用

五结（Nigamana）　　　　结论

今试以五分论式举例如下：

宗　此山有火

因　以有烟故

喻　凡出烟者有火

合　此山出烟

结　故此山有火

在印度，逻辑之特点，即以二三术语而能得一全体肯定之结论。其术语如通遍（Vyapti, pervasion）、能遍（Vayapaka, pervader）、所遍（Vyapya, to be pervaded）。如云：凡有烟之处皆必有火。在此格式之下，印度逻辑家无异说火与烟有永久相连之关系在焉。故火称之为能遍，烟称之为所遍。而此命题若以尼也耶派而言之，即表示此山凡有火之处皆周遍有烟，故知此山有火也。

第二句义曰所量（Prameya），由量谛而知物之对象。易词而言，即吾人所能从彼得到正确知识之谓也。

第三句义曰疑（Samcaya, or doubt about the point to be discussed),见物不明,以此物为彼物。如远处见蝇,疑为蛇等,由疑而后起辨,故量、所量后先之以疑,后此所有事,皆以决疑也。

第四句义曰动机(Prayojana, or motive for discussing it),《百论疏》译为用所以至于议论之动机,如两者互相讨论欲求解决之主点而起辨究也。

第五句义曰见边(Irshtanta),彼《经》云:"凡圣见解一致之事件曰见边"。故无著云:"立喻者谓以所见边与未所见边和合正说。"师子觉言:"所见边者,谓已显了分;未所见边者,谓未显了分。以显了分显未显了分,令义平等所有正说,是名见边也。"如见角帷墙之崗察其有牛,飘风坠麴尘庭中,知其里有酿酒者是。

第六句义曰字义(Siddhanta),《疏》译为悉檀。说云自对义由异他义,即自己主张与彼主张不同也。如讨论时所提之题目者是。

第七句义曰论式(Avayana, or argument split up),《疏》译为语言分别,即分别自他之义为议论之部分。如前所举五分论式者是。

第八句义曰思择(Tarka, or refutation),对于论式之合法或不合法加以审查,如真相不明,从各种理由而抉择其真智者是。

第九句义曰决了(Nirnaya, or ascertainment of the true state of the case),《疏》译为决,说云义理叵决定,今《经》云问题得所确定曰决了。盖论式悉合法则所立字决定也。故论式后继之以思择,思择后继之以决了。

第十句义曰真论议(Vada, or controversy),《疏》译为论议,由语言以显真实道理,如讨论者正反两方面相争议论之方法者是。此与陈那所谓真能立(Demonstration)、真能破(Refutation)相当。

第十一句义曰纷论议(Jalpa, mere wrangling),欲议论制胜而巧为纷争,如从狡猾之手段,而为讨论之方法者是。此与所谓似能立(Fallacy of demonstration)似能破(Fallacy of refutation)相当。

第十二句义曰坏义(Vitanda,cavilling),务立难破他而横相攻诘,如仅从对面之缺点而为得胜利之方法者是。

第十三句义曰似因(Hetvabhasa, fallacious reasoning),似是而非之论,《百论疏》以为有五种:一不定,二相违,三相生疑,四未成,五即时是也。

第十四句义曰曲解(Chala, quibbling artifices),《疏》译为难难,对于敌方之言辞意义,曲为解释以相难也。如此言烧山,意指烧山之草木而言,彼难山石何不见烧。

第十五句义曰倒离(Jati, futile replics),《疏》译为争论,如以诡辩而破正论者是。

第十六句义曰堕负(Vigrahasthana, putting an end to the discussion),议论为人败北者是。彼经都有二十二种,皆说论辩之失败者,繁猥无当,兹不多赘。

以上十六句义为尼也耶派之逻辑思想。所不同者,前九句义论究逻辑实用上之必要条件,后七句义论究价值问题耳。此派成立之年代在《大疏》中曰初劫,据史学家考证至少有五千余年历史。当亚历山大进至里海之滨,东越今之西土耳其斯坦,建一城,今名赫拉特(Herat),又复北经喀布尔(Cabul),及今之撒马尔罕(Samarkand)者,直入中土耳其土坦群山中,复南回,经开伯尔岭(Khyber Pass)以入印度。即亚里士多德所著《工具论》(Organon)一书,讨论结论与证验之分析法(Analytics)及讨论归纳及或然之辩义法(Topics),与印度逻辑当有若干之关系。不然,五分论式与亚氏演绎逻辑何相似之甚耶?而在内因则渊源佛说之内明知识论及四记答等论法，《阿含》《楞伽》《深密》暨小乘诸阿毘达磨已兆其端。四记答本于《涅槃经》，即言答之分类有四种也。一问记者，观敌论者之立量，果出于正，而了无有误，然后许之。二分别记者，若见敌论中虽有是者，而犹有未是者，则可与讲去其非。三反问记者，见敌论中有自相矛盾之处则与深辨之。四舍置记者，向于敌论，不复抗言也。此皆佛家所说有关因明者，至《解深密经》尤为释迦逻辑思想之材料。其《如来成所作事品》，分如来言音略有三种：一者契经，二者调伏，三者本母。第三之本母分为十一种相：一者世俗相，二者胜义相，三者菩提分法所缘相，四者行相，五者自性相，六者彼果相，七者彼领受开示相，八者彼障碍法相，九者彼随顺法相，十者彼过患相，十一者彼胜利相。此中第四行相，当知宣说八行观故。云何名为八行观耶？一者谛实故，二者安住故，三者过失故，四者功德故，五者理趣故，六者流转故，七者道理故，八者总别故。八行观中第七道理当知有四种：一者观待道理，二者作用道理，三者证成道理，四者法尔道理。其中证成道理之义曰：证成道理者，谓若因若缘，能令所立所说所标，义得成立，令正觉悟，如是名为证成道理。又此道理略有二种：一者清净（真正之义），二者不清净（不正之义）。由五种相名为清净，由七种相名不清净。云何由五种相名为清净？一者现见所得相，二者依止现见所得相，三者自类譬喻所引相，四者圆成实相，五者善清净言教相。现见所得相者，谓一切行皆无常性，一切行皆是苦性，一切法皆无我性，此为世间现量所得，如是等类，是名现见所得相。依止现见所得相者，谓一切行皆刹那性，他世有性，净不净业无失坏性，由彼能依粗无常性见可得故，由诸有情种种差别依种种业现可得故，由诸有情若乐若苦净不净业以为依止现可得故。由此因缘，于不现见可为比度，如是等类,是名依止现见所得相。自类譬喻所引相者,谓于内外诸行聚中,引诸世间共所了知,所得生死以为譬喻;引诸世间共所了知,所得生等种种苦相以为譬喻;引诸世间共所了知,所得不自在相以为譬喻;又复于外引诸世间共所了知,所得衰盛以为譬喻。如是等类,当知是名自类譬喻所引相。圆成实相者,谓即如是现见所得相,若依止现见所得相,若自类譬喻所得相,于所成立决定能成,当知是名圆成实相。善清净言教相者,谓一切智者之所宣说,如言涅槃究竟寂静,如是等类,当知是名善清净言教相。……如是证成道理,由现量故,由比量故,由圣教量故,由五种相,名为清净。云何七种相名不清净:一者此余同类可得相,二者此余异类可得相,三者一切同类可得相,四者一切异类可得相,五者异类譬喻所得相,六者非圆成实相,七者非善清净言教相。若一切法意识所识性,是名一切同类可得相。若一切法相性业法因果异相,由随如是一一异相,决定展转各各异相,是名一切异类可得相。善男子,若于此余同类可得相,及譬喻中有一切异类相者,由此因缘,于所成立非决定故是名非圆成实相。又于此余异类可得相,及譬喻中有一切同类相者,由此因缘于所成立不决定故,是名非圆成实相。非圆成实故,非善观察清净道理。不清净故,不应修习。若异类譬喻所引相,若非善清净言教相,当知体性皆不清净。兹将五种清净相,七种不清净相与《入论》比较列表如下页:

　　清净中之五种第一现见所得相者,感验之事实,即现量是。第二依止现见所得相,根据感验而得之推论之知识,即比量是。第三自类譬喻所引相,即同喻。第四圆成实相,即无过失之真能立。《经》文曰:"圆成实相者,谓即如是现见所得相,若依止现见所得相,若自类譬喻所得相,于所成立决定能成,当知是名圆成实相。"

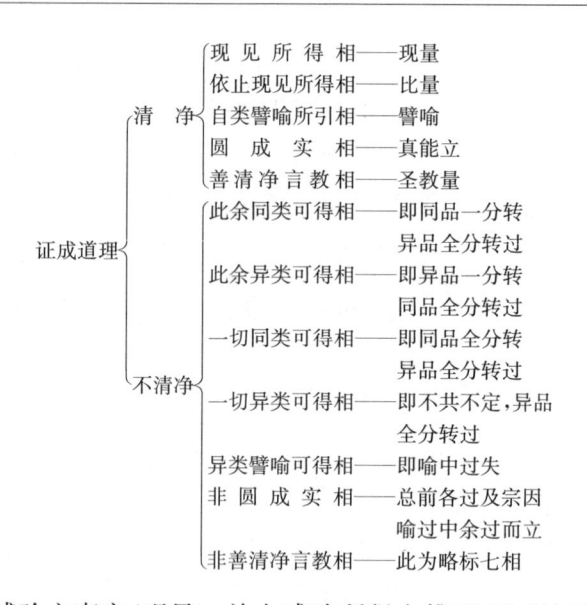

```
                    ┌ 现见所得相──现量
                    │ 依止现见所得相──比量
              ┌ 清 净┤ 自类譬喻所引相──譬喻
              │     │ 圆 成 实 相──真能立
              │     └ 善清净言教相──圣教量
              │
              │     ┌ 此余同类可得相──即同品一分转
              │     │                 异品全分转过
    证成道理 ┤     │ 此余异类可得相──即异品一分转
              │     │                 同品全分转过
              │     │ 一切同类可得相──即同品全分转
              │     │                 异品全分转过
              └ 不清净┤ 一切异类可得相──即不共不定,异品
                    │                 全分转过
                    │ 异类譬喻可得相──即喻中过失
                    │ 非 圆 成 实 相──总前各过及宗因
                    │                 喻过中余过而立
                    └ 非善清净言教相──此为略标七相
```

意谓以感验之事实(现量),并由感验所得之推理(比量)及其例证(同喻),决定能成其所立之事实,是曰圆成实相。盖即指完全无过之真能立也。第五善清净言教相者,人人可凭信圣人之现量即圣教量是。不清净中七种之释相,与前所标名称,次第有异。欲释此相,当知因支三相义。云何三相:一遍是宗法性,遍谓于宗之主辞上遍有其法,换言之凡所举因当为彼"主辞"之所有法。二同品定有性,因法之所在,必须有彼同品决定俱有之相作同喻。三异品遍无性,异类中必须遍无此之因法作反证。缺第一相,举因非主辞上决定有之法,不成与宗有关之因,则堕不成诸过。缺第二、第三相不能决成在总宗所立义之是,及遮与总宗相违义之非,则堕不定等过。《经》中所言不清净相者,即不成不定过之所本也。兹据《经》略释过相如下:若一切法意识所识性,是名一切同类可得相者,此释前所标中第三"一切同类可得相。"谓如声论对佛家立声为常宗,意识所知性故为因,同喻如空,异喻如瓶,然此意识所知性因太宽,

于常无常一切法上皆悉遍有,不能定成常宗。故为不定云:为如瓶等意识所知性故,声是无常耶?抑如空等意识所知性,声是其常耶?由此声之常无常即不能决定成立,是即此中一切同类可得之不清净相。若一切法相性业法因果异相,由随如是一一异相,决定展转各各异相,是名一切异类可得相者,此释前第四"一切异类可得相",即是不共不定。谓诸法各有性相业法因果差别之相,如色是所见性,声是所闻性,味是所尝性等,因果性相展转各异,此不至彼,彼不至此,法相井然,依据在此。如声论对除胜论所余诸师立声常宗,而以耳所闻性为因。此所闻性因,惟声上有,声外一切皆非所闻,若立此者,不惟无常异品无有此因,即除声以外所余常品,亦无此因,不能得同类法以决定声是其常,故名不共不定。是即此中一切异类所得不清净相,缺因之第二相,同异品中,因皆非有,不能决定常无常故。善男子,若于此余同类可得相,及譬喻中有一切异类相者,由此因缘,于所成立非决定故,是名非圆成实相者,此释前第一"此余同类可得相",即有同品一分转异品遍转过。如说声非勤勇无间所发宗,与①常性故因,以电空等为其同品(同喻)。然此无常性,于电等有,于空等无,同品一分有一分非有,故是同品一分转也。又复立声非勤勇无间所发宗,以瓶等为异品,然瓶等是勤勇无间所发,其无常因于彼遍有,即是异品遍转也。此因以电瓶等为同法,故亦是不定,为如瓶等无常性故,声是勤勇无间所发耶?抑如电等无常性故,声非勤勇无间所发耶?是名非圆成实相。又于此余异类可得相及譬喻中有一切同类相者,由此因缘于所成立不决定故,是名非圆成实相者,此释前第二"此余异类可得相",即同品遍转异品一分转过。如立声是勤勇无间所发宗,无常性故因,

---

① "与",疑作"无"。——编者注

以瓶等为同品，其无常性，于此遍有，此即同品遍转也；以电空等为其异品，然无常性因于彼一分电等是有，空等是无，此即异品一分转也。是故如前，亦为不定云：为如瓶等无常性故，声是勤勇无间所发耶？抑如电等无常性故，声非勤勇无间所发耶？亦是非圆成实相。非圆成实故，非善观察清净道理，不清净故，不应修习者，此释前第六"非圆成实相"，谓于前同异类相中既不能观察决定清净无谬，即不能得清净道理，不清净故，不应修习。若异类譬喻所引相，若非善清净言教相，当知体性皆不清净者，此合释第五"异类譬喻所引相"及第七"非善清净言教相"，谓如立声无常宗，无质碍故因。异类则有虚空无质碍可为譬喻，即不能成立声无常宗。是知能立之因相，亦有谬误，又此皆非一切智者之言论，总名非善清净言教相。以上释前证成道理中五种清净相、七种不清净相竟，释迦之逻辑思想及其影响可以想见矣。佛灭后六百年内，初有胜论学派（Vaiceshika）将自然现象分为六范畴（Categories），而叙明万有之元素。其六范畴亦名六句义，即所谓实句义（Dravya padartha），德句义（Guna padartha），业句义（Karma padartha），有句义（Samanya padartha），异句义（Vicesa padartha）及和合句义（Samavaya padartha）也。其分范畴之根据，乃基于一切现象界所以然之原理而成，详细辩证，亦名论法。次有迦腻色迦王侍医遮逻迦者，于彼所著医籍中曾言及当时流行因明之学，惟当时但言论法，无因明名称。论者论议，立者与敌者各申己宗。法者规式，以判曲直。但此皆属外宗，而佛家无兴焉。佛灭后七八百年，尼也耶派经典成形，说十六句义，辩能所量，论法内容，渐臻完备。龙树挹取而著《方便心论》，立八论法，明辩论之方法及思维之正轨。全书共有四品：第一明造论品（Vada-visa-oll karana），第二明负处品（Nigrahasthana），第三辩正论品(Tattvavyaklyana)，第四相应品，而于明造论品。先说构造论式有必要之条件八种，列表如下：

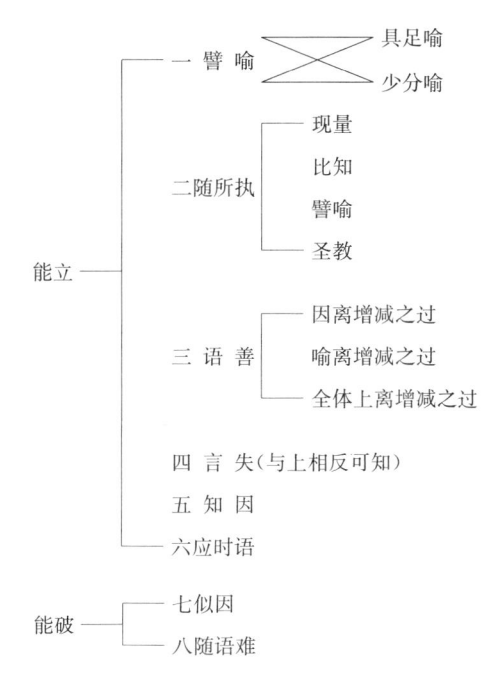

```
                    ┌─ 一譬喻 ─┬─ 具足喻
                    │         └─ 少分喻
                    │
                    │         ┌─ 现量
                    │         │
                    │  二随所执┼─ 比知
                    │         │
                    │         ├─ 譬喻
                    │         └─ 圣教
        能立 ───────┤
                    │         ┌─ 因离增减之过
                    │  三语善 ┼─ 喻离增减之过
                    │         └─ 全体上离增减之过
                    │
                    │  四言失（与上相反可知）
                    │
                    │  五知因
                    │
                    └─ 六应时语

        能破 ───────┬─ 七似因
                    └─ 八随语难
```

以上八条略为说明如下：第一譬喻，使敌者速了自己立义之所以，此必立敌共许。喻分同喻、异喻。同喻异喻又各有具足喻、少分喻二种：具足喻者，完全无过之譬喻。少分喻者，有多少缺点难生喻之效力也。第二随所执，立论者各自所执之主义，随其所执，甲乙之净论以起，在所净之主义中，由四种知见者为正。四种知见者何？一既见之事实即现量。二由现见之事实以推演其所思想之比量即比知。三例证即譬喻。四典据即圣教。陈那、天主以后之解宗者，谓随自乐为所成立性，恐亦本随所执之义而来。第三语善者，不违理，不增不减，章句能解，譬喻无背，是名语善。第四言失者,反是,或有义理而言无序,或于同义同言,重烦分疏,皆是失也。详言之,语善者,谓因喻及全体上皆离增减之过也。因之增减者,妄说非理之因为之增过。缺因之说明,为因之缺过。喻上亦然。全体上之增减者,凡言语、不规则或有减少或有增多,对于敌论者不能使之了然速悟,离此三过,名曰语善。不离此三过,名曰言失。第五知因,前之三四关于言语上之规则,此则关于思想之法规也。因有二种:一曰生因,二曰了因。如种起芽,能别起用,故名生因。《理门论》云:非如生因,由能起用,如灯照物,能显果故,名为了因。是知生因属于立者,了因属于敌者。判定其因之正否,设有四条件:一是否顺于现量,二是否与比量相应,三是否为正当之譬喻,四是否有圣教之典据。第六应时语,对于敌者为使易于悟了说明时具有正当之程序也。第七似因,以不合现量、比量、圣教、譬喻者为因,所谓伪因者是。第八随语难,立论者如有似因,随其言语招种种之过难,其论终难成立,于此出以第八之过难。以上八种前六属于能立,后二属于能破,见上表。龙树所分,视释迦之五种清净相、七种不清净相更为明了也。佛灭后九百年,弥勒《瑜伽师地论》(Saptadasabhumi sastra yogacarya)出世,始立因明名义,谓观察义中诸所有事。然审其内容,仍用论法,自是厥后因明一名沿用无替,《瑜伽论》第十五卷所谓七因明者,颇网罗古所谓因明之说。七因明者,论体性、论处、论所依、论庄严、论堕负、论出离、论多所作七种也。无著之《大乘阿毗达磨集论》,不曰因明,复谓之论轨。《显扬》又谓之论议。原文无差,译者自异。无著学承弥勒,《显扬圣教论》中论七因明之要,除略有一二异名外,余悉同《瑜伽》,循至《集论》始出己意,持较弥勒学说益加详矣。盖弥勒集前说之大成,无著发扬光大,影响后之因明至巨。无著之弟世亲(Vasubandha,

约410—490)其所造论关于法相学甚多,而最切于逻辑思想者,传有《论轨》《论式》《论心》诸作,然皆未译。世亲原学小乘,晚始改宗大乘,早岁当有因明之作,惜已无传。就唐人注疏,惟《论式》一名存《理门论》中,《论轨》之目为正理派典籍所称引,至《论心》一书则不知所从出,或由《方便心论》传言之误欤?当时复有《如实论》一书,流行至广,印土唐人均传世亲所造。迨佛灭后千年,陈那出世,力斥其非,谓多邪谬,非己师言,想系相传有误也。西历第六世纪,有大域龙(Mahadignaga,陈那)生于南印婆罗门族,于犊子部出家,后侍世亲讲席,闻一切大小藏,相传持经达五百种无不融和云。继在那烂陀寺屡伏外道,为诸僧众主讲经论,于印度逻辑特放异彩,著有八论为治斯学所必读。一《观总相论》,辨析名义。二《观所缘缘论》,释别心境。三《取因假设》,明同异一多。四《因明正理门论》。如是四论,吾国早有译本。五《因轮决择颂》,六《集量论》二书,近人吕秋逸先生曾略为介绍。七《观三世颂》,犹存西藏。八《似门论》,则不知流落何所矣。按陈那之学约分二期,前期一仍旧贯,以论法为中心,《正理门》论一书可为代表。后期仿阿毗达磨体裁,从自著唯识因明诸籍编辑剪裁为《集量论》,以知识论为主体,遂集唯识因明之大成。故《集量论》可谓彼晚年精彩之作也。承此论法分传为中国及印度之两流派。在印度则为法称、天喜、实称、无忧、宝作静、法上等之详审。法称(Dharmakirti)为陈那再传弟子,西历第七世纪末,生于南印鸠陀摩尼国,后至摩竭陀从护法(Dhārmapāla)出家。博学宏才,善解三藏,谙诵经咒凡五百部,又听诸因明论,意有未惬,乃改从陈那弟子自在军受《集量论》,创闻即解,与师相埒,及乎覆按解等陈那。三复而后,自在军未审陈那原意而谬解者,一一了然如示诸掌,于是请其师为《集量论》

作释,详略反复,凡有七论:《正理一滴论》①,梵本尚存,英已全译,日亦迻译一分。《观相属论》(约二卷),梵本亦杂外道典籍中,德日俱已迻译。《量释论》《量决定论》《因论一滴论》《成他相续论》《论议正理论》五论,西藏尚存。制作既竟,又恐时人有所误解,因使其弟子帝释慧释之,凡三易稿而后当意。印度逻辑盖至是已折入知识论(自悟量论)范围,流播西藏,蔚为正宗焉。在中国内地,则为玄奘师资之推阐。唐贞观三年,玄奘留学印度,亲炙僧伽耶舍,就众称、戒贤、胜军诸论师学习因明。归国后永徽六年,始译陈那《因明正理门论》及商羯罗主《因明入正理论》,是为印度逻辑介绍入中国之始,复以因明授其弟子窥基,窥基撰《因明大疏》八卷,采《理门论》《瑜伽论》《杂集论》《显扬圣教论》等,解释天主之《入论》,多所引申阐发;厥后慧沼(著有《因明纂要》及《义断》)、智周(著有《因明疏》《前记》及《后记》)、道邑(著有《因明义范》)、如理(著有《因明纂记》)诸论师相继而起,因明变为治内学之工具,以内学建立于因明,不通立破真似及现比真似,则无由自求知识及建设言论。惟自会昌变后,继以五季之乱,宋明禅净二宗代兴,义学不作,加以国民性富有沈静寡言之风,此学复无人过问,基师《大疏》,反沦落海外,不见因明真面者,盖历数百年矣。追逊清末叶石埭杨仁山先生,始从东瀛索回,锓版流通,讹谬仍多,近从《续藏》中取《前、后记》等详为参考,更得扶桑云英晃耀氏之冠注,及摄津浪华浍凤潭之《瑞源记》等以为校核之助,向之诘屈不可通者,今尽释然。此皆印度逻辑发展之大抵可言者。今则取资西洋演绎归纳辩证之逻辑学,及中国名学,比较攻错,详其长短,成一世界之论法,一洗数百年来思想笼统之弊,愿未尝无此可能也。

① 又名《正理滴论》。

第二章　印度逻辑之研究方法

如何研究印度逻辑，随各人经验及见解之差异，研究之方法亦不尽同。且研究方法亦随材料之性质而异，如研究印度逻辑史，宜注重史料之搜集，史料之审定，及整理史料校勘训诂贯通诸方法；如研究逻辑理论，宜注重其理论来源与其资料，施以分析与综合之研究，是其例也。今欲说明一种方法适合于研究历史的印度逻辑及系统的印度逻辑自非易事，本章只就个人经验，胪列普通及特殊二种方法，是否有当，仍望海内学者有以尊裁焉。

第一节　普通之方法

普通之方法，系泛指在学校或家庭中有志研究印度逻辑。设有人焉，有志研究印度逻辑，或就大学哲学系选修此课程，或购书自修。惟关此类译籍艰深，苦于研寻，将尽信耶，窜乱繁词，真似参半；将弗信耶，舍此书本，怅若无依。故开始研究之人究当若何着手，得失攸关。普通入手之方法，约有数端：

一、认定门类——印度逻辑门类甚多，一人之精力有限，既不能将所有典籍而研究之，必欲审定一二门类为自己将来研究之对象。惟未审定之前，必读一二入门书籍以为阶梯。此类书籍，可取近人太虚法师所编之《因明概论》，B.L.Atreya 所著《印度逻辑纲要》(Elements of Indian Logic)及拙编《因明学》(中华书局大学用书)而先读之。一俟印度逻辑有相当认识，则认定一二对象与自己志趣适合者为进一步之研究，理论方面或历史方面可随个性之相近也。门类定矣，则进而搜集资料。

二、搜集资料——资料约有数端，书籍、论文及报告皆是也。凡与自己所认定门类之资料，固当特别注意书籍，又工具书、教本及参考书。工具书尚无专书，惟印度逻辑所用名词常与内学有关，故《佛学大辞典》等可供参考。至若教本或参考书，如欲研究印度逻辑历史，可取费氏(S.C. Vidyabhusana)所著《印度中世逻辑》(The Medieval School of Indian Logic)及《印度逻辑全史》(History of Indian Logic)读之。如欲研究古印度逻辑，可取《解深密经》之《如来成所作事品》，龙树《方便心论》《回诤论》之中，弥勒《瑜伽师地论》之第十五卷，无著《显扬论》之第十卷，《杂集论》之第十六卷，木村泰贤所著《印度六派哲学》，梁漱溟《印度哲学概论》读之。如欲研究系统的印度逻辑，可取《因明正理门论述记》(大域龙菩萨造，玄奘译，神泰撰)、《因明入正理论疏》(唐京兆大慈恩寺沙门窥基撰)、克氏(Keith)所著《印度逻辑及极微论》(Indian Logic and Atomism)等读之。如欲研究陈那学说，可取《观总相论》《观所缘缘论》《取因假设》《因轮决择颂》《集量论》《观三世颂》等读之。如欲研究法称学说，可取藏译《正理一滴论》《观相属论》《量释论》《量决定论》《因论一滴论》《成他相续论》《论议正理论》等读之。以上数种惟就较重要言之，至若论文及报告，各书坊所出版此类书籍或各杂志有关斯学之论文，亦当兼收并蓄，尽量搜集。材料丰富，研究自有左右逢源之乐。

三、简别资料——材料已备，则宜简别优劣，考订散乱。旧存之书多有散乱，必考较异译，详其长短，为之勘定，然后可读。新出之书则宜简别优劣，不轻置信。简别标准约有四端：甲、著作人审查是否专家或大学教授。常态言之，专家或教授著述，比较常人为可信。乙、审查序言目录注脚等，决定立意及取材是否相宜。若援引多寻常书籍，其材料复陈陈相因，其书当无若大之价值。丙、审查出版之书局及年月。大体言之，大书坊出版书籍常较小书坊为优，因人材及资本均较充裕；除不朽名著外，新出版书籍亦较旧书为优。丁、审查所引用参考材料是否可信。经如是考订简别之后，可以着手阅读矣。

四、阅读方法——阅读时将材料分为精读及略读二种。精读贵在详，略读贵在多；精读贵在迟，略读贵在速；精读之重心在深入，略读重心在渊博，此其不同也。凡与自己研究门类最有关书籍或属最精粹名著均宜精读。初读此类书本，于辞气朴重之处，尤宜存疑善究，不可疏忽，顺序渐进，治一义毕算一义，盖精读在训释专家有价值之著述，对于作者之历史立场、派别、学理、系统及书中之目的、主张始能了解也。读后宜勤手录遇到稍有意义之处，虽一字一句之微，亦必如见深仇，眼明手快记录其大要，不可一丝放松也。记录之法有二：一、用记录簿多作零碎笔记或读书札记；二、用阅书之卡片，填写作者、书名、发行所、出版时期、卷数、页数及摘录大意。此二种以用卡片为佳，其优点有二种可得而言者：一、印有应填空格，无遗漏之患；二、卡片本极活动，便于材料之分类及排列。至若摘录大意，多凭各人之识见而定，如定义、系统、简单注释及精语，则宜将原句记录，以备不时之需也。

五、辨别古今——印度逻辑，佛源有说，惟文广义散，未易寻究,厥后马鸣、龙树、弥勒、陈那、法称继起,覃思精研,立破现比,真似乃定。近人吕秋逸先生于古代印度逻辑沿革略分五期,其说甚确,兹录如下:

甲、自佛说至于马鸣(此迄佛灭后五百年)——论法初行,散见四《阿含》诸小乘论。

乙、自龙树至于青目(此迄佛灭后八百年)——论法渐详,散见《中论》《百论》《十二门论》等。

丙、自弥勒至于世亲、德慧(此迄佛灭后千年)——论轨具备,散见《大论》《显扬》《方便心论》《如实论》等。

丁、自陈那至亲光、无性(此迄佛灭后千一百年)——因明大成,译籍今存因明二论,又见《广百论释》《般若灯论》等。

戊、自法称至于天喜(此迄佛灭后千五百年)——因明再盛,译籍无专书,但梵蕃本俱在。

六、发展新资——发展新资,须借助梵蕃本及广研诸论,梵蕃文中印度逻辑要籍未翻者为数甚多。据法人柯氏(P. Cordier)藏译《显乘论典》因明书目,有六十六种之多,如能阅读藏译多所依据,义蕴愈明,广研诸论,虽不必有直接之用,惟印度逻辑所立法,则原在实际上之应用,材料丰富,亦可由反面而见正面者。尽印度逻辑为建设言论之工具,广研诸论,时有实例可以引证,如奘师所立《真唯识量》,尤可当为演习之用也。

第二节 特殊之方法

特殊之方法用以研究印度逻辑之特殊问题,使斯学日臻完密也。惟欲解决此种问题，不能恃一己之偏见，必用科学方法，收集材料，搜寻证据，一俟有充分之材料及证据，方得结论。此种印度逻辑之研究，须有特殊之方法。兹将最重要数端言之：

一、选择适当之问题——选择问题之目的随人而异，有以满足个人之兴趣者，有树立为将来研究之根据者，有以适应时代之需求者，有注重实用之价值者，种类繁多，不一而足。惟选择问题之时，大抵须适合以下各条件：一、未经前人有适当之解决或前人之解决为不完善者。二、为个人之兴趣或专长者。三、十分重要而有价值者。四、有解决之可能者。

二、采用适当之方法——研究之方法端视问题之性质而定，关于印度逻辑史多用历史法，关于印度逻辑理论之体系多用分析法，他如决定问题之范围，分析问题，考察问题历史之背景，选择方法能适合问题研究之用，有时须顺序并用。

三、寻求充分之证据——采用科学方法，证据不充分固不能得结论，研究不彻底亦不能得结论也。必须小心选择材料，具有评判态度，寻求其材料之关系而加以解释及寻求充分之证据而得结论焉。

四、构成精确之报告——专家以精确之报告以飨读者，此指研究最有心得而言者也。惟构成报告之时，一、材料须丰富方能使人信服。二、报告须依适宜之形式，视资料之性质而定，使阅者一目了然。三、从序言、绪论乃至结论须有适度之布局。四、参考书目及注释须详备。他如文字之流利、推论之精确、举例之周详，均为构成良好报告之因素，固毋庸多赘矣。

第三章　三支比量——宗及似宗

印度逻辑之实用，在于建设言论立真破似以晓悟他人，此为他令知者，即宗因喻之三支比量也。立真破似端依言辞上说，非一家所能断定，乃沿众家之作法而来。印度先有五分，五分各有专名，即宗因喻合结，此式在马鸣《大庄严论》即有此名目，其源盖莫得其详也。佛灭度六百年，陈那改作三支（分义），以喻摄因，盖建设言之根据在因，因之正确与否，又以三相为判，与前不同也。兹将通用一例比列两式观之。

```
        五支依《正理疏》列      三支依《入论》列
      声是无常……………………宗——声是无常
      所作性故……………………因——所作性故
      犹如瓶等，于瓶见 ⎫ 同  ⎧若是所作见彼无
        是所作与无常…… ⎭ 喻  ⎩常犹如瓶等
      声亦如是，是所作性……合
      故声无常……………………结
      犹如空等，于空见 ⎫ 异  ⎧若是其常，见非所
        是常住与非所作… ⎭ 喻  ⎩作犹如空等
      声不如是是所作性………合
      故声无常……………………结
```

宗支为兴诤之目的，其中有前陈后陈之分。如立声是无常宗，在古因明，有以前陈声为宗依者，有以后陈无常为宗依者；有以前陈声自性为宗体者，有以后陈无常差别为宗体者。争论纷纷，不一而足。至陈那兴世，辨宗依宗体之别，即前后两独名词，各得组织

立敌兴诤之材料,故前陈自性、后陈差别皆得名为宗依,联贯两独名辞不相离性为一语,方有思想意味而为立敌兴诤之点,即此一语为宗体也。如世说言青色莲华,但言青色,不言莲华,不知何青,为衣、为树、为瓶等青?唯言莲华,不言青色,不知何华,为赤、为白、为红等华?令言青者,简赤等华,言莲华者,简衣等青。先陈后说,更互为简,互为所别,互为能别,此亦应尔。后陈别前,前陈别后,应互名为能别所别。答前陈者,非所乘诤。后说于上,彼此相违。今陈两诤,但体上义。故以前陈名为所别,后名能别,亦约增胜,以得其名。《瑜伽》十五说所立有二:一立法体,二立法义。体之与义,各有三名,既如《疏》说。今取"声是无常"宗为例以次胪列:

"声"为 { 体 / 自性 / 有法 / 所别 / 前陈 }　　"无常"为 { 义 / 差别 / 法 / 能别 / 后陈 }

有法(宗之前陈)、能别(宗之后陈)皆是宗依而非是宗,此依(有法与能别二依)必须立敌共许,至极成就,为依义立,宗体方成。所依(有法、能别)若无,能依(宗也)何立?由此,宗依必须共许,共许名为至极成就。至理有故,法本真故。谓至极成就之法立敌无违也。若有法、能别二种非两共许,便有二过。宗体既以互相差别不相离性和合而成,同时又必须一许一不许,名宗依极成,宗体不极成。即前陈体、后陈义两独名辞为立敌兴诤所应须之工具,必立敌共许,所谓极成有法,极成能别,宗依极成。然组合两独名词立一命题,定非立敌共许,乃立许敌不许也。其所立之命题,即印度逻辑之所谓宗,在讨论时之听众,若能信解无疑,则虽不举因喻二支,亦无不可;惟在讨论学理建设言论之际,必非众所共知之主张,则必根据充足理由,然后其主张始能成立之者,此因之所以重要也。如立"声是无常"宗，声固判断之对象也，无常对象之规定也。敌者可诘之曰，汝何恃而知声是无常耶？由是立声是无常者，必须继以说明声是无常，或曰所作性故（外声），或曰勤勇无间所发性故（对内声）。凡所举为因者，立敌共喻，即知指内声或外声必择一为敌者及听众所已知或共知之宗上"有法"之所有法（遍宗之法），乃能使敌者深悟。若见凡所作或勤勇者皆是无常，或常住者皆非所作或勤勇，则所作或勤勇性必为无常之真因，必无疑义。若一切声中有一部分非所作或勤勇者，则敌者可利用此点，推翻全案，故所作性或勤勇因是否遍于有法声上，或声中是否皆属所作或勤勇，（举因之时，立敌两喻为内声或外声，故举勤勇之因成立内声无常亦是遍宗之法，此点极宜注意，）此实讨论宗之"主辞"时必须注重之要件也。然虽已出理由，而敌者犹疑而未决，则讨论亦未能已。如曰：我固知声是所作性也，然何以知声是所作故，声必无常而不是常耶？此若未决，则虽举所作性为因，声是无常之宗仍难成立。故立者至此必加引共同譬喻，谓声因所作必是无常，乃考求事物之属性彼此相同之结果，非随意拈造。无常之法，品类众多，色之可见、声之可闻、香之可嗅，皆非无常正因。诚以可见为无常因，则声香心行之不可见者应是常住。不可见者既亦无常，则可见断非无常之正因，可闻可嗅当知亦然。由是别求得色声香等之相同属性所作性，为无常之正因，理不倾动，乃曰若是所作，见彼无常，犹如瓶等。若是所作，见彼无常是同喻体。犹如瓶等，是同喻依。喻支分前后二部，以指定若干事物为喻依，喻依所有之条件为喻体。喻体所明宗因之关系，固类西洋逻辑之大前提，喻依乃举出若干有此关系之事实，实含有归纳之意味，此其不同也。然敌者深恐所作性因太宽，溢入异品法中，犹可诤论诘以瓶等所作虽是无常，汝未尽知诸所作者皆是无常,万有中使有一物是所作而非无常者,则安知声虽所作而声不是常耶。立者至此,又必更引相反譬喻,谓声因所作必是无常,亦可从相反譬喻证明,乃曰若是其常,见非所作(异喻体),犹如空等(异喻依)。以声无常宗,所作性因,举空等为异喻依,即因之异品与宗之后陈居反对之地位,不惟可以证明非无常者不具所作性,并可以反证具所作者,必是无常。何以故?虚空常住而非所作者,与瓶等所作性而无常者全异故,此表示非无常者之范围绝对无所作性之关系也。今说声因所作性故无常,宾辞方面从同喻有瓶等可证,异喻有空等可证,则声是无常,不容有其他意见之存留矣。纵使敌者,至此犹不谓然,又无正理可证,亦惟有置之不理而已。印度逻辑应用于辩事察理之时,宗因喻言,非定要具,或但举宗而置因喻,或但宗因而不举喻。盖敌已解宗,无须因喻;若宗未解,待因方成。举因已了,喻不须说。故宗因喻三,或须具说或不具说,要在令他信解所立之理为止。此立论之伸缩自由,可随对时机一切皆得,实为印度逻辑之特色。不同西洋逻辑以由总求分之演绎法、由分求总之归纳法,但能成立自心之比量正知。至立言垂诸久远,固应三支圆满为善,盖三支有阙对异地异时之人则未由认识也。顾立破陈词以三支为量,此盖历久研求,至约至精,乃成定式。在三支中,宗为所立之义,因为所由,喻为比况。宗支原为兴争之目故名所立,即能立中所立宗义;因喻合为成立宗义之工具,有能成宗之功能,故名能立。今依次论之。

第一节 宗支之构成

梵言皤曬提若(Siddhanta),此翻为宗。立者欲显示自所爱乐宗义,是名曰宗。古分四类:一遍所许,二先承禀,三傍准义,四不顾论。一遍所许宗者,世人共知共许之事实为宗也。如眼见色,耳闻声,此等事实无论何人皆共许,故宗虽可成,然无建立之必要。故《大疏》:"曰初遍许宗,若许立者,便已已成,先来共许何须建立。"二先承禀宗者,同党派中双方共承先师以所共许之事件为宗也。如佛家习诸法空,鸺鹠弟子立有实我,若斯双方各以承禀为宗,实不成争论之问题。故《大疏》曰:"对诤本宗,亦空无果,已成立故。"三傍准义宗者,立者于其所欲立之处,不以言显,另立相关之判断以含其意许也。如立声无常,傍准显无我,然因其未尝出诸言论,只在意中含蓄,故不能成宗也。故《大疏》曰:"次义准宗,非言所诤,此复何用?本诤由言,望他解起,傍显别义,非为本成故,亦不可立为正论。"四不顾论宗者,随乐者情所乐便立之宗也。此宗含有二意,一主张自己之意见,如唯物论者立唯物义,不顾敌者之持论如何,为成自故主张自说。二立者或顺敌者之教理乐之便立,不顾自己之持论如何,为破他故以讲能破之策。此二意者,谓不顾论宗也。陈那以后惟取后一,或发微言不顾前三,或破他宗,皆违旧立,随自意乐,皆第四类也。今更于上列四宗试表如下:

　　遍所许宗——
　　先承禀宗——于违他顺自之原则相违
　　傍准义宗——论体有背言语之理
　　不顾论宗——无论失

　　虽立宗非为与世间兴诤及就自教诡辩,必不悖世智共许,不悖立宗所依教义,宗中体义为言相顺,主辞宾辞皆属极成四义,而后所立乃得成立也。又此不顾论宗,随自乐为所成立性。随自即随立者自己所陈故。乐者意乐发言之动机,由此意乐方发出种种言论。所成立性者,简别因喻。因喻有成宗之功能,故唯能立。宗即能立中所诠宗义,故名所立也。

第二节　宗分总别

宗有二分:一分是体,以文中主辞为立敌争论之主题也;一分是义,以文中宾辞显争论主题之义理也。此体义各有三名,计有三对。一"有法"与"法"对。主辞名有法者,凡主辞之名词中必含有宾辞之意义也。至宾辞之所以名法者,盖法有二义:一曰任持自相,一曰轨范他解,即诸法共相。今此因明有法及法义稍不同,如立声是无常宗,声为有法,无常为法。声持自性,能有无常,诸余法义一切皆通,故名有法无常。不然,具轨持义,要有屈曲,但得法名。《大疏》曰:"初之所陈,前未有说,径廷持体,(或作庭,径廷,直也,与屈曲反,)未有屈曲,生他异解。后之所陈,前已有说,可以后说分别前陈,方有屈曲,生他异解,(如本来执常,新悟无常,故曰异解。)其异解生,唯待后说。故初所陈,唯具一义,能持自体,义不殊胜,不得法名。后之所陈,具足两义,能持复轨,义殊胜故,独得法名。前之所陈,能有后法,故名有法。"二"自性"与"差别"对。如前宗声只称自体之名,尚未显彰何等之义理,是自性也。至无常云者,乃望声自性而有分别之意义,同时望其他之外物亦能贯通,故云差别也。《大疏》曰:"诸法自相,唯局自体,不通他上,名为自性。如缕贯华,贯通他上诸法差别义,名为差别。"即此意也。惟自性、差别二者之异,《大疏》又分为三,文曰:"今凭因明,总有三重,一者局通,局体名自性狭故,通他名差别宽故。二者先后,先陈名自性,前未有法可分别故;后说名差别,以前有法可分别故。三者言许,言中所带名自性,意中所许名差别,言中所申之别义故。"三"所别"与"能别"对。如前宗,声是所别,是无常义所差别故。无常是能别,能别于声故。《大疏》曰:"立敌所许,不诤先陈,诤先陈上有后所说。以后所说别彼先陈,不以先陈别于后说,故先陈自性名为所别,后陈差别名为能别。"总之,前陈非诤论之目的,前者为后者所分别,故名所别。其诤论之点全在后陈,后者具有能分别之实,故名能别也。

$$\text{体三名}\begin{cases}\text{有法}\cdots\cdots\cdots\cdots\text{法}\\\text{自性}\cdots\cdots\cdots\cdots\text{差别}\\\text{所别}\cdots\cdots\cdots\cdots\text{能别}\end{cases}\text{义三名}$$

以上三对之得名,约要言之,第一对示宾辞虽通于其他,而为主辞所有之义;第二对示主辞局于自体,而宾辞通于其他方面;第三对示宾辞虽通其他方面,然不通其他方面之全体也。此宗二分(即有法与法或自性与差别等)为总宗之所依,谓之宗依,亦名"别宗"。合此二分成一判断,谓之宗体,亦名"总宗"。依别宗之二名,成总宗之一判断。在别宗之二名为立敌兴诤所应须之工具。必须立敌共许之名理,所谓极成有法,极成能别,宗依极成是也。易词而言,此二宗依,皆要至极成就,方可依以立宗,即立敌共许义,名为极成也。至极成就含有二义:一同其所指,如佛家言色为质碍义,含有"显色""形色""表色"诸类,其范围几与"物"字相等。世智若不许,取为别宗,即是不极。二俱有其法,如耶回等立有"土宰""上帝"诸名,佛家不许以为别宗,亦是不极也。然非立敌共许之名理,随其所宜亦可成宗,惟须寄言简别,否则成过也。寄言简别略有四种:一意在胜义,不同凡响,简言"真故""第一义"等。如玄奘大师立《唯识比量》云:"真故极成色定不离眼识宗……"是其例也。二据自义理,他有不许,简言"自许"等。如《般若灯》一,破恶因谓自性等,设外量云:"我立此意自性有彼内入等"以定彼执,我立此意即自许也。三对他宗破，自有不许，简言汝执等。如《成唯识论》破外我量云："执我……应不随身受苦乐等"，文中执我意道"汝执"也。四立敌所指，有一分不符简言"极成"。如《成唯识论》七卷云："极成眼等识……不亲缘离自色等"是也。至总宗之一判断（即组合两独名词立一判断，）必立许敌不许，否则立等不立，堕相符极成过也。故宗所依之前陈体、后陈义两独名词必须极成，而组合两独名词立一判断，定立许敌不许，盖非此分疏，宗亦无从而立也。以宾辞差别主辞，例云金刚石是可燃宗，以可燃义规范金刚石故，使金刚石离别于不可燃义外，故可燃义为能别，而声为所别。虽属两独名词组成一判断，此一判断中，金刚石亦规范于可燃义，使可燃义不出金刚石外。宾辞别主，主辞别宾，应在名为能别、所别。然在判断之语意上，本以宾辞规定主辞，不以主辞规定宾辞，立意亦在立金刚石属可燃义，不在立可燃义属金刚石，故以宾辞名能别（能差别故）、主辞名为所别（所差别故），亦约增胜，以得其名。联缀两独名词不相离性为一语，方有思想之意味，而为立敌争论之处，即此一语为宗体也。表解如下：

金刚石…………所别（主辞）…… ｝别宗……立敌共许
可　燃…………能别（宾辞）…… 　（宗依）　非争所在

金刚石是可燃……总宗……立许敌不许
　　　　　　　（宗体）　而兴争论

第三节　宗体有无

宗中宾辞，就用辞上有表遮立遣之不同。宗中主辞，则有有体、无体之差别。有有体无体，犹逻辑之肯定、否定也。大抵有体

用于立量,无体用于破量,总宗从别可分四式:

一、主辞有体宾辞表立 ⎫
二、主辞有体宾辞遮立 ⎬ 有体宗
三、主辞无体宾辞表立 ⎫
四、主辞无体宾辞表遣 ⎬ 无体宗

如立声是无常……………………主辞之声有体、宾辞无常表立,是第一式
如立眼等识非异熟心……………主辞眼等识有体,非异熟心遮立,是第二式
如立汝我有用应无常(此但破量)……主辞外执之我无体,宾辞无常表立,是第三式
如立真性有为是空………………主辞真性有为无体,宾辞之空表遣,是第四式

第四节　宗过检讨

　　立宗虽以随自乐为所成立性,不须定顾自他宗义,皆可成立现所诤法。然若其中不能离过,由与现量等相违故,则成宗过(Paksabhasa, fallacies of the thesis)。宗过有九:现量相违、比量相违、自教相违、世间相违、自语相违,此五过陈那具立,同《理门》;有能别不极成、所别不极成、俱不极成、相符极成,此四过乃商羯罗主自加。故《大疏》曰:"陈那唯立此五,天主更加余四。"又曰:"若依结文(结似宗文)或列有三,初显乖法(五相违),次显非有(能别、所别及俱),后显虚功(相符),此即初也。乖法有二。(第一说)自教自语,唯违自而为失,余之三种,违自共而为过。(第二说)又现比违立敌之智,自教违所依凭,世间依胜义而无违,依世俗而有犯,据世间之义立,违世间之理智。自语,立论之法有义有体,体据义释立敌共同,后不顺前,义不符体,标宗既已乖角(有法与法乖角),能立因喻何所顺成,故此五违,皆是过摄"。能别所别及俱阙依,后一相符义顺皆天主自加也。《大疏》解初三曰:"若为三科,下显非有。宗非两许,依必共成,依若不成,宗依何立。且如四支无阙,胜军可

成(象马车步四军为四支,四军备具,乃能克敌。又解四支为手足者,手足既完,军可胜故);众支既亏,胜军宁立。故依非有,宗义不成。"又解后一曰:"此显虚功,对敌诤宗,本由理返。立宗顺敌,虚弃已功,故亦过摄。"今依序随列:

一、违世间感验是名现量相违(Incompatible with perception)——如说"声非所闻"。声为所闻,世闻感验可证,今立非所闻,有违现量失,故名现量相违。《大疏》曰:"现量体者,立敌亲证,法自相智(现量智),以相成宗(以因三相成所立宗),本符智境(现比二智),立宗已乖,正智(现量智)令智(现比二智),那得会真?(诸法本真体义)耳为现体(瑜伽说有四种:一色根现量,二意受现量,三世间现量,四清净现量。色根现量者,谓五色根所行境界,故知色根得为现体),彼此极成,声为现得,本来共许。今随何宗所立,但言声非所闻,便违立敌证智,故名现量相违。要之,现量相违者,毕竟违于世间感验之谓,惟古来关于世间感验,曾有二说:一、谓现量不藉智识之推论,为前五识认识事物之真相也。如依色根之前五识现量心(官觉),依眼耳等根觉色声等自相故。二、谓现量藉意识之推理,与前五识同起了知事物之真相也。如依意根之第六识现量心,谓与前五识同时而起之第六识(五俱意识),亦明了觉知一一色声等之自相故。尅实言之,五识感验外界之事物,固可谓之现量,若由五识而进入意识(五俱意识),能明了觉知此是色此是声者,已含有推理及判断之成分,在法相唯识学中,不得仍称现量(即比量)。然在印度逻辑,非专阐明心理之特质,故以与前五识同时而起之第六识(五俱意识)认识色声等之自相,亦属于现量之范围焉。由是现量之义,可约为三:一者现成,当吾人六识作用与外界事物接触时,当体毕露,绝不待丝毫造作也;二者现见,纵是现成而所认识者,若与事实不合,适成模糊,亦不得谓之现量;三者现在现前实现,非过去未来无体之重缘也。

二、违世间推理是名比量相违(Incompatible with inference)——如说"瓶等是常"。瓶可破坏,应是无常,纵现在未坏,因所作性故,当必有坏。由比量推知,决定应尔。今云瓶等是常,违彼真因故,犯比量相违。《大疏》曰:"比量体者,谓证敌者,借立论者能立众相(因之三相)而观义(宗义)智。宗因相顺,他智顺生。宗既违因,他智返起,故所立宗,名比量相违。"如以所作性故之因,成瓶等无常之宗,此因与宗相顺,敌者闻之,必能首肯,故曰他智顺生。反之,欲以此所作性故之因而成常宗,此宗既违于因,敌者闻之,必生异解,故曰他智返起。《大疏》复解之曰:"彼此共悉瓶所作性决定无常。今立为常,宗既违因,令义乖返。义乖返故,他智异生。由此宗过名比量相违。"

三、违立量言所依信仰或主义,是名自教相违(Incompaitble with one's own belief or doctrine)——如胜论师"立声为常"。胜论师依自家宗义声本无常,今反立声为常,有违自教故,是为自教相违。《大疏》曰:"自教有二:一若立所师,对他异学自宗承教。二若不顾立随所成教(随入他宗立他宗义)。今此但举自宗承教,对他异学,凡所竞理必有凭据。义既乖于自宗,所竞何所凭据。"盖无论何种宗教、何种学派皆有所依之信仰或主义,以为壁垒,则不得于其自家之信仰或主义而反对之。何以故?自家之信仰或主义,即自家所依据故。若乖违自家信仰或主义,已失其立论之依据,虽有所竞,何能成立,故名自教相违之过。考胜论派(Vaiceshika),是印度最大自然哲学,将自然现象分为六范畴(Categories)而叙明万有之元素,然后从其集合离散而谈现象之生灭。传说此派之始祖名Kanada，此云鸺鹠，昼避声色，匿迹山薮，夜绝视听，方行乞食，习于瑜伽获得五通，但嗟其所悟未有传人，乃发愿须具七德者，方授法令传。七德者，即一生中国、二父母俱是婆罗门姓、三有般涅槃性、四身相具足、五聪明辩捷、六性行柔和、七有大悲心。后有婆罗门名摩纳缚迦，有子名般遮尸弃，此云五顶，顶发五旋，头有五角。其人虽具七德，有妻孥，卒难化导，经数千年因与妻竞花相忿，仰念空仙。仙人应时以神通力迎住山中，与其说所悟六句义法，即所谓实句义（Dravya padartha）、德句义（Guna padartha）、业句义（Karma padartha）、同句义（Samanya padartha）、异句义（Vicesa padartha）及和合句义（Samavava padartha）也。其分范畴之根据，乃基于一切现象界所以然之原理而成。英人约翰·洛克以其句义（Padarthas）之分类，系从实体（Substance）、形式（Mode）、关系（Relation）三方面而成。实句义属实体，德句义、业句义、同句义属形式，异句义和合句义属关系。一、实句义者，乃叙明物质之原子，而前四者是不灭之原子，万物由之集合而成者也。其种类有九：一地（Prithivi），具色（Rupa）、味（Rasa）、香（Gandha）、触（Sparca）曰地；二水（Ap），具色（Rupa）、味（Rasa）、触（Sparca）、液体（Dravatva）、润（Sneha）曰水；三火（Tejas），具色（Rupa）、触（Sparca）曰火；四风（Vayu），唯有触者曰风；五空（Akaca），属横者；六时（Kala），属纵者；七方（Dic），属广袤者；八我（Atman）；九意（Manas）。二德句义者，依附于实体而为其属性。易词而言，所谓德（Guna）者乃一切现象之概念，如性质、容量、状态、地位、运动者是也。德凡二十有四种：一色，眼根所感者，如白、青、黄、赤、绿、褐色、杂色等曰色；二味，舌根所对之境，如甘、酸、苦、咸、辛、涩等曰味；三香，鼻根所对之境，如臭与香气等是；四触，皮肤所感，如冷、热、非冷、非热者是；

五数(Sanikhya)，吾人对物数数之观念，如自一至九以至于无量者是；六量(Parimana)，吾人对于事物有容量之观念，如微、细、大、小、短、长等是；七别体(Prthaktva)，如事物各自立者是；八合(Sainyaga)，物之相感者曰合；九离(Vibhaga)，物之相拒者曰离；十彼体(Paratva)，如空间(Space)之远其主体者，时间(Time)之为过去者是；十一此体(Aparatva)，如空间之近其主体者，时间之为现在者是；十二重体(Gurutve)，坠落之因曰重体；十三液体(Dranatva)，有流动之可能者，如水者是；十四润(Sneha)，粘着之因曰润；十五声(Cabda)，耳根所对之境，如鼓之音、人之声者是。声之特有之德，为耳根所对之境，分由鼓发之音及人喉发之语二种，本典与《尼也耶经》同主张此声之无常，所以对抗曼萨派之声常住论；十六觉(Buddhi)，如现量(Pratvasa)、比量(Anamana)、记忆(Smrti)皆觉之作用；十七乐(Sukha)，适心曰乐；十八苦(Duhkha)，逼恼曰苦；十九欲(Iccha)，希求曰欲；二十瞋(Dvesa)，损害之心曰瞋；二十一勤勇(Prayatna)，热烈之追求或回避曰勤勇；二十二法(Dharma)，正者曰法，此作熏习我体为惹未来生善恶因，由所命行业而生曰法；二十三非法(Abharma)，不正者曰非法，此指业力而言，由所禁行业而生曰非法；二十四行(Samskara)，如物理之造作因，心理之记忆因皆曰行。三业句义者，物体离合之状态，如实体之去取及其运动也。其种类有五：一、取业(Utksepanam)，先时本相离，今时使之合曰取；二、舍业(Avaksepanam)，先时本相合，今时使之离曰舍；三、屈业(Akuncanàm)，以高就下以远合近曰屈；四、伸业(Parisaranam)，提低使高引近使远曰伸；五、行业(Gananam)，离此就彼，离彼就此，变迁无常曰行。四同句义者，即是双重之意(To be two fold)也。五异句义者，在实句义中所有九种，各有其永久而特别之异点,各各相异也。此派之得名曰 Vaiceshika 亦以此。六和合句义者,如物质与性质、原子与原子所造出东西,又如类概念(Genus)与种概念(Species),或对象(Object)及一般理想(General idea),彼此有不可分离之一种关系(Coherence)也。由上所述,可知胜论师依自教教义声本无常属德句所摄,换言之,依自教宗应以声为无常也。今若立声为常宗,不惟违自教德句所诠之义,抑亦犯所作性而常住之失,对辩者只举彼自教宗破之,已成自教相违矣。

四、违反公共意见,是名世间相违(Incompatible with public opinion)——如说"怀兔非月,有故"。世间共知月中有兔,展转传信,怀兔是月。《西域记》云,昔天帝释以狐兔猿三兽相悦,欲试其心,化作老人,向其乞食。狐猿皆有所供,惟兔空然,其后焚身作膳。天帝感之曰:吾感其心,不泯其迹,寄之月轮,以垂后世。故彼感言月中有兔。后人并于婆罗尼斯国烈士池西建三兽窣堵婆以资纪念,由此因缘,彼土人士,咸信怀兔即月矣。今立宗云怀兔非月,因云有故,即是说云以有体故。此有故因不能令他比知怀兔非月,以彼但知怀兔为月,无别月体故。纵更举因,终难令信。如是立者违一处公共意见,故是世间相违。又如说:"人顶骨净众生分故(众生庄严具分故),犹如螺贝"。世间共知死人顶骨不净,有迦婆离外道此云结鬘,尝穿人髑髅以为曼饰,人有诮者,遂立比量云:人顶骨净宗,众生分故因,犹如螺贝。喻世间虽取螺贝以为鬘饰,谓非不净。然终不许死人顶骨是净,纵举因喻成立为净,究不共信,亦是世间相违之过。复次,同一世间,有学者、非学者之区别。此世间之外,又有非世间所摄者。故《大疏》曰:"此有二种:一非学世间,除诸学者所余世间所共许法;二学者世间,即诸圣者所知粗法。若深妙法(离言真如)便非世间"。彼怀兔顶骨之例,即属于非学世间也。以上二种,系就印土立例。若自比中加"自许言"简,他比中加"汝执言"简,共比中加"真性言"简,虽与世间相违,亦不为过。故《大疏》曰"凡因明法,所能立中,若有简别,便无过失。若自比量,以许言简,显自许之,无他随一等过;若他比量,汝执等言简,无违宗等失;若共比量,以胜义(真如①)言简,无违世间自教等失。随其所应,各有标简,此比量中有简别故无诸过"。此正详释简别语也。

五、一判断之中主辞与宾辞不相顺,是名自语相违(Incompatible with one's own statement)——如言"我母是石女"。此是前后体义相违。言我母者明知有子,复言石女,明委无儿。今以我母为主辞,是说其体。石女为宾辞,是说其义。我母之体与石女之义,不相随顺,前后言词,自相乖反,故说自语相违。又如,外道立"一切言皆是妄"。陈那难曰:"若如汝说诸言皆妄,则汝所言称可实事,既非是妄。一分实故,便违有法一切之言(一切言有真妄二分,违其一分,自言真实自语)。若汝所言自是虚妄,余言不妄。汝今妄说非妄作妄。汝语自妄他语不妄,便违宗法言皆是妄。故亦有自语相违之过。"

六、一判断之中宾辞不极成,是名能别不极成(Incompatible with an unfamiliar major term)——如佛家对数论师立"声灭坏"。梵云僧佉奢萨坦罗(Samkhys),此翻为数,谓以智数数度诸法,从数起论,论能生数,故名数论。其学数论及造彼论者,名数论师也。此派成立为诸派中之最古者,其理论之完备与精透,亦较他派为优。其创立者,名Kapila,考其源流,发萌于Rig-veda而与Upanishad、原始佛教及Jainism亦有相当之关系。此派学者之泰斗格尔拍氏谓此派

---

① "真如",疑作"真性"。——编者注

立二元二十五谛(The twenty-five principles of samkhya)，以数量而解释万有凭思辨之知见而求解脱，最后乃成纯然二元论(Dualism)，立精神的神我(Purusha, soul)与物质的自性(Prakriti, unmanifested)解释一切。神我在乎认识(Cognition)，自性基于活动(Activity)，其活动力可以三种概念表示之：一曰喜(Priti)，二曰忧(Apriti)，三曰暗(Vi Cada)。精神的神我为动力因(Motive Power)，物质的自性为质料因(Clata)，万有依此二因而成立，先从自性生觉(Mahat)，复从觉生我慢(A hamkara)，我慢既立，复生五知根(Buddhindryas)、五作根(Karmendryas)、心根(Manas)之十一根，另一方面生细微物质之五唯(Tanmatras)，更由五唯生粗物质之五大(Maha-bhutas)，以此而成千差万别之现象(Phenomena)。自性与神我，复加上从自性发展之二十三谛即成二十五谛也。二十五谛略为三，中为四，广为二十五。今以次胪列：

略为三
- 自　性——冥性第一谛
- 变　易——中间二十三谛
- 我知者——神我第二十五谛

中为四
- 是本非变易——自性——第一谛
- 是变易非本
  - 一说十六谛——（十一根至五大）
  - 二说十一谛——（十一根）
- 亦本亦变易
  - 一说七谛——（大我执五唯）
  - 二说十二谛——（前七加五大）
- 非本非变易——神我——第二十五谛

广为二十五
- 自　　性——二十三谛能变之本，极其微细，而彼以凤命通八万劫外，不可觉知，故云冥性，从冥性初生觉心
- 大　　　——即是自性渐渐增长名大
- 我　　执——知神我所须诸境，即由我执能令自性变起，神我体外，别有我执，与神我为受者故曰执
- 五　　唯——色声香味触
- 五　　大——地水火风空
- 五　知　根——耳皮眼舌鼻
- 五作业根——手足舌生殖器排泄器
- 心平等根——分别为体
- 我　知　者——谓神我，能受用境，有妙用故

自性中具有喜、忧、暗三概念为万法本源,神我不思受用诸法,能生功能眠伏不起,故名自性。神我若思受用诸境,则由三概念转成大等二十三谛,而自性仍不改其常态,故云是本非变易,以能成于他,不待他成故。十一根但从他生,不复生他,故唯变易非本。从色唯生火大,火大成眼根,色为眼家求那,故眼根还见色。乃至从触唯生风大,风大成身根,触为身家求那,故身根还觉触。如是大等十二法,望前从生故,则名变易;望后能生他,故又名为本,故说大等,亦本亦变易也。神我不从他生,故非变易;亦不生他,故又非本。以神我本性解脱,思受诸境,为境缠缚,故受生死;若厌离生死,不贪着境,即得解脱,故神我非本非变易。中间二十三谛(由自性神我和合转生)虽是无常而唯转变,非有生灭,自性神我用或有无,体是常住,然诸世间法无灭坏法,此数论之大概也。此中声灭坏宗,声为主辞,即是所别;灭坏为宾辞,即是能别。主辞之声虽立敌共许,非不极成,然宾辞灭坏,佛家许数论师不许,即有他随一能别不成过。盖彼数论师主张声若不闻还归自性,自性是常,故非灭坏。对彼立宗,不应说之,今若说之,犯能别不极成过,抑何疑耶。故《大疏》曰:"今佛弟子对数论师,立声灭坏。有法之声,彼此虽许,灭坏宗法,他所不成,世间无故。总无别依,应更须立(不相离性名之为总,复陈能别名为别依,别依不成,总无依也,故须更立),非真宗故,是故为失。"

七、一判断中主辞不极成,是名所别不极成(Incompatible with an unfamiliar minor term)——如数论师对佛家说:"我是思"。我为主辞,即是所别;思是宾辞,即是能别。此中宾辞,立敌俱许,非不极成。我之主辞,意说神我唯数论有,对佛家非彼共许,故是犯他随一所别不极成过。考我为主宰义,实体义。佛家主张诸法无我,谓宇宙万有无有主宰,亦无有真实体性,非徒指生物已也。云何宇宙万有无有主宰，亦无有真实体性？以一切法待各因众缘然后得生故。譬如椁子待种子为因及人工肥料日光等缘，然后得生。又如眼识生起，具有九缘：一空无障碍故，二明无暗蔽故，三根神经完整故，四境所虑讬故，五作意，心不在焉视而不见故，六阿赖耶识根本依故，七末那识染净依故，八意识分别依故，九种子视能生故。耳识依八，除明故。鼻舌身三依七缘生，复除空故。第六意识依五缘生，一根、二境、三作意、四根本识、五种①。第七八识皆四缘生，一俱有依根、二以随所取为所缘、三作意、四种子。如是八识现行时缘亦非一，是亦无我。可知立我是思所别之我，唯为数论所立，非佛家所许，佛家说诸法无我也，故为所别不极成之过。

八、主辞及宾辞俱有不成，是名俱不极成（Incompatible with both terms）——如胜论师对佛家立"我为和合因缘"。胜论师义有其六句广如前说，一、实，即万有所依之实体也。二、德，即实上所有之德相也。三、业，即实德所有之作用也。四、大有，即由实德业形成万有，而离实业外，万有各有一能有本性名大有也。五、同异，谓实德业上各各有同异性体常众多，如九实望于德业，则九实为总同，德业为总异；地望地为别同，望水火等为别异，故万有中恒有一同异性也。六、和合，谓实德业能成万有，使各分子不相离性者，和合之功能也。其后弟子复成十句：一实，二德，三业（此三皆同六句所说），四同（即六句中大有），五俱分（即六句中同异句），六和合（同六句立），七异，八有能，九无能，十无说，此四为六句所无，是彼所加也。此中判断，我为主辞，和合因缘为宾辞，唯胜论许，佛家不许，是犯他随一俱不极成过。前二不极成中，或唯宾辞，或唯主辞。今主宾辞二不极成，是故言俱也。胜论说我，实句所摄，谓我实故。

---

① "种"，疑作"种子"。——编者注

言和合者，即和合句，能令实等不相离性故。和合因缘者，彼谓实我有十四德，即德句中数、量、别性、合、离、觉、乐、苦、欲、瞋、勤勇、法、非法、行。彼和合性和合此十四德与我合时，我能为其和合因缘。若无此我，彼和合性，便无功能令其和合。今胜论师对佛家立"我为和合因缘"，主辞之我，此已不成；和合因缘之宾辞，此亦非有，故犯能别所别两俱不成过。或有问言：和合因缘于佛家不相应行法及四缘中皆说有之，何故此说不极成耶？答此中能别不成，不偏取和合，亦不偏取因缘，由彼说以和合性和合诸德与我相合，总取和合之因缘，故我为和合因缘，佛家不许，故以为过。

九、依共许已知事实而立判断，是名相符极成（A Thesis universally accepted）——如立"声是所闻"。对敌立宗在诤同异，今立"声是所闻"义，本极成，虚功自陷，何须更立？今宗依两顺，便是相符极成，是故成过。

以上九种宗过，前五相违及后相符，皆宗体过；三不极成是宗依过。宗体及依，总名为宗，故皆宗过。

第五节　正宗条件

综上所说，凡立宗五种条件如下，违则不成：

（一）不悖世智（但可用"胜义"以寄简）

（二）不悖立宗所依教义（但破他量可用"汝执"等简）

（三）宗中之主辞及宾辞为言相顺

（四）主辞及宾辞皆属极成（但可用胜义、极成、自许等简之）

（五）不顾遍许等宗

第四章　因及似因

第一节　因支之构成

因明为五明之一,于印度佛教俱视为一科之学而研究之。其目的所在,则明因是也。何谓因(Reason or middle term, hetu),所据以主张一论旨者是。盖凡立言人得以因何而为此言之之,询之以求其因,故将欲言必须示其言之所以足立之理由。而理由云者,又非徒然,必如何始足引为理由而依据之乎？讨论此事,即所以明因也。故宗因喻三支之中,因为立量总枢建宗鸿绪;非因前之宗(Thesis, siddhanta)无从而立,非因后之喻(Example, udaharana)亦无从而成,因最重要,故曰因明。因有生因、了因之别。如种生芽,能别起用,名为生因;本无今有,方名为生。《理门论》云:非如生因,由能起用,如灯照物,能显果故,名为了因。本有今显,故名为了。生因有三:一言生因,谓立论者以立因言论由此多言能生敌论决定之解也。二智生因,即立论者发言之智力也。三义生因,即立论者言所诠义也。《大疏》于义生因特分二种:一道理名义,二境界名义。道理名义者,谓立论者言所诠义,生因诠故,名为生因。境界名义者,为境能生敌证者智,亦名生因。根本立义,拟生他解。他智解起,本藉言生,故言为正生,智义兼生摄。论上下所说,多言开悟他时名能立等。斯则三者之中,直接于敌论之兴辩以致了悟者,言生因为最重要也。自论敌方面言之,则其所以能悟了者,须具有相当之智力焉;智力之外又须具有智力所了解之义理焉;因须闻夫言论,而达此义理焉。首闻言论,后本智力,以判断言论中表宣之义理。不然,终不了解矣。故了因亦别有三:曰言了因,曰智了因,曰义了因。一言了因者,谓由因言了所说义故名了因。又敌论者了宗之智正是了因。立者言说能生此智,了因因故亦名了因。故《理门论》云:"若尔既取智为了因,是言便失能成立性。此亦不然,令彼忆念本极成故。"二智了因者,谓了解立论者之智力,如敌论者有解所作等智故,便能显了无常义,故是了因。故《理门论》云:"但由智力了所说义。"三义了因者,谓了解立论者之义理,如有所作等义,故能显无常等宗。故《理门论》云:如前二因于义所立也。又敌论智正是了因,其所作义是了因境,亦名了因。此释既以无常等义为所了宗,故敌论智正是了因,言义因境通名因也。是知三者之中以智了为重。何以故?由智了隐义今显故。凡立论者须有所以致此悟了之言论,而所以致论敌者须有悟了之智了。简言之,前凭立论者之言论,后则凭论敌之智力耳。故《大疏》曰:"分别生、了虽成六因,正意唯取言生、智了,故正取二为因体,兼余无失。"文轨《庄严疏》亦云:"生、了义虽有六,然意正存生言、了智。由立者言生因,故敌论未生之智得生。由敌者智了因,故本隐真实之理今著。故正取此二,余四相从。"今以因言证了宗义,以宗义之证成为果,则唯了因。故《理门论》曰:"今此惟依证了因故,但由智力了所说义,非如生因由能起用。"今取对宗曰因,乃唯了因也。因立成宗,其相有三,相即表征也。一遍是宗法性(The whole of the minor term must be connected with the middle term)。凡宗成立,要具宗依。宗依有二：一曰有法，二曰法。如立"声是无常"宗，声持自体含有无常种种意义，故名"有法"。无常不然，具轨持义但得"法"名。此中宗言，唯取有法（主辞）一分，名之为宗也。总宗固名为宗，别亦名宗。如言破衣，虽一分破，非是全破，亦名破衣。法有二种：一宗后陈法，二因体性法。今言宗法，指宗之法即因体是，非指彼宗后陈法也。宗法者具有二义：一宗即法，如无常是，持业释也（体能持用）。二宗之法，如所作是，依主释也（从所依以立名）。今既明因，唯取宗之法名为宗法。性者，即宗法是性也。如是宗法，是宗有法之所有性，故曰宗法性。详言之，有法之上含有"宗即法"及"宗之法"二种要义。宗即法者，立许敌不许也。宗之法者，立敌共许也。如立声无常宗，所作性因，一声体上含有无常及所作性，故名有法。无常宗是所立，即立许敌不许之"宗即法"。所作因是"能立"，即立敌共许之"宗之法"。以共许所作因，方成不共许无常宗之第一要件，即为因性须遍于前陈有法。换言之，此因即为彼"有法"之"所有法"也，故云遍即是宗法之性。若所举因非是宗之法性，即不能用以成宗；盖由此因义与有法宗无关，则堕不成诸过。如敌者既不共许声是所作，即不许声是无常也。二、同品定有性（All things denoted by the middle term must be homogeneous with things denoted by the major term.）。同谓相似，品谓品类，此中品类谓常、无常等诸法门是。言相似者，谓随所有诸余法事，望所立法，其相展转少分相似是所立法相似品类，故名同品。如立声无常宗，无常于宗有法声外，其诸余法事，如瓶等同有此能别义处，谓之同品。虽瓶等打破义是无常，非即声缘息义是无常，然亦声上无常总相展转少分相似，是声无常相似品类，即名同品。《瑜伽论》言："同类者，谓随所有法，望所余法，其相展转少分相似。"此复五种：一相状相似，二自体相似，三业用相似，四法门相似，五因果相似。彼言同类，即此同品所成同喻。然言同品，惟取法门相似，不取余四也。故举瓶为喻，但应分别是否有所作而无常，或是否常而非所作，不应分别声无质碍、瓶有质碍，或瓶无常是打破义、声无常是缘息义。比如说佛面犹如满月，但取圆满相似为比，不应责佛有朔望晦等，责月有眉目等也。若全责齐，殆无全同之物堪为同品。凡立同品，应知唯取义理相似品类，说名同品，不取其余也。定有性者，谓所举因于所立宗同品法上决定要有，是名同品定有性。如立声无常宗，所作性因，如瓶等喻。瓶等无常，即为同品。于彼同品，此因有故而是无常。今显此因于声亦决定有，方能顺成声是无常。若不尔者，因不定有，何显此因能定成宗耶？三异品遍无性（None of the things heterogeneous from the major term must be a thing denoted by the middle term.）。品如前释，异有三义：一相违义，二不同义，三远离义。今言异品，只取远离，不取前二也。《理门论》云："若所立无，说名异品，非与同品相违或异"。《入论》亦云："异品者，谓于是处，无其所立。"处指处所，即除宗外所余法，若有体法若无体法皆是也。无其所立者，此言所立，非实所立，但取与宗少相似义，名为所立。无者非有，即远离义也。可知无彼宗上所立能别义处谓之异品。言遍无者，谓凡无所立宗处，必须遍无此之因法。若异品中亦可有此因法，则敌者可以持此而成不定之过，是故真因必于异品遍无性也。

复次，同品言"定有"，异品言"遍无"者，实缘"有法"、"因法"、"宗法"范围有广狭之不同。兹表解如下，以明其故。

三者之范围，"有法"最狭，"因法"稍广，"宗法"最广，此为通常定式。惟因亦有宽狭二种：最要者宽因不得溢出宗法，狭因不得小于有法。以宽因成狭宗,其因即有共不定过。如以所量性之因,成常、无常,皆不决定是。反之,若以狭因成宽宗,其因即无诸不定过,可正因摄。如勤勇无间因定成无常,常宗非有故非不定也。宗法范围既广于因法,则见有所作处,必是无常,有无常处未必定有所作。以因成宗故,若是所作见彼无常,方为正因;不欲以宗成因,纵有无常而非所作,亦不足为过,此同品所以言"定"而不言"遍"也。又同品不必遍皆有因,但必分有,故致"定"言。如立声无常宗,因言所作性故,于内外声处,此所作因遍满而有,无无常处,非有所作,是同有异无摄。又如前宗,因言勤勇无间所发,(勤谓策励,勇谓勇猛。展转相续,中无间发,名为无间;法本具有,今从缘显,是名所发,此指内声也。)此因于内声有,于外声无,非遍满而有,然举此因能成无常,不成其常,亦是正因,属同俱(有及非有)异无摄。可知遍同品有,固是正因,其不遍者亦正因摄。是故,此中但致"定"言,不云"遍",此亦一义也。异品本以止滥,防因性太宽溢入异品法中。若异品中亦可有此因法,则成不定之过,故须全分悉无此之因法,如是遮非,乃得干净,此因法范围本小于宗法,不能溢于宗外故也。

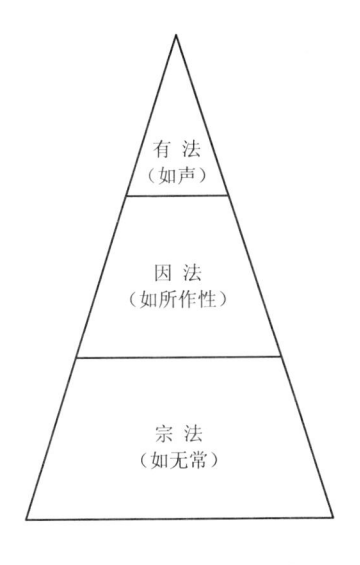

总之,所举因支必须具备此三种表征。缺遍是宗法性,则此因非有法上决定有之法,不成与宗有关之因,则敌者可以利用此点推翻全案。缺同品定有性,不能决定宗中所立法之是。缺异品遍无性,不能简尽与总宗相违义之非。成是简非,具在三相。因明之

义,因三相尽之矣。所不同者,前一相考定总宗"有法"属性关系,后二相研究总宗"能别"正反关系耳。

第二节　九句因义

九句因义在显后二相,即因对同异二品有或非有(无)或有非有(俱),使相绮互而成。旧传为古师足目所说,因三相似本此演进而成也。九句者何？一同品有异品有,二同品有异品非有,三同品有异品有非有,四同品非有异品有,五同品非有异品非有,六同品非有异品有非有,七同品有非有异品有,八同品有非有异品非有,九同品有非有异品有非有。惟因三相防过之完密非九句因义所能企及耳。兹表解于后,以见其概：

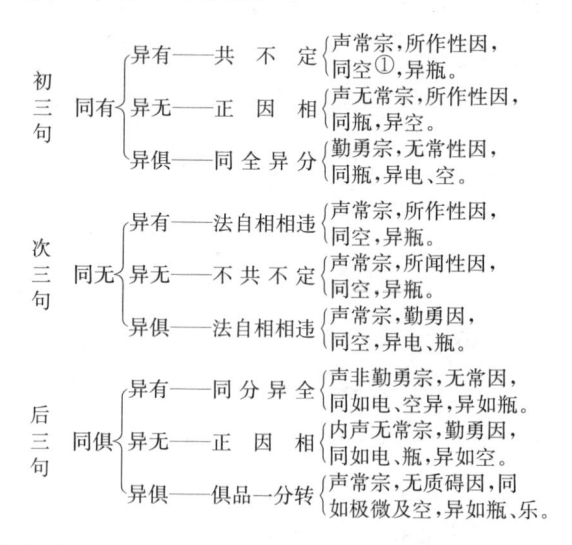

初三句	同有	异有——共　不　定	声常宗,所作性因,同空①,异瓶。
		异无——正　因　相	声无常宗,所作性因,同瓶,异空。
		异俱——同全异分	勤勇宗,无常性因,同瓶,异电、空。
次三句	同无	异有——法自相相违	声常宗,所作性因,同空,异瓶。
		异无——不共不定	声常宗,所闻性因,同空,异瓶。
		异俱——法自相相违	声常宗,勤勇因,同空,异电、瓶。
后三句	同俱	异有——同分异全	声非勤勇宗,无常因,同如电、空异,异如瓶。
		异无——正　因　相	内声无常宗,勤勇因,同如电、瓶,异如空。
		异俱——俱品一分转	声常宗,无质碍因,同如极微及空,异如瓶、乐。

---

① 举空为同喻,不恰当,因为"空"不具有"所作性因"。——编者注

此九句因中,第二、第八两句皆为正因相,以同有异无故。所余皆非正因;四六属法自相相违,余五皆不定过摄。"能别"、"所别"、"俱"及"相符"不成,"法差别"、"有法自相"、"有法差别"相违因及决定相违因等过,皆非九句因义所摄,则又须以因支究三相之具阙为最谨严矣。此九句因义,斯其短于因三相也。

第三节　因体有无

因顺成宗,表立遮遣所诠法体,亦判有无。《广百论释》分为三类:一有体因,如所作等;二无体因,如非所作等;三俱有体无体因,如所知性等。由此乃成六式:

一、有体因成有体宗——如"所作性"成"声无常"。

二、有体因成无体宗(此但破量)——如"有一实故",成"大有应非有"。

三、无体因成有体宗——如声论"以非所作故",成"声是常"。

四、无体因成无体宗(亦但破量)——如"非有实等诸法摄故",成"汝执和合定非实有"。

五、俱二因成有体宗——如"所知性故",成"声不离识"。

六、俱二因成无体宗——如"所量性故",成"兔角不离识"。

因望所成有上六式,表列如右:(以虚线指破量)。

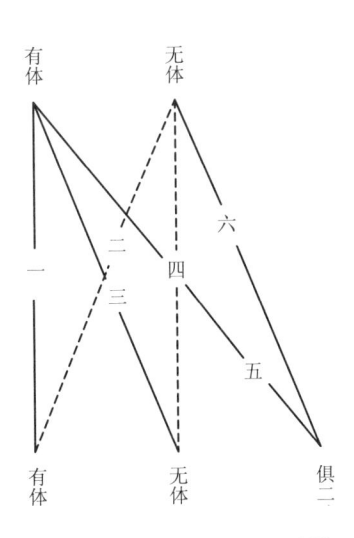

第四节　因过检讨

因过（Fallacies of the middle term, hetuàbhasa）共有十四。别有三类：不成、不定及与相违。不成者，谓若举因，不能成宗，故名不成。前说正因当具三相方能成宗，今缺第一相则名不成（The Unapproved, Asiddha）。不成有四：

一、立敌俱谓此因非于有法上有，不能成宗，是名两俱不成。（When the lack of truth of the middle term is recognized by both parties）——如胜论师对声论立声无常宗，眼所见因。凡为正因必须立敌共许于有法上有而成一不共许宗。今眼见因，胜声二师皆不共许于声有法上有，不能成其所立之宗，故云两俱不成。

二、立敌一许一不许因于有法上有，是名随一不成。（When the lack of truth of the middle term is recognized by one party only）——如胜论师立声无常宗，如对声显论以所作性为因，彼不许此因于有法上转，故是随一不成。然此在敌不成，乃是他随一也。以彼但说声从缘显，不许所作有生义故。

三、因法自体有疑，立敌两方不成决定，不能定成其宗，是名犹豫不成。（When the truth of the middle term is questioned）——如有人远望彼处为雾、为烟、为尘、为蚊，自未能决，若遽立量云：彼处有火，以见烟故。此见烟因，既疑似未定，不能定有火之宗，故是犹豫不成。

四、前陈所别非是极成，立因无所依附，是名所依不成。（When it is questioned whether the minor term is prediable of the middle term)——如胜论师对经部立虚空实有宗,德所依因,此前陈所别之虚空既标实有,对经部师无空论者非是极成。所别既已不成,更复说德所依因,又依何而立? 故名所依不成。

不定者,谓若此因,虽能成宗,而不定成同品之宗,故名不定。以因若是同有异无,方能定成一宗。今阙此二,同异品中因皆遍转,无所楷准,故是不定(The Uncertain, aniscita)。不定有六:

五、同异品俱有此因,是名共不定。(When the middle term is too general, abiding equally in the major term as well as in the apposite of it)——如声论对佛家立声为常宗,所量性故为因,同喻如空,异喻如瓶。然此所量性因太宽,(若常无常等皆为心心所之所度量之境。)於常、无常一切法上,皆悉遍有,不能定成常宗。故为不定云:为如瓶等所量性故,声是无常耶? 抑如空等所量性故,声是其常耶? 故名共不定。

六、同异品皆无此因,是名不共不定。(When the middle term is not general enough, abiding neither in the major term nor in its opposite)——如声论对除胜论所余诸师立声常宗,而以耳所闻性为因。此所闻性因,唯声上有,声外一切皆非所闻,若立此者不惟无常异品无有此因,即除声以外所余常品亦无此因。缺无同喻,即缺因之第二相,由是同异品中,因皆非有。故为不定云:为如空等体是常住,性非所闻而声为所闻,体即无常耶? 抑如瓶等体是无常,性非所闻而声为所闻,体即常住耶? 缺第二相,故名不共不定。

七、同品一分有一分非有异品有,是名同品一分转异品遍转。(When the middle term abides in some of the things homogeneous with, and in all things hetrogeneous from, the major term)——

声生论许声所作非勤勇发,声显论许勤勇发而非所作。故今声生对声显论立声非勤勇所发为宗,而以无常性故为因,以电空等为其同喻,然此无常性,于电等有于空等无。谓电空等俱非勤发为宗同品,然此无常性,于彼电等上有,于空等上无,同品一分有一分非有,故是同品一分转也。又复立声非勤勇无间所发宗,以瓶等为异品,然瓶等是勤勇无间所发其无常因于彼遍有,即是异品遍转也。如是此因,以电瓶为其同法,亦是不定;为如瓶等无常性故,声是勤勇无间所发耶?抑如电等无常性,声非勤勇无间所发耶?由是道理,此因成宗,亦属不定。

八、异品一分有一分非有,同品有,是名异品一分转同品遍转。(When the middle term abides in some of the things heterogeneous from, and in all things homogeneous with, the major term)——如声显论对声生论立声是勤勇无间所发宗,亦以无常性为因,瓶等勤发为其同品,无常性因,于彼遍有,此即同品遍转也。以电空等非勤勇发为其异品,无常性因于彼一分电等是有,空等是无,异品一分有一分非有,故是异品一分转也。是故应如前说,以瓶以电为同法故,亦为不定云:为如瓶等无常性故,声是勤勇无间所发耶?抑如电等无常性故,声非勤勇无间所发耶?此中不定,其义同前。

九、同异品俱一分有一分非有,是名俱品一分转。(When the middle term abides in some of the things homogeneous with and in some hetrogeneous from the major term)——如声论对胜论立声常宗,无质碍故为因,虚空极微等皆是常,为宗同品。然无质碍因于空等有,于极微等无,此即同品一分转也。又瓶乐等皆是无常,为宗异品。然无质碍因,于乐等有,于瓶等无。如是此因,既俱分有,应以乐空无质碍性为其同法,故不能定成一宗,为作不定云:为如乐等无质碍故,声是无常耶? 抑如空等无质碍故,声是其常耶?

十、有法上有二正因各具三相,不能令敌者发生决定之智,是名相违决定。(When there is a non-erroneous contradiction i.e. when a thesis and its contradictory are both supported by what appear to be valid reasons)——胜论对声生论立声无常宗,所作性故为因,譬如瓶等。此所作因,三相具足,应是正因,不名不定。然同时声生论还对胜论有相违宗之决定,因而有所立,谓立声常,所闻性故,譬如声性。此所闻性及声性皆两共许,又复此因亦具三相,可名能立,以之成宗。然此所闻性为无常宗之相违决定因,则前举所作因立声无常应为不定;而所作性为常住宗之相违决定因,则后举所闻性因成声是常亦为不定。既令二宗决定成相违,为作不定云:为如瓶等所作性故,声是无常耶? 抑如声性所闻性故,声是其常耶? 此二皆是犹豫因故,俱名不定。

相违者,谓若此因,能成所立相违之宗,故名相违。以因定须同有异无方成所立,不然同无异有与宗相违法为因,适成相违之宗。此亦阙因后二相过,故成相违(The Contradictory, Viruddha)。相违有四:

十一、违宗所立"法"言显之自相故,是名法自相相违。(When the middle term is contradictory to the major term)——如声生论说声常宗,所作性故因,或声显论说声常宗,勤勇无间所发性故。如是二因,唯于异品无常中有,是故相违应成。相违量云:声是无常,所作性故,或勤勇发故,譬如瓶等。如是二因,不能成常反成无常,故名法自相相违。

十二、违宗所立"法"意许之差别故,是名法差别相违。

(When the middle term is contradictory to the implied major term)——如数论师对佛家立眼等必为他用宗,积聚性故因,如卧具等为喻。此因数论本欲成立眼等必为不积聚他之神我用,然佛家持此因反能成立所立法差别相违之积聚他之假我用。以诸卧具等积聚性故。既为积聚假我用胜,眼等亦是积聚性故,应如卧具等,亦为积聚假我用胜。立者"他"意许之差别在不积聚他,然以积聚性因,于所乐为宗中同无异有,故成法差别相违也。

十三、违宗所立"有法"言显之自相故,是名有法自相相违。(When the middle term is in consistent with the minor term)——如说有性非实非德非业,有一实故,有德业故,如同异性。此为胜论师似立之例也。相传胜论初祖,悟有所证六句义:一实、二德、三业、四大有、五同异、六和合。后为弟子五顶说其学说,除大有外,所余五句,彼皆信之,谓实德业性不无,即是能有,岂离三外别有能有?胜论初祖成立此量云:"有性非实非德非业宗,有一实故,有德业故因,如同异性喻。"谓大有性能有于实等,离实德业三外别有,体常是一,举彼所信同异句以为同喻,谓同异性能同异彼实德业三,即离实等外别有,大有亦然。大有为能有,实德业三为所有,岂惟实德业不无,即是能有耶? 五顶由斯便信。陈那为因明之准的,作立破之极衡,细勘所举之因与所陈有法言显之自相相违反,遂为破云:汝所执有性应非有性宗,有一实故有德业故因,如同异性喻。盖同异性能同异于实德业,同异非有性,则有性能有于实等,有性亦应非有性,义决定故,此与作相违者,并不在"有性"之如何,而直取消其"有性"之自身,故成有法自相相违。

十四、违宗所立"有法"意许之差别故,是名有法差别相违。

(When the middle term is inconsistent with the implied minor term)——如前量改云:大有有缘性非实非德非业宗,有一实故有德业故因,如同异性喻。但此因为同无异有,为作与彼前陈有法意许之差别相违量云:"汝所执非实德业之有性应非大有有缘性,有一实故有德业故,如同异性。"盖同异性能有于实德业,虽证同异离实有缘性,但此为同异之有缘性,亦不作大有之有缘性。本意欲成立作大有有缘性,今即用其因喻使成相违之非作大有有缘性,故名有法差别相违也。

第五节　正因条件

综上所说,凡立因支须具下列四种条件,违别不成:

(一)立敌俱许,遍是宗法。

(二)因法自体,俱许成就。(但可用"自许"、"极成"、"汝执"等简之。)

(三)因体有无,与宗相顺。(于破他量或不相顺。)

(四)立敌俱许同品定有,异品遍无。

第五章　喻及似喻

第一节　喻支之构成

梵言乌陀诃罗谂（Udàharana），此翻为喻，若依梵语应云见边。由此比况，令宗成立究竟，名边。他智解起，能照宗极，名见。故无著云：立喻者谓以所见边与未所见边和合正说。师子觉言：所见边者，谓已显了分；未所见边者，谓未显了分。以显了分显未显了分，令义平等，所有正说，是名立喻。今顺此土方言，名之为喻。喻者，譬也，况也，晓也。由此譬况，晓明所立宗义，故名为喻。前所举因亦晓未明宗义，今由譬喻，宗义明极，由此功能故离因外，乃得名喻（Example）。克实而谈，喻支极显因之后二相也。陈述初相，其义未周，复借二喻，后二相始明，故喻亦为因分。陈那以后废合结二支，但存宗因喻三支者，以宗出其义，因正能立，复举正反相成之喻，可知因所在处，定有宗义同品；因无在处，遍无宗义异品，则疑难之问题已决，而知识之明辨已周，故合结皆可省矣。因喻二名，虽仍旧称，然详其实义，则古今异趣。试表解如左，以

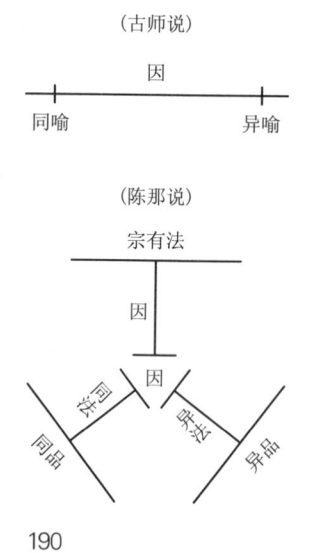

（古师说）

因
同喻　　异喻

（陈那说）

宗有法
因
同法　　因　　异法
同品　　　　　异品

资比较：

喻有同法异法二种，显因定有于同品性者，曰同法喻；显因于异品遍无性者，曰异法喻。法有二种：一能立法，二所立法。能立即因，所立即宗。《理门论》云："说因，宗所随；宗无，因不有。此二名譬喻，余皆此相似。"此中意显同异喻中，能立、所立、若有、若无，要具显示彼二法故，方成喻体。二法皆有，即正同喻。若二俱无，即正异喻。此中言"法"，即摄宗因以释喻也。复次，在同法喻之喻体中，乃合因定有于同品，故先合能立喻法，后合所立法，以见"说因，宗所随"。如立声无常宗，所作性因，同喻应言："若是所作，见彼无常"。又异喻法之喻体中，乃离因于异品遍无，应先离所立法后离能立法，以见"宗无，因不有"。如前例异喻应言："若是其常，见非所作。"同合异离，颠倒作法。不然，则有"倒合"、"倒离"之过也。（详下）又前同喻之喻依例，犹如瓶等，乃指定现见同品"因义"所依之事物为正证；此异喻之喻依例犹如空等，则指定现见异品"因义"所依之事物为反证。当事证物证悉数指出，则因有宗有（先能后所）、宗无因无（先所后能）之喻体，确然不动，而因对于宗遂能成立矣。然此中之喻"体"（Universal conçomittance, vyàpti）略似逻辑之"大前提"，"喻依"则有归纳之倾向，彼粗此精，不容等量齐观也。一、因明喻支有同异之别。如同喻若是所作，见彼无常，使宗因打成一片，以证因之所在宗必随之。然恐推论有失当之处，不能坚敌者信仰，又举现见事物所作性而无常之"瓶"等为同喻依，据此不惟极成所作性因成未极成声无常宗已有可能，则已比况"瓶"之性质而比知"声"为无常之故，亦归纳同类现象于胸中。经验上，瓶是所作瓶是无常，声是所作声亦无常，乃至衣服卧具若是所作，见彼无常，有必然之关系也。此同法喻固能证若是所作见彼无常矣。然此所作性纵能成立异品之常宗。换言之,无常虽遍所作性全部,而所作性不遍无常全部,不独自宗不能成立,论敌适可乘此拈出不定过,推翻全案。故因明异喻以反证云:"若非无常,见非所作",为异喻体,"譬如空"等为异喻依,此因之异品与宗之后陈居相反地位,不惟可以证明非无常者不具所作性,并可反证若是所作必见彼无常。因明一比量中有同异喻正反之证明,岂逻辑大前提所能企及耶? 二、逻辑言:"凡所作者皆是无常",虽可除去不定过,然既曰"凡",曰"皆",则未免有窃取论点(Petitis principil)之处。如声是否为无常也,由小前提之介绍,声与所作性虽发生关系,但所作性是否无常尚无凭依,则凡所作性者皆是无常,从何说起耶? 立者既不能尽取宇宙间所作性之事物而一一验之,则凡所作性皆无常,又何所据以言"凡"耶? 既言"凡"矣,则常无常未定之声,不得不包括在内。根据以推论特殊之大前提尚不可恃,由大前提所得到之判断案,复安足问耶? 又既言凡所作皆无常矣,声为所作性之一种,无常性质当然不能超出其他所作性事物之外。循此推理,非由既知推论未知,直以已知戏论已知也,故于宗有相符极成过(A thesis universally accepted)。在因明言,若是所作见彼无常,从"若是"、"见彼"为辞,随顺主意,则无斯过。三、逻辑之演绎法(Deductive Method)据总以推分,断案之所言,不出于大前提范围之外,故此推论,有不经实证之弊。然归纳法(Inductive method)由分以求总,亦有不便推论之短。而因明作法:若是某某,见彼某某,如某某等,则已连贯演绎归纳为一体。若是某某,见彼某某为推论,又有如某某等为实证,故既可以据已知比度未知,亦容未知以发新知。以上三点,皆因明喻支之胜能,故附论之。

第二节 喻体有无

同异喻之对于总宗,合立离遣体或有无,亦须顺应。故有体宗同喻亦须有体,否则将谓因法宗外即无,由何凭依见宗具因即有所立？异喻法用唯止滥,可通有体无体有法无法。又无体宗喻为遮用,同喻亦须同为无体；异喻法亦用唯止滥,可通有体无体有法无法。兹举例如下：

声如无常,所作性故。同喻如瓶；异喻如空。

同喻之瓶有体顺应于有体宗；异喻之空,实空论者为有体；无空论者为无体,然皆遣无常宗义,故有体无体皆得离遣。

第一义中彼内入等皆有自体(宗),由起自他差别言说因故(因),譬如因长有短,长为短因(同喻)。

此量《般若证①论》破云："第一义中短长无故,同喻不成。"此谓第一义言简别喻体是无,不顺成所立宗义,此出以无体同喻成有体宗过。

数论立：我是思,不出同喻。

《广百论释》破云："以其思相唯在于我,不共余相,缺同喻法。"

---

① "证",疑作"灯"。——编者注

此出无同法喻,成缺喻过。

　　汝执和合句义定非实有宗,如毕竟无。

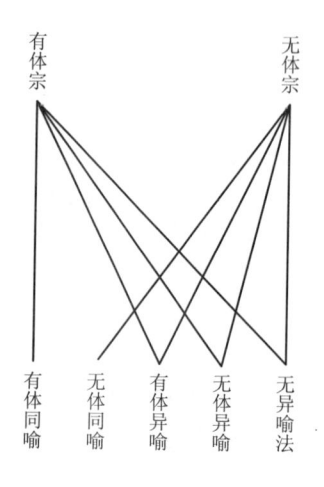

　　此同喻之毕竟无,为无体同喻顺成无体宗,此在破他之量应尔。

　　真性有为空,缘生故,为幻;无异喻法。

　　《掌珍论》自解云:"为遮异品立异法喻,异品无故,遮义已成,是故不说。"故无异喻法仍成所立宗义,不成缺支过也。

```
有体宗                    无体宗

有体同喻  无体同喻  有体异喻  无体异喻  无异喻法
```

综上所论,喻体顺宗,如左表所列。

第三节　喻过检讨

　　喻过(Fallacies of example)共有十种,别有二类:一似同法喻。二似异法喻。似同法喻(Fallacies of the homogeneous examples)有其五种:一能立法不成,二所立法不成,三俱不成,四无合,五倒合。《大疏》解曰,"因名能立,宗法名所立,同喻之法必须具此二,因贯宗喻。喻必有能立,令宗义方成。喻必有所立,令因义方显。今偏或双,于喻非有,故有初三。喻以显宗,令义见其边极。不相连合,所立宗义不明,照智不生,故有第四。初标能以所逐(《前记》云:"即说因宗所逐也,因为能立故")。有因,宗必定随逐。初宗以后因,乃有宗以逐其因。返覆能所,令心颠倒,共许不成,他智翻生,故有第五。"兹分述如下:

一、喻上但有所立,因遍非有,是名能立法不成。(An example not homogeneous with the middle term)——如声论对胜论,立声常宗,无质碍因,诸无质碍见彼是常,犹如极微喻。然立敌皆许极微是常,然不许极微是无质碍,于此喻依有所立法常,无能立法无质碍性,故名能立法不成。又复此因犯不定过亦成无常,谓心心所无质碍性而是无常,今辨喻过,故置不论。

二、喻上但有能立,无所立宗,是名所立法不成。(An example not homogeneous with the major term)——此中宗因,皆如前说,但改喻云:谓说如觉。觉即心心所之总名也。然声胜师许一切觉是无质碍而是无常,今以此觉说为喻依,能立无碍因法虽有,所立常住宗法是无,以一切觉皆是无常,故云所立法不成。

三、喻上能立所立,二俱非有,是名俱不成。(An example homogeneous with neither the middle term nor the major term)——俱不成者,合前能立所立二不成之过也。此喻所依通有体无体二种:一有体俱不成。言有体者,谓若喻依,是为立敌之所共许,于此喻依上,若缺能立所立二法,名有体俱不成。此中有者,谓即有彼共许之喻依耳。二无体俱不成。言无体者,谓若喻依,非为立敌之所共许,于此喻依上,若缺能立所立二法,名无体俱不成。此中无者,谓即无彼共许之喻依耳。如前说声常宗,无质碍因,若以瓶为喻依,瓶为两宗之所共许,是名有体,然于瓶上两皆不许有常及无质碍,故名有体俱不成;若以空为喻依,对无空论,彼自不许有,空体尚无,能立所立二法复依何而立？故名无体俱不成。

四、喻上能立所立虽二俱有,然不显示所立合属能立,既未说其因是宗所随,是名无合。(A homogeneous example showing a lack of universal connection between the middle term and the major term)——喻体原有配合之能,配谓配属,指宗属著于因,能显说因宗必随逐也。合谓和合,指喻上共许二立互相属著,显不共许所立宗法,随能立因有属著性也。凡因明作法,主要分为四段：

一、声是无常——甲者乙也

二、所作性故——为丙之故

三、若是所作见彼无常——若是丙者见彼为乙

四、如瓶等——如丁等

今缺上列第三段,只言于瓶有所作性及无常性,即是于瓶等双现能立所立二法,不能证成声所作性定是无常。无合作法之理由,宗因关系不明,即无合之过也。如言,若是所作见彼无常以为喻体,使宗因关系至极明了,更举瓶等为喻依作事实之证明,使敌者即于瓶等上显有所作,无常必随,声亦当尔。故前云喻支有喻体喻依之分,实连贯演绎归纳为一体,即此意也。

五、喻上二法俱成,然以能立合属所立,是则以宗翻证成因,成非所立,是名倒合。(A homogeneous example showing an inverse connection between the middle term and the major term)——凡合作法以先因后宗为定则,如以共许所作性成不共许之无常,且显宗随因转,若是所作见彼无常也。今反先宗后因,说言,诸无常者皆是所作,则成非本所诤,宗犯相符极成,因犯随一不成,故名倒合之过也。《大疏》曰:"谓正应以所作证无常,今翻无常证所作,故是喻过。即成非所立,有违自宗及相符等。"

似异法喻(Fallacy of the heterogeneous examples)亦有五种：一所立不遣，二能立不遣，三俱不遣，四不离，五倒离。《大疏》解曰："异喻之法，须无宗因，离异简滥，方成异品。既偏或双于异上有，故有初三。要依简法，简别离二，(异喻须离宗及因故)令宗决定，方名异品。即无简法，令义不明，故有第四。先宗后因，可成简别。先因后宗，反立异义，非为简滥，故有第五。"兹分述如下：

六、喻上但无能立，然不遣宗，是名所立不遣。(An example not heterogeneous from the opposite of the major term)——如前声常宗，无质碍因。异喻用以止滥，远离宗因，应云：诸无常者，见彼质碍，譬如瓶等。若言极微，但遣能立无质碍因，不遣所立常性，以彼声胜二论，俱计极微是常，故成所立不遣。遣谓除遣，即远离义也。

七、喻上但无所立，然不遣因，是名能立不遣。(An example not heterogeneous from the opposite of the middle term)——如说声常，无质碍故。异喻离作法，若云：诸无常者见彼质碍，譬如业等。胜论说业，即其业句，谓取舍屈伸行。声胜二师俱许业是无常而无质碍，此则但遣所立之常，不能遣能立之无质碍，以彼说诸业无质碍故，是则宗成异喻，于因不成异喻，故成能立不遣。

八、喻上所立能立二法俱有，是名俱不遣。(An example heterogeneous from neither the opposite of the middle term nor the opposite of the major term)——如声论对有论(萨婆多之有宗)立声常，无质碍故，异喻如虚空。惟彼计虚空是有体常住性，不遣所立，又无质碍性不遣能立，则喻上缺宗异品及因异品，不能遮宗因之关系，以同喻作异喻，适成一反比例，故遂成二俱不遣也。

九、喻上虽能除遣能立所立，但无有离作法之说明，是名不离。(A heterogeneous example showing an absence of disconnection between the middle term and the major term)——此中比量,宗因同前,喻上离作法应云:诸无常者见彼质碍,如瓶等。此即显常无处,异品无常与无碍因不相属著,即是离义;由此返显声有无碍,定与常义更相属著,故异喻须离。今声论对胜论喻上但云:于瓶,见无常性有质碍性;不以无常属有碍性,此但双现宗因二无,即不能明无宗之处,因定非有,何能反显有无质碍因与常宗更相属著?故成不离也。

十、喻上虽有离作法之说明,而倒说言,因无宗亦不有,不能反显宗必随因,是名倒离。(A heterogeneous example showing an absence of inverse disconnection between the middle term and the major term)——同喻为合作法之说明,必先因后宗,以见因之在处,宗必随逐;异喻为离作法之说明,必先宗后因,以见宗无之处,因定非有。故前宗异喻离作法应说,诸无常者,见彼质碍,以显无碍确为常宗之因,不向异品无常中转。今反倒说,诸质碍者,皆是无常,则以质碍因成无常宗,不能返显无碍为常宗之正因,故成倒离之过也。

喻中过失共有十种,已略说及。据此亦可知喻过与因之十四过全然不同。因之过失属于因之三相缺第一相,则有四不成;缺第二相或第三相之一种,则有六不定;后二相共缺,则有四相违。凡过失分"义少缺"及"少相缺"二种:因过属"少相缺",喻过则属"义少缺",此其不同也。故一论式,先从三相门检因之完否,若无少相缺之过,然后更就三支详审其言语上是否有过,此为晓他立量者一定之手续,不容偏废者。少相缺之中缺后二相者,喻中固不免有过,而喻中有过则只属义少缺,不必定为少相缺。何以言之?依据之理由虽不见有何缺点,然言语诠表之方法未臻完善,则不能生起敌智,反失立宗之本意。此喻过之总相,故一论之。

第四节　正喻条件

综上所说,凡立喻支须具下列三种条件,违则不成:

(一)同喻法宜有能立因所立义。异喻法宜离能立因所立义。

(二)同喻法体有无,宜顺宗体。异喻法体有无则不拘。

(三)同法喻显因义言,必先合能立而后合所立,以见因之所在,宗必随逐。异法喻显因义言,必先离所立而后离能立,以见宗无之处,因定非有。

第六章　似能立与似能破

　　印度逻辑能立能破之相例略如上述,乃可观察于似能立与似能破量。凡能立量违前正宗五条件、正因四条件、正喻三条件,不善寄简,犯前所言宗支九过、因支不成四过、不定六过、相违四过、喻支十过,名似能立(Fallacy of demonstration)。凡能破量,立量妄出他量缺减过性、立宗过性、不成因性、不定因性、相违因性及喻过性六类,他实无过;反自犯于缺减过性、立宗过性、不成因性、不定因性、相违因性及喻过性六类,名似能破（Fallacy of refutation)。《入论》云:"若不实显能立过言,名似能破,谓于圆满能立,显示缺减性言;(谓一量体,具有三支,即宗因喻。此无阙减,方成比量,随有所阙,皆成过失)。于无过宗,有过宗言;于成就因,不成因言;于决定因,不定因言;于不相违因,相违因言;于无过喻,有过喻言;如是言说名似能破。以不能显他宗过失,彼无过故。"此中实显,谓若立者有其多过,出是能破之言,方能称实显示。今则不然,立者三支图具,妄显其过,非实能显,名不实显。《大疏》曰:"立者量圆,妄言有缺,因喻无失,虚语过言。不了彼真,兴言自负,由对真立,名似能破。"此释似破之体也。商羯罗主《入论》之后,似能立、似能破诸过皆摄缺支及宗过等之六类。唯此六类,显其为似也。然足目《正理经》文论堕负处有二十四种,《方便心论》略为二十,《如实论》又加为廿二种,陈那于《因明正理门论》中,据最极成

提其总相约为十四,相似过类皆显出相似过,实不成过,致反堕于似能破也。兹略取其意,分类如下:

似缺因过破——十四过类中,似缺因过能破其类有三:

一、至不至相似(Fallacy of unity and separation)。此乃泛征诸量因法与宗同异以为违离。文轨云:"内曰:声无常宗,勤勇无间所发性故因;诸勤勇无间所发性者皆是无常,譬如瓶等同喻;若是其常,见非勤勇无间所发,如虚空等异喻。外曰:此因望宗为至不至,设尔何失,二俱有过。若言至者,立量云:宗之与因应无因果宗,以相至故因,如池海合喻。此量意云,阿耨达池流入海,但称为海,舍池名,勤勇所发至无常,亦但名宗,废因称。又难:所立若不成,此因何所至?所立若成就,何烦此至因?若言不至者,即立量云:勤勇所发应不成因宗,不至宗故因,犹如非因喻。如立声常,眼所见故,此因不到声宗,故非此因也。此量意云:眼所见性不至宗,即是两俱不成摄。勤勇发因亦不至,何容即是极成收[①]?内曰:我所立因不为至宗,但为显了所立宗义。如色已有,用灯显之,何得以望至不至难?此解意云:勤勇发无常本来自有,然敌者悉暗,不了无常,故立者以勤勇发为因成所立宗,令于声上了无常义,此即宗因自有与至不至无关。妄为此难,是似不成也。又汝所难有自违害过,为汝前设难亦立宗因之名,若至不至还同此过。汝虽难我,乃复自违。又汝所破言为至,我义为当不至,若至我义即同我义便不成破,若不至我义如余不至亦不成破。故汝设难,即是自违。此即至与不至俱非立破之因,约此为难,皆成其似也。又池流到海竟无因果之分,主到于舍即有人物之异;灯不到暗而为破暗之因,斧不到薪而无薪破之果。此即至不至或异或同,因与非因或到

[①] "收",疑作"摄"。——编者注

不到，何得独以池海例彼宗因，偏以非因齐此因义乎？若唯同池海，则至舍无人物之分。若偏例非因，则灯光无破暗之用。盖为法体参罗，义门尘算，有同有异乍合乍离，不可以一例多，不可全无此例。必须折中，不可不通，三相量之，方合其趣。今至不至既非定因，故汝难词似破所摄。此则于成就因不成就因言也。然古来论者多效此难。曾有人问余云：《广百论》品者，名曰破常，何知是常，何者是破？答曰：常见名常，智慧能破。彼复问云：如此智慧既能破常，为到能破，为不到耶？答曰：若据无间道则到故破，如斧破薪；若据解脱道此则不到故破，如灯破暗。彼即难云：到故若能破，主到舍应破；不到若能破，近破远亦破。余当解云：破中有到有不到，非到不到为破。如门有木有非木，非木不木并为门。此解颇有所以，我本不以到与不到解其破义，但云能破之中有是到者有非到者，何得难言：到故若能破，主到舍应破；不到若能破，近破远亦破耶？此如门体之中有是木者有非木者，不以是木非木解其门义。不可难言：木若是其门，窗并是木应是门；非木若是门，水火非木应是门。此则破以毁坏为义，不以到不到为义。门以开通为义，不以木非木为义。今难者不难毁坏妄难到不到，不难开通妄难木与非木，如此之流，殊乖论道。"

二、无因相似（Fallacy of no reason）。此亦讯以诸量因法望宗，前后俱三时妄为征诘使不成因。文轨云："内曰：义本如前。外曰：此勤勇发为在无常前，为后耶？为俱耶？若在前者，难曰：所立宗义若旧成，对果立因义，无常先非有，勤发岂名因？若在后者，难曰：无常若未成，要资勤发立，宗义先成就，何劳更立因？若同时者，难曰：两角俱时生，不可论因果，二立一时有，何容辩果因？内曰：因有二种：一生，二了。生者如种生芽等，了者如灯照物等。若约胜义难生因言：种若在芽前，种则不名因；种若在芽后，则因无所用；种与芽同时，则不成因果。此则成难，以约胜义谛中诸法无实能生所生因果法故。若约世俗因果法门，种在芽前未得因名，芽生已后彰得因号，此则因果之道世间极成。故《维摩经》云：说法不有亦不无，以因缘故诸法生。若约世俗作此三时无因难者，即是诽拨一切因法不成难也。其了因者，唯约世俗言论法门辩其因果。其'言''义''智'因若望生果，体在果前，名居果后；若望了果，不可定说若后若前。汝今若以胜义谛中三时之难难此因者，亦是诽拨一切因法不成难也。若就世俗，因体即在果前，因名即在果后，顺俗说故，此即不遮也。此中外人立比量云：宗前之因必定非因，无因用故，犹如兔角。如此比量为不定过。谓此因为如兔角无因用故即非因耶？为如谷种无因用故而是因耶？故汝就世俗谛作三时难者此不成也。又汝有自害之过。谓汝前设难亦立宗因，如此宗因若前若后还有此过。汝虽难我，乃是自违。又汝所难言若在我义之前，我义未有，汝何所难？若在我义之后，我义已立，何用难为？若汝复言：汝知我难好，故效我难及难于我者。不然。我显汝显，还破汝义，不依汝难以立我宗，何得妄云知我难好？此并于成就因不成就因言也。"

三、第一无生相似（Fallacy of none-exsistence）。无生相似凡有两解，今从第一。文轨云："内曰：义本如前。外曰：声已生者有勤发可使是无常，声未生前无勤发应当非无常，此即声未生前无勤发因，有不成过也。又前声应是常，非勤发故，犹如虚空。此即与前内量作相违决定过。内曰：声若未生体是有，勤勇发因亦因成声即未生体是无，令难遣谁令常住。此解意云：我立一切有义言声皆是无常，何偏就我立论言声约其未生以之为难，以我言声未生之前本自无声不入宗摄，何容于此知因不成。此即于成就因不成就因言也。此亦兼解相违决定。又汝所立量因有不定，何得与我定因相违？谓如其声为如虚空等，非勤勇发是其常耶？为如电光等，非勤勇发是无常耶？此即于决定因言也。前无说相似，外人通许一切有义言声以之为宗。但约言因未说之前，因无有故，应不成因，因既不成，声非无常。此无生相似外人直以立论言声以之为宗，此声未有之前，即无勤勇发义因，非有故应非无常，既非勤发亦应是常，与前异也。"故难意使立无因，则自堕于似缺因过能破。

似宗过破——十四类中，此例有一：

四、常住相似（Fallacy of eternity）。文轨云："内曰：声无常，所作性故。外曰：声应是常（宗），恒不舍自性故（因），犹如虚空（喻）。此难意云：此无常声既常与自无常性合，诸法自性恒不舍故，此即是常。比量楷定，汝立无常与此比量相违有似宗过。内曰：声外有常性，依之以立常，常性本自无，何名违比量？此解意云：即此声体本无今有，暂有还无名无常，即此无常与常住异名之为性。如言果性，以从因生名之为果，与因位异名之为性，岂离果外别有其性与之合耶？既无别常性依之而转，所立恒不舍自性之因即不成就，非正比量，何名比量相违？此即于无过宗有宗过宗言也。"

似不成破——十四过类中凡有四种：

五、第二无异相似（Fallacy of non-division）。文轨云："内曰：声无常，勤勇无间所发性故，犹如瓶等。外曰：勤勇发与无常有无谓不定，并非毕竟性，宗因应不殊。此难意云：无从①勤发，有无不恒，谓非常住毕竟之性，此则宗因无有别异。但指所立一分为因，

---

① "无从"，疑作"无常"。——编者注

便是两俱不成之过。如立声无常,以是无常故,此因与宗无别义故。但指所立一分为因,有不成过也。内曰:勤发与无常总虽非毕竟,别据生灭异,宗因义自分。此解意云:宗言无常,意取其灭;因言勤发,意取其生。生既共了,正是因义;灭非共许,理即是宗。今言不成,故是似破。"

六、第二可得相似(Fallacy of possibility)。可得相似凡有二解,今从后解。文轨云:"内曰:立量如前。外曰:无常之物并勤发,如此勤发成无常,无常有非勤发生,应此勤发非因证。此难意云:若勤发因遍通一切无常品上得成正因,既其不遍便有一分不成因过。如尼乾子等立一切草木悉有神识,以有眠故,犹如人等。此有眠因唯在尸利树,余树即无,以不遍故有不成过也。内曰:勤发虽不遍无常,然遍所立声宗上,纵使电等无勤发,何妨勤发证无常。正因初相,于同品定有,不云遍有故,其尼乾子立一切草木为宗,有眠之因不遍草木,故因有过,何得为例。"

七、无说相似(Fallacy of utterance)。文轨曰[①]"内立量如前。外难曰:因言勤勇发声即是无常,未说勤勇前声应非无常。此难意云:汝以勤勇发言因为无常,因未说此言之前,因即非有,因非有故,即有两俱不成;因即不成,宗义不立,是即此声应非无常。内曰:以灯了物知物有,不了其物不必无,以因了宗知宗有,不了其宗不必无。此解意云:我立言因为了无常,不为生彼无常之理;如有灯照物决定知物为有,若无灯照物不定知物是无。言因亦尔。言因若有,无常之宗定俱;言因若无,无常未必定无。何得难言:未说因前应非无常?若我所立之因为生无常宗者,汝难言因未有应无无常之宗,此即成难。既不约此,故亦堕似不成因过能破。"

---

① "文轨曰",原著无,因正文引自文轨《因明入正理论疏》,故补。——编者注

八、第二所作相似（Fallacy of the product）。此就一切因出难，以声无常宗，所作性故因为例，得名所作相似，共有三释，今从次解。内曰：声无常，所作性故，譬如瓶等。外曰：瓶藉泥轮生，可言有所作；声非泥轮生，起应无所作。内曰：若以别相成因支，声缺泥轮无所作。但立量法唯取总相，不取别相，故举瓶为喻，但应分别是否有所作而无常，或是否常而非所作，不应声非泥轮生瓶藉泥轮生。若取因上别义，殆无全同之物堪为比拟，故此亦堕似不成因过能破。

似不定破——十四过类，此例有七：

九、同法相似（Fallacy of homogeneity）。内立量如前。外难曰：声常宗，无质碍故因；诸无质碍皆悉是常，譬如虚空同喻；诸无常者见彼质碍，犹如瓶等为异喻。此之外量有不定过。其声为如空等无质碍故即是常耶？为如乐等无质碍故是无常耶？此则以异法为同法，不以同法为同法，故堕似不定因过能破。然外人本作此量有二意：一不立自宗，二成立自宗。不立自宗者，欲显内义有共不定过，谓此声为如瓶等勤勇发故是无常耶？为如空等无质碍故即是常耶？此即但是似不定，何以尔者？夫真不定要以本因望同异品，谓有谓无是真不定。今此外人以空等上无勤勇发因，乃于勤勇发因外别立无质碍因于异品有，故是似共不定也。成立自宗者欲显内义有相违决定过，此亦但是似相违决定。何以尔者？夫真相违决定必须定因，今无质碍因空乐皆有，即是不定，何成能立定因言也。

十、异法相似（Fallacy of heterogeneity）。内外比量并如同法相似中举，然外人以瓶同法为异法喻，名异法相似与前相反也。内曰：空是其常即非勤发，声既勤发定是无常。内又曰：瓶从勤发既是无常,声亦勤发何容常住? 外曰:虚空是常非勤发,声是勤发即无常,瓶是无常有质碍,声既无碍应是常。外又曰:声同瓶等是勤发,即同瓶等说无常;声不同瓶是有碍,应不同瓶是无常。内曰:但是常者非勤发,故得勤发证无常。无常有碍有无碍,何得无碍证其常?

十一、分别相似(Fallacy of division)。此就立量同喻差别其义。内曰:声无常,勤勇无间所发性故,譬如瓶等。外曰:声常,不可烧故,或不见故,如虚空等。外意云:汝以声同瓶勤发即同瓶无常者,然瓶是可烧可见,声即不可烧不可见。可烧可见可无常,无烧见者应是常。此于同法喻中分别可烧不可烧、可见不可见等之宗义异名分别相似。前异法相似直望以一同法为异法,不分别差别之义,故不同也。此外人不烧等因通同异品有不定过,谓此声为如空等不可烧或不可见故即是常? 为如乐等不可烧或不可见故即无常? 此名以不定破定,故是似破也。内曰:瓶从勤发既也无常,声从勤发何容常住? 外破曰:声从勤发同瓶等,即同瓶等说无常,瓶是可烧声不烧,瓶自无常声应常。内曰:勤发唯在无常中,故得独证无常义,不烧通常、无常内,何得偏成常住宗。

十二、第一第三无异相似(Fallacy of non-division)。无异相似,凡有三解,第二已如前引。第一云:"内曰:声无常,所作性故,犹如瓶等。外曰:若言声瓶同有所作性故,即令声是无常与瓶无异者。声瓶同有所作性故,其声亦应可烧见,亦可非所闻性与瓶无异。立量云:声应可烧可见非所闻性(宗),所作性故(因),如瓶等(喻)。若许声得同瓶等可烧可见非所闻性者,亦应瓶得同声不可烧见是所闻性。此则声瓶一切法同应成一性,无有声瓶两物之异。此即显瓶非是同法,而因转彼。然此量自犯不定,又可烧等非立者意乐,非所诤成,故成堕无异相似。陈那释此无异意云:外人抑令成无异者,意欲返显瓶声差别,以无异宗违自所许及违世间,不可立故。但返显云:若瓶与声虽同所作,瓶自可烧可见非所闻,声自不可烧不可见是所闻,不成一者。故知瓶自无常以可烧可见,非所闻故;声自是常以不可烧不可见所闻性故。陈那解云:若约抑成无异难边①,少异第三分别相似,然外人意恐违世间,自所许故,不敢强抑立无异宗。若约返显声瓶差别与第三分别相似理合不殊,不应别说无异相似。《理门论》云:若现量力强,比量力劣,不能遮遣其性,如有成立'声非所闻犹如瓶等',以现见声是所闻故。释云:此明抑成无异成似所以。声之所闻现量所得,外人虽以瓶为比量遮声所闻,然比量力劣于现量,不能遮遣声之所闻现量境也。故此无异之难违现量,故成似破也。彼《论》又云:不应以其是所闻性遮遣无常,非唯不见能遮遣故。若不尔者,亦应遣常。释云:此明返显瓶声差别成似所以。外人云:若言声不同瓶非所闻,声自是所闻,亦应声不同瓶是无常,声自是其常。立量云:'声是常,所闻故。'此无同喻。但立异喻云:'若是无常即非所闻,犹如瓶等。'瓶等无常即非所闻,声既所闻当知是常。故今非之,不应以其是所闻性遮遣无常也。下释非②意云:非唯不见能遮遣故。谓非唯瓶上不见能遮所闻性故,瓶有所遮之无常,亦于空上不见能遮所闻性故,空有所遮之常,其所闻性虽不于彼瓶空上有,不废瓶无常、空是常,故知所闻非是能遮无常因也。下重责云:若不如我所非尔者,亦应遣常也。谓若以瓶无能遮无常之所闻,瓶即有无常,返显声有能遮无常之所闻,声即无无常者;亦可空无能遮常住之所闻,空即

---

① "无异难边",疑作"无异难过"。——编者注
② "非",疑作"非唯"。——编者注

有其常,返显声有能遮常住之所闻,声即无其常,故云亦应遮常也。然《如实论》中无异相似与此少异。彼《论》意云:瓶声同有所作性,声瓶同无常;万物同有所知性,万物应无异。若所知遍万物,万物自体各不同,所作遍声瓶,常与无常亦应异。立量云:万物之体应无异(宗),有同法故(因),如瓶声无常(喻)。又云:声瓶之法决定有异(宗),有同法故(因),如万物(喻)。彼《论》明此成相似破。意云:我所作因虽有同法之相,异品无故亦有别相,具三相故得成正因。汝所知因唯有同法之相,异品有故,无有别相,无三相故,故是似因。良为万物相望有同有别,若唯就别,外人立又无同喻;若唯就通,无所简别,故我折中兼其通别,具三相者立为正因,不具三相皆似因摄。"①第三云:"内立量如前。外曰:声应可烧,勤勇所发,譬如瓶等。此以勤发一因双成而宗故名无异,或可令宗同喻名为无异。如此之难则与内义作有法差别相违也。内曰:我立无常之宗违他不违自,汝立可烧之义他自两宗并违,故是似破非能破也。此谓于不相违因相违因言,故堕似不定因过能破。问:如难无常比量云:声非无常声,勤勇所发故,犹如瓶等。此唯违他无常之声,不违自许常住之声。如此之难,为是能破,为是似破?若是能破者,则一切比量皆有斯过,是则应无无过比量。若是似破者,如难唯识比量云:极成之色应非即识之色,极成初三摄,眼所不摄故,如眼识。如此比量,唯违他许即识之色,不违自许离识之色,亦应即是似破所摄。答曰:此难无常比量似破所收,难唯识比量能破所摄。何以尔者,常与无常但是其法,同依一体有法之声,不能别标自他有法无常之声,若无常声自然非有,违共许故似破所收。即识离识之色非是其法,但是别指自他有法。即识之色若无,离识之色犹

---

① 引自文轨《因明入正理论疏》。——编者注

209

在,故唯违他得成能破。"①文轨此释颇尽精微,学者审自思择。

十三、第一可得相似(Fallacy of possiblity)。可得相似有二,第二已如前引,第一文轨云:"内立量如前。外曰:电风本非勤勇发,以可见故无常,是则立声是无常,不因勤勇所发性。此难意云:电风等上无勤勇发因,外以可见等因证无常义,既离汝因,余因可得。明知勤勇非是正因。若此勤发是正因者,无勤勇处应无无常。譬如见烟知有火,不见烟不知火。内曰:勤发定是无常因,未见勤发是常者,无常不是勤发因,故见电等非勤发。此解意云:我不言勤发能显一切无常、余因不能显,故电等无常虽非勤发,自以可见等因显其无常。亦顺我意谓是正因。正因于同品不必遍有,亦得成宗故。如欲知有火即须见烟。虽不见烟,见光亦知有火,同证有火谓②得成因。又若以勤勇不遍电等非声因者,汝可见因亦不遍声,应非电因,相望皆有余因可得义故。"又勤发因于同品不定有,犯不定过也。

十四、犹豫相似(Fallacy of hesitation)。文轨云:内曰:立量如前,外难曰:无常有显生,勤发或生显,宗因各通两,何独证无常。此难意云:汝言无常者,为约生灭名无常,如瓶盆等;为约隐显名无常,如井水等?若约生灭即有不定过。其声为如瓶等勤勇发故是生灭无常耶?为如井水等勤勇发故是隐显无常耶?若约隐显无常者,还同此过,故无常宗,约显生义令勤勇因成犹豫也。此难约宗显成犹豫,若更约因作不定过者,其声为如瓶等勤勇发生故是无常耶?为如井水勤勇发显而是常耶?有不定过。外人意曰:谓井水树根本来是有,由人工显,体是其常,故作此过也。井水若是常,勤

---

① 引自文轨《因明入正理论疏》。——编者注
② "谓",疑作"俱"。——编者注

发显因成不定。井水既生灭,勤勇发显是定因。

十五、义准相似(Fallacy of conversion)。内立量如前。外难曰:声是勤勇发既也是无常,电等非勤勇,理应既是常。若使电非勤勇发然自是无常,声既勤勇发应当即是常。苦言电非勤发尚无常,声是勤发哪得常?亦可电非勤发尚无常,声是勤发当是常。若是勤发、非勤发并说是无常,亦可常法与无常俱得是勤发。若言常法体凝然,不可从勤发,亦可非勤发体寂,不可说无常。内曰:我言勤发者皆无常,未有勤发非无常,不言无常悉由勤发,故有电等是无常。若言勤勇发者是无常,非勤勇发者定是常,亦可由见烟故知有火,不见烟故知无火。虽复不见烟未必即无火,虽非勤勇发何必即有常?颠倒出难故有此过。又解:勤发具三相故得为彼无常因,非勤发因异品有何得为彼常之因?此以非勤发中有其三种,一常如虚空等、二无常如电等、三不有如空华等,何得以此遍证其常,此则以不定因破我定因是似破也。

十六、无生相似(Fallacy of non-exesistence)。内立量如前。外难曰:声既勤发知为无常,声未生前无勤发应当非无常。然其为如虚空等非勤勇发是其常耶?抑如电光等非勤发是无常耶?此因不定,亦堕似不定因过能破,准前可知。

似相违破——十四过类,此例有一:

十七、第一所作相似(Fallacy of the product)。内立量如前。外难曰:声藉咽脐起,应言有所作,瓶非咽脐起,应无所作。此解意指因法不转同品,犯法自相相违过。然以总相成因支,不以别相成因支,违印度逻辑原则,堕于似相违因过能破。

似喻过破——十四过类,此例有二:

十八、第三所作相似(Fallacy of the product)。内立量如前。

外难曰:同品瓶等无此声上所作,异品空等亦复无此因,故以所作因犯不共不定。又以瓶为同品,然无声上所作,又犯能立不成。然此以别相因法出过,既堕似因过能破,又犯似喻过能破,准前可知。

十九、生过相似(Fallacy of example)。内曰:声无常,所作性故,譬如瓶等。外曰:瓶之无常为有因耶?为无因耶?若有因者,难曰:声上无常不极成,可用所作因成立。瓶上无常既共许,何烦所作因重成?此则有相符极成过也。若无因者,难曰:瓶之无常因本无废,无常义得立,声之常住因非有,何妨常住义自成?若立常要藉因,无因即不立,无常假因证,无因那得成?又声上若无所作性,不可以显无常宗,瓶上既不立因,何得成彼无常义?此即有喻中所立不成过也。内曰:声之无常不共许,故得立彼所作因;瓶之无常既共许,不须更立因为证。此即于无过喻有过喻言,既堕似喻过能破。

第七章　真能立与真能破

　　立论者确立本宗之旨,主张一种言论,而为显正悟他之立量,其立量亦复正当,毫无过失,能发敌证了宗之智,则名真能立(Demonstration)。更详言之,即立量完备宗等十二条件,于所对他善知他宗及机所宜,巧能寄言简除诸过,于宗因等三十三过无一违犯,乃得成真能立。《大疏》曰:"因喻具正,宗义圆成,显以悟他,故名能立。(陈那能立,唯取因喻。古兼宗等。因喻二义:一者具而无阙,离七等故。二者正而无邪,离十四等故。宗亦二义:一者支圆,能依所依,皆满足故。二者成就,能依所依,俱无过故。由此论显真而无妄,义亦兼彰具而无阙。发此诚言,生他正解,宗由言显,故名能立。由此似立决定相违,虽无阙过,非正能立,不能令他正智生故也。)"《略纂》曰:"善申比量,独显已宗,邪敌屏言,故曰能立。"有云此解未全尽理。言善申比量者,虽有正义而未解具义,故不遮缺减也。言独显已宗,邪敌屏言者,此亦虽表宗而圆,邪敌屏言,然他犹有未悟故也。但此能立,古今印度逻辑学者分类不同。依弥勒所说《瑜伽论》之十五,无著菩萨所说《显扬论》之十一,说有八种:一立宗,二辨因,三引喻,四同类,五异类,六现量,七比量,八正教量。无著菩萨别有对法论(《集论》十六)于因明处,除去"瑜伽"之同异二类,别加合结二支,亦成八能立:一立宗,二立因,三立喻,四合,五结,六现量,七比量,八圣教量。皆以自性差别而为所立。《瑜伽》《显扬》八能立中,三引喻者,总也。同类异类者,别也。于总比况假类法中,别引顺违同品异品而为二喻。《后记》云:"引喻名为总,比况也。"总别有殊,分为三种。离因喻外,无别合结,故略合结而不别开。对法无著八为能立,顺前师故,以因总别,既无离合,(《后记》云:"因三相者名为别总,总唤为因而是其总,故言总别。")喻之总则,何假合离,故总说一,不开二喻,离喻既缺,故加合结。然此何故别开合结,盖合结虽离因喻,不能别有,而欲使所立之义,更得明确,则有别立二者之必要。《大疏》曰:"合结虽离因喻非有,令所立义,重得增明,故须别立",正此意也。古师又有说四能立:谓宗及因、同喻、异喻;其他现比二量、圣教量或合结等,类虽间接有能立之效,以无直接之力故,不称为能立也。《前记》云:"此师意云,现等三量,非亲能立,合结二支,因喻外故,无并陈之。喻合离分,故开二种,所以但四。"此释立四之由也。世亲菩萨《论轨》等说能立有三:一宗,二因,三喻。以能立者必是多言,多言显彼所立便是,故但说三。及新印度逻辑陈那论师因喻为能立,宗为所立;自性差别二并极成,但是宗依未成所诤,说非能立。如立声是无常宗。声,自性也。无常,差别也。此二虽是宗依而非兴诤之处。何则?但举声,固立敌所共许也;但举无常,亦立敌所共许也。既非所诤,何成所立?合自性差别二者不相离性以成宗,有许有不许,方为所诤。如声是无常宗,此即诤端,以有不许声是无常者,故立者用因喻以成立敌所未许之宗,故宗是所立也。《理门论》云:以所成立性说,是名为宗。《入论》亦言:随自乐为所立性是名为宗。因及二喻,成此宗故,而为能立。陈那、天主,二意皆同。但以禀先贤而后论,文不乖古,举宗为能,唯等之一言,义别先师。实取所等因喻为能立性,故能立中举其宗等。此释宗支原为兴诤之目的,故应为所立,因等原为解决宗支之理由,有能成宗之功能,故适成其能立也。此就能立中明古今之同异。若对似能立而言,则固须因喻具正,宗义圆成,显以悟他,乃成真能立耳。若玄奘大师于中印土曲女城,戒日王与设十八日无遮大会所立《真唯识量》云:

(真故极成)色定不离眼识——(宗)

(自许)初三摄,眼所不摄故——(因)

若自许初三摄,眼所不摄者,见其不离眼识——(同喻体)

如眼识——(同喻依)

若离眼识见其非,自许初三摄,眼所不摄者——(异喻体)

如眼根——(异喻依)

奘师立此量,极为善巧。兹略释如下,可知真能立之难也。宗前陈言"真故极成色"五字,"色"之一字,正是有法,余之四字,但为防过;"真故"之言,简世间及违教等过;"极成"二字,简两般不极成色:一小乘二十部中,惟除一说部、说假部、说出世部、鸡兜部等四部,余十六部皆许最后身菩萨染汗色,及佛有漏色,而大乘不许,是一般不极成色。二大乘说有他方佛色,及佛有无漏妙色,小乘经部虽许有他方佛色而仍不许是无漏,其余十九部,皆不许有他方佛色,是又一般不极成色也。今设若不言极成,但言真故色是有法,定不离眼识宗,且言色时,许之不许尽包于有法之中,在前小乘许者,大乘不许,今若立为唯识,便犯一分自所别不成,亦犯一分违教之失;又大乘许者,小乘不许,今立为有法,即犯他一分所别不极成。及至举初三摄眼所不摄因,便犯自他随一一分所依不成,前陈无极成色为所依故。今具简此,故置"极成"之言。其所谓色,当取立敌共许诸色为唯识也。宗后陈言定不离眼识,即是极成能别。问:何不犯能别不极成过,且小乘谁许色不离于眼识?答:今此"色"字,但是有法宗依,只须他宗中有不离义则可。以小乘许眼识缘色,亲取其体,兼许眼识当体亦不离,眼识已含有同体不离之意味,不必细辩,是小乘不许之相分色或两宗共许之本质色也,故无能别不极成之过。外或有难言:既许眼识取所缘色,有同体不相离义,后合成一宗体,应有相符过耶?答:大乘言陈只一色字,意许乃指相分色(亲所缘缘)而言,若合前后陈为一宗体,固立许敌不许,惟此宗但诤言陈,未推意许,故又无相符之失。此宗之大意也。次辩因,言自许初三摄因初自许之言,明寄言简过。缘大乘宗有两般色,一、离眼识本质色,即八识相分种,一切有情所共变故亦名疏所缘缘,二、不离眼识相分色,乃有情眼识自所变起,然与本质色相似,亦名亲所缘缘。若本质色固小乘所许,若相分色小乘不许,今奘师量云真故极成色是有法。若望言陈自相,似立敌共许色,及举初三摄眼所不摄因,若寻意许但立相分色不离眼识,将初三摄眼所不摄因成立有法意许之相分色,定不离眼识。故《大疏》云:谓真故极成色是有法自相。定不离眼识色,是法自相。定离眼识本质色,非定离眼识相分色,是有法差别。今立者之意至乃是相分色不离眼识色,故今置"自许"二字明寄言简过。言初三摄者,十八界中三六界皆取初之一界即眼根界、眼识界、色境界是十八界中初三界也。问:但言初三摄,不言眼所不摄,复有何过?答:有二过:一不定过,二法自相相违过。且不定者,若立量云:真故极成色,定不离眼识。因云:初三摄,喻如眼识。即初三摄之因宽,向异喻眼根上转,便可出不定过云:为如眼识是初三摄,而眼识不离眼识,可证汝极成色不离眼识耶?抑如眼根亦初三摄,而眼根非定不离眼识,证汝极成色亦非定不离眼识耶?问:何不言定离,而言非定不离?答:大乘眼根望于眼识,非定即离,盖眼根识[①]能

---

① "识",疑衍。——编者注

映外色影故,由斯刺激,眼识生起自变相分,似根上影,反应外色,与外色相应。识所视相,盖但藉彼眼根上影相增上所生而与外境相应之色。如是色相,即非眼根上相,亦非即外色相,而是眼识自所变起,故根识即是非离。然根是色法(Rupa, Matter literally form or shape),识是心法(Citta, Mind),色虽极净,能映摄余影而无觉知,不能了别;心以觉知为性,故能了别诸尘。此二法既不同,故言非定不离也。二犯法自相相违过者,言法自相者,即宗后陈法之自相;言相违者,即因违于宗也。外人申相违量云:真故极成色是有法,非不离眼识宗,因云初三摄故。喻如眼根,即将前量之异喻反为同喻,将同喻反为异喻矣。如是得成法自相相违耶? 答曰:法自相相违之量,须立者同品无、异品有,而敌者同品有、异品无,方成法自相相违过。今立敌两家,俱是同喻有、异喻有,故非真法自相相违过。问:既非法自相相违,作决定相违不定过,得乎? 答曰:是亦不然。决定相违不定过,乃立敌共诤一有法,因喻各异而皆具三相,惟互不生正智,两家皆悉犹豫,不能判决以定成一宗,故名决定相违不定过。前"因及似因"一章已详言之矣。今真故极成色,虽是共诤一有法,然因是共非各异,又各阙第三异品遍无相,不是皆具三相,故亦非决定相违不定过。同喻若自许初三摄,眼所不摄者,见其不离眼识,如眼识;异喻若离眼识,见其非自许初三摄,眼所不摄者,如眼根。其文易解,不烦更释。

复次,凡能破他量谬执以悟他人之破量,自于支言无缺,亦于宗等三十三过无一违反,而善能出他所立量缺支或宗过等,乃得成真能破(Refutation)。《大疏》曰:"敌申过量,善斥其非,或妙征宗,故名能破。"正此意也。此真能破略有二类,详有四类。所谓略者,有立量破与显过破二类。立量破者,立量非他,穷诘他宗也。显过破者,敌申过量,善斥其非也。《大疏》曰:"一显他过,他立不成。二立量非他,他宗不立。诸论唯彰显他过破,理亦兼有立量征诘。发言申义,证敌俱明,败由彼言,故名能破也。"惟立量破亦得称显过破,盖组识论式以破敌者,同时不得不斥敌论之非故也。然显过破则不必定是立量破,二者通局差异遂有宽狭之分,若就形式而言,仍当分之为二耳。《大疏》云:"显过破中,古师说有八为能立,阙一有八,阙二有二十八,乃至阙七有八,阙八有一。亦说四种,以为能立阙一有四,阙二有六,阙三有四,阙四有一。世亲菩萨缺过性,宗因喻中阙一有三,阙二有三,阙三有一。"欲明此段意义,试举阙一有八之例以概其余:

阙一有八	(宗)	因	引	同	异	现	比	教
	宗	(因)	引	同	异	现	比	教
	宗	因	(引)	同	异	现	比	教
	宗	因	引	(同)	异	现	比	教
	宗	因	引	同	(异)	现	比	教
	宗	因	引	同	异	(现)	比	教
	宗	因	引	同	异	现	(比)	教
	宗	因	引	同	异	现	比	(教)

古师瑜伽八为能阙减过性。

古因明之八能立中,阙宗者一,阙因者一,乃至阙教者一。故阙一者,总计有八。但此不过依论式计算,实际上则不必然,例如阙引(总)则同异二类(别)必随而阙,未有总无而别存也。准下可知。

兹将阙减过性具录如后,以供参考:

```
                    ┌ 阙一有八
                    │ 阙二有二十八
                    │ 阙三有五十六
                    │ 阙四有七十
    八能立阙减过性 ┤ 阙五有五十六
                    │ 阙六有二十八
                    │ 阙七有八
                    └ 阙八有一
```

有说四为能立阙减过性

阙一有四	（宗）	因	同	异
	宗	（因）	同	异
	宗	因	（同）	异
	宗	因	同	（异）

阙二有六	（宗）	（因）	同	异	宗	（因）	（同）	异
	（宗）	因	（同）	异	宗	（因）	同	（异）
	（宗）	因	同	（异）	宗	因	（同）	（异）

阙三有四	（宗）	（因）	（同）	异
	（宗）	（因）	同	（异）
	（宗）	因	（同）	（异）
	宗	（因）	（同）	（异）

阙四有一	（宗）	（因）	（同）	（异）

世亲论轨式等三为能立缺减过性

阙一有三	（宗）	因	喻	阙二有三	（宗）	（因）	喻	阙三有一	世亲已后皆除此句
	宗	（因）	喻		（宗）	因	（喻）		（宗）	（因）	（喻）
	宗	因	（喻）		宗	（因）	（喻）		

陈那贤爱因一喻二为能立阙减过性

阙一有三	遍宗法性	阙二有三	遍宗法性 同品定有
	同品定有		遍宗法性 异品遍无
	异品偏无		同品定有 异品遍无

复次,所谓详者,有出量破,出过破,袭击破及关并破四类。兹分述如下:

一、出量破。此有二式:

甲、破量违他,用他许法:汝执言简可成能破,例汝执上帝应无(宗),许非物故(因),如龟毛兔角等(喻)。有法虽非自许共许之事,得成破他,此亦名违宗破,能违彼立上帝是有宗故。

乙、破量显因,不定相违过者:自虽不定相违,亦成能破,例前因不定过中之相违决定,后出破他为胜,以破他量但破他义,不在树立自义,虽以不定相违,未能成立自义,亦无所妨是谓等难。然以不定相违,已能达到破他目的。若破者更相盘诘,宾主三复,证义者应知制裁,判为曲直。此种论法名曰六支,举例如次:

(一)支立者立量:"声无常,勤勇无间所发故。"(指生言)

(二)支敌出量破因不定云:"声常,勤勇无间所发故。"(指显言)

(三)支立者许难,反破云:"声应非常,勤勇无间所发故。"

(四)支敌出等难云:"声亦非无常,勤勇无间所发故。"

(五)支立者复述三支之意,谓敌许难云:"汝许声亦非无常,是已许声亦非常。"

(六)支敌者复述四支之意,谓立许难云:"汝许声亦非常,是已许声亦非无常。"

近人吕秋逸先生曰:"此例以勤发因义通生显,故有反覆辨难。在第三支,立如证勤发因义但诠其生,敌即堕似能破。今出敌不定过,无异自认不定,即自堕负。以次三支不过复述前义,无关大要,极至于六负仍属立。"斯言可谓得之矣。

二、出过破。此凡有六类:一出缺支过能破有六种,缺一支之过有三种,于宗因喻随缺一故;绮互缺二支亦有三种,于宗因喻绮互随缺二故。二出宗支过能破有九种。三出因不成过能破有四种。四出因不定过能破有六种。五出因相违过能破有四种。六出喻支过能破有十种。六类总有三十九种能破,全分自他,绮互更成多式,不必出量。但于他量审其所有缺支及宗等过,若能指出其一种,他量即破。例如数论立我是思,指出其缺同喻法过,即破其量,成真能破。

三、袭击破。犹近代之游击战也。蹈隙抵懈突袭截击,或片言而破的,或指事而无言,或反覆纵夺使他所立义进退失据,出量不定,理即无妨,然令他义坠于所破,即成能破。

四、关并破。设双关语,使他任受一方,即坏所立。例外道等说,有极微性实常住展转聚集便成色等宗。难曰:汝极微为有质碍耶?为无质碍耶?若有质碍,便可分析,诸质碍者遇余碍时两互相撞有破坏故,故可分析,可分析故仍非极微。若谓极微无质碍者,无质碍物如何集积成色等时便有质碍,如彼虚空无体岂多和合便成地等?又无质碍故便即无有集聚之用,以聚积用由质碍成故。极微无碍成有碍色,理不成就,彼此异因不可得故。设此双关语,使彼不受,有舍宗之失;受,又有违宗之屈也。

第八章　现比真似

　　量是规矩绳墨准确刊定之义。凡构成知识之过程，以知识之本身悉名曰量。顾印土说量至繁，有现量(Pratyaksa)、比量(Anumana)、比喻量(Upamana)、圣言量(Sabda)、假设量(Arthapatti)、无体量(Anupalabdhi)、世传量(Aitihya)、姿态量(Chcsta)、外除量(Parisesa)、内包量(Sambhava)等名称。因明陈那作《集量论》，直探本源，分析量之种类，于古传之诸量，或废或合，仅存现比二量。于现比之中，又有真似之判。分别言之，则有真现、真比，似现、似比也。陈那唯立现比二量，盖由所量之境不外自共二相故。言所不及，唯证智知，曰自相，能知者曰现量。名言所诠显曰共相，能知曰比量。分明证境之自相，曰真现量。推度决知于境之共相，曰真比量。貌似显现证知，而不如于境之自相者，曰似现量。貌似推度决知，而不如于境之共相者，曰似比量。今欲求自悟(Useful for self-understanding)，即在如何辨别真似及如何舍似存真耳。自悟之中除自共二相之外，更无量境，故能知之量亦莫由成三。

　　所量之境有二：一曰自相，二曰共相。何谓自相？谓于一一境之自性(自性犹云本身)及其别义，悉名自相。如现见青(离能诠之名及所诠之理，以青亦依共相所立之假名故)，不关余青，是谓境之自性；现见此青无常(无常亦依共相所立假名，在现见青实亦离此名理,此只假借为说耳),不关其余一一境之无常,是谓事之别义。万有自体及其别义皆属自相故。《佛地论》第六云:"诸法实义各附己体为自相。"即此意也。克实而谈,自相唯离言说一一境之现实耳。若体若义之贯通于其余一一境者,如缕贯华,即为一一诸境之共相,如说言火,火之一名为所诠体,厨火灯火以及山野之火曰共体。又曰所作性,此言所诠事义,亦通厨火灯火及声瓶等上曰共义。一一境之共体及其共义皆属共相。《佛地论》第六云:"假立分别通在诸法为共相。"即此意也。兹将现比真似四种,申论如次:

第一节 真现量

《入论》云:"此中现量,谓无分别。若有正智于色等义,离名种等所有分别,现现别转,故名现量。"言此中者,是简持义。向标二量简去比量,持彰现量,故曰此中。言现量者,即正所持欲明之量。谓无分别者,非取全无,但谓能取于所取境,远离所有虚妄分别,名无分别。换言之,即于依他起性,远离遍计所执是此中义。若有正智于色等义者,此出二现量体:一、能量智正。正智谓能取,言正简邪,即能量智。谓如翳目见于毛轮(见目毛轮,现轮形相)第二月等,虽离名种等所有分别而非现量。故《杂集》云:"现量者,自正明了,无迷乱义。"此中正智,即彼无迷乱,离旋火轮等。又此中智谓是能知,非为慧体,以彼慧体,但意识俱,非五识有。今说一切应取能知,通五识有,义无遮故。二、所量境真。色等谓所取义,即是境,即所量境。等者等取声香味触及法。《大疏》曰:"言色等者,等取香等。义谓境义,离诸膜[①]障。(言现量者,谓于境义,离诸膜障分别也。)即当《杂集》明了。虽文不显,义必如是。不尔,简略过失不尽,如智不邪,亦无分别,缘彼障境,应名现量故。"离名种等所有分别者,此正释前无分别义。谓有于前色等境上,虽无膜障,若有名种等所有分别,亦非现量。故《理门论》云:"远离一切种类名言假立无异诸门分别。"言种类者,即胜论师大有同异,及数论师所有三德等,名言如目短为长等。但顺生解不可执实,谓称彼体名为假立。依共相转名为无异。诸门者,谓诸法门相似分别,由安立义,证解诸法,故名法门,义即门故。如言色无色、常无常等乃至一切假安立义皆是。如是法门及假安立,唯依意识共相而转,是谓诸门所有分别或离一切种类名言。名言非一故名种类,即缘一切名言,所诠定相系属。依此名言假立一法贯通诸法名为无异。遍宗定有,异遍无等名为诸门,此即简尽。若唯简外道及假名言,不简比量心之所缘,过亦不尽。故须离此所有分别,方为现量(Perception)。然离分别略有四类:一、诸根现量,即眼耳鼻舌身五识依眼耳等根觉色声等自相故。二、意识现量,即与前五识同时俱起之第六意识,亦明了觉知——色声等之自相故。三自证分现量,凡起一心及一心所各自知故,即一一心及心所各自知其自相。四定心现量,凡定心于定境中,不论观事体与事义皆离共相之名言等,各别显现,故皆证知境之自相。此四类中,为世间及出世间共通之现量心,论中于色等义云者,正四类中之诸根现量。后之三类亦离名种等所有分别,所不同者,前一五识各取现境,不相贯通名别转;后三缘别别物,各附己体不贯多法名

[①] "膜",疑作"映",下同。——编者注

别转耳。现现别转者,谓现量智刹那刹那相续生起。此中刹那唯约现在,双简过去、未来,故名现现。《瑜伽论》云:"现量者,谓有三种:一、非不现见。二、非已思应思。三、非错乱境界。"彼非不现见,即此中言于色等义,色境现前故。彼非错乱境界,即此中言离名种等所有分别,由诸分别起错乱故。彼非已思应思,即此中言现现别转,非已思者即简过去,非应思者即简未来。此亦简二故说现现。由现量智,从种生现,才生即灭,实无住义。种各别生,现非一体,是故说言现现别转,转生起义。可知若能量智于所量境远离名言种类诸门等所有分别,若智若境,各别显现,分明证知一一事之自相,即为现量也。兹以五心表明如右:

	刹那	意识	前五识	
(因)第一	↓	↓	↓ ↓	(率尔)境
(因)第二		○	○	(寻求)境
(因)第三		○	○	(决定)境
第四		○	○	(染净)
第五		○	○	(等流)

〔说明〕通途有现量一刹那之说,只就其因而言,非克实之谈也。现量从果得名,故须至第三刹那始能定夺。如果为现量,其因当为现量也。第一刹那有俱时分别意识。(见《解深密经》)第三刹那亦有前五惟与意混合耳。故第一意识及第三前五均置 x 号,统此五心,现量构成之过程,皆可知矣。

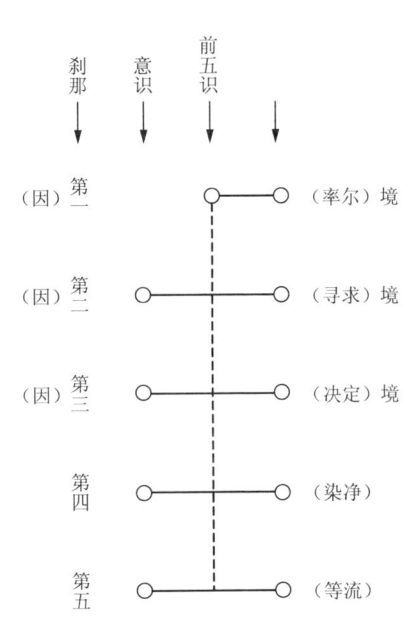

第二节　真比量

除现量而外所余之正确知识,概曰比量(Inference),略同近人所云推理。《入论》云:"言比量者,谓藉众相而观于义。相有三种,如前已说。由彼为因,于所比义,有正智生,了知有火或无常等,是名比量。"比量约有二种:一、为自义比,自心推度,唯自开悟。二为他义比,说自所悟,晓喻于他,即三支是,显陈三相之正因,令敌者于所比宗义,有决定智生,无相违决定过,了知彼处有火或声是无常等是名比量。惟因有现比不同,果亦有火无常别。如曾于庖厨等处见火有烟之一重要关系点,于水冰之处即不见彼,审此烟火二现象有因果不相离之关系。后时更见远山依依烟起,审此宗智,忆念前知,合为比度,决定远山亦复有火,此决定智之果,即是比量。惟了火从烟,盖由现量因起也。又如观声由脐喉舌等鼓动出息所作成一重要关系点,而若有所作之关系定有无常之含义,若无变动之无常义,必无有所作之关系,由是曾知所作、无常自性上必不相离。后时于声审其宗智比为所作,忆念前知据而推度,决定声法亦复无常,此决定智亦是比量。惟了无常从所作,盖由比量因生也。此现比二因审了宗智俱为远因,不亲生智故。忆因之念,方为近因。忆本先知所有烟处,必是带火起之山,忆声所作而是无常之声,故今二智果生。是以比量中决定智果,实合审宗智及忆因念远近二因而生,因为正成真比,因不正成似比也。兹将比量成立过程,试表如下:

一、审宗智——远因 ⎫
二、忆因念——近因 ⎬ 合二因方生比量
三、决定智——果　　⎭

复次，以上现比二量之中，皆即智体，名为量果。既不如僧法师以诸境为所量，诸识为能量，神我为量果；又不如萨婆多师以境为所量，根为能量，依根所起之心及心所为量果。盖大乘中，智为能量，境为所量，由能量智能证能观事之自相及理之共相，即以能量智，更为能量果，何以故？二智能证知境相故，智体唯一故。如尺量布时，布为尺寸中之布也。能量智指经过言，能量果指结束言，二而一也。如下图：

$$\underbrace{\qquad\qquad\qquad\qquad}_{\text{量}\qquad\text{智}}\text{果}$$

或有问言，既名量果，何名能量耶？答云：相不离见，境相于心现时，相似有能缘作用，假名能量。故《入论》云："如有作用而显现故，亦名为量。"此言作用即是能量；又言显现，即是所量。依唯识中，诸境相皆不离识，非有心外实境，乃由自识变起影像，相似而有，故云显现。今此言智，理亦如是。即此智体如有作用指见分说，名为能量；影像显现指相分说，名为所量。此能所二量亦依智体而得其名，故云亦名为量。

第三节　似现量

《入论》曰："有分别智，于义异转，名似现量。谓诸有智，了瓶衣等分别而生。由后于义，不以自相为境界故，名似现量。"(Fallacy of perception)真似对待而言，故先明二真量后，复明二似量。真现谓无分别智，缘自相境离名种等所有分别。似现反此，故以有分别智，缘假相境，不离名种等所有分别，如是故名有分别智。

于义异转者，谓此有分别智，以名言种类所指之物为所观境，而不以五识所观色等自相为境界故。换言之，即于色等义，非由不共现现别转也。彼真现量证色等法自相，称实境故，不名异转。今似现量，不离分别，有分别故，不证色等法自相，而于名物为所缘义故，故名异转。异有二义：一谓种种，二谓别异。此似现量有多分别，具种种义；又不证色等法自相，具别异义。具此二义，故名异转，转生起也。《大疏》曰："有分别智，谓有如前带名种等诸分别起之智，不称实境，别妄解生，名于义异转，名似现量。"谓诸有智了瓶衣等分别而生者，释前有分别智。此瓶衣等物，但有名言，而无实事。何以故？以瓶衣等物不离色香味触四尘而有，即以色等四尘，为其自体。由此四尘，综合为聚，即依总合，而立其名。聚既非真，名亦方便假立，故瓶衣等物，但有名言而无实事。彼真现量，于瓶衣等物以色等四尘为自相，现量缘中无瓶衣等想。若了瓶衣等物，即于色等境上，不离瓶衣等名分别，则为意识分别之共相，非眼识现量中所缘之自相也。故《成唯识论》云："现量证时，不执为外，后意分别，妄生外想，故现量境是自相分识所变故。亦说为有意识所执外实名等，妄计有故，说彼为无。又色等境，非色似色，非外似外，如梦所缘，不可执为实外色。"是知现见瓶衣等有分别智是意识所行，不证色等法自相，况此眼等识现量证时，尚不觉有色香等名，尚不别作色香异解，云何得言现证瓶衣等物耶？是故诸有智了瓶衣等分别而生者，非真现量。由彼于义，不以色等自相为境界故者，此释前于义异转。由彼有分别智，于色等义，不以色等自相为其境界故。此中言义，即是境界，体即四尘，了此色等四尘自相，唯真现量。是则色等四尘自相，唯真现量所得境界。似现则不然，彼了瓶衣等物，虽托色等四尘以为所缘，然不得色等四尘自相。何以故？

于色等上,有其瓶衣等名言分别;由是但了瓶衣等名言,而不了其色等四尘自相,由此假立名言,覆蔽自相,故云不以自相为境界故。《大疏》曰:"由彼诸智,于四尘境,不以自相为所观境,于上增益别实有物,而为所缘,名曰异转。(如瓶等之智于四尘之境,不缘四尘之自体,但增益实物之瓶而缘之,故曰异转。)此意以瓶衣等体即四尘,依四尘上唯有共相,无其自体。(共相有二:比量心所缘之共相,为贯通之共相,如缘色则贯通一切色也。非量心所缘之共相,如瓶衣大有同异等共相,无有此体。)此知假名瓶衣,不以本自相四尘为所缘,但于此共相瓶衣假法而转,谓为实有,故名分别。"(比量之自相共相,局通虽异,为贯通之色则一,故共相中有其自相,非量则四尘为自相,瓶衣等为共相,故共相中无其自相。比、非二量之共相,皆变起相分,不称本质,惟瓶衣等于义异转,故非正;比量心则心是心解,色是色解,于义非转,故为正也。)名似比量者,此释定名。《大疏》曰:"由彼瓶衣,依四尘假。但意识(五俱意识)缘共相(瓶衣)而转,实非眼识现量而得。自谓眼见瓶衣等,名似现量。又但分别(五俱及独头意识)执为实有,谓自识现得,亦名似现。不但似眼现量而得,名似现量。此释尽理,前解局故。"此简非真,名似现量。似现有五:《大疏》曰:"谓诸有了瓶衣等智,不称实境,妄分别生,名分别智。(案:眼识所证唯色相,耳识所证唯声相,乃至身识所证唯独相,本无瓶衣等。世人缘色等相,执为有实瓶衣等,故此智不称实境。由妄分别而生,即名此曰分别智。)准《理门》言,有五种智,皆名似现。一散心缘过去。(案:散心者,即意识。凡位散乱,异定位故,名为散心。)二独头意识缘现在。(案:谓意识不与五识俱者,名独头意识,即五识不行时,意识独起思构是也。)三散意缘未来。(案:散意亦即意识。)四于三世诸不决智。(案:此不决意亦属意识。)五于现世诸惑乱智。(案:此惑乱智亦属意识。)谓见杌为人,睹见阳炎,谓之为水,及瓶衣等,名惑乱智。皆非现量,是似现收。或诸外道,及余有情,谓现量得故。(案:如胜论云:除和合,余五句是现量得。)故《理门》云:但于此(案:贪等)中,了余境分,(案:了者解也。于此中而作余境分之解,如于杌中而见为人之类是也。)不名现量。(案:贪等与第七相应,其中了相分之见分,唯属非量,然其自证分,仍属现量。)由此,即说忆念(案:一缘过去)、比度(案:二缘现在)、悕求(案:三缘未来)、疑智、惑乱智等,(案:基师云:惑乱智下言等者,是向内等。离此,更无可外等故。案向内等者,结词也。向外等者,等其余也。)于鹿爱等,(案:西域共呼阳炎为鹿爱。以鹿热渴,望见泽中阳炎,谓之为水,而生爱故。等者,等彼见杌谓之为人,病眼空华、毛轮、二月、瓶衣等故。)皆非现量,随先所爱分别转故。(案:如忆念过去,曾得可贪之境,是今未得可贪之境,同种类故,即于过去先受事中。起可爱分别,立可爱名。)五智如次可配忆念等。(案:《前记》云:"五智如次配忆念等者,一忆念,配散心缘过去;二比度,配独头缘现在;三悕求,配散意缘未来;四疑智,配于三世不决智;五惑乱智,配于现世诸惑乱智是也。"兹将五种似现表之如次:

五种似现 ｛ 一、散心缘过去(忆念)
二、独头缘现在(比度)……………分别瓶衣
三、散意缘未来(悕求)
四、三世诸不决智(疑智)………如见烟为雾
五、现世诸惑乱智(惑乱智)………如见杌为人

第四节 似比量

《入论》云:"若似因智为先,所起诸似义智,名似比量。似因多

种,如先已说。用彼为因,于似所比,诸有智生,不能正解,名似比量。"(Fallacy of inference)若似因智为先,所起诸似义智者,此中之因,指立论者能立之因;智者,指敌者证了之智。能立非真,证了亦邪,故曰似因智。从相违释也。(不相随顺)又复似智从似因生,似因之智,名似因智,依主释也。(从所依以立名)言为先者,谓于所起诸似义智为其先因,诸似义因,即其后果。惟先因之中,有近远之别。由此似智,近生诸似义智,是名近因。又此似因,远生诸似义智,是名远因。何以故?盖诸似义智,从自似智邪比度生,而诸自似智,又从他似因妄能立而生,故成远近差别也。此似因似智,体虽非一,从相违释,远近具说。然说似智从似因而生,亦复非异,依主得名,说近非远,论文总略,但说为先。诸似义智者,此中义言,谓所比义,即指宗义,宗义非真故名似义。由此似义,邪解了生,故名诸似义智也。《大疏》曰:"似因及缘似因之智(立者)为先,生后了似宗智(敌者)名似比量。问:何故似现,先标似体(有分别智),后标似因(于义异转),此似比中,先因后果?答:彼之似现,由卒遇境,即便取解谓为实有,非后筹度,故先标果。此似比量,要因在先,后方推度,邪智后起。故先举因,或复影显。"似因多种如前已说者,释前似因,略未说智。似因摄故,从本说故。谓如先说不成、不定及与相违,皆是似因,故言多种。用彼为因者,此释前为先。彼指似因及智,因即了宗似比智之因也。《大疏》曰:"如先所说四不成、六不定、四相违及其似喻(十过)皆生似智因,并名似因,前已广明,恐繁故指。准标有智及因,今释亦有所知之因及能知智,皆不正故,俱名似因。然释文无,(释文中唯有所缘似因,无能缘之智)即举因显用彼因智,(缘因智)似为先因。"于似所比诸有智生者:此释前说所起诸似义智也。似所比者,似宗也。诸有智者,有分别智也。《大疏》曰:"起之与生,义同文异。如于雾等妄谓为烟,言于似所比邪证有火。于中智(了宗智)起,言有智生。"不能正解名似比量者,谓由用彼知似因智为其能比之因,于似因所比宗义之中有果智生,理实不能生其正解,是故说此名似比量。《大疏》曰:"由彼邪因,妄起邪智,不能正解彼火有无等,是真之流(似类)而非真故,名似比量。"即此意也。

第九章　印度逻辑之实用

　　印度逻辑为察事辩理之学,其实用专在建设言论立真破似而晓悟他人也。故陈那以前之古因明,若《瑜伽》《显扬》《集论》等,就立论之实际立场先加注意。盖立论之实际立场,宾主对扬,盛兴论议将以判决是非,辨别真伪,宜有共同方式。

　　一者首应区别立论之性质曰论体性。大别有四：一、随俗习之论,二、故诡诤之论,三、顺正之论,四、为教导之论。若审知立场之论众,其所欲立之论在前一种,谓世间随所应闻所有言论,应置而不言。在第二种,既为诡辩故兴诤谤,则可谢绝参加。在第三种则为立论将辩之真目的,乃应如法论辨,惟刊定孰是孰非。言其方隅,次第有七：一、审其所言于三支完具否,若为异式演绎观之,由此若见缺支言过则似非真,支言无缺,再观余过。二、审其孰为立敌,所诤宗义何在。若所诤相符则失其应诤,由此发见立宗相符等过,则似非真,宗义应立,再观余过。三、审其三支法体有无,是否相顺。由此若发见缺支体等过,则似非真,支体相顺再观余过。四、审其三支或有言简,是否得与立破相符。由此若见所破不极成因、不成、缺同喻等过,则似非真,无此诸过,再观余过。五、再审宗支有无余过,由此若见现量相违、所依不成等过,则似非真,无此诸过,再观余过。六、次审因支有无余过,由此若见不定、相违等过,则似非真,无此诸过再观余过。七、后审喻支有无余过,由此若见倒合、不离等过，则似非真，诸过都无，乃真能立、能破。依上七审审察，过无遁形。有过则似，无过则真，由是得以总判三支，孰真孰似，究竟揩定在第四种乃为修习增上心学慧学，补特伽罗令得解决所有言论。故在印度逻辑之立论，唯取后二真实，所谓由大智慧显扬正理，教导学徒晓悟他人也。

二者则应审察立论处所，谓于王家证义者等，论议处所。《瑜伽论》曰："云何论处所？当知亦有六种：一于王家，有德国王，平均识达，于彼可论，翻此不能；二于执理家，平均识达善断事家；三于大众中，众有平均识达者；四于贤哲者前；五于善解法义沙门婆罗门前；六于乐法义者前。"凡立论处，除立论者应更有对辩者与证义者及旁听众，证义者之裁决，旁听众之赞否，皆有重大关系。故凡论辩真理，应在能辨是非者前及在乐解法义众前。

三者则应审察立论之依据，谓论所依，即真能立及似，真现比量等，其自性差别，义为言诠，亦所依摄。《瑜伽论》云："云何论所依？当知有十种。谓所成立义有二种：一自性，二差别；能成立法有八种：一立宗，二辨因，三引喻，四同类，五异类，六现量，七比量，八正教。《略纂》曰："此中宗等名为能立，自性差别为所立者。此有三重：一云宗言所成立义名为所立，故此所立而有义言其宗，能诠之言及因等言义皆名能立。二云诸法总聚自性差别若教若理俱是所立。此俱名义，随因有故，总中一分对敌所申，若言若义，自性差别，俱名为宗，即名能立。三云自性差别。合所依义，名为所立，能依合宗，说为能立，乃至广解。"

四者论者应有善成所立论之功德，谓真能破。《论》①曰："论庄严略有五种：一善自他宗、二言具圆满、三无畏、四敦肃、五应

---

① 指《瑜伽师地论》，下同。——编者注

供。"乃至广明。善自他宗与否尤为重要。

五者论坠负相,谓似立似破。《论》曰:"论堕负者,谓有三种:一舍言,二言屈,三言过。"广如彼明。近人太虚法师释曰:"论议结果,在立论者或对辩者,自知所论辩者有屈于理,重真理故,发言谢过,舍自所论曰舍言。此为光明磊落之易可知,设或情不甘服,声请暂时思滞,容更考虑,亦为舍言,则须证义者为其裁决其堕负也。如弈棋者,托言再弈,不认为输,即为输也。其或理言俱屈,矫设其他取巧言语,以图混乱于证听者,或伪为静默等形容,以掩其穷相,曰言屈,则如奕者托事置而不奕。甚或发诸不善言辞以强争轧,所谓杂乱语,粗犷语,含糊语,繁简失当语,非义相应语,前后不次语,屡自立毁语,不规则语,不相续语等,曰言过,如弈棋者之乱其下翻其枰等,皆须由证义者为裁决其负也。舍于论德为上,屈犹不失中德,过斯下也。"

六者论出离。将兴论时,立敌安处身心之法,《论》曰:"论出离者,谓立论者先应以彼三种观察,观察论端方兴言论或不兴论:一观察得失,二观察时众,三观察善巧及不善巧乃至具说。"

七者论多所作法。由具上六,能多所作。《论》曰:"论多所作法者,谓有三种于所立论所作法:一善自他宗,二勇猛无畏,三辩才无竭。问:如是三法于所言论,何故名为多有所作。答:能善了知自他宗故,一切法能起谈论。勇猛无畏故,处一切众能起谈论。辩才无竭故,随所问难皆善酬答。是故此三于所言论多有所作。"以上七种为建设言论共循之方式,非此则虽因支具足三相,亦只为自求知识而已。

因明专题研究

因明学发展过程简述*

列宁关于逻辑的格(即关于推论的形式)曾经写道:"它们表现着事物的最寻常的关系,人的实践,重复了人不止亿万次,在人的意识中以逻辑的格固定下来"[①];印度因明基本是属于形式逻辑的,它的推论形式与基本规律,当然也是通过人的不断实践过程,才把它们固定下来的。

印度称学术为"明处",或简称为"明",如中国的"学",或西洋之 Alogy。印度逻辑佛家称为"因明",它是从印度尼也耶学派及佛家各大论师,通过辩论逐步发展而建立起来。在外学方面,则渊源自尼也耶学派足目。尼也耶学派的根本经典为《尼也耶经》,相传为阿格沙巴达·乔答摩(Aksapada Gautama, or Gatama)所著。这个人在汉文古籍中通称为足目。所以称为"足目"者,因为相传阿格沙巴达·乔答摩常用他的眼睛注视他的脚(One whose eyes are directed at his feet),这是一个传说的绰号[②],而印度常简称为乔答摩,现代学者有的认为这个名本属一个人,阿格沙巴达是他的

---

* 本文原载《现代佛学》1957年第11期,1958年第1—2期。

① 列宁:《哲学笔记》,第188页,虞愚先生在文中未标明列宁之书的版本,今据人民出版社1960版的《哲学笔记》第203页,相应引文应为:"人的实践活动必须亿万次地使人的意识去重复各种不同的逻辑的格,以便这些格能够获得公理的意义。这点应注意。"——编者注

② 见 Keith: *Indian Logic and Atomiam*, pp.19—20。

名,而乔答摩是他的种族;但也有认为是两个人的。阿格沙巴达或乔答摩究竟是一个人的名字或两个人的名字,现在已不可考了。

梵音"尼也耶"(Nyaya),汉译为"正理",这个词的本义是"引导"的意思。凡是引导到一论题或结论为一理论,就称为"尼也耶"。一个理论当然有正确的也有错误的,尼也耶原义虽为理论,但通常是指"真理"而说的,所以汉文译这个词为正理,而《尼也耶经》汉译为《正理经》。

《正理经》为尼也耶派根本经典,分为五卷。其目次如下:

卷一　体系中十六范畴(Sixteen categories of the system)

卷二　疑惑[1]、论证四种工具(Doubt, The four means of proof)

卷三　自我、身体、感觉及其对象、认识及心理(The self, The body, The senses and their object, Cognition and mind)

卷四　意志、过失、轮回、人类活动的善恶果报、苦及最后解脱,然后转入错误理论以及全体与部分(Volition, fault, transmigration, the good and evil fruits of human action, pain and final liberation, then it passes to theory of error and of the whole and its parts)

卷五　非真实、反对及谴责敌论者各种论点[2](Unreal objections and occasions for rebuke of an opponent)

中国吉藏《百论疏》一书中,所谓摩醯首罗(大自在天)外道十六谛,即相当于《尼也耶经》卷一体系中十六范畴。这十六范畴依英译名称,不完全和吉藏的《百论疏》相同。今天看来,卷一的十六范畴,绝大多数是有关古代印度逻辑宝贵材料,影响于佛家因明至

---

[1] 原文只作"疑",根据后文,改作"疑惑"。——编者注
[2] 参见 Keith: *Indian Logic and Atomism*, pp.176—177。

巨。现在先将十六范畴顺着次序解释如下，我们可以看出因明学的建立，是有它的历史根源的。

一、知识工具(Pramana, the means of knowledge)，旧译为"量"。能知的主观(量者)从它而知道对象是什么"所量"，就叫做知识工具。尼也耶派一向主张知识工具有四种：(一)感觉知识(旧译"现量")，(二)推理知识(旧译"比量")，(三)譬喻知识(旧译"譬量")，(四)闻知知识(旧译"声量")。《正理经》说："感觉知识是生于根"(生理基础)与境(外界)相接触的知识。感觉知识主要特征有三：(1)无误，(2)决定，(3)不可显示。"无误"，就是说不是错误的知识。"决定"的意思是说这种知识，直取外界本身，毫无增加或减少。"不可显示"的意思，是说离开概念只有与外界相接触的纯感觉。推理的知识是根据与一事实相关联的现象而对它下判断。例如：看见此山有烟(现象)而断定此山有火。这样比量中计有三部分：(1)对它下判断(此山)，(2)所下判断(有火)，(3)判断的根据(有烟)。三部分以第三为最重要。譬喻知识是由与已知东西的相似点进一步了解未知的东西。如人没有看见水牛而听说水牛有似家牛，后来看见一个动物，有似家牛，而知道这个动物就是所谓水牛。闻知知识是自可信之人的言说的知识。到了六世纪，新因明大师陈那所著《集量论》(The Pramanasamuccaya)直探知识本源，仅存纯感觉知识和推理知识两种。因为知识对象不外特殊(自相)和一般(共相)两种，所以能知的量，也不可能减少或增加。就是从纯感觉知识和推理知识本身来说，他的看法根本也和尼也耶派不同。这个问题将来拟另撰《纯感觉知识与推理知识》专题，详为讨论。

二、知识对象(Prameya, the objects of knowledge)，旧译"所量"。所量是对能量而说。能知的主观，即有觉之实(自我)为能量,知识的对象叫做所量。所量的范围相当宽,包括尼也耶派所说的我、身、根、境、觉、意、作业、烦恼、彼有、果、苦和解脱。

三、疑问(Sameaya, doubt)。看见东西不清楚,把这个东西当做那个东西,或者不同的意见发生抵触而要做决定的时候就有疑问。如《荀子·解蔽》篇所说:"冥冥而行者,见寝石以为伏虎也;见植林以为后人也",就是个明显的例子。

四、目的(Prayojana, purpose)。人们常常为了从事某事或者是为了放弃某事而有所作为,这某事,就称为目的。

五、见边(Drstanta, example),义译为譬喻,也就是例证。《正理经》上说:"凡圣见解一致的事例,叫做见边。"后来无著解释更明显,他说:"立喻者谓以所见边与未所见边和合正说。"师子觉说:"所见边谓已显了分,未所见边谓未显了分;以显了分显未显了分,令义平等,所有正说,是名见边。"

六、公共真理(Siddhanta, accepted truth),音译为悉檀。悉檀有四:(一)萨瓦坦出拉悉檀(Sarvatantra-siddhanta),任何学派以及自己学派没有观点抵触的理论。(二)普拉提檀出拉悉檀(Pratitantra-siddhanta),相近学派所许可而其他学派不许可的理论。(三)阿底羯拉那悉檀(Adhikarana-siddhanta),指如果许可这一理论而其他理论也随之而成立。(四)阿乌拍迦玛悉檀(Abhyupagama-siddhanta),这是指善于辩论的人,常常利用敌人的理论不加以评论而引申它的意义,结果暴露了敌人理论的谬误。

七、推论式部分(Avayava, member of syllogism),把自己或别人的议论分为宗、因、喻、合、结五部分,就是推论式,简称为五分论式(Pancaavayovas):

1. 宗(Pratijna)——命题(The proposition)

2. 因（Hetu）——理由（The reason）

3. 喻（Udaharana）——说明的例证（The explanatory example）

4. 合（Upanaga）——应用（The application）

5. 结（Nigamana）——结论的陈述（The statement of the conclusion）

再以五分论式举例如下：

1. 宗：此山正燃着火（The hill is on fire）。

2. 因：因为它有烟（Because it smokes）。

3. 喻：分同喻异喻。同喻：凡有烟必有火，如厨房（Whatever shows smoke shows fire, e.g.kitchen）。

   异喻：凡无火必无烟，如湖（Whatever has no smoke is not fiery, e.g.lake）。

4. 合：此山也是这样（So is this hill）。

5. 结：所以此山正燃着火（Therefore this hill is on fire）。

这五分论式，乃乔答摩把过去十分推论式精简而来①，推论的基础在于普遍必然的关系，这种关系，叫做回转，如有烟和有火的相回转，有烟为所回转，有火为能回转。有烟为有火所回转，这就是说每有烟的事例一定为有火的事例。由此而对于此有烟的山下一判断说它有火，但是这回转有正反两方面，在正面凡有烟的事例如厨房，必定有火；在反面，凡无火者如湖也一定无烟，前者以山为正证，后者以山为反证。推论式中喻分同喻异喻，正是所以表明普遍必然关系为推论的根本，而喻中明言"有烟就有火"与"无火就无烟"的原则，正显示出推理的普遍性。至于如厨房如湖，不过是举例来表明原则的意义。

---

① 参见拙作："印度逻辑推理与推论式的发展及其贡献"，《哲学研究》1957年第5期。

八、间接论证(Tarka, indirect proof)，是对直接论证而说的。从一个判断推出另一个新判断来的叫做直接论证；从两个或两个以上的判断推出来的新判断，叫做间接论证。间接论证经常运用一种反面证明，如要证明"人是具有文化的动物"论题的正确，而先假定"禽兽是有文化的动物"，但假使"禽兽是有文化的动物"，为什么它们不能创造生产工具，也没有发达的意识思维呢？由此反证："人是具有文化的动物"的正确性。间接论证是比较复杂的推论过程，也可以说是可靠的理论的压缩。

九、真理的决断(Nirnaya, determination of the truth)，由踌躇考虑避免各种错误，然后得到真理的决断。

十、讨论(Vada, discussion)，简称为论式说。如两家持不同之论式立不同之说，一家主张"诸法有我"，一家主张"诸法无我"，有我、无我，就是所谓论式说。我们根据逻辑法则反复推论以判定其真伪，就叫做讨论。

十一、无理性争辩(Jalpa, wrangling)，即辩论的目的不在辨别真伪而在于淆乱是非以取得胜利，就叫做无理性的争辩。相传希腊有师徒两个人立约，传授诉讼方法。契约中载明学费的一部分待毕业后学徒出席法庭而获胜诉时补缴。学徒毕业以后，很久未与人讼。老师就以追缴学费诉之于法官。老师说，如我胜诉，依法他支付诉费；如果我败诉，就是他胜诉，依原契约他应缴费。学徒反诉说，如果老师胜诉，就是学徒败诉，那么，依原契约不须补缴学费；如果老师败诉，那么，依法更无须缴费了。法官竟无所适从。其实，学费之讼，首先应当分析胜诉为"已胜""将胜"的不同。契约中的"胜诉"，系指"已胜"而言。将胜未胜，自不足为理由的根据。所以师徒之说，都是属于无理性的争辩，均应驳斥。待师败诉以后,另行起诉,就可以判令其徒依原契约补缴学费了。

十二、破坏性批评(Vitanda, cavil or destructive criticism),指辩论目的只在破坏敌方言论而自己并没有提出任何主张,就叫做破坏性批评。如杂家尸子记载:"楚人有鬻矛与盾者,誉之曰:'吾盾之坚,莫能陷也。'又誉其矛曰:'吾矛之利,于物无不陷也。'或曰:'以子之矛陷子之盾。何如?'其人弗能应也。"这是破坏性批评很明显的例子。

十三、错误理由(Hetvabhasa, fallacious reason)。这方面《正理经》分有五大类:

1. 不定(Savyabhicara, or The inconclusive, leading to more conclusion than one)。因为"中词"(理由)有问题,使结论无法获得或导致多种结论,叫做不定。此中又分为三种:

(甲)普遍:其中"中词"太大(Sadharana, or The common, where the middle term is too wide),即"中词"(理由)不但同品有,异品也有。如说:"此山有火"命题,"因为它是所知",但是这"所知"的中词(理由)太大,不但有火的同品如厨房是所知,就是无火的异品如湖,也是所知,所以用"所知",不能一定做为"此山有火"命题的理由。

(乙)不普遍:其中"中词"太小(Asadhārana, or The uncommon, where the middle term is too narrow),这就是说"中词"(理由)不但异品没有,就是同品也没有。如说,"声音是永久的,因为它是可闻"(Sound is eternal, because it is audible)。但是这"可闻"的中词(理由),只有声音上有,声音以外任何对象再没有一件是可闻的。假如提出这样命题,不但"不能永久"异品方面与"可闻"这个中词没有联系,就是其他"永久"同品方面与"可闻"这个中词,也没有联系。异品的作用在"止滥",与中词没有联系,当然是正确的,但同品与中词没有联系，就无从决定了。换句话说，中词太小，就是缺乏正面例证的谬误。

（丙）无定：其中"中词"不能证实（Anupasamharin, or The indefinite, where the middle term cannot be verified），如立"人为万物之灵"命题，"因为上帝所创造"为理由（中词）。但是"上帝所创造"这个中词，是不能证实的。我们要牢牢记住：印度逻辑必须用已证实的中词（理由）来证明尚待证实的命题。

2. 相违（Viruddha, or The contradictory）。即所用的中词（理由）只能成立相反的命题，不能成立原来的命题，叫做"相违"。如说"声音是永久的，因为它是产物"（Sound is eternal, because it is produced）。但是"因为它是产物"的中词（理由），恰恰成立"声音是不能永久的"（Sound is non-eternal）命题，不能成立"声音是永久的"命题。又如说，"这动物是马，因为它有角"，但是"因为它有角"这个中词（理由），恰好成立"这动物不是马"的命题。

3. 不成（Asiddha, or The unreal reason）。谓非真实理由（中词）用它来成立命题，叫做"不成"。不成分析起来有三种：

（甲）所依不成：这就是命题的"主辞"有问题或不存在，使"中词"无所依靠。如说"天空莲花是香的，因为这是一朵莲花"（The sky lotus is fragrant, because it is a lotus）。但是"天空莲花"并不存在，命题的主辞既有问题，还说什么"这是一朵莲花"，又依着甚么而立？所以叫做"所依不成"。

（乙）中词自身不成：这是说"中词"不包括在命题之内，不能用它来做推理的根据。如说"那湖是实在的，因为它有烟"（The lake is substance, because it has smoke）。但是"有烟"这个中词，并不在"那湖是实在的"命题之中。

（丙）回转性不成：凡"中词"与命题的关系根本不存在(The concomitance simple does not exist)，或者中词与命题的联系虽然伴随着，但必受某种条件的限制(There is concomitance but only a conditional)，都叫做回转性不成。前者如说"那山有火，因为它有金烟"(The mountain has fire because it has golden smoke)。但是"因为它有金烟"这个中词，在印度是不存在的。后者如说"那山有烟，因为它有火"(The mountain has smoke, because it has fire)，这种推论，事实上必受着某种条件的限制，因为只有湿薪的火才有烟呢！此种错误与中词太大，似易相混，但仍有区别。"中词太大"，是说中词与命题虽有联系，却失之过宽。这是说，中词与命题不一定有真正普遍的联系。

4. 平衡理由(Satpratipaksa, or The counter-balanced reason)。指一个理由（中词）成立这样命题，同时另有理由证明其命题的反面，这种情况叫做"平衡理由"。如说"此山有火，因为它有烟"；另一个说"此山无火，因为它仅有石头"。前一命题指有草木之山而说，后一命题指纯石头之山而说，所以各能成立。如《列子·汤问》篇记载："孔子东游见两小儿辩斗，问其故？一儿曰：我以日始出时去人近而日中时远也。一儿以日初出远而日中时近也。一儿曰：日初出大如车盖，及日中则如盘盂，此不为远者小而近者大乎？一儿曰：日初出沧沧凉凉，及其日中如探汤，此不为近者热而远者凉乎？孔子不能决也。"这段故事所提出两个相反命题，从今天天文学、物理学看来，当然都有错误，但在当日的两个小儿和孔子的科学水平，却成了"平衡理由"。

5. 自违(Badhita, or A reason is said to be contradicted)。指用一个理由（中词）来和一个经验相反的命题相推论，叫做"自违"。

如说:"火是冷的,因为它是一种质,如水"(The fire is cold, because it is a substance, like water)。这类错误与"平衡理由"不同,因为"自违"命题本身已经与经验相违反;"平衡理由"则各具有理由成立相反的命题。

十四、故意的曲解(Chala, quibbling),谓利用双关语来打击别人,叫做"故意曲解"。这是因推理上所用的语言而生者。但是各国语言互异,所以言语上之曲解自有不一致之点。《尼也耶经》多就梵语而言,其能通用汉语,则有如下两种情况:(一)故意用另一意义来解释。如《韩非子·说林上》说:"有献不死之药于荆王者,谒者操之以入。中射之士问曰:'可食乎?'曰:'可'。因夺而食之。王大怒,使人杀中射之士。中射之士使人说王曰:'臣问谒者,曰可食,臣故食之,是臣无罪,而罪在谒者也;且客献不死之药臣食之,而王杀臣,是死药也,是客欺王也。夫杀无罪之臣,而明人之欺王也,不如释臣'。王乃不杀。"这是利用"可"和"不死"两名歧义来解释的一个例子。(二)取一个字太宽的意义来解释。如《三国志》:"吴使张温聘蜀,问秦宓曰:'天有头乎?'宓曰'有'。温曰:'在何方'?宓曰:'诗云:乃眷西顾。以此推之在西方'。温曰:'天有耳乎'?宓曰:'天处高而听卑,诗云:鹤鸣于九皋,声闻于天。'温曰:'有足乎?'宓曰:'诗云:天步艰难。无足何以步之?'温曰:'天有姓乎?'宓曰:'姓刘。'问:'何以知?'曰:'天子姓刘,以此知之。'"此中"头"字、"耳"字、"足"字、"姓"字,都是用广义进行曲解。用哲学上的意义来曲解,如说物质是永恒的东西,罗衣是物质,所以罗衣也是永恒的东西。其实"物质"有哲学的意义,也有平常的意义。"物质是永恒的东西",此中"物质"所采取的是哲学的意义;而"罗衣是物质",这"物质"所采取的是织物的意义,不能混为一谈。

十五、无效的抗议(Jati, futile objections),指用荒唐的理由推出错误论题,叫做"无效的抗议"。

十六、谴责的原由(Nigrahasthana, occasions for reproof),是指辩论时设各种谴责的原由,稍犯错误,就算是失败。这在《正理经》中列有二十二项[龙树(Nagarjuna)《方便心论》从之],除理论上的错误外,多属辩论的过失。如辩论时使对方无言可答,或不能了解;又如讲话语无伦次,没有意义,或者是所说太多或太少,也算是失败。

以上十六个基本概念(范畴),拉达克里希南博士认为前九个基本概念较后七个基本概念更有严密的逻辑性。后者具有防止错误知识的消极作用,与其说它们是建设真理的武器,不如说它们是消灭错误的武器。[①](The first nine are more strictly logical than the last seven which have the negative function of preventing erroneous knowledge. They are more weapons for the destroying of error than for the building up of truth)我们觉得拉达克里希南这种看法,还可以商榷。因为《尼也耶经》卷一体系中十六个范畴,前面九个范畴所讨论的不外乎知识的来源、命题的种类、推理式部分等等;后面七个基本概念,是说明讨论的性质的。如无理性争辩、破坏性争辩、错误理由、故意的曲解、无效的抗议和谴责的原由,特别在"错误理由"中具体地分析:不定、相违、不成、平衡理由和自违五种,其逻辑性之严密,较之前面九个范畴,似有过之而无不及。再从影响于佛家因明来看,如"普遍:其中'中词'太大",就是因明的"中词"过于广泛,致可适用于两个对抗性的大词时(When the middle term is too general, abiding equally in the major term as

---

① Radhakrishnan: *Indian Philosophy*, Volume two, p.33.

well as in the opposite of it)谬误(玄奘译为"共不定")之所本。"不普遍:其中'中词'太小",就是因明"中词"过狭,致不能适用于"大词"、或其相反的"大词"时(When the middle is not general enough, abiding neither in the major term nor in its opposite)谬误(玄奘译为"不共不定")之所本。"平衡理由",就是因明"两种谬误的矛盾命题,即命题及其相反命题,各有显然健全的理由支持之"(When there is a non-erroneous contradiction, that is, when a thesis and its contradictory are both supported by what appear to be valid reason)的谬误(玄奘译为"相违决定")之所本。至于"相违"一类错误,佛家因明更具体地分析有四种:(一)中词与大词相矛盾时(When the middle term is contradictory to the major term)的谬误(玄奘译为"法自相相违"),(二)中词与大词的涵义相矛盾时(When the middle term is contradictory to the implied major term)的谬误(玄奘译为"法差别相违"),(三)中词与小词相矛盾时(When the middle term is inconsistent with the minor term)的谬误(玄奘译为"有法自相相违"),(四)中词与小词之涵义相矛盾时(When the middle term is inconsistent with the implied minor term)的谬误(玄奘译为"有法差别相违")。"不成"一类错误,佛家因明也很具体地分析有四种:(一)双方都认为中词缺乏真实性时(When the lack of truth of the middle term is recognized by both the parties)的谬误(玄奘译为"两俱不成");(二)一方认为中词缺乏真实性时(When the lack of truth of middle term is recognized by one party only)的谬误(玄奘译为"随一不成");(三)中词的真实性有疑问时(When the truth of middle term is questioned)的谬误(玄奘译为"犹豫不成");(四)当中词是否从属于小词发生疑问

时(When it is questioned whether the middle term is predicable of the minor term)的谬误(玄奘译为"所依不成")①。这一方面充分说明了佛家因明学继承了古代尼也耶派逻辑的遗产;另一方面也可以看出,佛家因明学对于尼也耶派的逻辑学说不但有所继承,同时也有所发展,有所改造;其内容之精密,也远在尼也耶派之上。这些,都是我们研究因明学发展过程所必须注意的。

尼也耶派哲学思想成立的年代,窥基《因明入正理论疏》曾经说道:

> 因明者为破邪论,安立正道。劫初足目,创标真似;爰暨世亲,咸陈轨式。

劫初是难以稽考的远古的名词,足目(乔答摩)究竟生于什么年代,的确很难断定了。至于《正理经》是不是一人一时之作,也不易论断。现在所能知道的,是《正理经》的注释,现存的最早的为伐兹耶雅那(Vatsyayana)所著。伐兹耶雅那既有《正理经》注释,那么,在伐兹耶雅那之前,《正理经》已经完成,这是可以肯定的。伐兹耶雅那生在陈那之先,即约在公元后四世纪的后半期,也是可以肯定的。还有龙树的《回诤论》和《广破论》中曾驳斥正理派学说,《正理经》中也有反驳佛家中观宗龙树学说的。龙树为公元三世纪之人,生南印度之贝拉尔(Berar)婆罗门家。从反面推测,《正理经》的出世,当在三世纪与四世纪之间。

《正理经》出世在三世纪与四世纪之间,年代不为不早,所发生

---

① Satischandra Vidyabhuasna: *A History of Indian Logic*, Chapter Ⅲ, Systematic Buddhist Writers on Logic, Dignaga, pp.293—295.

的影响也是非常长远的,不仅是佛家因明学而已。的确像贾瓦哈拉尔·尼赫鲁(Jawaharlal Nehru)先生近著《印度的发现》(The Discovery of India)所说:"正理(尼也耶)派所采用的方法是分析的、逻辑的。实际上,正理的意义就是逻辑,也就是正确推理的科学。它在许多方面与亚里士多德的三段论法相类似,虽然二者之间也存在着基本上的不同。正理派所包含的逻辑的原理为其他的一切哲学各派所接受,而且在整个远古和中世纪时期,直到今天在印度学校和大学中都把教授正理派哲学当作一种智力锻炼。印度的现代的教育把它取消了,可是,凡是用旧式方法教授梵文的地方,正理派哲学还是课程中间的主要部分。人们不但把它当作哲学研究必须的准备功夫,而且也是每一个受过教育的人必须的智力训练。它在旧式印度教育计划中所占地位的重要性,至少与亚里士多德的逻辑在欧洲教育中相等"①。

在内学方面,因明学则渊源佛陀四记问等。世人多以佛教尚空谈,不务实际,这在佛陀以后的流弊诚有此倾向,但在原始佛教却不是这样。印度前总理尼赫鲁说得最透辟:"佛陀曾经屡次警告人们不要在形而上学的各种问题上作学究式的争辩。据说他曾经说过:'人在说不出所以然的事情上应该不发言'。真理要在人生本身中去寻求,而不是在人生领域以外的各种事件的争辩中去寻求,因为那些事情不是人类理智所能及的。……在经验世界中,纯有的概念是不能理解的,因此置之不论,同样的,造物主——上帝的观念也是一个不能用逻辑来证明的假定,所以也置之不论。"②

---

① Jawaharlal Nehru: *The Discovery of India*, Ch.Ⅴ, Through the Ages, ⅩⅣ The Six Systems to Philosophy.
② Jawaharlal Nehru: *The Discovery of India*, Ch.Ⅴ, Through the Ages, Ⅹ Buddhist Philosophy.

佛陀在世时,有一位鬘童子提出下列问题问佛:

> 世无有常,世有底,世无底?命即是身,为命异身异?如来终,如来不终,如来终不终,如来亦非终亦非不终耶?

佛陀认为讨论这些问题,徒劳无益,打了一个极生动的譬喻:

> ……犹如有人,身被毒箭,因毒箭故,受极重苦,彼有亲族怜念愍伤,为求利义饶益安隐,便求箭医。然彼人者,方作是念:未可拔箭,我应先知彼人如是姓,如是名,如是生,为长短粗细,为黑白,不黑不白;为刹利族、梵志居士工师族,为东方南方西方北方耶?未可拔箭,我应先知,彼弓为柘为桑为槻为角耶?未可拔箭,我应先知弓扎为是牛筋为獐鹿筋为是丝耶?未可拔箭,我应先知弓色为黑为白为赤为黄耶?未可拔箭,我应先知,弓弦为筋为丝为纻为麻耶?未可拔箭,我应先知,箭竿为木为竹耶?未可拔箭,我应先知,箭缠为是牛筋为獐鹿筋为是丝耶?未可拔箭,我应先知,箭羽为鹞鹩毛为雕鹫毛为鸱鸡毛为鹤毛耶?未可拔箭,我应先知,箭镝为齐为錍为矛为铍刀耶?未可拔箭,我应先知,作箭镝师如是姓,如是名,如是生,为长短粗细,为黑白,不黑不白?为东方西方南方北方耶?彼人竟不得知,于其中间而命终也。①

这段譬喻,真是确切极了,可见佛陀认为切不要在世界有始无始、有边无边、身体和生命是一是异这些问题上兜圈子;凡是形而上学

---

① 《中阿含经》卷六十,《例品箭喻经》第十。

的各种问题,"非梵行本,不趣智,不趣觉,不趣涅槃者,一向不说"。那么,佛陀是不是对于任何问题都不作正面的答复呢?却又不然。主要看提出问题的性质。《集异门论》八卷说得最明显:

> 四记问者:一、应一向记问,二、应分别记问,三、应反诘记问,四、应舍置记问。云何应一向记问?答:若有问言:……苦、集、灭、道是圣谛耶?一切行无常耶?一切法无我耶?涅槃寂静耶?如是等法,有无量门,应一向记,是名应一向记问。云何应分别记问?答:云何为法?得此问时,应分别记。法有多种:或过去,或未来,或现在,或善,或不善,或无记,……如是等法,有无量门,应分别记,是名应分别记问。云何应反诘记问?答:若有问言:为我记说法,得此问时,应反诘记,法有多种,汝问何法?为过去,为未来,为现在?为善、为恶、为无记?如是等法,有无量门,应反诘记问,是名应反诘记问。云何应舍置记问?答:若有问言:世间有边耶?无边耶?亦有边亦无边耶?非有边非无边耶?……于如是等不应理问,应舍置记,……是名应舍置记问。

这四记问已开因明学之端。佛灭后五百年,论法初行,散见四《阿含》及各种小乘经论,当时但言"论法",并没有因明名称。"论"是指论议,立论者和敌论者各申自己的主张;"法"是法则或规律,用它来判定是非曲直。到了公元三世纪(佛灭后七百年顷),龙树生南印度的贝拉尔婆罗门家,皈依佛教后,大宏般若之学。苏联科学院院士沏尔巴茨基(Th.Stcherbatsky)教授在1927年列宁格勒出版的《佛家涅槃概念》(The Conception of Buddhist Nirvana)一书中,认为龙树应列入人类伟大哲学家之一,这与其说是印度学家的工作,还不如说是一般哲学史家的工作。他说:"龙树的奇异文章风格总是令人感到有趣味、大胆、使人无法回答,有时也仿佛骄傲。"他把龙树哲学的观点来和现代英国绝对论者布拉得烈(1846—1924)与德国黑格尔的哲学观点互相比较说:"布拉得烈对于日常世界中差不多一切的概念,如事物和性质、关系、空间与时间、变化、因果、动作和自我等,都一一加以驳斥,与龙树的否定论正相吻合,这是很令人注意的。从印度人的观点来看,布拉得烈可以说是一个纯正的中观派的哲学家;在这些相同之外,我们在黑格尔的辩证法和龙树的辩证法之间或者可以发现更要大的亲切的类似。"①龙树所说的"八不"法门,从事物的本身具有运动变化的原因并不待外铄,"涅槃与世间,无有少分别。"把真实世界与现象世界统一来看,都富有辩证的意义。他的辩证法思想,具体表现在《中论》《大智度论》等著作中,容另文专论之。其有关因明著作,有《方便心论》(Upaya-kausalya-hrdaya-sastra or Upaya-hrdgya),这部论为后魏吉迦夜(Ci-cia-ye)译为汉文,可惜译文拙涩不能达意。这部论共四章,现在参照英译略为介绍如下:

第一章,辩论的说明(An elucidation of debate 旧译为"明造论品"),析为八节,(一)譬喻[An example (Udaharana)],分正喻或同喻(The affirmative or homogeneous example),负喻或异喻(The negative or heterogeneous example)。(二)教义真理[A tenet, truth or conclusion (Siddhanta)]或结论,又分为知觉[Perception (Pratyaksa)]、推理[Inference (Anumāna)]、比较[Compar-

---

① Th. Stcherbatsky: *The Conception of Buddhist Nirvana*,XIX. European Parallels, pp.51—53.

ison(Upamana)]与经典[Scripture(Āgama)]。(三)语言卓越[The excellence of speech（Vākya prasamsa)]，指所用文字，既非不适当，亦非过多，其理由及譬喻，均善于表达。(四)语言瑕疵[The defect of speech(Vakyadasa)]，指语言不适当或一字多义，或异字同义等。(五)推理知识[The knowledge inference（Anumana or hetu-jnāna)]，分为先天[A priori（Purvavat)]、后天[A posteriori(Sesavat)]与平常所看到[Commonly seen（Samanyato drsta)]三种。(六)适当或应时的语言[The appropriate or opportune speech (Samayoeita-vākya)]。(七)谬论[The fallacy（Hetvabhasa)]。(八)谬误理由的采用[The adoption of fallacious reason（Dusta-vakyanusarana)]。

第二章,被击败论点的解释(An explanation of the point of defeat,旧译为"明负处品"),析有九节：(一)不易理解[The unintel-ligible(Avijnatartha)]；(二)不善巧[Non-ingenuity（Apratibhā)]；(三)隐秘[Silence（Ananubhasana)]；(四)陈述过少[Saying too little（Nyuna)]；(五)陈述过多[Saying too much(Adhika)]；(六)毫无意味[The meaning less(Nirar thaka)]；(七)不及时[The inopportune（Apraptakala)]；(八)不连贯[The incoherent(Apartha-ka)]；(九)伤及命题[Hurting the proposition(Pratijna hani)]。

第三章,真理的解释(An explanation of truth,旧译为"辩正论品"),主要是对待舆论的认可(Deals mainly with admission of opinion)。

第四章,类同语或牵强附会的类比（The analogue or far-fetched analogy)，析有八节：(一)增多对比[Balancing an excess (Utkarsa-samā)]；(二)损减对比[Balancing a deficit（Apakarsasama)];（三）无法质问对比[Balancing the unquestionable (Avarn-yarama)]；（四）非理由对比[Balancing the non-reason (Ahetu-sama)]；（五）同存对比[Balancing the co-presence (Prapt-samā)]；（六）互缺对比[Balancing the mutual absence (Apropt-sama)]；（七）疑问对比[Balancing the doubt (Samsayasama)]；（八）相反譬喻对比[Balancing the counter-example (Pratidrstanta-sama)]。

可见龙树《方便心论》所说的四品，较之四记问当然更具体了①。龙树子弟提婆（圣天）（Arya Deva）约生于320年，所造《百论》《外道小乘四宗论》等，专重破敌的方法，但对因明学的贡献，终不及龙树为大，这里不拟多谈。佛灭后八百年，弥勒（Maitreya 约生于400年）《瑜伽师地论》问世，才开始有了因明的名称，这是我们研究因明发展过程所必须注意的《瑜伽师地论》第十五卷说："云何因明处？谓于观察义中诸所有事。所建立法（后陈宾辞名所立），名观察义。"如立声是无常，或立声是常，常或无常的宾辞，即立敌争论之所在。"能随顺法（宗、因、引、同、异、现、比、教八支）名诸所有事。诸所有事，即是因明。"从此以后，因明这一名称，就确定了。《瑜伽师地论》第十五卷又陈述了七因明：

第一，论体性（The subject of debate），指辩论的题目。析有六种：（一）言论；（二）尚论；（三）诤论；（四）毁谤论；（五）顺正论；（六）教导论。

第二，论处所（The place of debate），指辩论的地点。也有六种：（一）于王家；（二）于执理家；（三）于大众中；（四）于贤哲者前；（五）于善解法义沙门婆罗门前；（六）于乐法义者前。

---

① 参考后魏吉迦夜汉译：《方便心论》一卷，大正新修《大藏经》第三十二卷及英译本。

第三，论所依（The means of debate），指辩论的方法，析有十种。就所成立义有二种：（一）自性（主辞）；（二）差别（宾辞）。就能成立法有八种：（一）立宗［A proposition, tenet or conclusion (Siddhanta)］；（二）辩因［Reason (Hetu)］；（三）引喻［Example (Udaharana)］；（四）同类［The affirmative example (Sadkarmya)］；（五）异类［The negative example (Vaidharmya)］；（六）现量［Perception (Pratyaksa)］；（七）比量［Inference (Anumana)］；（八）正教［Scripture (Agama)］。

第四，论庄严（The aualification of a debater），指辩论者应具备的条件。略有五种：（一）善自他宗；（二）言具圆满；（三）无畏；（四）敦肃；（五）应供。若有依此五论庄严兴言论者，复有二十七种称赞功德：（一）众所敬重；（二）言必信受；（三）处大众中都无所畏；（四）于他宗旨深知过隙；（五）于自宗旨知殊胜德；（六）无有僻执，于所受论情无偏党；（七）于自正法及毗奈耶，无能引夺；（八）于他所说速能了悟；（九）于他所说速能领受；（十）于他所说速能酬对；（十一）具语言德令众爱乐；（十二）悦可信解此明论者；（十三）能善宣释义句文字；（十四）令身无倦；（十五）令心无倦；（十六）言不謇涩；（十七）辩才无尽；（十八）身不顿悴；（十九）念无忘失；（二十）心无损恼；（二一）咽喉无损；（二二）凡所宣吐，分明易了；（二三）善护自心，令无忿怒；（二四）善顺他心，令无愤恚；（二五）令对论者，心生净信；（二六）凡有所行，不招怨对；（二七）广大名称，声流十方。

第五，论堕负［Points of defeat (Nigrahasthana)］，指被击败的论点。谓有三种：（一）舍言，谓立论者以十三种谢对论者，舍所言论；（二）言屈，指立论者为对论者之所屈伏；（三）言过，谓立论者为九种过，污染其言。

第六,论出离(Attending a place of debate),指参加辩论会,谓立论者先应以彼三种观察,观察论端,方兴言论,或不兴论,名论出离。三种观察者:(一)观察得失;(二)观察时众;(三)观察善巧及不善巧。

第七,论多所作法(Confidence of a debater),指辩论者的信心,(一)善自他宗;(二)勇猛无畏;(三)辩才无竭[①]。

因明学是从单纯的辩论术到逻辑的逐渐发展的过程。弥勒《瑜伽师地论》所论七因明,正是古代因明学中辩论术部分的极其概括的总结。至于我们要知道《瑜伽师地论》逻辑部分的材料,就必须将《摄抉择分》中菩萨地之七证成道理的五种清净相与七种不清净相,做一番具体的分析。

所谓证成道理,是说经过推理或各种论证而成立的道理。什么是证成道理?论上很明显地说:

> 证成道理者,谓若因若缘,能令所立所说所标义得成立,令正觉悟,如是名为证成道理。

这里所谓若因若缘,指因(理由)与喻(例证)而言。因为因喻,正是论题的论据和论证。所谓所立、所说、所标,指论题(宗)而言。所谓令正觉悟,就是悟他(Useful in arguing with others),因为用论据和论证来成立论题,目的就是使别人能得到正确的理解。证成道理是属因明学中逻辑的部分,那是无可怀疑的。不过证成道理在《瑜伽师地论》又分有两种。论上说:

---

① 弥勒造:《瑜伽师地论》卷十五,唐玄奘译。

又此道理略有二种：一者清净，二者不清净。由五种相名为清净，由七种相名不清净。云何由五种相名为清净？一者现见所得相，二者依止现见所得相，三者自类譬喻所引相，四者圆成实相，五者善清净言教相。

什么是"现见所得相?"论上说：

现见所得相者，谓一切行皆无常性，一切行皆是苦性，一切法皆无我性，此为世间现量所得，如是等类是名现见所得相。

佛家把一切物质心理现象、一切事情、一切关系，乃至一切道理，都叫做"法"。这些现象、事情、关系等，又都不是固定的东西，所以又叫做"行"。行就是变动不居的意思。这里所谓一切行皆无常性等，这是世间现量可以感到的。所以名为现见所得相者，因为依据死生无常逼迫各种痛苦，有所为作不得自在、无我等性，名为世间现量所得。

什么是"依止现见所得相"？论上说：

依止现见所作相者，谓一切行皆刹那性，他世有性，净不净业无失坏性，由彼能依粗无常性现可得故，由诸有情种种差别依种种业现可得故，由诸有情若乐若苦净不净业以为依止现可得故，由此因缘于不现见可为比度，如是等类是名依止现见所得相。

所谓依止,是说此相微细,虽非现见所得,但依靠粗现见所得相。从思想意识上推论,比知一定有微细相故。此相第一,说明一切行都是刹那性;第二,说明他世有性;第三,说明净不净业无失坏性。如一期生死是粗无常,必依微细刹那无常。既然有能依粗的无常性,比知必有刹那细的无常性。理由很简单,因为粗无常由细无常积累而来的。又如现见有情种种苦乐被过去善恶诸业所决定,同理类推,现在有情所造的善恶业,比知将来有苦乐性。又如现见有情所受苦乐依善恶业,比知净不净业,必当牵果,无有失坏。

什么是"自类譬喻所引相"？论上说：

> 自类譬喻所引相者,谓于内外诸行聚中引诸世间共所了知所得生死以为譬喻;引诸世间共所了知所得生等种种苦相以为譬喻;引诸世间共所了知所得不自在相以为譬喻;又复于外引诸世间共所了知所得衰盛以为譬喻,如是等类,是名自类譬喻所引相。

这里所谓自类,就是同类的意思。同类相引,以此例彼,名自类譬喻所引相。"谓于内外诸行聚中引世共知所得生死以为譬喻",是重新用粗无常喻细无常,名为自类;"引世共知所得生等种种苦相以为譬喻",是重新用粗行苦来喻细行苦,名为自类;"引诸世间共所了知所得衰盛以为譬喻",也是重新举粗相衰盛以喻细无常,名为自类。

什么是"圆成实相"？论上说：

> 圆成实相者,谓即如是现见所得相,若依止现见所得相,

> 若自类譬喻所得相,于所成立决定能成,当知是名圆成实相。

依前面三理,立义决定,名圆成实相。可知此中圆成实相,专对所立命题决定能成而言。这和瑜伽学派三性中的圆成实性,指依他起性无我、无法二空所显的空性有本质的不同。

什么是"善清净言教相"?论上说:

> 善清净言教相者,谓一切智者之所宣说,如言涅槃究竟寂静,如是等类,当知是名善清净言教相。

善清净言教相,表示与世间一般学说有别。证如实理,名一切智。善清净言教相,即此一切智者所说的道理。如说涅槃寂静道理,即其一例。梵云涅槃,此翻圆寂。圆谓圆满,不可增减;寂谓寂静,不可变坏。指真实世界而言。《成唯识论》分析涅槃有四种:(一)自性涅槃,本性清净,常恒无转,无起灭故。(二)有余依涅槃,烦恼既尽,苦依未灭故。(三)无余依涅槃,烦恼既尽,苦依亦灭故。(四)无住涅槃,二障俱空,生死涅槃,两都不住,悲愿无尽,用而常寂故。四涅槃中,初一为真如,后三种皆择灭,运无漏慧灭烦恼故,真如始显。

其次,云何七种相,名不清净?论上说:

> 一者此余同类可得相,二者此余异类可得相,三者一切同类可得相,四者一切异类可得相,五者异类譬喻可得相,六者非圆成实相,七者非善清净言教相。

什么是"此余同类可得相"?论上这样解释:

若于此余同类可得相及譬喻中有一切异类相者,由此因缘,于所成立非决定故,是名非圆成实相。

同品一分有,可以作正证,故云"此";同品一分非有,不能作正证,故云"余"。即同品一分有一分非有,叫做此余同类可得相。因为异品遍有,则不能发挥反证的作用,故云"譬喻中有一切异类相"。总之,此余同类可得相及譬喻中有一切异类相,即"同分异全"的谬误。例如:

> 声音非力的产物
> 因为它不是永恒
> 它不像闪电,不像虚空,而像个盆子。

这里若不是永恒,举闪电为正证那是对的,但是举虚空为正证就不对了。(印度古代多数学派,都承认有纯粹的虚空,它和包含其中的物质变化无关,不会有不是永恒的意义)同品一分有一分非有,正是说明此余同类可得相。至于异喻说:若不是非力的产物看出它一定是永恒,举盆子做反证是全不对的,正是说明譬喻中有一切异类相,不是永恒做理由,本来闪电和盆子都是正证,那么,我们可以检举它"不定"的错误说:究竟是像盆子不是永恒,所以声音并不是非力的产物呢? 还是像闪电不是永恒,所以声音非力的产物呢? 论上所说:"由此因(因)缘(喻),于所成立非决定故,是名非圆成实相",正是这个意思。试图解如右:

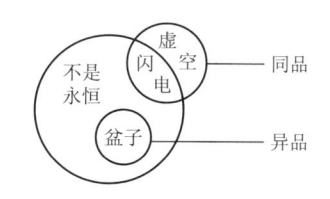

什么是"此余异类可得相"？论上这样解释：

> 又于此余异类可得相及譬喻中有一切同类相者，由此因缘，于所成立不决定故，亦名非圆成实相。

异品一分非有，可以作反证故云"此"；异品一分有，不能做反证故云"余"，包括反正两面，简称为"此余异类可得相"。同品定有，正能够发挥正证的作用，故云"譬喻中有一切同类相"。总之，此余异类可得相及譬喻有一切同类相，就是"异分同全"的谬误。例如：

> 声音是力的产物，
> 因为它不是永恒，
> 像一个盆子，不像闪电，也不像虚空。

此推论式中，假使非力的产物看出它一定是永恒的，举虚空做反证，那是对的。但是举闪电做反证就不对了。异品一分非有一分有，正是说明"此余异类可得相"。至于同喻方面说：假使不是永恒看出它一定是力的产物，并举盆子来做正证，都是完全正确的，也正是说明譬喻中有一切同类相，不是永恒做理由。本来盆子和闪电，都是正证，如果这样，那么，我们可以检查这推论式的错误说：究竟是盆子不是永恒，所以声音是力的产物呢？还是像闪电不是永恒，所以声音非力的产物呢？论上说："由此因缘，于所成立不决定故，是名非圆成实相"，正是这个意思。试图解如左：

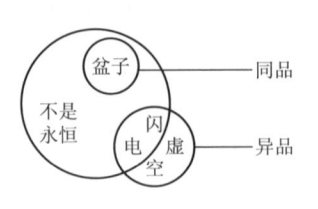

什么是"一切同类可得相"？论上这样解释：

> 若一切法，意识所识性，是名一切同类可得相。

前面说过，佛家把一切物质心理现象、一切关系乃至一切道理，都叫做法，世亲《大乘百法明门论》(Sata-dharma-vidya-dvara)以五位、百法综合分析一切法。

《大智度论》卷三十说得最精简："复次，离有为法，则无无为。所以者何？有为法实相，即是无为，无为相者，则非有为"。佛家认为一切法都是第六意识(Conciousness dependent upon mentation)所缘虑的对象，所以如立：

> 声音是永恒，
> 因为它是可知的，
> 像虚空，不像个盆子。

这个论例就犯了"共不定"的谬误。因为可知的（即意识所识性），这个理由或中词太宽，不但永恒的同品如虚空，是可知的；就是非永恒的异品如盆子，也是可知的。如果用可知为理由来作为声音是永恒的论据，那么我们可提出疑问：究竟是像虚空是可知的，所以声音是永恒呢？还是像盆子是可知的，所以声音不是永恒呢？试图解如右：

什么是"一切异类可得相"？论上说：

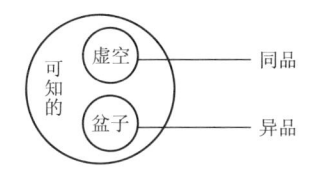

若一切法相性业法因果异相,由随如是一一异相,决定展转各各异相,是名一切异类可得相。

这是说宇宙万有各有它的相性业法因果差别之相。如色是可见的,声是可闻的,香是可嗅的,味是可尝的等,因果性相展转各异,彼此不容混淆。根据这个道理,如立:

声不是永恒
因为它是可闻的
像一个盆子,又像虚空

那就犯了"不共不定"的谬误。因为"可闻的"这个理由或中词,找不到同喻,只有异喻。我们知道,除了声音以外,其他都不是可闻的,所以说"一切异类可得相"。

什么是"异类譬喻所得相"?这一个不清净相,论上没有详释。现在仍举一例来说明:

声音是永恒
因为它是产物
像虚空,又像闪电,像盆子

这个推论式"因为它是产物"为理由或中词,用虚空做同喻,用闪电和盆子做异喻;但是这"它是产物"理由,只能在闪电和盆子体现出来,而不能在虚空体现出来,所以叫做"异类譬喻所得相"。

什么是"非圆成实相"?论上说:

> 非圆成实故,非善观察清净道理,不善清净故,不应修习。

非圆成实相,因支不具,理由不充足,不应修习。因明学中的"两俱不成"、"随一不成"、"犹豫不成"、"所依不成"皆属之。

什么是"非善清净言教相"？论上这样解释：

> 若非善清净言教相,当知体性皆不清净。①

证成道理中五种清净相与七种不清净相,以上均依原文举例一一加以分析。再从影响于后期的因明学来看,现见所得相,依止现见所得相,自类譬喻所引相与圆成实相,充实了推理知识（比量）的内容；善清净言教相,充实了绝对知识的内容；此余同类可得相及譬喻中有一切异类相,就是当中词可纳于大词相同的一部分事物及与大词相异的全部事物时的谬误（玄奘译为"同品一分转异品遍转"）之所本；此余异类可得相及譬喻中有一切异类相,就是当中词可纳于与大词相异的一部分事物及与大词相同的全部事物时（玄奘译为"异品一分转同品遍转"）之所本；一切同类可得相,就是从尼也耶派错误理由中"中词"太大演进而来；一切异类可得相,就是从尼也耶派错误理由中"中词"太小演进而来；异类譬喻所得相,就是"中词与大词相矛盾时"②（玄奘译为"法自相相违"）之所本；非圆成实相,概括了四"不成"[The Unproved (Asiddha)]；非善清净言教相,概括了其他谬误。总之,《瑜伽师地论》证成道理中五种

---

① 参见《瑜伽师地论》卷七十八,及唐道伦撰《瑜伽师地论伦记》。
② Satischandra Vidyabhuasna：*A History of Indian Logic*, Chapter Ⅱ, Early Buddhist Writers on Logic, pp.251—264.

清净相和七种不清净相,已超出"七因明"范围。七因明讨论辩论的题目、地点、方法,辩论者应具备的条件,怎样参与辩论会及辩论者的信心,都是辩论术的中心问题,至于五种清净相与七种不清净相,绝大部分都是有关逻辑学上知识的分析与错误理由的分析的问题。从七因明到五种清净相与七种不清净相,很明显地看出因明学在弥勒时代已从单纯的辩论术到逻辑学的逐渐过渡。

无著(Arya Asanga,约405—470)学承弥勒。他的因明材料,散见《显扬圣教论》《大乘阿毗达磨集论》二书中。《显扬圣教论》模仿瑜伽体制,《大乘阿毗达磨集论》才开始有自己的创见。《大乘阿毗达磨集论》称因明为论轨,《显扬圣教论》又称为论议,都是沿袭着论法的概念。无著的逻辑(因明)观点,除了留心于证明理论(Theory of proof)之外,基本上和弥勒相差不远。他认为一个证明可再分为:(一)命题［A proposition(Pratijna)］,(二)理由［A reason(Hetu)］,(三)譬喻［An example(Udharana)］,(四)应用［An application(Upanaya)］,(五)结论［A conclusion(Nigamana)］,(六)知觉［Perception(Pratyaksa)］,(七)比较［Comparison(Upamana)］,(八)经典［Scripture (Agama)］。前面五个部分构成一个推理程序。无著推理形式与弥勒也有些不同。根据弥勒的看法:一个论题是由一个理由及两个譬喻来证实的。真实的理由和譬喻不是需要根据(一)事实或知觉(On fact or perception),(二)推理(On inference),就是需要根据(三)圣言(On holy saying)。类比或比较是可以省略的。弥勒的推论形式说明如下:

(1) 声音不是永恒。
(2) 因为它是一种产物。
(3) 像一个盆子,但不像虚空。

(4)一种产物像一个盆子不是永恒。

(5)反之,一个永恒的东西像虚空就不是一种产物。

至于无著的推理形式是这样:

(1)声音不是永恒。

(2)因为它是一种产物。

(3)像一个盆子(但不像虚空)。

(4)因为一个盆子是一种产物它不是永恒,声音也是这样,它是一种产物。

(5)所以,我们知道声音不是永恒。

无著的弟弟世亲被称为千部论师。这是形容他是一位多产的作家。《阿毗达磨俱舍论》三十卷,无疑的是他一部最著名的小乘佛家著作。关于他的因明著作,传有《论式》《论轨》《论心》三部书。世亲原学小乘,晚年由于他哥哥无著的启发,才由小乘思想进入大乘思想。从印度佛教史看来,世亲思想转变过程,大略可分为四个时期:(一)小乘有部时期,(二)大乘唯识时期,(三)法华涅槃时期,(四)他力净土时期。他的因明学的著作,流传下来的太少。在唐人注疏中,只有《论式》书名,为《因明正理门论》所称引;《论轨》一书,经吾师吕秋逸先生考订,就是西藏所翻译的《解释道理论》[1]。至于《论心》一书,则不知下落。《论式》与《论心》这两部书失传,对于研究中古印度因明学是一种损失。当时还有《如实论》一书,相传也是世亲所造。这部论分为三章:第一章,五段推论式[The five parts of a syllogism (Pancavayava)];第二章,相似的答复[Analogous rejoinder (Jati)];第三章,被击败的论点[The point of defeat (Nigrakasthana)]。

---

[1] 参见吕澂:"佛家逻辑",《现代佛学》1954年第2期。

其次,世亲认为推论式有两种形式:如果在辩论的时候,就需要运用五段推论式;如果是寻常因由,运用二段推论就够了。现在把两种形式陈列如下:

五段推论式(A syllogism of five parts):

（1）声音不是永恒。

（2）因为它是一种产物。

（3）凡产物皆非永恒,像一个盆子,它是一种产物和不是永恒。

（4）声音是一种产物的实例。

（5）所以声音不是永恒。

二段推论式(A syllogism of two parts):

（1）声音不是永恒。

（2）因为它是一种产物①。

陈那(A Carya Dignaga,约450—520)佛灭后九百余年,诞生于南印度婆罗门族,在犊子部(Vasaputriyah)出家,后来跟世亲学习,对于大小乘经典都能融会贯通,特别是对因明学,不但有深刻的研究,而且有重大的贡献。史学家称他为"中古逻辑之父",洵非过誉。陈那因明学主要著作计有:《集量论》《因明正理门论》[梵云"Nyāya-dvara-tarka-sastra",英译为《逻辑入门》(Door of Entrance to Logic)]《因轮决择论》[梵云"Hetu-cakra-hamasu",英云《九个理由的逻辑》(Logic of Nine Reasons),这部论具体分析了推论式中中词与大词九种可能的关系)(Nine possible relations between the middle term and the major term in a syllogism)]《集量论解释》(The Pramana-samccaya-vrtti)、《对象与思想研究》[The Alambana-pariksa (An Examination of Object of Thought)]、《〈对

---

① Satischandra Vidyabhuasna: *A History of Indian Logic*, Chapter Ⅲ.

象与思想研究〉注释》(The Alambana-pariksa-vrtti)、《三世研究》[The Ttikala-pariksa(An Examination of Three Times)]。

按陈那的因明学研究,约分二期,前期以逻辑为中心,《因明正理门论》是前期的代表作。这部论分为上下两篇。上篇专论能立及似能立,分为二章。第一章明他比量,分为四节:第一,宗及似宗,第二,因及似因,第三,喻及似喻,第四,简短的结论。第二章论自比量,也分为四节:第一,二量,第二,现量,第三,似现量,第四,比量及总结。下篇,能破及似能破,分为三章。第一章,能破。第二章、似能破,分析十四过类:(一)同法相似,(二)异法相似,(三)分别相似,(四)无异相似,(五)可得相似,(六)犹豫相似,(七)义准相似,(八)至非至相似,(九)无因相似,(十)无说相似,(十一)无生相似,(十二)所立相似,(十三)生过相似,(十四)常住相似。后进行小结[①]。第三章、负处,略分为三:第一,略似破诸说,第二,略堕负等说,第三,结指前过,最后以颂作结。欧阳竟无大师在《因明正理门论叙》中,曾把这部论的重点以及和《入论》与法称的同异,都做了极其扼要的叙述:

……文分立破二门,立分真立立具。且初真立者,乐成所立,不成能立,背此为似,有五相违:现比世间自语自教。《入论》则同。然宗过有九,能别所别俱及相符。四不成过《入论》则增,《门论》则无,此其所以异者。《门论》义摄而略,《入论》作法而详也。如宗违因,《门论》既破,《入论》无文,非是师资故相矛盾。宗法彼此极成方生忆念,依此忆念方生了智,依此了智方能成宗。故背初相犯四不成:两俱随一犹豫所依。有

[①] 参见宇井伯寿:《因明正理门论解说》,第506页。

体无体与宗相顺,背亦有过。依后二相而制九轮,二八为正因,翻彼立相违,余皆为不定。然四六翻因演四相违,共不共外演三分遍,与违决不决。《入论》则同,法称独缺。法称所以独缺者,根本剋实之谈也。《入论》所以相同者,作法取详之旨也。立敌有差别,因于初相增立四违,同品唯分有,因于后二备详分遍,岂是师资故相矛盾?昔时由因而见边,忆取助成,故同品如昔,而以因合宗;今日立宗而索证,设式简滥,故异品例今,而宗先因后,翻此合离有颠倒过。若缺离合,有无合不离过;若背宗因,随一或俱有不成及三不遣过。如是十过,《入论》无异,法称有增,增三犹豫不成、三犹豫不遣及缺合缺离。法称所以有增者,盖亦作法之求备也,岂亦师资故相矛盾?

次谈立具,为现比量。现量有四义:(1)五识无分别,(2)五俱意识,(3)贪等自证分,(4)定中离教分别。比量有二义:(1)现比之作具远因;(2)忆念之作者近因。悟自悟他咸归一致,清净所趋非唯兴诤,以是读能立似立门。

能破似破门者,能破有六类:一支缺,缺一有三、缺二有三而无全阙,二宗过,三不成,四不定,五相违,六喻过。似破建类,足目《正理》凡二十四,《如实》所列为十二,《方便心论》亦列二十。天主《入论》摄入立中曾无一列。因明所需,若论剋实即一能立已摄无余。然立破迭为宾主,即《方便》必辟四门。譬如立支,唯一宗因已堪自悟,以故尼乾、法称废喻有文;然必悟他,他非易了,故凡孤证未足畅情,既不废喻,以是对治相违及与不定喻又须二。此亦如是,立破既开四门,似破须更列类。陈那《理门》酌古准情,刊以定类列为十四:缺宗有一,曰常住;缺因有三,曰至不至无因、第一无生;缺喻有二,曰生过、第三所作;不成有四,曰无说、第二无异、第二可得、第一所作;不定有九,曰同法、异法、分别、犹豫,及与义准、一三无异、第一可得、第二无生;相违有一,曰第二所作。除其所复正符十四,以是读能破似破门。……①

陈那后期仿《阿毗达磨集论》体裁,从他自己所著的因明瑜伽各书提炼剪裁为《集量论》以知识论(Exitemology)为中心。这部论著共分六章:第一章说到知觉作用(The first dealing with perception);第二章说到为自己而推理(The second with inference for oneself);第三章说到为他人而推理(The third with inference for another);第四章说到理由或中词的三种特征,以及陈那已驳斥过的要把比较作为单独的证明方法的主张(The fourth with three characteristics of the reason or middle term and the claim of comparison to be a separate means of proof, which is disallowed);第五章驳斥了口证(In the fifth verbal testimony is similarly rejected);第六章说到三段推论式(In the last the parts of syllogism are treated of)。这部论著无疑的是陈那伟大而不朽的著作。

继承陈那因明学前期的思想,有商羯罗主继承陈那因明学后期思想而发扬光大的有达玛诘(法称)。

商羯罗主的历史,已不可考。根据窥基《因明大疏·序言》知道他是陈那的学生。又说:"菩萨之亲,少无子息。因从像乞,便诞异灵。"②推测他的族姓,当出自婆罗门。商羯罗主有无其他因明学著作,不得而知。单从《因明入正理论》(Nyaya-pravesa)一

---

① 参见欧阳竟无:《藏要一辑叙》。
② 窥基:《因明入正理论疏》,第6页。

书看来，主要内容是讨论：(一)真能立，(二)似能立，(三)二真量，(四)二似量，(五)真能破，(六)似能破。对于陈那后期量论部分，极少论及，可能是陈那前期的学生。陈那在南印度讲学时间较长，商羯罗主也很可能是南印度人。

至于法称（A Carya Dharmakirti,约生于620—680），乃陈那再传弟子。公元第七世纪中叶生于南鸠陀摩厄国，后来到摩竭陀跟护法学习。他在因明学方面写了许多有价值的著作。威利布萨那(S.Vidyabhusana)《印度逻辑史》曾经这样描绘："他是一位伟大的教师和辩证法学家，他的声誉充满着地球的每一个角落，同时，他象一个狮子，压倒如象王一般的辩论者。"他所著八部论，是研究因明学所必读：(一)《量释论》(Pramana-vaitika-vrtti)。(二)《量决定论》(Pramana-viniscaya)。(三)《正理一滴论》(Nyaya-bindu)，[(英译为《逻辑一滴》)(A Drop of Logic)]。以上三部论都是解释陈那《集量论》六章的要义，不过依广、中、略的不同，所以写成三部书。(四)《因论一滴论》(The Hetu-bindu-vivarana)，解释推理知识中理由的条件[英译为《理由一滴》(A Drop of Reason)]。(五)《辩论的方法》[The Tarka-nyaya or Vada-nyaya(Method of Discussion)]，解释为他人而推理。(六)《成他相续论》[The Santanantara-siddhi，英译为《相续的证明》(Proof of Continuity of Succession)]成立唯识道理并立其他有情。(七)《关系的研究》[The Sambandka-pariksa (Examination of Connection)]。(八)《关系研究的注释》(The Sambandka-pariksa-vritti)。这八部论以《正理一滴论》一书流传最广，因为这部论有梵文原本与日、俄、英、法、德等文字翻译，并有苏联科学院院士彻尔巴茨基《佛家逻辑》(Buddhist Logic)巨著中的介绍(详第二册中)，研究起来比较方便。

这部论分为三章:第一章知觉,又分为四类:(一)五官知觉(Perception by the five sense);(二)心理知觉(Perception by the mind);(三)自我意识(Self-consciousness);(四)沉思圣者知识(Knowledge of a contemplative saint)。

第二章为自己而推理(Inference for one-self),说明理由或中词必须具备三个形式或特征:

(一)整个的小词必系于中词,例如:

此山有火。
因为它有烟。
像一个厨房,但不像一个湖。

在这个推论"烟"的中词,必须与"山"的小词有联系。

(二)中词所指一切事物必须和大词所指的事物相一致。如上面推论,从"烟"这个中词所举的厨房和"火"的大词是一致的。

(三)凡与大词不同的东西一定不会和中词相一致。如上面推论,"湖"的例子与"火"无涉,就不会与"烟"的中词相一致。

其次,法称分析了中词对大词的关系又有三类:(一)同一性(Identity),(二)结果(Effect),(三)未见或非知觉(Non-perception)。未见又分为十一种:(1)未见其同一性(Non-perception of identity),(2)未见其果(Non-perception of effect),(3)未见其遍或总(Non-perception of the pervader or container),(4)已见的与同一性相反(Perception contrary to identity),(5)已见异果(Perception of the opposite effect),(6)已见的与联系相反(Perception of contrary connection),(7)已见的与结果相反(Perception of contrary to the effect),(8)已见的与总的相反(Perception contrary of the container),(9)未见其因(Non-perception of the cause),(10)已见的与因相反(Perception contrary to the cause),(11)已见的果与因相反(Perception of effect contrary to its cause)。

第三章,用于他人的推理(Inference for the sake of others),说明这种推理的特点在于用语言宣告中词的三个形式,对他人进行说服。其次,说明这种推理可分为二类:(一)积极的或同的(Positive or Homogeneous),(二)消极的或异的(Negative or Heterogeneous)。例如:

(一)声音不是永恒。
因为它是一种产物。
凡是产物都不是永恒,像一个盆子。(积极)
(二)声音不是永恒。
因为它是一种产物。
永恒的就不是产物,像虚空。(消极)

关于论题方面:他认为一个小词和它的相应的大词连合在一起,构成一个命题。这个命题是尚待证明的,就叫做论题。其次,错误的论题他分析有四种:(一)论题与知觉相矛盾(A thesis incompatible with perception);(二)论题与推理相矛盾(A thesis incompatible with inference);(三)论题与概念相矛盾(A thesis incompatible with conception);(四)论题与自己的陈述相矛盾(A thesis incompatible with own statement)。

关于中词或理由方面:他认为中词或理由必须保持上面所说

的三个特征。违反了任何一个特征,中词或理由就有不能证明[Unproved(Asiddha)]、不能决定[Uncertain(Anaikantika)]和矛盾的错误[Contraditory(Viruddha)]。第一类"不能证明"的错误有四,已如上述。第二类"不能决定"的错误有二:(一)中词或理由过于广泛(The middle term or reason is not general enough,玄奘译为"共不定")。(二)中词或理由过于狭小(The middle term or reason is too general,玄奘译为"不共不定")。第三类"矛盾"的错误:中词与大词相矛盾(When the middle term is contradictory to the major term,玄奘译为"法自相相违")。

关于譬喻方面:法称仍分为同喻与异类两类,但同喻的错误分有九种,异喻的错误也分有九种[①]。

可见,法称对于论题(宗)、论据(因)、论证(喻)的错误分析和陈那及商羯罗主,都有所不同。错误的论题,陈那《因明正理门论》只分五种相违,商羯罗主的《因明入正理论》增加了四种不成;但法称只保留知觉相违、推理相违和自语相违三种,另外加上概念相违一种。错误的论据或理由,陈那与商羯罗主都主张不能证明有四种、不能决定有六种、矛盾有四种;而法称除不能证明保留原来的四种外,不能决定保留两种,矛盾的只保留一种,已如上述。错误的论证或譬喻,陈那与商羯罗主一致主张同喻有五种,异喻也有五种;法称却主张似同喻应分九种,似异喻也应分九种。总之,法称对于论题与论据错误的分析,都相对地减少,而对论证错误的分析,却又相对地增加。一方面它本身意味着因明学到了法称时代,已摆脱辩论术的藩篱;另一方面意味着因明学逻辑的成分加强并向知识论(量论)方面推进,使因明学建立在更巩固的知识的基础

---

① Dharmakirti: *Nyaya—bindu*(A Drop of Logic).

上。最令人注目的就是：法称对陈那所提出的"矛盾并非错误"与"中词与大词的隐义相矛盾"被列为"谬误"，都进行了有力的批判：

第一，陈那把"矛盾并非错误"（The Non-erroneous contradiction，玄奘译为"相违决定"），列为"不定谬妄"（Fallacies of uncertainty）的一种。这种谬妄：就是论题及其相反论题，同时各有显然正确的理由支持它。例如，胜论师对弥曼差论者说（A Vaisesika speaking to the Mimansaka）：

  声音不是永恒，
  因为它是一种产物。
  像一个盆子。

弥曼差论者回答说（A Mimansaka replies）：

  声音是永恒，
  因为它是可闻的，
  像声性。

根据胜论与弥曼差论二学派各自的教义，用在上述情况，以为都是正确的。但是他们导致矛盾的结论，不能决定，所以结果是错误的。

达玛诘在《正理一滴论》否认"矛盾并非错误"的谬妄。理由是：它既非从推理的关联而发生，甚至也不是基于经文。一个正确理由或中词，必须与大词有同一性、结果、或非知觉的关系，也必须导致一正确的结论。

两个互相矛盾的结论，不可能有正确的理由来支持。两套不同的经典也不可能有任何帮助来建立两个矛盾的结论,由于一个经典不能抹煞知觉和推理;而它的权威,就在于确定超感官的对象。矛盾并非错误的谬妄,所以是不可能的。

第二,中词与大词对立是错误的一种,称为矛盾(Contradiction,玄奘译为"法自相相违"),那是陈那和达玛诘所公认的。中词与大词隐义的对立(大词若是含糊),在陈那《因明正理门论》中做为另一种错误,叫做隐义的矛盾(Implied-contradiction,玄奘译为"法差别相违")。达玛诘在他所著的《正理一滴论》中否认这种观点,他主张这第二种矛盾已包含在第一种之中。

第二种矛盾或隐义的矛盾,例子是这样:

> 眼等为他物所用,
> 因为它是组合物,
> 像床、坐位等等。

这里大词"他物"是含糊的,由于它可以指组合物(如假我),也可以指非组合物(如灵魂)。中词与大词之间所以成为矛盾是:假如"他物"这个字,在数论发言人是以"非组合物"的意义上来理解它;但在佛家是以"组合物"的意义上来理解它,这样推理,就在中词与大词本义或隐义之间造成矛盾。

达玛诘在他的《正理一滴论》中,认为这种情况是属于第一种或固有矛盾。一个字做为命题中的大词,只容有一种意义,假使字面的意义与蕴藏的意义之间有含糊的地方,那么,真正的意义从上下文是可以确定下来的。假使蕴藏的意义才是真正的意义的话,中词与大词之间还是固有的矛盾。

法称不许有"矛盾并非错误"的谬妄,他认为理之是非,应以知觉(现量)推理(比量)为断,而推理之所以有力量,就在于确定超感官的对象。这种看法是非常精确的。因为人类认识过程:根境接触而有初步认识,属于知觉阶段;把知觉之所得,加以比较,分析与综合,抽象与概括,属于推理阶段。如果只停留在知觉阶段,认识很显然是不够全面,不够深化了,所以必须从知觉提高到推理。推理阶段当然就超乎感官的对象了。其次,法称也不许有"中词与大词的隐义相矛盾"存在。因为做为论题的大词,只容有一种真正的意义,他要求推论过程中,一个对象要保持其与自身的同一,不许另外的对象来代替,所使用的概念要有确定的意义,绝不许以相似的字面来掩饰。这种看法也是非常正确的。

此外,法称对于譬喻的功用(The function of example)也有独特的见解。他主张譬喻在推论式中不是重要部分,因为它已经包含在中词之中。在推论上,此山有火,因为它有烟,如厨房,其实"烟"这个词已含有火,包括厨房及其他有烟的东西,所以譬喻在任何情况下都是没有必要的。虽然,譬喻之所以有价值,就在于它通过一种特殊的,因而是更明显的方式指出一般命题包含些什么东西。[1]我们觉得法称这种看法,还值得商榷。拙作《印度逻辑推理与推论式的发展及其贡献》文中,已略陈愚见,这里就不重述了。总之,法称可以说给中古因明以光彩的结束,也是因明可以和近代逻辑比较研究最好的途径。

根据以上所说,因明学发展过程大致可归为五个时期:

第一,佛陀启示人们知其然而不知其所以然的事情,不应该发言。真理要在人生本身去寻求,而不是在人生以外去寻求。不作

---

[1] 参见 Keith: *Indian Logic and Atomism*, pp.109—110。

无谓的争辩,《四记答问》《论法》已露因明的端倪。

第二,佛灭度后七百年,尼也耶派《正理经》完成,所说十六范畴中讨论到知识的来源、命题的种类、推论式的部分,无理性破坏性争辩以及错误理由等问题,特别是错误理由的具体分析,对于佛家逻辑(因明)有很大的影响。而和《正理经》注释同时的龙树《方便心论》,讨论到知识的来源,同样注意到感觉、推理、譬喻等问题,可以见出彼此有互相启发的地方。

第三,佛灭度后九百年,弥勒《瑜伽师地论》,开始有了因明的名称,并认为因明是研究"观察义中所有诸事"。论中所讨论"七因明"固然纯是辩论术中心问题,但论中所引的五种清净相与七种不清净相,基本是逻辑问题,弥勒时代可看出因明学已从单纯的辩论术的而向逻辑的逐渐过渡。

第四,佛灭度千年,无著、世亲兄弟都留心到因明,可惜世亲《论式》和《论心》二书没有流传下来,无由窥其全豹。至于陈那在因明学的贡献,可以说是结束了一个旧的时代,又开辟了一个新的时代。他前期的代表作,是以"逻辑"为中心;后期的代表作,是以"量论"为中心。在陈那时代,可以看出因明学又从逻辑转到知识论。

第五,佛灭度后千一百年,法称的因明学已摆脱辩论术的羁绊,使逻辑与知识论紧密地结合在一起,他把逻辑部分抉择的更精纯,逻辑的基础——知识论树立的更巩固。

我们可以用这样一句话来说明因明学的发展:它们从单纯的辩论术而逻辑而知识论的逐渐发展过程。

关于因明学发展过程,我们已说出一个轮廓了。现在剩下一个问题,那就是中国汉族因明学发展的概况以及我们应怎样来研究因明学的问题了。

中国汉族的因明学是随着慈恩宗而成长起来的。但汉文翻译的印度因明学原著远远赶不上藏文译的因明学那样丰富。从后魏吉迦夜等译《方便心论》与《回争论》、陈真谛译《如实论》，是印度比较初期的因明作品，传入汉族之始。到了唐太宗贞观三年(629)，玄奘法师冒禁出长安，到印度留学，经过十七个寒暑，遍历五印度各国，中间留中印度摩竭提的那烂陀(Nalanda)的佛教大学，跟首座戒贤(Silabhadra)受学一共有五年，毕业后五印诸王争先供养，其共主戒日王敬礼尤至。当他临回国时，在戒日王所主持的曲女城(Kanauj)无遮大会上立了一《真唯识量》，经过十八天，没有人能改动它一个字，创造了运用因明宗、因、喻三支推论式的光辉典范。这是东方逻辑发展史上的一件重大的事情。贞观十九年(645)正月回到长安，贞观二十一年就开始翻译商羯罗主《因明入正理论》，贞观二十三年又翻译陈那《因明正理门论》，可见他对于因明学的重视。这也是因明学输入汉地比较完备的时期。《入论》译出，奘师门下视同拱璧。玄奘复以因明要义传授给他的弟子文轨和窥基等。文轨《因明入正理论疏》，颇存奘师口义，原有三卷，流传到日本残存初分，其第三卷宋初改题为《因明论理门十四过类疏》，在我国发见。抗日战争以前，南京支那内学院曾经根据善珠《明灯抄》、明诠《大疏里书》、藏俊《大疏钞》等书所引的有关文轨的材料，订正残本第一卷文句，并辑出第二卷和第三卷佚文，再依过类疏补其残缺，按照《因明入正理论》原文排比，基本上已恢复了文轨《庄严疏》的真面目[①]。窥基在玄奘法师门下，是一位后起之秀，窥基传中曾说道：

[①] 《因明入正理论文轨疏》，校者附记。

……西明寺测法师(指圆测),于唯识论讲场得计于阍者赂之以金,潜隐厥形,听寻联缀亦疏通论旨,犹数座方毕。测于西明寺,椎集僧称讲此论。基闻之,惭居其后,不胜怅怏。奘勉之曰:"测公虽造疏,未达因明。"遂为讲陈那之论。基大善三支,纵横立破述义命章,前无与比。①

从这段话看来,足征窥基的因明是有师承的。我们从他重要著述《成唯识论述记》与《因明入正理论疏》可以看出奘基二师对于因明的贡献:

第一,在立论者的生因与敌论者的了因,各分出言、智、义而成六因。《因明入正理论疏》卷二说:"生因有三:一言生因,二智生因,三义生因。言生因者,谓立论者立因等言,能生敌论决定解故";"智生因者,谓立论者发言之智正生他解";"义生因者,谓立论者言所诠义……,为境能生敌证者智"。了因亦有三:一言了因,二智了因,三义了因。"言了因者,谓立论主能立之言。由此言故,敌证二徒,了解所立";"智了因者,谓证敌者能解能立言,了宗之智";"义了因者,谓立论主能立言下所诠之义,为境能生他之智了"。又说:"分别生了,虽成六因,正意唯取言生、智了。由言生故,敌证解生。由智了故,隐义今显。故正取二,为因相体,兼余无失。"

第二,宗的构成分出宗依、宗体。如立"声是无常"论题,声是主词,无常是宾词,都可以称为宗依,因为主词宾词,都是论题所依的条件。把声与无常合在一处互相限制不相离性,称为宗体。因为只说声而不说无常,不知声是怎样,但说无常而不说声,不知无常所属的是什么。以声为主词,表示不是指瓶花等等;以无常为宾

---

① 赞宁等:《唐京兆大慈恩寺窥基传》(《宋高僧传》卷第四)。

词,表示不是指可闻、悦耳等等;互相限制不相离性,才是宗体。

第三,每一过类都分为全分一分,又将全分一分分为自、他、俱。例如论题与知觉相矛盾的错误(玄奘译为"现量相违"),析为全分四句:(一)违自现非他例,如胜论师对大乘立,"同异大有非五根得"。(二)违他现非自例,如佛家对胜论立:"觉苦欲嗔非我现境"。(三)自他现俱违例,如云:"声非可闻"。(四)自他俱不违例,如云:"声是无常"。一分亦析为四句:(一)违自一分非他例,如胜论立:"一切四大非眼根境"。(二)违他一分非自例,如佛家对胜论立:"地水大三非眼根境"。(三)自他俱违一分例,如胜论师对佛家立:"色声香味皆非眼见"。(四)自他俱不违例,如佛家对数论立:"汝自性我体皆转变无常"。其他过类,亦分全分一分两种四句。此种分析可能发自奘师,极变化于窥基。如依《因明大疏》分析,在错误论题中,有违现非违比,乃至违现非相符;有违现亦违比,乃至违现亦相符,错综配合,总计合有二千三百零四种四句。这样分析,善于灵活运用在进行立破相对的关系上,是有些帮助;但在过类中,有的可以配合,有的不好配合,不善运用的话,不好配合而勉强去配合,界限就搞不清了。

第四,为照顾立论者发挥自由思想,打破顾虑,《因明大疏》提出寄言简别的办法。寄言简别大略分为三种:

(一)若自比量,以许言简,表示自许,无他随一等过。如《瑜伽师地论记》立自比量说:

〔如我所言〕过未无法亦应名法——宗
　　　有所持故——因
　　　如现在法——喻

(二）若他比量,用汝执等言简,无违宗等失。如《因明正理门论述记》二卷说：

〔汝　执〕神我是无——宗
　　　　不可得故——因
　　　　犹如兔角——喻

(三）若共比量,用真性等言简,无违世间、自教等失。如《掌珍论》说：

〔真　性〕有为空——宗
　　　　缘生故——因
　　　　如幻——喻

这里所谓自比量,意思是说所立论题,遇到敌者袭击,立论者设量抢救。所谓他比量,意思是说针对敌论者的论点,实行突破。所谓共比量,意思是说,提出论据和论证来证明论题的正确性。这种寄言简别的办法,是护法、清辩的创造,但奘基二师都有进一步的发挥。

后来基师的弟子慧沼(650—714)著有《因明入正理论义断》二卷和《纂要》二卷、《续疏》一卷,来简别文轨等异义。跟着有他的弟子智周(668—723)著有《因明入正理论前记》二卷,《后记》二卷、《略记》一卷,使因明学与慈恩宗紧密地结合起来,因明变为治法相唯识的工具,因为像《成唯识论》《掌珍论》等,处处运用因明,不通因明,也没有可能研究唯识或法相。只因慈恩宗弘扬的地区,偏在河洛一带,给他宗竞起的机会,在窥基时代已酝酿华严宗学说,此外还有比较适合中国汉族特有根基的净土宗、禅宗的学派起来与慈恩宗竞争,慈恩宗骤然衰落①,因明学也就无人过问了。基师《因明大疏》反沦落到日本。到了光绪年间石埭杨仁山居士,始从日本南条文雄氏得《因明大疏》《成唯识论述记》。清末民初随着唯识法相的研究,有些人对于因明学也逐渐重视起来。但一方面,因古译著艰深,即使一般有心向往的人也会望而却步;一方面又因缺乏正确新例现实意义不大,不易引起读者兴味,所以欲得一理想的因明学,非经学者一番努力不可。

中华民族是一个有光荣的革命传统和善于抉择继承历史遗产的优秀民族。在过去漫长的年代中,祖先们创造了光辉灿烂的文化,随着人民政权的建立,我们成为祖国文化遗产的合法继承者。根据毛泽东同志所指示的原则,来研究我国丰富而伟大的文化遗产问题已经提到今天的议程上来。我们既有权利也有义务,运用正确的历史观点和科学方法,把因明学遗产整理出来。这不但是佛教学者值得研究的项目之一,也是一般逻辑学者值得研究的项目之一。

1952年,苏联《哲学问题》杂志关于逻辑问题讨论的总结中指出:"思维的形式和规律既不是基础上面的上层建筑,所以没有阶级性,而具有全人类的性质。思维的逻辑构成,它的各种形式(概念、判断、推论)以及这些形式在发生作用方面的规律,对于各个阶级的代表人物是完全一视同仁的,……思维的形式和规律是某种客观现实的反映,是人们的实践活动重复了亿万次的结果。"②这

---

① 吕澂:"慈恩宗(下)",《现代佛学》1953年第10期。
② 斯特罗果维契:《逻辑》,曹葆华等译,三联书店1954年版,第336页。

个结论是正确的,但还没有得到有力的论证,如果我们能从印度因明学来帮助阐明这个结论,那么逻辑规律与形式的全人类性问题,可以提供一个有力的论证。因为印度因明、西洋逻辑、中国名学三者在其历史发展过程中,互不相谋,而所得规律与形式,基本上却是一致的。这又是研究因明学另一个值得努力的方向了。

印度逻辑[*]

——因明的基本规律

一、真理的意义

真理二字,为世人常用的名词,其意义亦最广泛而难定。印度逻辑——因明——从某一种意义而言,亦属形式逻辑的一种,它是研讨思维的准则和我们衡量知识真伪的规范之学。换句话说,亦即致真之学。所以我们在未讨论思维的准则之先,应先提出一个先决的问题:"真理"是什么(What, then is true?)这个并不是说全部真理是什么? 更非彼拉多的讥讽式的怀疑论(The skepticism of a scornful Pilato)。不过我们要问怎样下"真理"或"真谛"(Truth or Reality)的界说就是了。真理有时包含忠诚及可靠的道德性而言,然逻辑对于真理之兴趣,不在怎样应用于个人的品性,而在怎样应用于"判断"。

按通常所谓"真理"或"真谛",分析起来,可能有六种不同的意义:

一、指"美"或"幸福"(Beauty or Happiness)而言——此与

---

[*] 本文原载《现代佛学》1950年第9—11期。原文标题为"印度逻辑——因明底基本规律"为合现代语文习惯,特把"底"改为"的"。——编者注

"丑"或"非幸福"相对。英国诗人弃疾①(John Keats)说:"美即是真,真即是美,这是你世上所能知道的,也是你所需要知道的"(Beauty is truth; truth beauty, that is all ye know on earth, and all ye need to know。)陶靖节:"采菊东篱下,悠然见南山。山气日夕佳,飞鸟相与还。此中有'真'意,欲辩已忘言"。尼采(Nietizsche)说:"什么是幸福?幸福就是觉得权力的增加,或抵抗力之被征服。"(What is happiness? The feeling that power increases—That resistance is being overcome。)诗人画家以啸傲烟霞流连山水为解脱为真谛,这所谓"真",其实是"美"的别名。超人哲学侵略主义所谓"强权即公理",这所谓"真",其实是幸福的别名。

二、指"善"或"道德"(Goodness or Virtue)而言——此与"恶"或"不道德"相对。苏格拉底(Socrates)说:"道德即是知识。"(Virtue is knowledge。)此谓杀身成仁之士,为能维持真理正义于不坠。文天祥正气歌:"是气所磅礴,凛烈万古存。当其贯日月,生死安足论?地维赖以立,天柱赖以尊。三纲实系命,道义为之根。"这所谓"真"其实是"善"的别名。

三、指"有"或"存在"(Being or Existence)而言——此与"无"或"不存在"相对。我们说"龟毛""兔角"为无毛无角,说牛羊鹿毛角为真毛真角,这所谓"真",其实是"存在"的别名。

四、指"同"或"一类"(Agreement of some kind)而言——此与"异""非一类"相对。譬如说:"兰花非蕙",意思是说:"兰花不同于蕙",或"兰花非蕙之类"(一茎一花为兰,一茎数花为蕙)。这所谓"真",实在是"同"的别名。

---

① "弃疾",即英国诗人约翰·济慈。——编者注

五、指"对"或"合于事实"(Correspondence with facts)而言——此与"不对"或"臆说""虚词"相对。如说:"二加二等于四","硫酸含有两轻气的原子,一个硫黄的原子,四个养气的原子"。"剩余价值是制造品的价值,减去劳动力的价值,等于利润"。我们觉得这些命题为真,这所谓"真",其实是合于事实的别名。

六、指"通"或"合于逻辑"(Consistency)而言——此与"不通"或"自相矛盾"相对。如说:"原因以前还有原因,结果以后还有结果"。"孔子生于周代,必不能见汉武帝"。"凡能生他物者,其体亦必从他生"。"若是所作,见彼无常"。我们觉得这些判断为真,这所谓"真",其实是合于逻辑的别名。

此六义之中"美"或"幸福"与"善"或"道德",偏指事物而言,(有时看道理文章等为物亦得谓为美善)。"对"与"通"专指道理或判断而言。(事物即字辞所诠表,道理或判断即有所主张的语句所诠表。)有时省略一句的"此是""此非"字样,而单称一字,或辞,也可以加以对否通否的辨别。如有人视蕙而说兰,意思实谓"此花是兰"的省略。我们可以说它不对。(此间所谓不对,并不是兰的一字不对,实在是说"此花是兰"一命题的不对)。"有"与"同"兼指事物或道理二者而言,不容淆乱。

复次当知,原始社会,初民思想不能综合,知牛之为牛,马之为马,不知牛马之俱为兽,知鸡之为鸡,鹜之为鹜,不知鸡鹜之俱为禽,稍稍进步,而有"牛马皆兽""鸡鹜皆禽"的联同指定。联同指定者,依甲乙二"指定"而并指定甲乙二指定中共含之属性也。再进一步能依甲乙二联同指定,而并指定甲乙二联同指定中共含的属性,构成一复合的联同指定,有复合的联同指定,则知"禽兽皆动物"了。

凡此指定有真有伪。譬如说"人",这是指定之真的;曰鬼,指定之伪了。曰牛角,曰羊毛,联同指定之真的;曰兔角,曰龟毛,联同指定之伪了。曰"人皆有死,以有生故",复合联同指定之真;曰"声是无常,眼所见故",复合联同指定之伪定了。各种指定皆随客观事物的反映,谓如"人皆有死"这是一联同指定,"孔子人故"二联同指定,故"孔子必死"是复合的联同指定。然此复合联同指定起于反映二联同指定而有,二联同指定又依反映"孔子"与"人"及"死"三单纯之指定而有,"孔子"与"人"及"死"三单纯指定,又依于认识反映其所指定的对象而有,各种指定虽有真有伪,而其依于认识被反映于客观事物则一。惟与客观事物有符合或歪曲之不同。此间"有""同"及"对"三者兼指"指定"及"联同指定","通"专指"复合联同指定",此其不同耳。欲定真的狭义,自宜限于"对"与"通"二者而言。凡真的判断必然是客观的反映,且一定完满地反映客观的全部内容。一般人每喜以真、善、美三者并列,其实美与善,乃对事物而言,真对道理而言,截然不同。或知区别美善于狭义的真之外,而不知"同"与"有"的不同,知道美善并不是真,但又不知其所以不可与真并列之故,正名析辞,是何等扼要的工作。

我们不妨采用真的狭义,(对与通)进一步来研究命题本身的结构及命题与命题间涵蕴的关系。

二、命题之构成

逻辑是以命题为单位,判断结果之表现于言语文字者统称曰"词"或命题,因明则谓之"宗"(Thesis)。命题可分为两种:一为事实命题。一为价值命题。价值命题与事实命题最重要的分别，就在前者乃估量事实之价值，而后者仅描写事物之真相。譬如一个人倘若说："花或虹的颜色是美丽的"，或"某种行为是仁爱的"，这便是估量事物的价值。至于事实的命题则不然。它并不较量价值，而止于叙述一定的环境的状况便完事。例如："虹为光波之曲折所形成"及"海棠色红"。——这便是纯粹的事实命题。价值命题在衡量事物之价值，事实命题在陈述事实之实况，这种区别是很显然的。

普通人总以为价值这种东西纯粹是主观的，完全是凭个人之见解，这种看法由来已久，而且是很普遍的。我们时常听说："世间无好坏之分，都不过是人的思想的作用，还有个人兴趣不同，各有是非的看法"，这些话都是这种见解具体的表现。这些见解也未尝不具有一部分的真，然唯其如此，却使它的错误更大。它的一部分的真，就在价值之为物，在某一种重要的意义上，确是与认识有关，但是这个见解所犯的错误，我们切不能忽视。我们判断某一事物为有价值的时候，譬如说：天上虹或园中花是美丽的，或某种行为是仁爱的，我们总觉得这些命题决不是虚构的、武断的，而是事物之中确有一种特质，使我们不得不为这样的判断。我们觉得在一个重要的特质里，虹与花这些东西非判断其为美丽不可。总之，价值这种东西，潜在于事物本身，恰如事实命题所牵涉的颜色和温度以及其他属性皆为事实本身所有一样。价值确实存在于个人武断欲望之外，固然个人选择，也是它一个重要的因子。但它毕竟有一个重要的部分与个人选择无关。必有一种客观的特质之唤醒，然后才可以发生个人的选择。由此看来，价值命题，在某一种意义中，也未尝不是说明的或描写的，因为价值也就是一种事实，价值命题,就在说明事物之中所具有的可以唤起人的鉴赏的反应之某种特质。所以如将价值命题和事实命题,绝对的分开便错了。在客观决定主观的意义来说:一切命题都是事实命题,只要是一个真实的命题,便没有不是关乎事实的。这两种命题的区别根本只在着重点的不同。价值命题,注重鉴赏;而事实命题,则着重于说明耳。

一切命题,虽可分为价值的命题及事实命题,然都可以归纳到"A 为 B"的公式,例如说:"海棠色红"的事实命题中,或"海棠是美丽的"价值命题中,其真正主辞乃客观的现实,而所谓"海棠",所谓"红",所谓"美丽",都是概念,都是用来形容客观的现实。"海棠"是从这客观的现实的"这"分割而得,"红"或"美丽"也是从客观的现实的"这"分割而得,当其用为"主辞"或"宾辞"时,是和原的客体分了家的,因为不是这样,就不能有"命题"。逻辑上的一切命题,都是把分割而得的部分与部分,或"彼"与"何"加以联络,命题从根本上说,是把暂时分割的"彼"与"何"重新结合。这"彼"与"何"的分割,就是破坏了纯一的客体,客体的纯一破坏了,才有"命题"。

复次,我们要晓得,海棠与红或美丽,是从客观的现实的"这"的分割而得,然客体决不止"海棠"与"红"或"美丽"而已。海棠在各个不同的民族,有各个不同的称呼,就是实辞,也可以无限的扩充。但扩充的结果,无数不同的宾辞,仍然无法与客观的现实相等。换句话说,就是宾辞仍不能与真正的主辞(客体)相等,因为主辞宾辞本来可以互相规定。主辞可以说是判断之对象的规定,宾辞可以说是对象之规定的规定。说"海棠色红",说海棠就是简太阳等红。又说色红,并不指美丽或其他。假使宾辞与主辞相等,那么宾辞不复是一个形容或一个"何",而宾辞也就不成其为宾辞。

没有宾辞,人类说话中所宿有的天然结构(Intrinsic structure)及一切推理都不可能了。

由上以观,命题是破坏了纯一的客体而后有,有了命题,人类说话及推理才有可能。因此命题的构成,必需三个要素,就是主辞(Subject)宾辞(Predicate)和系辞(Capula)。主辞是判断的对象的规定,宾辞是对象规定之规定,系辞则连络主辞和宾辞的离合的关系,形成一个命题。在印度因明名称比较多,主辞和宾辞各有三名,计有三对:

$$\text{主辞三名} \begin{cases} \text{有法}\cdots\cdots\text{法} \\ \text{自性}\cdots\cdots\text{差别} \\ \text{所别}\cdots\cdots\text{能别} \end{cases} \text{宾辞三名}$$

一、"有法"与"法"对。主辞所以名"有法",因主辞中必含有宾辞的意义的缘故。至宾辞所以名"法"者,盖法有二义:一、任持自相。二、轨范他解,即诸法共相。因明"有法"及"法"意义,稍有不同。如立"声是无常"命题,声为"有法",无常为"法",声持自体,能有无常诸余法义,一切皆通,故名"有法"。无常不然,具轨持义,要有屈曲,但得"法"名。《大疏》说得好:"初之所陈,前未有说,径廷持体(或作庭,径廷,直也。与屈曲反),未有屈曲,生他异解。后之所陈,前已有说,可以后说分别前陈,方有屈曲,生他异解(如本来执'常',新悟'无常',故曰异解)。其异解生,唯待后说。故初所陈,唯具一义,能持自体,义不殊胜,不得'法'名。后之所陈,具足两义,能'持'复'轨',义殊胜故,独得'法'名。前之所陈,能有后法,故名有法。"

二、"自性"与"差别"对。如前命题,声只称自体之名,尚未显彰何等之义理,故名"自性"。至于无常,乃望声自性而有分别之意义,同时望其他之外物,亦能贯通,故名差别。《大疏》说:"诸法自相唯局自体,不通他上,名为自性。如缕贯华,贯通他上,诸法差别义,名为差别,"就是这个意思。但是"自性""差别"二者不同,《大疏》又分为三:"今凭因明,总有三重,一者局通。局体名自性,狭故。通他名差别,实故。二者先后,先陈名自性,前未有法可分别故。后说名差别,以前有法可分别故。三者言许。言中所带名自性,意中所许名差别,言中所申之别义故。"

三、"所别"与"能别"对。如前命题,声是所别。无常是能别,能别于声故。《大疏》说:"立放所许,不诤先陈,诤先陈上有后所说,以后所说别被先陈,不以先陈别于后说,故先陈自性名为所别、后陈差别名为能别。"

总之,第一对,表示宾辞虽通于其他、而为主辞所有之义。第二对,表示主辞局于自体而宾辞通于其他方面。第三对,表示宾辞虽通其他方面,然不通其他方面之全体。

有时系辞与宾辞亦相混合,此当以系辞的略法视之,例如"雪白"一语,此当视为"雪者白色物也"之略。在言语中亦有仅一字已足以表意者,如人间前行者谁?应之曰"我"。斯时"我"的一字,确有意义,然非独立之名,其实系"前行者为我"的省词。

"命题"或"宗",所以必须主辞、宾辞、系辞者,因为缺乏"主辞",判断之对象无由而知。缺乏"宾辞",对象之规定漫无限制。缺乏"系辞",离合的关系不明。缺一不可。所以孙卿说:"词者,兼异实之名以明一意者也。"穆勒说:"执两端而离合之者也。"此语甚精。如云:"董狐是古之良史也",这是执两端而合之。"求也非吾徒也",这是执两端而黜之。虽有离合之不同,然其兼异实之名以明"意则"。又如:"中国北地之万里长城,乃战国时燕赵与秦前后用无数人之躯命所缔造者",这个命题计有三十字,然亦不外两端,"乃"字之前为一端,"乃"字之后为一端,各指一物,初非二物。虽此两端之中,所用者有名物部字,如国、地、里、城、燕、赵、秦、人、躯、命等字是;有区别部字,如中、北、万、长、战、无数等是;有联合部字,如之、与是;有云谓部字,如用,如缔造是;有代名部字,如所,如者是;有状事部字,如前后是。其繁重如此,然一端是一物,不得以为二物。不论字数多寡,但使举其名而意存一物或一类之物,皆只一端而已。

逻辑所谓"命题",因明所谓"宗"、文法上则谓之"句"。然文法上所谓"句"有五:一、实叙句(Indicative)。二、询问句(Interrogative)。三、命令句(Inperative)。四、期望句(Optative)。五、感叹句(Exclamatary)。因明之"宗",则唯限于实叙句,其余四者,必改为"实叙句",方可成立为"宗"。盖"宗"即一己之主张,必须执两端而明离合之关系,而询问、命令、期望、感叹等皆不能做到。

"命题"或"宗",当然是指"实叙句"而言,但一个命题中的单独主辞或单独宾辞,在因明的规律,必须具备二个条件:一、立敌两方共同承认;二、具有同一之意义。这两个条件在形式逻辑似乎没有注意到,其实这是命题的结构必须先决的问题。假使主辞或宾辞不是立敌两方共同承认的事物,就无法进行讨论。假使同一名词没有同一的意义或内含,各有所指,讨论又如何有结果?因明注意到命题中单独主辞或单独宾辞的共同承认和同一意义的问题,的确是必要的,尤其是讨论到比较专门的问题,或一名含有多义的问题。可是,单独的主辞或单独的宾辞公开的时候,不一定会发生争论,必由"系辞"连络"主辞"与"宾辞"构成一命题,为立者所许,敌者所不许,才发生争论。不然,就有许多谬误的命题(Fallacies of proposition 或"似宗"发生了。今依次说明命题规律并举例说明之。

一、与知觉相矛盾（Incompatible with perception）的谬误（旧译现量相违过）——如说"声非所闻"命题。声是所闻，这是世人的知觉可以证明，现在反说"声非所闻"，有违背知觉之处，所以说是与知觉相矛盾的谬误。

二、与推论相矛盾（Incompatible with Inference）的谬误（旧译比量相违过）——如立："茶杯是万古常存的"命题。任何事物都是变化的，茶杯不应万古常存。茶杯在达到某一限度以前虽在不改变质的范围内进行，但茶杯是各种条件配合而成，是一直在变化着，可能有一些指痕出现，磁底光泽暗淡了，茶杯的用途可能发生变化等等。现在说茶杯是万古常存，违反了真正理由，所以叫做与推论相矛盾的谬误。

三、与一己的信仰或主义相矛盾（Incompatible with one's own belief or dactrine）的谬误（旧译自教相违过）——譬如物理学家说："原子是不可分裂的。"平常人大概以为"原子是一种细极的实体不可分裂不可通过的，现代物理学者则不以此说为然。在他，原子不是这样简单的东西，它们也许像太阳系的繁复而充满极微细而含有电荷的粒点，它以为每一个原子都有一个阳荷的核子（Nucleus），而于某距离上有一个或一个以上的电子（Electron）围绕之，一切电子都是阴荷的（Each atom, he holds, has a nucleus, which is pasitively charged and which is surrounded at some distauce by one or more clectrons. All electrons are negatively Charged）。如果物理学家说"原子是不可分裂的"，这便是与一己的信仰相矛盾的谬误。

四、与公共意见相矛盾(Incompatible with public opimon)的谬误(旧译世间相违过)——如说:"百行孝为先。"儒者之书《大学》是至德以为道本(明明德止于止善,至德也),《儒行》是敏德以为行本,《孝经》是孝德以知逆恶,此三书实儒家的总持。中国的社会,在周代是很完整的宗法社会,到了春秋战国时代,虽已入了前期的商业资本主义社会,但因中国是农业的国家,历代差不多都是大地主把持政权,站了统治阶级的优越地位,所以重农轻商已成为历代一贯的政策,因之商业虽已萌芽而却不能成长。自秦汉到新中国成立前二千多年的长期中,物质生产力总是停滞在封建、半封建制度之下毫无进展。塔尔海玛说:"孔子为确立这样封建制度秩序的基础,造出了礼仪的完全体系,他确定家长权的维持,确定夫对妻的支配权的维持,确定长对幼的支配权的维持,以为封建秩序的根本支柱,这便是孝道。"假使在封建社会之下,有人主张"百行不是孝为先",便犯了与公共意见相矛盾的谬误。因明提出这条规律,不是束缚人类思想,一定要随俗浮沉。正意味着在某一种阶级社会,立"宗"应注意到公共意见的问题,更不是不许谈高深学理。在因明立例,若自比中,加"自许言"简,他比中加"汝执言"简,共比中加"真性言"(真性按之实际之意)简,虽与公共意见相违,亦不为过。所以《大疏》说:"凡因明法,所能立中,若有简别便无过失。若自比量,以自许言简,显自许之,无他随一等过。若他比量,汝执言简,无违宗等失。若共比量,以胜义言简,无违世间、自教等失。随其所应,各有标简。此比量中,有简别,故无诣过。"这就是很详细解释"简别语"的功用。寄简,即先行声明之意。

五、与一己的陈述相矛盾(Incompatible with one's own statement)的谬误(旧译自语相违过)——如说:"他的母亲是石女。"这个命题主辞与宾辞互相矛盾。主辞既说他的母亲,是明知有子,复说石女,是明知不能生育。以他的母亲为主辞是说明其对象,石女是宾辞,是说明其对象之规定。对象与其规定,不相随顺,主宾言词,自相乖反,所以说是与一己的陈述相矛盾。又如中国过去讣文"不孝罪孽深重,不自殒灭,祸延某某"等语,天下宁有此理乎?假令父母之死,果为子女罪孽所祸及,那么,为子女者何以不自殒灭呢?揆诸事理,岂不谬误?复有所谓"遵礼成服,不克如礼"者,既说遵礼,复说不克如礼,岂非与一己的陈述相矛盾乎?现代实用主义者,若杜威之流,每有真理为相对的,非绝对的,为随时变化非一成不变之说。这派主张,"真理者价值之选择耳"(Reality is the choice of value),而其所谓价值,又随各人的主观而异。故于此人为真者,于彼人或为伪;于昔时为真者,于今或为伪。此其所谓真理,盖随人与时之好恶而非究竟之是非,以之利用厚生或无不可,以之讨论真理,则犯了与一己陈述相矛盾的谬误。今试问之曰:汝说"凡真理都是相对的",这个道理为绝对的真呢?抑相对的真呢?他假如说这个道理是绝对的真,那么,真理亦有非相对的,那就不得谓之"凡"了。还有,假若实用主义者所说的真理自是相对,别人所说的真理是绝对,实用主义者胡说绝对是相对,实用主义者的真理成为相对,别人的真理倒成了绝对,岂不是又违反了宾辞都是相对么?从宾辞上说,亦有与一己的陈述相矛盾的谬误。

六、与不共许的"大端"相矛盾(Incompatible with An Unfamiliar Major Term)的谬误(旧译能别不极成过)——大前提之一名见于"断案"而为其实辞,曰"大端"(Major Term),所以与不共许的"大端"相矛盾的谬误,即无异与命题中不共许的宾辞相矛盾的谬误。如中医对西医说:"脚气病是湿气。"此命题脚气病的主辞是西医所共认,然湿气的宾辞,西医则不承认。换言之,西医根本不承认有湿气这回事。以不共许的湿气为大端来成立命题,所以叫做与不共许的大端相矛盾的谬误。又如有人对科学家说"物质是坏灭的"命题。物质的主辞科学家固可承认,然"坏灭的"宾辞(大端)则非科学家所共许,因为根据法国拉服西(Antoine Laurent de Lavoisier,1745—1794)物质不灭定律,谓如以火燃薪,转变为气,其薪之量等于其气之量(如与空气之气和合量即加强),故薪虽尽,而其质不灭,物质固无坏灭的道理。遇此等情形,不是压制人不能主张脚气病是湿气或物质是坏灭的命题,乃是说,须用充足理由先解决"湿气"或"坏灭的"问题。

七、与不共许的"小端"相矛盾(Incompatible with an unfamiliar minor term)的谬误(旧译所别不极成过)——小前提之一名见于"断案"而为其主解①者,曰"小端"(Minor Term),所以与不共许的"小端"相矛盾的谬误,不啻即与命题不共许的主解相矛盾的谬误。譬如有神论者对科学家立"鬼是痛苦的"。痛苦的宾辞因为科学家所共许,(如胃痛牙痛之类)然鬼的主辞即非科学家所共许,是犯与不共许的小端相矛盾的谬误。又如耶教徒对道家立"上帝是永恒的"。上帝的主辞即非道家所共许的。复次当知中西哲学家皆有本身自创之专名,如以之成立命题,不在宾辞之说明,乃在主辞(小端)是否为对方所承认。如尼采的"超人"(Superman),柏格森的"生之冲动"(Flan Vita),裴希特(H. Fiehte)之"真我"(True Ego),黑格尔(Hegel)的"绝对"(Absolute),罗素的"中立的实体"(Neutral emities),莱布尼兹(Leibniz)的"单子"(Monad),这

---

① "解",疑作"辞"。——编者注

些奇怪的专名,如欲用它来成立命题,不在"超人""生之冲动""真我"等之如何如何,而在"超人""生之冲动""真我"等主辞必须先得对方之承认。否则无法进行讨论。

八、与不共许的"小端"及"大端"相矛盾(Incompatible with both terms)的谬误(旧译俱不极成过)——换句话说:即主辞与宾辞皆非对方所承认,以之成立命题的谬误。如有神论者对科学家立"鬼死了变罃"命题。鬼的主辞,科学家固不承认,罃的宾辞,亦非科学家所许有。用两个不共许的主辞宾辞来成立命题,所以叫做与不共许的"小端"与"大端"相矛盾的谬误。他如有神论者对无神论者立"上帝创造万物",黑格尔学派立"绝对的实在乃无反之合",皆其例也。

九、众所共认之命题(A thesis universally accepted)(旧译相符极成过)——譬如立"声是所闻""人皆有死"之命题,无论何人均无是非然否之辩。彼此既无是非然否之辩,即众所共认,何须以三支比量(宗、因、喻)以推论乎?未立之先,已经共认,则再立之,更无新义,立同不立,费辞何用?因为意见有所不同,方须论证。今既共认,则不须更说了。

以上九种谬误命题(宗过),与知觉相矛盾,与推论相矛盾,与一己的信仰或主义相矛盾,与公共意见相矛盾,与一己的陈述相矛盾,与不共许的小端及大端相矛盾,以及众所共认的命题的谬误,皆合命题的两端的谬误。至于与不共许的"大端"相矛盾与不共许的"小端"相矛盾的谬误,乃指命题中一端的谬误。两端或一端,都是命题的要素,所以皆属命题的谬误。

命题的构成及正确命题应避免九种谬误,已如上述。但逻辑学不仅是研究命题的结构,还要研究命题与命题涵蕴的关系,此而不讲,仍未尽逻辑学之能事。所谓研究命题与命题涵蕴的关系,其关键即在成立其中一个命题之后,我们能否根据它来推论另一命题。命题间专注重在意义上相依的关系而置其他,所以称这种关系为涵蕴关系(Implicative relation),无论演绎归纳,都是注重这种关系。

　　逻辑学之事不外演绎与归纳,此固尽人而知。然若问何谓演绎?何谓归纳?二者之区别何如?则一般未必能答,答亦未必正确。在未解答之前,有一先决问题即归纳是否属于逻辑之一问题?这个问题,过去学者未加注意,普通逻辑书籍,悉将此两者等量齐观,同视为逻辑学的一部分,到近代数理逻辑学者,始发生归纳是否为逻辑之疑问。罗素《数理原理》一书,即否认归纳为逻辑,它说:"我简直认为演绎与推论间并无不同"。普通所谓归纳法,我以为非伪装的演绎,即一种成立貌似猜度的方法而已。揆其意,不啻说演绎就是推论,推论就是演绎,无非演绎的推论,即无非演绎的逻辑。翼顿(R. M. Enton)认为欲解决归纳是否为逻辑之一问题,当视吾人对于"健全推论"(Valid inference)作如何解说而定。如吾人以为"健全推论"必定要证明其结论之真者为限,则归纳非健全推论,因归纳实不能证明其结论之必真。在此意义之下,归纳固非推论,归纳亦非逻辑,然吾人若认所谓"健全推论",不必以能证明其结论之必真者为限,凡能由前提推出一种概然的结论,或科学上认为有价值之结论,亦算是"健全推论",则归纳当然是推论,归纳当然也是逻辑。归纳是否为逻辑之一问题,可依翼顿之言而决。"健全推论"之标准放宽,归纳亦属逻辑,犹"及格"一辞,严格规定为八十分,则不及八十者皆"不及格",如标准放宽至六十分即为"及格",则七十九分以下,六十分以上,皆算及格也。

由上观之，归纳在某种意义上，固属逻辑之一部分，然归纳与演绎之间仍有不同者在，此而不明，仍未尽逻辑学之内蕴。翼顿有言：一、演绎推论乃对于命题之递进的判断或接受，由某某命题而达其所涵蕴之命题，如吾人若认甲命题为真，又认甲命题之涵蕴乙命题亦真，则可断言乙命题必定不伪。此甲乙两命题之本身或真或伪可置之不论，所论者，此甲乙二命题间是否有涵蕴关系而已。换言之，演绎乃形式的(Purly formal)唯论命题与命题间之形式关系，不问命题本身之真伪。二、演绎为分析的(Analytical)，所谓分析者，指演绎之结论乃从其前提分析而得，结论之所含决不能多于大前提之所含，如云，凡恒星为炽热的气态的球体，(大前提)天狼星是恒星，(小前提)故天狼星为炽热的气态的球体。(结论)此天狼星为炽热的气态的球体之结论，实已含于凡恒星为炽热的气态的球体之大前提中，在吾人假定凡恒星为炽热的气态的体球大前提为真时，实等于假定此天狼星为炽热的气态的球体为真矣。因此有人批评演绎有窃取论点(Begging the question)之病。窃取论点者，未经证明之理由为大前提，因豫先假定其结论之为真也。三、演绎之目的，在显明表露命题之意义，如在凡恒星为炽热的气态的球体之大前提中，虽已含此天狼星为炽热的气态的球体之意义，然尚为潜伏的，迨经演绎之推论，其意义始显露无遗。四、演绎为一种证明的方法(A method of proof)。所谓证明者，即一命题由与其他命题之涵蕴关系而使之成为可信的历程。例如吾人欲证明此天狼星为炽热的气态的球体为真，其方法在表示此一命题乃由吾人认以为真之"凡恒星为炽热的气态的球体"及"天狼星是恒星"二命题而来。五、演绎所得之结论不容吾人怀疑，吾人可怀疑其大前提，决不能怀疑其结论。结论如误，误必在大前提也。

演绎之特征已如上述，则归纳之特征亦可得而言。归纳之特征与演绎适得其反。何谓归纳？简言之，即由样本以达全类之推理历程也。归纳注重样本，注重命题之实质，其目的在从一群样本或命题中求得合乎这一群样本或命题之全类或概括。归纳所究者，不在命题之形式而在命题之实质的真伪，如此蓝眼睛的白猫是耳聋的，彼蓝眼睛的白猫是耳聋的。……这一群命题中有一伪者，即不能得所有蓝眼的白猫都是耳聋的结论，此为归纳之第一特征。二、归纳志在概括，志在由分以求总。虽注意特殊之本身，而目标则在综合特殊，归之于某概括原理之中，归纳之结论，乃由前提之综合而得，因此称归纳为综合方法也。三、归纳目标既在由分以求总，则总则未得之前，此一群部分事实可以无意义，即有意义，亦非总则所含之意义。如云：若空气温则寒暑表上升，若空气冷则寒暑表下降。自其为特殊之事实言，无甚意义也。然吾人由上述之事实而得一总则曰：寒暑表依空气之温冷而升降则有意义，可见归纳全在追求意义或发现意义（Discovery of meaning），此与演绎惟将已有的意义加以表明者，迥异其趣。四、演绎目的在证明命题，在以一命题或数命题以证明另一命题，故演绎需要可靠之命题或"大前提"，然演绎之"大前提"则由归纳而得，无归纳则演绎失之空。故以推证之形式而言，归纳为演绎之一种；以推证之内容言，则归纳又为供给演绎大前提材料之源泉，故归纳可称为发明之方法而演绎则为证明之方法。五、归纳之大前提虽真，而结论未必真，归纳之结论，仅能有极高度之概然性，而无绝对真确性。如吾人每日均见太阳东升，因得"太阳永远东升"之结论。如果有人问我们为什么相信太阳明早一定东升，吾人自然是说：因为它常常每日东升，我们相信它在未来也必定东升，因为它在过去"日日东升"。假若难者更问:为什么相信它继续东升,常常像过去一样?吾人一定援引于"动律"(Law of motion)说:地球是一个自由旋转的物体,此物如无外物的障碍,必然循环不息;而今日如明早之间,外面又没有东西障碍着,它所以必"继续东升"。然而问题却在过去履行一条动律的任何数目之事件,能否作为将来也一定履行的证据?假使地球忽然与一个大的物体冲撞起来,毁坏了他的旋转,则太阳明早不出于东之可能性仍然存在也。此与演绎之前提是真则结论必真者,又复不同。

演绎与归纳的特征既明,则何谓演绎何谓归纳即已回答矣。但是我们讨论到演绎推理,已经知道这种推理只能把"大前提"到"结论",说得井井有条,丝毫不紊,至于大前提之确实与否,我们仍无从断定,换言之,即吾人不能一定说所根据的大前提是靠得住的,因此,有人批评演绎有窃取论点之病。而归纳推理是根据某类对象中一部分对象底基本属性和因果联系之研究,而做出有关此类所有对象的全般的结论。但是人类的认识是没有限度的,无论何种归纳的结论,都不会是最后的结论。所以列宁说:"最简单的真理,经由最简单的归纳方法得来的,真理始终是不完全的,因为经验始终是没有止境的。"可见归纳推理充其量只能讲到盖然律(Theory of probably),那么,我们如之何而后可呢?关于此,非几句话所能尽,我们列举中西逻辑推理方式,先作比较。

西洋演绎推理合"大前提""小前提""结论"三者而成,其式如下:

> 大前提(普遍的原则)——凡有文化皆属有智慧动物
> 小前提(联系的事实)——中国人为有文化者
> 结论(特殊的事件)——故中国人为有智慧动物

印度逻辑——因明有"宗""因""喻"三支,其式如下:

宗 Thesis　　　　　中国人为有智慧动物
因 Reason or middle term　　　以有文化故
喻 Example ｛同喻｛若有文化见彼是智慧动物(同喻体)
　　　　　　　　如印度人等(同喻依)
　　　　　异喻｛若非智慧动物见彼无文化(异喻体)
　　　　　　　　如禽兽等(异喻依)

中国墨子推理只合"小故"(小前提)"大故"(大前提)二者而成,其式如下:

小故——中国人(宗依)是有文化(因)
大故——凡有文化皆属智慧动物(同喻体)

墨子之推理,初因,次喻体,不须先立因明之"宗",或后加演绎之结论也。虽但有小前提大前提而无结论,然彼先小前提后大前提,中端(指有文化)一名相抵,结论已在其中矣。三支所用三端(大端、中端、小端)同。而西洋逻辑三端皆两见[指智慧动物(大端)有文化(中端)中国人(小端)各二见]。因明之宗依中国人但一见,墨子则"有文化"两见,余皆一见。故此三种推理方式,在自己寻求知识而言,墨子最为简捷,然建设言论举以晓喻他人,(他比量)藉正证有反证无,使所立之"宗",颠扑不破,则又须以因明之三支为最谨严矣。演绎推理与墨辩,斯其短于因明也。

因明与演绎推理虽同为三部所组成,惟其次序略有不同。演绎推理的三段论法,先示大前提,次示小前提,后示结论。而因明三支先示立论宗旨,相当结论;次示立论所依据之理由,相当小前提;后举譬喻以证宗,其喻体略当大前提,喻依则为其所独有,并含有归纳之意味,此其不同也。三段论法意在示立说原因与归结之关系,惟先列大前提,后出结论,未免有窃取论点之病。如云中国人是否为有智慧动物也,由小前提之介绍,中国人与有文化虽发生关系,但有文化是否即为有智慧动物,尚无凭藉。则凡有文化皆属有智慧动物,从何说起耶?立者既不能尽取世界上属有文化现象而一一验之,则凡有文化皆属有智慧动物,又何所据以言"凡"耶?既言凡矣,则是智慧动物抑非智慧动物未定之中国人,不得不包括在内。根据以推论的普遍的原则之大前提尚不可恃,由大前提所得到之结论,复安足问耶?又既言有文化皆属有智慧动物矣,中国人为有文化之一,具有智慧动物之性,当不能超出其他有文化之外。循此推理,非由既知推求未知,直以既知包括未知也。因明论未知者曰宗,谓尚待成立之宗旨;举已知者曰喻,谓众所共知之比喻;已知未知共通之点因,谓据以推论之理由。推理方式,先示论旨,次示理由,后示例证,可谓顺思想进行之自然程序。且喻体中从"若是某某见彼某某"为解,不用"凡"或"所有"全称肯定字眼,自无窃取论点之病也。

复次,中国人是智慧动物命题(宗),印度逻辑——因明以中端三特征(Three characteristics of the middle term)(旧译因之三相)作辨别真伪之准绳,实可补充充足理由原则(Principle of sufficient reason)之不及。中端三特征:一、整个小端必系于中端(The whole of the minor term must be connected with the middle term)(旧译遍是宗法性)即研究属性(Attribute)的关系。如提出中国人是有智慧动物的主张,以有文化故为理由,第一要研究便是整个中国人(小端)必系于有文化(中端),换言之,有文化这个中端彼此必须共同承认于中国人这个小端有遍满性质之意。假使所举中端,不是与所主张的小端有必然的联系,我们根本就不能用它来成立命题的。因为中端与小端如不发生联系,则陷"不成"The unapproved 的谬误。如对方不承认中国人是有文化,就可以不承认中国人是智慧动物,此第一特征,质言之,即共同承认中国人具有有文化一德而已。二、中端所指一切事物必与"大端"所指事物相一致(All thing denotes by the major term must be homogeneous with things denoted by the major term)(旧译同品定有性),《墨经》与穆勒名曰合同法(Method of agreement)。如前例,中国人与智慧动物分开,本彼此共同承认,然二者联合起来构成一命题,以智慧动物为中国人的宾辞,则为立论者所许,而非敌论者所许,双方争执,就在这一点。今敌者虽不承认中国人是智慧动物,然中国人是有文化则彼此共同承认,遂以共同承认有文化这个中端,联系到命题的主辞(小端)上成立不共同承认命题的大端(宾辞)说:中国人是有文化,若是有文化见彼是智慧动物为同喻体,又有印度人为同喻依,则中国人是智慧动物,可以无疑矣。以"智慧动物"这个大端为"中国人"之宾辞,从前敌方不许,至此亦无异议。因为命题所依据的理由正确与否,一定要举例为证,免使敌方驰于想像,能得事实于当前,此为研究因果性之关系。中国人是智慧动物这个命题,虽未经对方承认,但以有文化为理由,且有同类的印度人作证,那么中国人是智慧动物已有成立可能。盖印度人同是有文化为中国人的真正联系的事实,理由非常充足,联系的事实所举的例证与命题的宾辞(大端),一点也没有违背,所以说中端所指一切事物必与大端所指事物相一致。质言之,即所举同类的例证,一定要和命题的宾辞成正相关是也。三、凡与大端相异之物,必不与中端相一致(None of the things heterogeneous from the major term must be denoted by the middle term)（旧译异品遍无性），《墨经》与穆勒名曰差异法（The Method of difference）。如前例，有文化是智慧动物举有同类的印度人为证，则中国人是智慧动物固可成立矣。但深恐有文化这个中端范围太宽，能溢入异类事物之中，世界上如有虽属有文化而非智慧动物，那么对方可以依此而出"不定"（The uncertain）的谬误说：中国人因有文化所以是智慧动物呢？还是如某某是有文化而非智慧动物呢？所以更须举与命题异类事物，如禽兽等与命题的宾辞（大端）站在相反的地位，证明若非智慧动物见彼无文化，即可反证若是有文化者之必是智慧动物，所以说凡与大端相异之物必不与中端相一致。这样限制，理由之正确，更为明显。总而言之，一个命题必须具备这三个特征。缺乏第一特征，中端不是命题的主辞（小端）上决定有的某德，不成与命题有关的理由，那么，对方利用这一点，就可以推翻全案。缺乏第二特征，不能决定命题的宾辞（大端）之是。缺乏第三特征，不能免去与命题的宾辞反面之非。致真去伪，这三个特征非常重要。所不同者，前一特征，考定命题中主辞之属性（Attributive）关系；后二特征，研究命题宾辞正反的因果关系耳。试图如下：

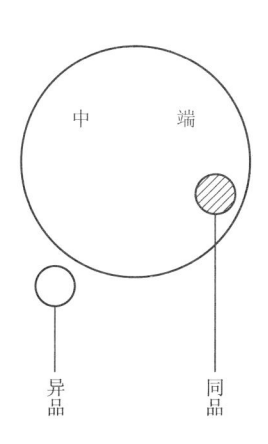

以上中端的三个特征不仅说明命题本身的结构，并且说明命题与命题间的涵蕴关系。假使缺乏第一特征，则发生"不成"(The unapproved)的谬误；缺乏第二第三特征，则有"不定"(The uncertain)及"相违"(The coutradictory)的谬误。今举例说，说明如下，藉知中端三特征在论证上是如何的重要。

中端的谬误(Tallacies of the middle term)共有三类："不成""不定"及"相违"。

一、不成就是所举理由不能成立命题。前面说过，中端须具备三个特征，成立命题，始无谬误。现在缺乏第一特征，所以名为不成。不成有四：

（一）中端双方咸认为缺乏真实性时(When the lack of the truth of the middle term is recognized by the both parties)的谬误（旧译两俱不成）——如立鳝是鱼命题，以生息陆地故为理由。然此生息陆地这个中端，双方咸认缺乏真实性。换言之，即立敌两方咸认此生息陆地这个中端与命题鳝这个主辞（小端）是毫无关系的。

（二）中端惟一方认为缺乏真实性时(When the lack of the truth of the middle term is recognized by one party only)的谬误（旧译随一不成）——如立人性是善命题，以上帝所造故为理由。然此上帝所造故这个中端，惟宗教家许，科学家不许，所以说是中端惟一方认为缺乏真实性时的谬误。须知凡是中端，必须立敌两方咸认为真实性的。

（三）中端之真实性有疑问时(When the truth of the middle term is questioned)的谬误（旧译犹豫不成）——如立隔岸之火命题，以仿佛是有烟故为理由。中端必须以肯定的语气出之，方能成立命题。今仿佛是有烟故这个中端本身既犹豫不决,便令人对于命题也发生疑问;既不能令人生决定解,所以中端之真实性有疑问时的谬误,自当避免。

（四）当中端是否属于小端发生疑问时(When it is questioned whether the minor term is predicable of the middle term)的谬误,（旧译所依不成）——如立灵魂是清净命题,以上帝所付与故为理由（中端）但灵魂这个小端科学家根本不承认,还谈什么上帝所付与呢?还有,科学家也不承认有上帝,还谈什么付与呢?这就是"上帝所付与"这个中端,是否属于"灵魂"这个小端发生疑问的谬误。又如机能派对行为派心理学者立:意识是实有命题,以它引导有机体适应环境帮助生命的保存和发展故为理由。然行为派根本不承认有意识存在,"引导有机体适应环境帮助生命的保存和发展"这个中端,无所依附,其谬误亦同。

二、不定者,意思是说:用此"中端"虽能成立命题,但不一定能成立正面的命题,故名"不定"。因为"中端"必须同品有,异品无,方能成立命题。今缺乏中端后二特征,同异品中中端都和它发生关系,或不发生关系,没有揩准,故名"不定"(The Uncertain)。不定的谬误有五:

（一）中端过于广泛,致可系属于两个矛盾的大端时(When the middle term is too general, abiding equally in the major term as well as in the opposite of it)的谬误（旧译共不定）——如立中国人是有智慧的动物命题,以有两眼故为理由,同喻如印度人,异喻如鸡犬。但是有两眼故的中端范围太宽,于同品印度人及异品鸡犬皆悉遍有,不能为中国人是有智慧动物命题之理由。我们可以指出不定说:究竟如印度人有两眼故,所以中国人是有智慧的动物呢？抑如鸡犬有两眼故，所以中国人非智慧的动物呢？

前主观唯心论者柏克利（G. Berkeley 1689—1757）主张"存在即被吾人觉知之谓"（To be is to be percieved），换言之，吾人所知之境即意象或观念，此意象由吾心造，不托本质而起，意象外别无本质。西洋学者鲜能从逻辑方面指出其谬误者。其实柏克利主张正犯"中端过于广泛致可系属于两个互相矛盾的大端时"的谬误。盖如谓身外之境，即系意象，许被觉知故，则中端有"不定"失。以世间真无之物，如龟毛兔角等一经思及，亦已成为意象或观念，此被觉知故之中端，于同异类皆共遍有，理由过于广泛，故为不定说：为如龟毛兔角，许被觉知故，身外之境非意象呢？抑如山河大地等，许被觉知故，身外之境是意象呢？可知柏克利谓"存在即被觉知"，充其量只能谓凡为吾人所知者，必构成吾人之意象，或意象惟是实体之反映，断不足证明宇宙一切悉皆意象，此意象别无本质，更不能说此意象不托本质而起了。试图如下：

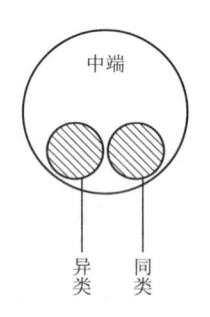

（二）中端过狭致不能系属于"大端"或其相反的大端时（When the middle term is not general enough abiding neither in the major term nor in its opposite）的谬误（旧译不共不定）——如立声是永

久存在的命题,以耳所闻性为中端。然此所闻性中端,唯声上有,声外一切皆非所闻,若立此者,不惟不能永久存在之异类,无此中端,即除声以外,所余永久存在的同类亦无此"中端"。异类远离中端固属需要,同类远离中端则无从决定。质言之,即缺乏中端之第二特征而来,由是同异类中,中端悉皆非有,为作不定云:为如空等体是永久存在性非所闻,而声为所闻,体即不能永久存在呢?抑如瓶等体是不能永久存在,非所闻性,而声为所闻,体即永久存在耶?缺第二特性,故名中端过狭,致不能系属于大端或其相反的大端时的谬误。试图如下:

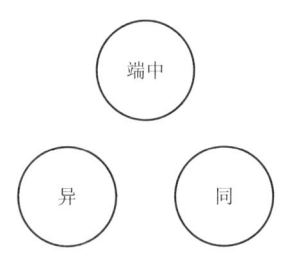

中端

异　　同

（三）当中端可纳于与大端相同之一部分事物及与大端相异之全部事物时（When the middle term abides in some of the things homogeneous with, and in all things heterogeneous from, the major term）的谬误（旧译同品一分转异品遍转）——如立黛玉是不能生育命题,以是女子为中端,同喻如女子,异喻如男子①。然是女子这个中端,只可容纳与大端相同不能生育一部之女子,不能容纳能生育之女子,但可容纳与大端相异全部之男子。质言之,即同分（同品一分有一分非有）异全（异品有）之过也。试图解如下:

---

① 原文所举命题有误。应改为:"如立黛玉是女子命题,以是不能生育为中端,同喻如女子,异喻如男子。"——编者注

中端

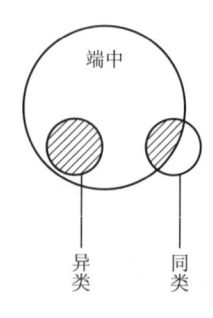

异类　同类

（四）当中端可纳于与大端相异之一部分事物及与大端相同之全部事物时（When the middle term abiden in some of things heterogeneous from, and in all, things homogeneous with, the major term）的谬误（旧译异品一分转同品遍转）——如立林和清是男子命题，以不能生育故为中端，同喻如男子，异喻如女子。此不能生育之中端虽可容纳与大端相同全部之男子，然不能容纳与大端相异全部之女子，以女子亦有一部分不能生育故。质言之，即异分（异品一分有一分非有）同全（同品有）之过也。试图解如下：

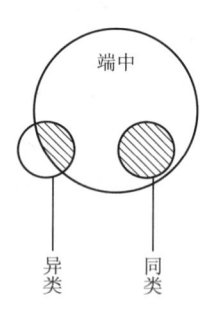

中端

异类　同类

（五）当中端可纳于与大端相同或相异之一部分事物时（When the middle term abides in some of the things homogeneous with, and in some heterogeneous from, the major term）的谬误（旧译俱品一分转）——如立孔子是男子命题，以是教师故为中端，同喻如

男子,异喻如女子。然以是教师故这个中端,可纳于与大端相同如其他男子之一部分,亦可纳于与大端相异如其他女子之一部分,因男女皆有一部分是教师,一部分非教师也。试图解如下:

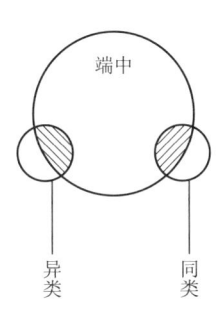

（六）两无谬误的矛盾命题。即命题及其相反命题各有显然健全的理由支持之（When there is a non-erroneous contradiction i. e. when a thesis and its contradictory are supported by what appear to be valid reason）的谬误（旧译相违决定）——今如有人主张云:因为某种理由,所以甲是乙。另一人与作相反的主张云:因为某种理由,所以甲不是乙。假使这两个主张其中一个理由健全推论无误,另一个或则理由不健全,或则推论有过失,那么前一主张当然可以摧伏后一主张,而是非的判分亦不成问题。两无谬误的矛盾命题则不然,两个相反的主张各具显然健全之理由支持,各合推论的规律,无从判定其一是一非。《列子·汤问》有一段话:

> 孔子东游,见两小儿辩斗,问其故,一儿曰:我以日始出时去人近,而日中时远也。一儿以日初出远,而日中时近也。一儿曰:"日初出如车盖,及日中则如盘盂,此不为远者小而近者大乎?"一儿曰:"日初出沧沧凉凉,及其日中如探汤,此不为近

者热而远者凉乎?"孔子不能决也。

此中所说从现代的物理学看来,当有不精审之处,但在当时的知识程度,确已认为这两种主张均属无懈可击,在孔子至少认为是。因此是①两无谬误的矛盾命题。

关于事实的认识,可做真正两无谬误的矛盾命题,殆未必有。但是价值的衡量,则几于无一不可以作两无谬误的矛盾命题看待。斯大林说得最透辟:

> 我想起十九世纪五〇年代的俄国形而上学家,他们执拗地向当时的辩证家询问雨对于收获是有益的还有害的,要求他们给一个"斩钉截铁的"答案。辩证家们毫无困难地证明了这样提问题是完全不科学的,在天旱的时候雨是有益的,而在多雨的时候都是无益而且甚至有害的。因此,要求对这种问题给一个"斩钉截铁的"答案,是显然的愚蠢。

雨之为物,能润湿干燥的土地,保护播种并使种子能生长,也能淹没禾稼,所以我们可以主张天旱的时候雨是有益的,他方面又可以主张在多雨的时候,却是无益而且甚至有害的。这两种主张皆持之有故,言之成理,不能判别其为一是而一非。又如姚燧《寄征衣》(越调凭阑人)云:

> 欲寄君衣君不还,不寄君衣君又寒。寄与不寄间,妾身千万难。

---

① "因此是",依文义补。——编者注

一方面主张君衣欲寄因为君寒故,他方面亦可主张君衣不寄,因为君不还故。亦两无①谬误的矛盾命题之一例。本刊第八期载有陈真如先生"我的禅观"一文,论一切法无自性义,所举四例极具体,均可做两无谬误的矛盾命题看。

吾人对于事物的价值欲作公正的衡量,应当善运用两无谬误的矛盾命题。我们根据某一些条件,考察其无益的,而且甚至有害的。一个思虑不容易周到,所以他人若有反对的主张应竭诚欢迎,藉以补助自己思虑之所不及,并以补救自己的偏见。

两无谬误的矛盾命题,以其无法判别是非,故称之为不定过。此所云不定过者,即两者孰是孰非不能确定也。然印度逻辑亦不欲令其终于不定,亦许用他种理由予以论定,至于吾人衡量时之运用两无谬误的矛盾命题,更非欲显示其是非不定,不过欲藉其各有是处,只有辩证地思考,才可能正确地提出和解决这个问题而已。

两无谬误的矛盾命题的效用,略当孙卿所谓"兼权",事物一经兼权,其善恶可以毕露,利害可以并陈,即其积极的与消极的价值可以全部把握了。但知道了事物的有善有恶有利有害而迷其所取舍,不能作究竟的抉择,则是非陷于不定而兼权反为赘疣,所以必须更进一步"兼权"之后,继以孙卿所说的"熟计"。所谓熟计,亦即普通所说的权衡轻重。兼权的结果,既将事物的各种价值罗列眼前,我们便可以于其善恶之中比较其大小,于其利害之中比较其轻重,更可以依其善恶利害的大小轻重估其应得的价值,这样熟计之,终不蔽于一曲。

三、相违者,意思是说:假使以原有中端不能成立原有命题,反能成立与原有相反的命题,故名相违。因为中端一定须同有异

---

① "两无",疑作"两"。——编者注

无,方无谬误。不然,同无异有,中端和原有命题乖反,适成反面的命题,此亦缺乏中端后二特征而来,故成相违。相违有四:

(一)中端与大端相矛盾时(When the middle term is contradictory to the major term)的谬误(旧译法自相相违)——如立神仙不死命题,以有生故为中端。然此有生故之中端,反能成立神仙必死的命题,不能成立神仙不死之命题。盖有生之物,见彼必死也。

(二)中端与大端的意许相矛盾时(When the middle term is contradictory to the implied major term)的谬误(旧译法差别相)——如古代印度数论立:眼等必为他用命题,以聚积成的为中端,如卧具等。"他"这个大端,数论言内所含蕴之意,在非积聚成之"神我"所用,然无神论仍用其中端,以斥其"他"之言内所含蕴之意之非云:

　　眼等但为积聚成之假我用,决不为非积聚性之神我用——宗

　　因为积聚成故——因

　　如卧具等——宗

盖积聚成的卧具,既为积聚成眼等身体所用,则积聚成之身体,亦决为积聚成的"假我"用,决不为非积聚成的"神我"所用。反之,神我既本有常住而非积聚成,则不能用于眼等。夫何以故?现见卧具但为积聚成的身体所用故。积聚成卧具,既但为积聚成的身体所用,则积聚成身体,又岂为神我所用哉?况果有神我,而神我既不须卧具,又何须用身体耶?

(三)中端与小端相矛盾时(When the middle term is inconsistent with the minor term)的谬误(旧译有法自相相违)——如一神论者立:灵魂是永存的命题,非物质故为中端,如心为例证。然用非物质故为中端,适成相反的命题:汝之灵魂应非灵魂,非物质故,

如心。盖心非物质,心非灵魂;灵魂非物质,灵魂亦应非灵魂也。

（四）中端与小端之意许相矛盾时（When the middle term is inconsistent with the implied minor term）的谬误（旧译有法差别相违）——如前中端,即于前命题小端之意许作"不灭"解,亦能成立与此相反命题,作非不灭解。今遂破云：灵魂非不灭,非物质故,如心。盖心非物质,心非不灭;灵魂非物质,灵魂亦应非不灭也。此量如站在唯物观点提出,尤为适合。

以上所说中端的三特征及应避免"不成""不定""相违"各种谬误,是论证或推理重要的规律,现在还要讨论如何避免同喻及异喻各种谬误,因为喻体与大前提有关,喻依与归纳问题有关也。同喻体及同喻依的谬误有五。

一、与中端不相同之一例（An example not homogeneous with the middle term）的谬误（旧译能立法不成）——如立蚂蚁是昆虫命题,因为能合群故为中端,若能合群者见彼是昆虫为同喻体,如蜘蛛为同喻依。蜘蛛是昆虫与命题的大端是相合的,然蜘蛛无合群性却与中端不合,所以说是与中端不相同之一例的谬误。

二、与大端不相同之一例（An example not homogeneous with the major term）的谬误（旧译所立法不成）——如立蚂蚁是昆虫命题,以能合群故为中端,若能合群者见彼是昆虫为同喻体,如马等为同喻依。马有合群性固与中端相合,然马非昆虫,与大端不合,所以说是与大端不相同之一例的谬误。

三、与中端或大端均不相同之一例（An example not homogeneous with neither the middle term nor the major term）的谬误（旧译俱不成）——如立猫为家畜命题,以驯性故为中端,若是驯性者见彼是家畜为同喻体,譬如猛虎为同喻依。然猛虎既非驯性即与中端不同，非家畜又与大端不同。

四、明示"中端"与"大端"间缺乏普遍联系之一同喻(A homogeneous example showing a lack of unversal connection between the middle term and the major term)的谬误(旧译无合)——如立屋宇是不能永存命题，以造作成故为中端，譬如卧具为例证。此式未将中端与大端普遍的联系说出，只举卧具为例，不能作有力的证明。质言之，即缺乏"若是造作成的见彼不能永存"之同喻体的联系之说明也。

五、明示中端与大端之间具有倒置连系之一同喻(A homogeneous example showing an inverse connection between the middle term and the major term)的谬误(旧译倒合)——如立孔子必死命题，以是人故为中端，若是死者见彼是人为同喻体，如孟子荀子为同喻依。本来同喻体中，应当先说中端后说大端，因为大端范围一定比中端宽。我们只能说："若是人者，见彼必死"，都①不能说"若是死者见彼是人"，因为禽兽昆虫等也会死，然却不是人。所以在同喻体结构，若先说大端后说中端，就犯了明示中端与大端之间具有倒置联系之一同喻的谬误。

异喻原有简滥的作用。凡举与中端异类之例证，必须与命题的宾辞(大端)居于相反之地位，以作反证，故异喻体及异喻依亦有五种谬误均应避免，今以次胪列：

一、与大端相矛盾之事物并非不相同之一例(An example not heterogeneous from the opposite of the major term)的谬误(旧译所立不遣)——如立声是常在命题，以无体质故为中端，若非常在见彼非无体质为异喻体，如原子等为异喻依。异喻的作用原为简

---

① "都"，疑作"却"。——编者注

滥,所以必须与同喻相反,然此异喻依之原子,与中端(无体质)却是相异似堪作异喻。然原子是常在与命题的大端(宾辞)却是相同了。所以说是与大端相矛盾并非不相同之一例的谬误。又如立蚂蚁是昆虫命题,以能合群故为中端,若非昆虫见彼不能合群为异喻体,如蟋蟀为异喻依。蟋蟀与中端合群是相异,然蟋蟀仍属昆虫与命题大端并非不相同了。其过同上。

二、与中端相矛盾之事物并非不相同之一例(An example not heterogeneous from the apposite on the middle term)的谬误(旧译能立不遣)——如立蚂蚁为昆虫命题,以能合群故为中端,若非昆虫见彼不能合群为异喻体,如马等为异喻依。马与大端昆虫固然相异,然马能合群与中端并无不同,所以说与中端相矛盾并非不相同之一例的谬误。

三、与中端及大端均非不相同之一例(A heterogeneous example showing an absence of disconnection between the middle term and the major term)的谬误(旧译俱不遣)——如立声是常在的命题,以无体质为中端,若非常在见彼非无体质为异喻体,如虚空为异喻依。然虚空之一例既是无体质,即与中端无不同;虚空是常在,与大端又无不同,所以说与中端及大端均非不相同之一例的谬误。

四、明示"中端"与"大端"间缺乏分离作法说明之一异喻(A heterogeneous example showing an absence of disconnection between the middle term and the major term)的谬误(旧译不离)——如立金刚石是可燃命题,以炭素物故为中端,譬如冰雪为异喻依。此式未将中端与大端分离之关系说出,只举冰雪为例,不能作有力之反证。质言之,即缺乏"若不可燃见彼非炭素物"异喻体作法之说明也。

五、明示中端与大端之间并无颠倒分离之一异喻（A heterogeneous example showing an absence of inverse disconnection between the middle term and the major term）的谬误（旧译倒离）——同喻正证，先中端后大端，以见"说因（中端）宗所随（大端）"。异喻反证，先大端后中端，以见"宗（大端）无，因（中端）亦不有"。不然，同喻则有"倒合"之过，异喻则有"倒离"之过也。如立某甲必死命题，因为是人为中端，若不是人见彼不死为异喻体，譬如石火等为异喻依。异喻规律应先说大端后说中端，故应言"若不死都不是人"。而今却说"若不是人都不死"，但禽兽虽非人类，仍不免一死，所以说是明示中端与大端间并无颠倒分离之一异喻的谬误。

以上所说中端的三个特征及应避免"不成""不定""相违"等各种谬误，是"比量"在辨别真伪上重要的规律。但是这种用已知的经验比知未知的事物，充其量，只能得宇宙间一切事物的共相（普遍）而已。至于自相（特殊）则毫无所与，所以我们除了"共相"，还要知道"自相"。

何谓自相？《集量论》说："诸法实义，各附己体为自相。"（此法字泛指宇宙间一切事物，略当英文的 Things 字）。自相有二义：一约世俗，凡有体显现，得有力用，引生能缘者，是谓自相。二约胜义，凡离假智及诠，恒如其性，谓之自相。质言之，自相即宇宙间一切事物之本来面目是已。但是这种自相，瑜伽学派认为唯属自内证智之所证知，绝非思虑名言之所能表诠。假使思虑名言能得事物之自相，那么如火以烧物为它的自相，说火的时候火就应烧口；思火想火的时候，就应烧脑。我们说火时口并不被烧，思火或想火时，脑亦并不被焚，可知所思所说并非火的自相，只是贯通诸火（厨火、灯火以及山野之火)为彼共相。

何谓共相?《集量论》说:"假立分别,通在诸法为共相。"《大疏》说:"以分别心假立一法,贯通诸法,如缕贯华。"譬如说"花",遮余非花,一切桃李等都包括在内。乃至说"人",遮余非人,一切智愚贤不肖都包括在内。贯通诸法表示不唯在一事体之中,逻辑上名曰"概念"。概念者何?概括的观念也。在英语曰 Concept(Con = together,Cept = to take),有集取之义,即将数种观念比较分别其属性之共通与不共通者,集其共通者而取之以成一概念也。例如桃李梅菊等花之属性,互有异同,择其同而舍其异者,总名之曰花。花之一名,即一概念也。但是这些概念唯是假立,起初并非实有,思想及文字语言所能办到,惟此而已。关于此,或许有人会说:假使说火不得火之自相,那么唤火亦可得水,同样,唤水也可以得火,因为都不能得到自相。这种说法是不对的。须知一切语言文言有遮功用,也有表的功用。说火的时候除掉不是火,非得火之自相,而所以得火又不得水者,正因为一切语言,文字有表的功用,所以只能得于火,不会得于水。依瑜伽的道理,假名不能诠表实相,更有四重意义:"一者若谓名能诠实,于一实事,得有多名,名既成多,事亦应多,事既非多,名唯假立"。如《尔雅》说:"犬未成豪曰狗。"《说文》说:"犬,狗之有悬蹄者也"。依前说狗是犬之一种,依后说犬是狗之一种,可知狗犬的概念都是假立的,"二者若谓名能诠实,于一实事,可有异名,名既有异,实亦应异;今事非异,名唯假立。"譬如江淮河汉都是水的异名,峰峦岭岫都是山的异名。若许名称其实,一个物体上那容有这许多名呢?不过立这许多的名都要观察这个物体上所应有的义,不是漫无限制而已。其实何尝有一定呢?须知所说这应有的义是由观察所得的是由"想心所"(Ideation)

的,都是意识所增益的,这义不是实有的物。实有的物是要离了意识的增益,方能求得到的。这义既不是实有,依义而立的名当然亦非实有了。所以说一切名都是假立的。"三者名能诠实,若谓名先于实,由此名故,得有实者,则实未生时,名亦不起,世间诸法要先有实,后乃起名。实之不存,名亦何有?名且不有,何能诠真?"假使说名先于实,因名得实,不应道理。"四者若谓名后于实,能诠实者则名所计实,何于未起名时,实觉不起?依事起名,名之所诠要仍彼名与实无关。"譬如马之一名,在未成立之时,见者并不作"马"想,必经种种之分析综合,将见此为喻乳类,此为有蹄类,此能负重而疾走诸判断,意识上才会起"马"的感觉,感觉以后,对着别人才会说道:这是马呀!这是马呀!这样看来,名先于实,则名且不生;名后于实,则实觉不先名而起。所以我们虽依事起名,但名之所诠还是假名,于实无关。所谓"名无得物之功,物无当名之兆",略同此意。从此可知思想所能想到,语言所能说到,都不是事物之自相。然则欲知"自相"又当如何耶?在瑜伽学派看来,吾人欲知自相,只有凭着"现量"。量是规矩绳墨准确刊定之义。凡构成知识之过程及知识之本身悉名曰量。现量有三义。欧阳竟无先生有言:"事本现在,不由乎人望后扳前。事自现成,不由乎人逞私营己。事原显现,不由乎人索隐钩深。"《因明入正理论》云:"此中现量,谓无分别。若有正智于色等义,离名种等所有分别,现现别转,故名现量。"无分别者,非取全无,惟指能量智于所量境,远离依他起上假施设之一切名言分别,一切种类分别比量三相之诸门分别,名无分别。若有正智于色等义者,此中有二要义:一能量智正,言正简邪,即现量智,须拣迷乱无记等。二所量境真,色等谓所量,义即是境,即现量境,等者等取声、香、味、触、及法,此拣空华毛月等,虽无分别,非现量故。离名种等所有分别者,此正解释前无分别义,此中分别略如上述。文中言等,即等此也。三种分别但于色等义上,貌似显现证知而不如于境之自相,增益有故,非真实有,若离此者,方现量境。离谓远离,释前无分别之"量"也。现现别转者,清净居士释云:"谓现量智,刹那刹那,相续生起,此中刹那,唯约现在双简过去未来,即《瑜伽论》所谓'非己思应思'之义也。由现量智,从种生现,才生即灭,实无住义。种各别生,现非一体,是故说言现现别转。转,生起义。谓现量智,从种生现,及托色等为缘而生。此智生起,由不共缘;各别能证诸法一一自相。如是自相,不通余有;故名为别。"

总之,印度逻辑(因明)以现量比量为依归,盖由所量之境不外"自""共"二相故。宇宙间一切事物之实义各附己体为自相,能知之者曰现量。假立分别通在一切事物为共相,能知之者曰比量。前者乃"感性"所有事,后者乃"理性"所有事。知识之中除"自""共"二相外,更无量境,故能知之量,亦莫由成三。

印度逻辑推理与推论式的发展及其贡献[*]

稍为涉猎过古代中印文化交通史的人大概都知道：玄奘去印度留学临回国时，在戒日王所主持的无遮大会上，立了一"真唯识量"①，经过十八天，没有人能改动它一个字，创造了运用印度逻辑宗、因、喻三支推论式的光辉典范。但是印度逻辑宗、因、喻三支推论式，是公元第六世纪印度逻辑泰斗陈那把它肯定下来的。这种推论式，他是否有所继承，有所发展呢？如有继承，他是怎样继承？如有发展，他又发展了什么？到了公元七世纪中叶，达玛诘坚决主张譬喻在推论式中不是重要的部分，这种主张是不是还值得商榷？

---

[*] 本文原载《哲学研究》1957年第5期。——编者注
① 玄奘"真唯识量"原文是这样：
〔真故极成〕色定不离眼识——宗（论题）
〔自许〕初三摄眼所不摄故——因（论据）
若自许初三摄眼所不摄者——见其不离眼识——同喻体，如眼识——同喻依（正论证）
若离眼识，见其非自许初三摄眼所不摄者——异喻体，如眼根——异喻依（反论证）
此三支推论式（比量）论题主词前，加"极成"两个字，以有所对故。因为玄奘于无遮大会上立量，对象有小乘各种学派和一般人，如果只说"色"，就各有各的见解，说"极成色"就知道是尽人所知的"色尘"（Sight object）。系宾词说："定不离眼识"，也许有人以为"论题与世间相违"，因为世间现见"色尘"与"眼识"为二故。玄奘加"真故"两个字，表示是站在"胜义谛"提出这个论题。论据是说明色尘之所属。玄奘自宗瑜伽学派，把宇宙万物归纳为十八界，复分六类，每类有三种：就是根、尘、识。色尘定本（"本"，疑作"不"。——编者注）离眼识，根就不一定，所以说"初三界摄"；又简别说："眼（根）所不摄。"其次，小乘与其他学派，认为"根"是能知，大乘以"眼识"（Consciousness dependent upon sight）为"能知"，玄奘立这个量用初三摄为论据，无非是想启发对方，了解能知与所知是同体不离了。

如果譬喻不能废除，还需要采用宗、因、喻三支推论式，其理由和现实意义又是怎样？这篇论文就是想粗略地来讨论这些问题。

从印度逻辑角度看，根据中词的三个特征的充足理由使对方对所立的论题，有决定而正确的理解，叫做推理（比量）。不过，印度逻辑把推理分为两类：一、自己了解事物的正反联系的作用，叫做"自身推理"（Inference for oneself，玄奘译为："为自比量"）。二、把事物正反联系传授给别人，或是提出论题，用正确的理由和例证来加以推论，叫做为人推理（Inference for Another，玄奘译为"为他比量"）。这两类推理的性质，基本是一样的，不过自身推理偏重用思维，而为人推理偏重用语言而已。

为人推理主要既是以语言做媒质，来提出自己的主张，用正确的理由和例证来加以推论，运用起来，当然要有一定的作法，也就是说需要有一定的推论式（Syllogism）。印度尼也耶学（Nyāya School）派的首领阿格沙巴达·乔答摩把过去推论式十个部分改为五分推论式，新印度逻辑学家陈那又把它精简改为三支推论式。由十分推论式改为五分推论式，由五分推论式又精简成为三支推论式，这不仅是形式上的简化，实际上也意味着在性质上有所改变了。现在，先从尼也耶派谈起，我们就不难看出印度逻辑推理与推论式是怎样发展起来的。

阿格沙巴达·乔答摩虽然是站在尼也耶派的首位，关于逻辑的推理一般地有联系的重要学说的材料是很有限的；但是他对推论式学说的证明，是有很大的价值的，因为他指出单纯的辩论术到逻辑的逐渐发展的过程。《尼也耶经》的注释者伐兹耶那（Vatsyayana）在这方面和乔答摩站在同等的地位。他阐述乔答摩所评述过的推理的过程方面，肯定地指出推理的过程是极端细致的，不容易了解的;而且只有博学和有才能的人才能够掌握它。这样的自白是有重要的意义的,因为它使我们体会到发现逻辑推论的确切内容的初步知识是多么困难,即使乔答摩在世时,逻辑推论的正式程序已经稳固地建立了。

乔答摩主张把推论式分为五部分:(Avayava)

一、命题(宗)[The proposition (Pratijna)]

二、理由(因)[The reason (Hetu)]

三、例证(喻)[The example (Udaharana)]

四、应用(合)[The application (Upanaya)]

五、结论(结)[The conclusion (Nigamana)]

但伐兹耶那昭示我们别的学派把推论式增加到十个部分。这样的区分,很有可能是代表乔答摩以前流行着的一种观点。而乔答摩对于推论式的贡献包括扬弃五部分,因为这五部分在结论方面,正如乔答摩的注释者所指出,并没有正当的地位,它们仅仅在讨论"论题"时,扮演某种角色。这些角色是:

一、求知的愿望[The desire to know (Jijnasa)]

二、质疑[The doubt (Samcaya)]

三、对于解答问题可能性的信心[The belief in the possibility of solution (Cakyaprapti)]

四、达到结论所抱的目的[The purpose in view in attaining the conclusion (Prayojana)]

五、消除疑问[The removal of doubt (Samcayavyudasa)]

从上述十个部分,我们得到一个用正规方式探讨逻辑过程的发展和以前讨论问题的缩影;同时,可以看出扬弃那些与达到结论没有直接关系的五个部分,是一个重要的发展。

在各学派较后期的逻辑,它们把乔答摩的逻辑体系用形式逻辑的推论式表达如下:

> 这山有火。
> 因为它有烟。
> 所有有烟是有火,如厨房。
> 此山也是这样(有烟)。
> 所以此山有火。

这样的推论,必然是依靠着肯定一个存在着烟和火之间的普遍联系。但是我们是否能把这个概括(法则)归功于乔答摩一个人呢?当然不能。乔答摩仅仅制定这样的原则:那就是理由证明所要成立的命题,是通过相类似的例证,不是通过不相类似的例证。举例要具有那理由的特征,因为它和命题相类似,或者是举例没有具备那理由的特征,因为它和命题不相类似。

我们不可能来反对这样的结论说:上列推论式的第三部分不过是一个例证;或者说,那原先的程序(指乔答摩的五分推论式)并不知道对一个普遍规律的公式化。这样的看法得到下列的证实:
一、经过不少的困难,例证是和真正普遍的命题一致起来的事实。
二、乔答摩推论式程序的第四和第五部分的原文是:

> "这样是这个"(如此是此)[Thus is this (tatha cāyam)]
> "所以这样"(所以如此)[Therefore thus (is it) tasmat tatha]

乔答摩特别指出在应用的时候,结论是依靠着例证,而这是由"这样"(如此)这个字充分证实。而"这样"这个字,必须引证于"如"(as),如第三部分例证所举的厨房;同时在第五部分"这样"(如此)这个字,又必须说明它是引证到第三部分的"例如"。换句话说,第四部分"这样"是代表着"烟",第五部分"这样"是代表着"火",无论烟和火都与第三部分厨房的例证有密切的联系。

伐兹耶那虽构思多种推论式,特别是他的注释《正理经》的第五册的第一个 Ahnika,他的最大的贡献就是采取以下形式。观察到厨房有烟同时也有火。关于推理可以通过一个普遍的命题这一回事,这个学派尚未体会到,因为它的推理还停留在穆勒所认可的"从特殊到特殊"的类比(analagy)方式。我们可以看出,这样推论方式的来源是归因于用一命题解释另一命题的努力过程,先陈述命题;追求作出这个命题的理由,说明论据,探究理由的确实性,引用一个熟悉的因而是贴切有力的例证,然后强调命题与例证的相类似,最后做出结论。

乔答摩对于推论式的理论的另一个重要贡献,就是他指出推理(比量)是依赖于知觉(现量)[Perception(Tat-purvākam)],而把推理分为三类:——"有前"(Pūrvavat),"有余"(Cesavat)和"平等"(见同故比)(Samanyato drstam)。

推理(Pūrvavat)——是从后部到前部,从结果到原因。

推理(Cesavat)——是从前部到后部,从原因到结果。

推理(Samanyato ârstam)——仍旧不可理解,它可能是以相类似性为推理的基础。

以上三类,如根据伐兹耶那,则有两种解释。第一种解释:

推理(Pūrvavat)——是"如以前",是从因到果。这样一来,从看到云就推论到会下雨。

推理(Cesavat)——是从果到因,如从洋溢的河流,推论到已经下过雨。

推理(Samanyato drstam)——见同故比。用一个例子说明,它和上面的两种都不同,就是根据一般物体之改变位置,是因为有了移动。既然观察太阳在一天的行程中位置不同,所以它也是有移动的。此中所说,从现代的科学看来,地球绕日而转,有自转环转之别,由东西自转分昼夜,环转一周约为三百六十五日,分四时十二月,显然有不正确之处。但在当时的智识程度,已认为根据一般物体因有移动故位置有所改变,因而作出太阳也是有移动的结论。

伐兹耶那的第二个解释是：

推理(Pūrvavat)——作为一种根据过去关于两种事物同时发生的经验,如烟与火,这类推理,我们后来仍然采用。虽然,我们亲眼看到这两种事物同时发生的情况。

推理(Cesavat)——是通过淘汰的证明(Proof by elimination)。我们证明声音是一种"质",从而指出它必须是一种实体(实),或是一种属性(德),或是一种动作(业),同时指出它不能是在先或是在后,所以它必须是属性(德)。现代物理学告诉我们:声音的物理的基础,是一种纵波的能力,赖有弹力之物质媒质为之传播。在标准情况下,声音在空气里的传播速率,大约为每秒钟 1 087 呎,至于我们日常所以听到音调之有分别,是因为每秒钟之振动次数多寡不同的原故。由于当时科学水平,证明声音这物理现象是属性,当然是很含混的。

推理(Samanyato drstam)——是关于原因与结果是不能够看到的,是一种不能够用视觉的东西,只有通过理智的某部分的抽象相类似而被证明是存在的。这种推理,他举一个例子来说明:就是"自我"或"灵魂"是被证明存在的。因为在事实上,欲望等是质,而质必须是存在于某种实体,这实体就是"自我"或"灵魂"。今天看来,肯定欲望等是质已有问题,从而推论它存在于某种实体,这实体就是"自我"或"灵魂",当然更不可靠了。

乔答摩对于推理三个词汇与伐兹耶那不同,而伐兹耶那的两个解释又不同。这个事实,根据吉斯(Keith)的研究,认为可以理解为在乔答摩以前这个学派——尼也耶派,流行着多种不同的看法,或者是在乔答摩与他的信徒(指伐兹耶那)中间存在着一个相当时间的距离。而在这个期间,对于乔答摩的格言的各种不同的解释就相继出现了。这种推测,我们是可以同意的。

乔答摩与伐兹耶那术语的解释,当然是反映了他们的研究水平。早期尼也耶派对科学地处理这些问题,没有作出多大的进展,我们不感到惊奇。胜论学派(Vaisesika)喀南达(Kanada),他的兴趣主要是在真实方面,对于推理学说几乎没有什么补充。在他的著作的重要部分,说及五分论式(Avayava)这个专门术语,它表示着推论式的各部分,在内容上,是指举例。这个事实很明显地看出他所认识的逻辑和乔答摩差不多。他个人兴趣是集中阐明事物的真正关系,他给原因和结果的逻辑关系提供了基础。这些事物的真正关系为因果、关联、对抗及附属。他以为推理可以从果到因或从因到果[①]。

在陈那以前,佛家方面也是通用五分论式。马鸣(Asvaghosa)《大庄严论》就是一个明显的例子。一直到陈那手里,他才把宗、因、喻、合、结的五分推论式,精简为宗、因、喻的三支式。根据前例,假使运用陈那三支作法,就可以这样表达:

---

① Keith: *Indian Logic and Atomism*, chapter Ⅲ. Interence and comparison pp.85—93.

此山有火（宗）

因为它有烟（因）

若是有烟，就看出有火（同喻体），如厨房（同喻依）

若是没有火，就看不到有烟（异喻体），如江河（异喻依）

陈那对于保持同喻（Homogeneous example）和异喻（Heterogeneous example）极感兴趣。这虽然是受乔答摩的影响，但是三支作法"盖历久研求，至约至精，乃成定式"①。不能看做五分论式形式上的精简，把结、合两部分取消而已。我们要知道，三支作法里，因的一支体现了中词的第一个特征"整个的小词必系于中词"（The whole of the minor term must be connected with the middle term），玄奘译为"遍是宗法性"，就是必遍有法（小词）皆具此因（中词）。如上例，就是说，整个"此山"这个小词与"烟"这个中词必须有联系。同喻体和同喻依体现了中词的第二个特征："中词所指一切事物必与大词所指事物相一致"（All things denoted by the middle term must be homogeneous with things denoted by the major term），玄奘译为"同品定有性"。如上例，就是说，从"烟"这个中词所举出的厨房的正证，一定要和"火"这个大词相一致。异喻体和异喻依体现了中词的第三个特征："凡与大词相异之物必不与中词相一致"（None of the things heterogeneous from the major term must be a thing denoted by the middle term），玄奘译为"异品遍无性"。如上例，就是说，江河这个例证与"火"这个大词绝对相离，当然不会和"烟"这个中词相一致。这样理由（因）的作用，就充分得到发挥，足以成立推理（比量），用不着再说其他部分了。可

---

① 吕澂：《因明纲要》。

见,三支推理的特点,在于表明正确的论据(正因)应具备了理由或中词的三个特征(Three characteristics of the reason or middle term),玄奘译为"因之三相"①。

其次,过去印度逻辑学家以厨房、江河为喻体,陈那以"若是有烟就看出有火"为喻体,而不以厨房、江河为喻体,但名厨房、江河为喻依。因为理由是否正确,依厨房和江河更加明显了。所以以厨房名同喻依,以江河名异喻依。陈那与过去印度逻辑学家的看法有天渊之别,我们真应当留意了。陈那以厨房为同喻依,以江河为异喻依,大有意义,因为假使没有厨房作正证,怎样去证实"若是有烟就看出有火"?异喻亦然,假使没有江河作反证,又怎样去证实"若是没有火就看不到有烟"?陈那虽然以喻包括到中词之中,但是仍用三支论式,并保存喻依,可见陈那用心之精密了。到了西历第七世纪中叶,达玛诘在他所著《正理一滴论》析为三部分来代替陈那的《集量论》的六章,那就是"知觉"(现量)(Perception)、"自身推理"(为自比量)(Inference for oneself)和"为人推理"(为他比量)(Inference for another)。他主张譬喻在推论式中不是重要部分,因为它已经包含在中词之中。在推论上,此山有火,因为它有烟,如厨房,其实"烟"这个词已含有火,包括厨房及其他有烟的东西,所以譬喻在任何情况都是没有必要的。虽然,譬喻之所以有价值,就在于它通过一种特殊的,因而是更明显的方式指出一般命题包含些什么东西②。

达玛诘坚决主张譬喻在推论式中不是重要的部分,并且更换了推论式的次序,将相当于大前提的部分移到最前面,可能是企图

---

① Radhekrishnan:*Indian Philosophy* Vol.Ⅱ. pp.78—79.
② Keith:*Indian Logic and Atomisim*, pp.100—110.

从"从特殊到特殊"的类比推理发展到"从一般到特殊"的演绎推理。但是印度逻辑推论式经常是从断案(宗)开始的。它和演绎推论从大前提开始毕竟还有一定程度的距离。如果说譬喻在推论中不是重要的部分,就无异说"特殊"在推论上没有什么价值,那么,推论就难免有不够具体的毛病了。而且,特殊和一般本来是互相联系不可分割的,分割就脱离了客观真理。客观真理是表现于一般与特殊的一致性的。没有特殊,一般就不存在;没有一般,也不会显出特殊。如果是随顺自身推理的性质,运用独立思考,把思考的对象了然于胸中,譬喻不必突出地表现出来,也未尝不可;但是为人推理,主要是用语言做媒质,提出自己的主张来加以反复论证,如果缺乏同喻依,就无从表明中词所指一切事物一定和大词所指事物相一致;如果缺乏异喻依,就无从表明凡与大词相异之物必不与中词相一致。总之,缺乏譬喻(特殊)就等于削弱甚至于没有说服力量了。

形式逻辑演绎推理所采用的三段论法是从两个前提(Premise)得出一个结论(断案)(Conclusion)的一种推理,而且两个前提中的一个是全称判断。

凡有烟者(中词)必定有火(大词)——大前提(普遍的原则)
此山(小词)有烟(中词)——小前提(联系的事实)
故此山(小词)有火(大词)——结论(特殊的事例)

演绎推理是以大前提开始的。从一般到特殊这种推理方法导源于希腊之亚里士多德,但并不是三段论法唯一的结构方法。在墨子,推论次序是主张从小前提开始的。近代章太炎先生说:

辩说之道，先见其情，次明其柢，取譬相成，物故可形。因明所谓宗、因、喻也。印度之辩，初宗、次因、次喻。（兼喻体喻依）。大秦之辩，初喻体（近人译为大前提），次因（近人译为小前提），次宗，其为三支比量一矣。《墨经》以因为故，其立量次第：初因、次喻体、次宗，悉异印度大秦。"《经》曰：故：所得而成也。《说》曰：故：小故，有之不必然，无之必不然。体也若有端。大故，有之必然，无之必不然，若见之成见也。"夫分于兼之体。无序而最前之谓端。特举为体，分二为节之谓见。（皆见《经上》及《经说上》本云："见：体、尽"。说曰："见，时者体也。二者，尽也"。案：时读为特，尽读为节。《管子·弟子职》曰："枋之远近，乃承厥火。"以节为烬与此以尽为节同例。特举之则为一体，分二之则为数节。）今设为量曰：声是所作（因），凡所作者皆无常（喻体），故声无常（宗）。初以因，因局故谓之小故。无序而最前，故拟之以端。次以喻体，喻体通故谓之大故（犹今人译为大前提者）。此凡所作，体也。彼声所作，节也。故拟以见之成见（上见谓体，下见谓节。）因不与宗相贴切，故曰有之不必然。无因者，宗必不立，故曰无之必不然。喻体次因以相要束，其宗必成，故曰有之必然。验墨子之为量，固有喻体无喻依矣。[①]

依章太炎先生的解释，可见墨子的推论式是从小前提，再进到大前提，然后得出结论。这样次序，也不失为推论中的一种方法，因为在考虑普遍的原则之前，应当有引起那个原则发生思考的联系的事实，我们先观察事实，然后再用普遍的原则去适用这个事

[①] 章炳麟：《国故论衡·原名》。

实。如用前例,墨子推论式就可以表达:

> 山是有烟——小故(小前提)
> 凡有烟的都是有火——大故(大前提)
> 故山有火

在这样的推论式,首段是从小前提(因)开始的。至于从断案开始,最明显的莫过于印度逻辑的三支推论式,它先提出命题(The Proposition),相当于断案(Conclusion);次示理由(The Reason),相当于小前提(Minor Premise);最后假设一个推论的原则为喻体,指定若干事物为喻依;同时喻体和喻依又有同异之分,来体现中词的后两个特征,就不是"大前提"所能包括了。章太炎先生说:"喻体通故谓之大故,犹今人译为大前提者。"我们认为,如果说墨子所说的"大故"相当于"大前提"倒还贴切,如果说喻体等于大前提,就有商榷的地方。因为大前提所采用的是全称判断(Uninversal Judgment)形式,而印度逻辑喻体原来所采用的是设言判断①(Hypothetical Judgment)形式②。我们结合上面的例子来看,就很容易了解。"凡有烟的地方都是有火",此种判断叫做全称肯定判断。如用公式表示:

> 所有的 S 都是 P(凡甲皆乙)

---

① "设言判断",即今通行所言之"假言判断"。——编者注
② 商羯罗主著:《因明入正理论》,玄奘译,明明说:"若是所作,见彼无常,如瓶等者,是随同品言。若其常,见非所作,如虚空者,是远离言。"可见印度逻辑在喻体结构,原来所采用是设言判断形式,而不是全称判断形式。

此种全称肯定判断的特征是：其中凡有烟的地方，这个主词采取其全部外延（Extension），而宾词对于主词这一概念所包括的一切对象，则肯定具有有火的属性。至于印度逻辑同喻体所采用的不是全称肯定判断，而是设言判断，如用公式表示，一般是这样的：

若 S 是 P，则 S_1 是 P_1（若甲为乙，则$甲_1$为$乙_1$）

设言判断是这样的判断，其中主词与宾词间的联系是依存于某种条件。换句话说，设言判断是现象之间所存在的现实联系的反映。用上面的例子："若是有烟就看出有火"，由此可知，设言判断是复杂判断，它是由两个判断压缩而成的。前一判断（若是某地方有烟）规定后一判断（则某地方有火）之为正确判断的条件。规定条件的前一判断，叫作前件[（Antecedent），又称理由]，由前一判断推出来的后一判断，叫作后件[（Consequent），又称结果]。后件之成立常假前件以为媒。唐人不知印度逻辑喻体原来是采用设言判断形式来表示，把"若是有烟就看出有火"改为"诸有烟者皆有火"。"诸"是一切的意思。"一切有烟的地方都是有火"，采用全称肯定判断形式，反而会使人家怀疑论题的主词已经包括了喻依，喻依自可不说了。还有，喻体改用全称肯定判断对"宗"和"因"来说，也有些突然，因为未经归纳推理手续，怎样得到"一切有烟的地方都是有火"的普遍的原则呢？如果采用设言判断形式，用"如果它怎样就看出它怎样"就完全符合立论者的原意了。印度逻辑推论方式惟取所知或经验为限，喻体不采用全称判断形式。一采用全称判断形式，喻依反成"蛇足"了。我们要知道，就是形式逻辑，非经"科学归纳法"（Scientific Induction）从所观察过的对象现象的本质属性和因果关系研究,也不轻易作出关于那所观察的对象现象的全称判断结论。例如,根据非本质的属性或非因果关系研究而作出这样的全称判断结论:"一切东西都是上帝创造的""所有的文学家都是懒散的""凡天鹅都是白的",就必然犯了"急遽概括"(Harty generalization)的逻辑错误。根据它来推论特殊事例的大前提尚且不可靠,从大前提所得到的结论,还会正确吗? 可见演绎的大前提必须由科学归纳法而得,没有严格执行科学归纳,则演绎的大前提就失之空了。

其次,印度逻辑三支推论式,兼举正证和反证,都排除了论题的主词所指的部分,但是形式逻辑就不排除。因为形式逻辑演绎推理是"从一般到特殊",归纳推理是"从特殊到一般"。当人们进行归纳以求结论的时候,并未曾预计将来演绎到什么,既得到结论,命题可由此演绎的,就运用归纳的结论作为普遍的原则。例如普遍观察山、厨房等有烟,见其都有"有火"之性,于是总结说"凡有烟者必定有火"。归纳的时候,既没有预计将来由此演绎"此山有火",当然不会预先除去"此山"。普遍的原则既经确立,可由此以推论"此山有火";也可以由此推理"厨房有火"。既为山等普遍的原则,如果必须预先除去论题的主词部分,那么遇有火的例子,就应该全部排除,这样一来,归纳将无法进行,而普遍的原则也无从建立起来了。

印度逻辑三支推论式的特点是"从特殊到特殊",当推论时,先提出论题说:"此山有火",已经知道所要推论的论题是什么。换句话说,就是先知道所应当排除的是什么;并且,提出"此山有火"正要展开争论。立论者谓有火,而敌论者未许。有火无火,尚待证明。立论者如果悍然把同喻也列到里面,当然是不可能的事,所以在形式逻辑对论题的主词的部分,势有不可除,而在印度逻辑对论题的主词的部分,势有不得不除了。

印度逻辑三支推论式特点既在从特殊到特殊,所以印度逻辑所举的喻依和宗一个样,也可以自成推论。如前立"此山有火"论题,正证取厨房而除了山,他时更立"厨房有火"论题,正证取山而除了厨房,因为譬喻就是发挥印度逻辑所谓"以极成(共认)立未极成"的作用,可见立喻不能无依。不然的话,就有缺正证和缺反证的谬误。

印度逻辑三支推论式,先示论题(宗),次出论据(因),后举论证(喻),所谓顺思想进行的自然程序。这种论式也是通过人类无数次的实践,才把它的形式固定下来。如果我们留心的话,时常可以发现许多精密的理论或事实,有意无意是暗合了印度逻辑三支的推论式:

马克思学说是万能的——论题(宗)
就是因为它正确。它十分完备而严整,它给予人们一个决不同任何迷信、任何反动势力、任何为资产阶级压迫所作的辩护相妥协的完整世界观。马克思的学说是人类在十九世纪所创造的优秀成果——德国的哲学、英国的政治经济学和法国的社会主义的当然继承者。①——论据(因)

又如:

人口增长不足,而且不能是在社会发展过程中决定社会

---

① 列宁:《马克思主义的三个来源和三个组成部分》,载《列宁选集》第2卷,人民出版社1972年第2版,第441—442页。

制度性质,决定社会面貌的主要力量。——论题(宗)

如果人口的增长是社会发展中的决定力量,那么较高的人口密度就必定会产生出相当于它的较高形式的社会制度。——论据(因)

可是事实上却没有这样情形……比利时人口密度比美国高至十九倍,比苏联高至二十六倍,但美国在社会发展程度上高于比利时,而苏联比之比利时更是高出一整个历史时代。因为比利时还是资本主义制度占统治,而苏联却已消灭了资本主义并确立了社会主义制度①。——论证(喻)

又如:

抗日战争是持久战,最后胜利是中国的——论题(宗)

日本的军力、经济力和政治组织力是强的,但其战争是退步的、野蛮的,人力、物力又不充足,国际形势又处于不利。中国反是,军力、经济力和政治组织力是比较地弱的,然而正处于进步的时代,其战争是进步的和正义的,又有大国这个条件足以支持持久战,世界多数国家是会要援助中国的。——这些,就是中日战争互相矛盾着的基本特点。这些特点,规定了和规定着双方一切政治上的政策和军事上的战略战术,规定了和规定着战争的持久性和最后胜利属于中国而不属于日本②。——论据(因)

---

① 斯大林:《辩证唯物主义与历史唯物主义》,载《列宁主义问题》,人民出版社1955年第2版,第707页。
② 毛泽东:《论持久战》,载《毛泽东选集》(一卷本),人民出版社1966年版,第439—440页。

又如：

> 美方对待我方的战俘是非人道的——论题（宗）
> 因为根据此次美方遣返的病伤战俘的统计：被遣返的我方被俘人员绝大多数是面黄肌瘦，身体虚弱。重病和重伤的比例极大，据某医院统计：在内科病人中患呼吸系统的占百分之八十，而其肺结核患者，又占百分之七十六；在外科病人截肢人数占伤员人数百分之二十八，尤其惊人的是因冻伤而截肢的人数竟占冻伤人数百分之九十二。这就说明了我方被俘人员在美国战俘营中，不但没有得到应有的医药治疗，没有得到起码的营养而是受到虐待和摧残①。——论据兼论证（因喻）

以上各例，有的具备三支，有的论证的部分被省略掉。现在要问：运用印度逻辑三支推论式，是不是需要都说出来呢？关于这个问题，我们认为要看在哪一种情况而定。如果在展开辩论的场合，或者对方已达到一定的理论水平，一般的说，提出论据之后，真能做到和想要举的正面例证相合，或者是和想要举的反面例证相离，换句话说，对方已经明白由论据想举的譬喻与所立论题的宾词可能达到合离的程度，论证就没有必要一一都举出来，有时连正证也可以不举，可以随时随地掌握情况，灵活运用了。但是，如果要依印度逻辑严格执行"证明"的过程，那么，论据是否正确，就要依据以上所说的"理由或中词的三个特征"一一加以检查。因为如果缺乏第一特征，就会发生"不成"[The unapproved(Asiddha)]的错误；缺乏第二、第三特征，就会发生"不定"[The uncertain(Aniscita)]与

---

① 1953年5月5日《人民日报》第1版新闻消息。

"相违"[The contradictory(Viruddha)]的错误。印度逻辑关于"不成"过析有四个、"不定"过析有六个、"相违"过析有四个,内容相当丰富而精密,可以补形式逻辑充足理由律(Law of sufficient reason)之不足。具体分析起来,只好另写专题去讨论了。

总之,印度逻辑三支推论式是由三个部分组成的,就是宗、因和喻。宗就是论题,因就是论据,喻就是论证。三者缺一、或其含义不明,都不能算作完整的推论式。

一论题——是我们要讨论的命题或主题,其正确性是需要用其他判断来加以证明的。

二论据——是这样的一种判断,它是被引用来作为论题的充足理由以证实论题的正确性的判断。

三论证——是引用正证与反证的判断,来证明论题与论据之间的合离的关系。

论题是解决"要证明什么"的问题;论据是解决"用什么来证明"的问题;论证是解决"怎样去证明"的问题。三者构成了印度逻辑的推论式,就是所谓比量三支。所以印度逻辑的三支推论式,也可以说是通过正确的论据与论证来证明某一论题的逻辑证明过程。

试论因明学中关于喻支问题[*]
——附论法称对"喻过"的补充

一、喻支在推论上的地位

梵语乌陀诃罗喃[Udaharana(Example)],汉语翻为喻。若依梵语义译,应云见边。由此比况令宗成立究竟名边;他智解起能照宗极名见。所以无著说:"立喻者谓以所见边与未所见边和合正说。"师子觉解释更为明显:"所见边者谓已显了分;未所见边者谓未显了分。以显了分显未显了分,令义平等,所有正说,是名立喻。"现在是顺着汉语翻译为喻的。喻就是譬喻比况的意思。由此譬况,共许二立(能立与所立),晓明所立论题。《墨经·小取》篇说:"譬也者,举他物而以明之也。"举他物以明此物,正是譬喻的意义。《说苑》说惠施一段故事,解释譬喻的功用,至为明显:

> 梁王谓惠子曰:"愿先生之事则直言耳,无譬也。"惠子曰:"今有人于此而不知弹者,曰:弹之状何若?应曰:弹之状如弹则谕乎?"王曰:"未谕也。"于是更应曰:"弹之状如弓而以竹以为弦则知乎?"王曰:"可知矣。"惠子曰:"夫说者固以所知谕其

---

[*] 本文原载《现代佛学》1958年第8期。——编者注

所不知而使知之。今王曰：无譬则不可矣。"

因明学三支推论式，喻居其一，它在推论上的重要性可以想见了。因支是这样的一种判断，它是被引用来作为论题的充足理由，以证实论题（宗）的正确性的判断。后举同喻异喻，就是引用正证与反证的判断，来证明论题与论据之间的合离的关系，使论题的正确性更加明显起来，所以除因支外更立喻支。欧阳竟无先生在《藏要一辑叙》中说得好：

> 譬如立支，唯一宗因已堪自悟，以故尼乾法称废喻有文。然必悟他，他非易了，故凡孤证，未足畅情，既不废喻，以是对治相违及与不定喻又须二。

剋实而谈，喻支显示了中词或理由后两个特征。即第一个"整个的小词必系于中词"（玄奘译为"遍是宗法性"）的特征，只解决中词与小词的关系。更用同喻和异喻，中词后两个特征才能发挥尽致，所以譬喻也包括在中词之中。陈那废合结二支，只保存宗、因、喻三支，正因为宗立论题，因出论据，后举同异二喻，得以看出（一）中词所指一切事物必与大词所指事物相一致（玄奘译为"同品定有性"）；（二）凡与大词相异之物必不与中词相一致（玄奘译为"异品遍无性"）。这样疑难的问题已经解决，而知识的明辨也非常周到，所以合结二支就没有作用了。因喻两个概念，虽然都是沿袭着旧称，但是它的涵义，古师和陈那就大不相同，试表解如下，以资比较：

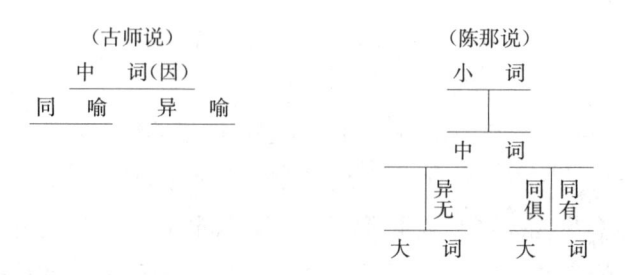

```
    (古师说)                    (陈那说)
     中 词(因)                   小  词
   ┌────┴────┐                    │
  同喻      异喻                  中 词
                              ┌────┴────┐
                             异    同  同
                             无    俱  有
                             大词    大词
```

二、错误譬喻的具体分析

陈那、商羯罗主认为喻支的错误有十种，归为两类：(一)似同法喻，(二)似异法喻。

(一)似同法喻，析有五种：一、能立法不成，二、所立法不成，三、俱不成，四、无合，五、倒合。窥基《因明大疏》对这五种都有扼要的解释。他说：

> 因名能立，宗法名所立。同喻之法，必须具此二。因贯宗喻。喻必有能立（中词），令宗义方成。喻必有所立（大词），令因义方显。今偏或双于喻非有，故有初三。喻以显宗，令义见其边极。不相连合，所立宗义不明，照智不生，故有第四。初标能以所逐（《前记》说：即说因宗所逐也，因为能立故），有因，宗必定随逐。初宗以后因，乃有宗以逐其因。返复能所，令心颠倒，共许不成，他智翻生，故有第五。

现在依次分析如下：

1. 与中词不同类之一例（玄奘译为"能立法不成"），如声论对胜论立：

> 声音是永恒，
> 因为它是无形的，
> 若是无形的看出它是永恒，像原子。

这里"原子"不能充作同喻，因为它不是无形的，这叫做排斥中词的谬误。还有"无形的"这个中词，也可以成立不是永恒，像心理现象是无形的，但不是永恒，这里是分析喻过所以不说。又如：

> 知觉是无效的（大词），
> 因为它是健全知识的源泉（中词），
> 像梦（同喻）。

这个同喻是缺乏中词的，因为"梦"并非健全知识的源泉。
  2. 与大词不同类之一例（玄奘译为"所立法不成"），如立：

> 声音是永恒，
> 因为它是无形的，
> 若是无形的，看出它是永恒，像智慧。

这里"智慧"不能充作同喻，因为它不是永恒，这叫做排斥大词的谬误。又如：

> 推理是无效（大词），

> 因为它是健全知识的源泉（中词），
> 像知觉（同喻）。

这个同喻是缺乏大词，因为知觉并不是无效。

3. 与中词及大词都不同类之一例（玄奘译为"俱不成"），如立：

> 声音是永恒，
> 因为它是无形的，
> 若是无形的，看出它是永恒，像一个盆子。

这里"盆子"不能充作同喻，因为它既非无形又非永恒，这叫做排斥中词与大词的谬误。又如：

> 上帝是不存在的（大词），
> 因为它并非通过感官而能得到了解（中词），
> 像一个瓶（同喻）。

这里例证缺乏大词和中词，因为"瓶"既属存在又是通过感官能得到了解。

4. 显示中词与大词间缺乏普遍联系之一同喻（玄奘译为"无合"），商羯罗主《因明入正理论》说：

> 无合者，谓于是处，无有配合。但于瓶等，双现能立所立二法。如言于瓶，见所作性，及无常性。

"谓于是处,无有配合",就是中词与大词之间缺乏普遍联系的说明。因明学推论式主要分为三段:

　　声是无常——宗
　　所作性故——因
　　若是所作见彼无常——(喻体),如瓶等——(喻依)

"无合"就是缺乏喻体。只说瓶见所作性及无常性,也就是说:在瓶等虽双现能立(中词)所立(大词)二法,不能证明声所作性定是无常。例如说,"若是所作见彼无常"以为喻体,使中词与大词之间关系明确,再举瓶等为喻依,来作事实的证明,那么,对方觉得瓶等有所作性,无常性就紧密地连在一起,声音当然也是这样了。总之,没有喻体的说明,中词与大词之间的关系不明,就是"无合"的谬误。

　　5. 显示中词与大词之间具有颠倒联系之一同喻(玄奘译为"倒合"),如立:

　　声音(指内声)不是永恒,
　　因为它是一种力的产物(指体力与智力的结合),
　　若不是永恒,看出它是一种力的产物,像一个盆子。

这里"盆子"不能充作同喻,因为它虽然具有"不是永恒"与"一种力的产物",但是大词与中词的联系却是颠倒的。这就是说:一种力的产物一定不是永恒,但不是永恒并不限于一种力的产物。这叫做颠倒联系的谬误。在梵语叫做 Viparitanvaya。

　　(二)似异法喻也有五种:一、所立不遣,二、能立不遣,三、俱

不遣,四、不离,五、倒离。窥基《因明大疏》对于这五种也各有扼要的解释:

> 异喻之法,须无宗因。离异简滥,方成异品。即偏或双,于异上有,故有初三。要依简法,简别离二(异喻须离宗及因故),令宗决定,方名异品。既无简法,令义不明,故有第四。先宗后因,可成简别。先因后宗,反立异义。非为简滥,故有第五。

现在依序分析如下:

6. 与大词相矛盾之事物并非异类之一例(玄奘译为"所立不遣"),如立:

> 声音是永恒,
> 因为它是无形的,
> 若非永恒,看出它不是无形的,像原子。

"原子"虽然是永恒,但并非无形的。换句话说,用原子作异喻,只能除遣"无形的"这个中词,但不能除遣"永恒"这个大词。因为声论、胜论两个学派都认为原子既是永恒又是有形的,这叫做异喻包含大词的谬误。又如立:

> 海绵应是生物,
> 因为它是动物,
> 若不是生物,看出它不是动物,像一朵花。

"花"虽然不是动物但系生物,这就是说,用"花"来做异喻,只能除遣"动物"这个中词,但不能除遣"生物"这个大词,所以也是属于与大词相矛盾之事物并非异类之一例。

7. 与中词相矛盾的事物并非异类之一例(玄奘译为"能立不遣"),如立:

> 声音是永恒,
> 因为它是无形的,
> 若非永恒,看出它不是无形的,像智慧。

"智慧"虽然是无形的,但不是永恒。这就是说,用智慧来做异喻,只能除遣"永恒"这个大词,却不能除遣"无形的"这个中词。因为声论、胜论二学派,都认为智慧不是永恒又是无形的。这叫做异喻包含中词的谬误。又如立:

> 海绵应是动物,
> 因为它是生物,
> 若不是动物,看出它不是生物,像一朵花。

"花"虽然不是动物,但系生物,这就是说,用花来做异喻,只能除遣"动物"这个大词,却不能除遣"生物"这个中词,所以也是属于异喻包含中词的谬误。

8. 与中词及大词均非异类之一例(玄奘译为"俱不遣"),例如:

> 声音是永恒,

>   因为它是无形的。
>   若非永恒,看出它不是无形的,像虚空。

用"虚空"来做异喻依,既不能除遣"无形的"这个中词,也不能除遣"永恒"这个大词。因为"虚空(ether)"当时都认为既是永恒又是无形的。这叫做异喻包含中词与大词的谬误。又如立:

>   海绵应是生物,
>   因为它是动物。
>   若不是生物,看出它不是动物,如犬。

"犬"不能充做异喻,因为犬是生物,不除遣大词,同时是动物,又不除遣中词;所以也属于异喻包含中词与大词的谬误。

9. 显示中词与大词之间缺乏分离作法说明之一异喻(玄奘译为"不离"),如声论对胜论立:

>   声音是永恒,
>   因为它是无形的,
>   像一个盆子。

因明推论式,在这个异喻体应说:"若不是永恒,看出它是有形的",反显若是无形的一定是永恒,这里只举像一个盆子为异喻依,这叫做异喻没有离言的谬误。

10. 显示中词与大词之间颠倒分离之一异喻(玄奘译为"倒离"),如立:

声音不是永恒，

因为它是一种产物，

若不是一种产物，看出它是永恒，像虚空。

异喻离作法的说明，应当说："若是永恒看出它不是一种产物，"才能显出一种产物的中词与异品无涉，确为不是永恒的理由。这里说，若不是一种产物看出它是永恒，却是先离中词而后离大词，便不能返显一种产物为声音不是永恒的理由，这叫做异喻颠倒否定的谬误。

三、简短的结论

根据以上对"喻过"的具体分析，在这里可以得出如下三点结论：

第一，同喻法在推论上是发挥正证的作用，就应当联合中词和大词。否则就会犯"排斥中词的谬误（能立法不成）"，"排斥大词的谬误（所立法不成）"或"排斥中词与大词的谬误（俱不成）"。同喻是由正面论证，如果以反证作正证，就必然会犯排斥中词与大词的谬误。异喻法在推论上是发挥反证的作用，就应当远离大词和中词，否则就会犯"包含大词的谬误（所立不遣）"。"包含中词的谬误（能立不遣）"，或"包含中词与大词的谬误（俱不遣）"。异喻本来是由反面来论证，假如以正证作反证，就必然犯"包含中词与大词的谬误"。

第二，同法喻正因为是发挥正证的作用，所以到了陈那时代的今因明学，在提出中词或理由之后，必须有合作法的说明。换句话说，就必须有同喻体来做推论上的肯定原则。异法喻正因为是发挥反证的作用,所以到陈那时代的今因明学,在提出同喻之后,又必须有离作法的说明。换句话说,就必须有异喻体来做推论上的否定原则。不然的话,中词与大词之间正反的关系就不明确了。

第三,同法喻根据"说因宗所随"的原则,应先合中词,后合大词;看出什么地方有了中词,什么地方便有大词。异法喻则根据"宗无因不有"的原则,应先离大词,后离中词;看出什么地方没有大词,什么地方便没有中词。不然的话,同喻就会犯颠倒肯定的谬误(倒合);异喻就会犯颠倒否定的谬误(倒离)。

以上关于喻过两类十种,我们从三方面说出它基本精神之所在。现在要附带讨论的,就是陈那、商羯罗主以后,法称对于喻支如何看法和对喻过如何进行补充的问题了。

附论法称对"喻过"的补充

公元七世纪中叶,法称在所著《正理一滴论》析为三部分来代替陈那《集量论》的六章,那就是"知觉(现量)"(perception)、"自身推理(为自比量)"(inference for oneself)和"为人推理(为他比量)"(inference for one another)。他主张譬喻在推论式中不是重要部分,因为它已经包含在中词之中。

例如在"此山有火,因为它有烟,如厨房"这一推论,其实"烟"这个词已含有火,包括厨房及其他有烟的东西了,所以譬喻在任何情况下都是没有必要的。虽然,譬喻之所以有价值,就在于它通过一种特殊的、因而是更明显的方式指出一般命题包含些什么东西。[①]

---

① Keith: *Indian Logic and Atomism*, pp.109—110.

这在"自身推理"方面可以那么说。如果是"为人推理",喻支终未能废,缺乏譬喻(例证)就等于削弱甚至于没有说服力量了。陈那与商羯罗主的同异喻中是着重"排斥(Excluded)"和"包含(Included)"的,换句话说,着重肯定的一面。其实,带有疑问不定性质,同样也是错误的。所以法称《正理一滴论》,在同喻加上"大词的真实含有疑问"、"中词的真实含有疑问"、"大词与中词的真实都有疑问"三种。在异喻加上"大词的除遣含有疑问"、"中词的除遣含有疑问"、"大词与中词的除遣都含有疑问"三种。这一点可能是受尼乾学派(Jaina)悉檀西那提婆迦罗(Siddhasena Divakara,生卒约为480—550)的影响。因为悉檀氏在《入正理论》中早有这种主张①。其次,陈那、商羯罗主喻体方面只提"无合""倒合""无离""倒离"的错误;法称在同喻上加上"中词与大词没有必然的联合"一种,在异喻上加上"大词与中词没有必然的分离"一种。这样,同喻过和异喻过就各有九种了。现在将法称在同喻过所加的四种②分述如下:

1. 大词的真实含有疑问之一同喻,如立:

　　此人是多情的,
　　因为他是一个演说家,像街上的人。

"街上的人"不能充作同喻,因为他是否多情,还有问题。这就是大词的真实含有疑问。

---

① S. Vidyabhusana: *History of Indian Logic*, Ch. Ⅱ Jaina writers on Systematic Logic, —Siddhasena Divakara pp.174—180.
② S. Vidyabhusana: *History of Indian Logic*, Systematic writers on Buddhist Logic—Dharmakirti pp.309—318.

2. 中词的真实含有疑问之一同喻,如立:

此人终有一死,
因为他是多情的,像街上的人。

这个同喻,中词的真实含有疑问。这就是"街上的人"是否多情还有疑问。

3. 大词与中词的真实都含有疑问之一同喻,如立:

此人非全知者,
因为他是多情的,像街上的人。

这个同喻,大词与中词的真实都含有疑问。这就是"街上的人"是否多情的及非全知者,都有问题。

4. 大词与中词没有必然的联合之一同喻,如立:

此人是多情的,
因为他是一个演说家,像在摩竭陀国的某人。

虽然在摩竭陀国的某人,可能是演说家及多情的,然而在演说家(中词)与多情的(大词)之间,并没有普遍必然的联合。这叫做缺乏联系的谬误,梵语称为 Ananvaya。

同样,异喻方面的错误,法称也加上四种[①],现在再分述如下:

---

① Th. Stcherbatsky: *Buddhist Logic*, Ch. II Syllogism pp.242—251.

1. 大词的除遣含有疑问之一异喻，如立：

> 迦必罗（Kapila）及他人不是全知或绝对可靠，
> 因为他们的知识经不起全知者和绝对可靠的考验，
> 一个教天文学的人是全知者和绝对可靠，像雷沙哈（Risahha）、巴雷哈马那（Vardhamana）及其他。

这里"雷沙哈、巴雷哈马那及其他"，不能充作异喻，因为他们对"不是全知和绝对可靠"这个大词能否除遣是有疑问的。

2. 中词的除遣含有疑问之一异喻，如立：

> 一个具有三种吠陀知识的婆罗门不应信任某某人，
> 因为他们可能没有离欲，
> 受信任的人一定要离欲，如乔答摩及其他法律的制订者。

这里"乔答摩及其他法律的制订者"不能充作异喻，因为他们是否离欲，还有疑问。

3. 大词与中词的除遣都含有疑问之一异喻，如立：

> 迦必罗及其同伴没有离欲，
> 因为他们有希求之心贪婪之心，
> 离欲之人一定没有希求之心贪婪之心，像雷沙哈及其同伴。

这里"雷沙哈及其同伴"不能充作异喻，因为他们是否离欲和没有希求之心贪婪之心，都有疑问。

  4. 大词与中词没有必然分离之一异喻，如立：

    他没有离欲，
    因为他会说话，
    离欲一定不会说话，像一块石头。

"一块石头"不能充作异喻，因为"离欲"这个大词和"不会说话"这个中词，没有必然的相离。

试论因明学中关于现量与比量问题[*]

一、前　言

　　梵文波罗麻那[Pramana(The means of knowledge)]，旧译为量。凡是获得知识的手段、知识的过程以及知识的本身，在古代印度叫做量。佛家陈那、达磨诘（法称）在这方面有更进一步的发挥，有《量论》专门著作，当中特别详于应用牵涉到建设言论，就属于因明学的范围。他们的重点放在立破的依据，使因明学建立在更巩固的知识论的基础之上。因而，不但和尼也耶派所谈的不同，就是和佛家经论内明也有区别。

二、尼也耶派的量论

　　古代印度称量的很多，有现量、比量、比喻量、声量、世传量、义准量、多分量、无体量等各种说法。佛灭度后约七百年，尼也耶派公认知识的标准源泉有四类：即现量、比量、譬喻量、声量。现在将尼也耶派对于量的性质、构成条件与种类，先作扼要的介绍，然后

---

[*] 本文原载《现代佛学》1958 年第 12 期。——编者注

转入佛家因明学者的量论,可以看出因明学家的量论是有所继承、有所批判、也有所创造。

量的定义,根据《尼也耶经》注释家伐兹耶那(Vatsyayana)谓为"能知的主观由之而知的对象为量",所以量是指知识的来源或知识的方法。尼也耶派认为一切意识情态属于自我,一切意识情态总构为觉,自我为实体,觉为这实体的属性。换句话说,尼也耶派认为我的性质,实指了知情态。而工具或作用则为心,心为作用,乃为工具。尼也耶经解释觉为智为知。一切知识的构成条件有四:

一、为量者——就是能知的主观,即指有觉之实(自我)。

二、为所量——就是所知的对象事物。

三、为量果——就是觉的结果,也就是上面二者结合而生的结果。

四、为量——就是知识的方法。

尼也耶派所承认的四量中以现量最为重要。伐兹耶那曾经这样说:"当人们对一事物从声量得到知识的时候,他也许还想从比量来审知;当人们对一事物已经从比量得到知识,他也许还想直接看到这个事物。但是假如这个人已经直接看到这事物,那么,他就满足而再无须他求了。"这说明其他知识如比量、譬喻量、声量,都需要依赖他项知识来检验,而现量是对于事物最直接知识,就不需要他项知识来检验。至于非世间现量,当下即是空诸依傍,更不需要依靠先有的知识了。

(一)现量,是由根与境相接触的知识。无误、决定并不可显示。无误,就是说不是错误的知识。决定,就是说这种知识直接取诸外界,毫无增减。不可显示,就是说离开概念。由此,现量又分为二：一、依其不可显示，就有无分别现量；二、依其决定就有有分别现量。无分别现量，就像婴儿初次看见花瓶，视之为白，触之为坚，只纯粹了知，离开概念。这可以说是与外界初接触时的纯感觉。再进一步，对外界不但了知其相，而且有了概念，这也就是我们日常对于外物的具体经验，这种知识决定毫不增减。所谓有分别现量，就是指此而言。无分别现量虽然显示物的自相和共相，但却是离开概念。有分别现量这种知识，则具备了概念。

"全体与部分知觉是现量一个困难问题"的提出。《尼也耶经》曾说：有人主张现量也就是比量。好像人们看见树，实指看见树的一部分，其他则得之于比量。而树的一部分，不过是树的全体的象征。这种见解，尼也耶派不以为然。尼也耶派认为我们不但对于"白"有现量（部分），就是对于"白马"也有现量（全体）。人们不仅认识部分为实在，并且认为全体也是实在。好像石头，不但"白"和"坚"为实在，"石头"也是实在。因此，现量有两种：无分别现量，给我们一种没有概念的独立知感，有"牛性"的知感，也有和合知感联合各分子构成"此牛是黄"的判断，就是有分别的现量。

总之，尼也耶派无分别现量，不仅有自相（如黄）之知，并且有共相之知（如牛性）之知。换句话说，就是无分别现量是指各种分子（如黄、如牛性）各各独立，未加联合；而有分别现量，就将所别与能别（牛是黄）联合为一。

尼也耶派后期也有主张在日常知识中有分别现量为人们所认识；无分别现量仅由比量而知其存在。分别现量不但构成日常经验，而且有自证之知。如有"白马"之知，也有自知"有白马"之知。

（二）比量的基本原理。早期尼也耶派仅说"由与喻的相同，不由喻的不同而因证成宗"。这里所谓喻系指特殊的事例（如厨房),而比量乃由两个(如厨房与山)的相同性质而得结论(故此山有火)。这种说法,乃从特殊到特殊的类比推理。至于根据与一事实相关联的现象而对它下判断,并从中词与大词之间看出普遍的、始终如一的、或不可分割的联系,这恐怕是受新因明学家陈那之说的影响,早期尼也耶派并没有看到这一点。

《尼也耶经》分比量为三类:一、有前(Purvavat),二、有余(Cesavat),三、平等(Samanyats drstam)。

"有前"谓从果到因。"有余"谓从因到果。"平等"谓可能以相类似为推理基础。《尼也耶经》注释家伐兹耶那对此有两种不同解释:一谓"有前"指自因推果,如人见黑,当知必雨;"有余"指由果推因,如见江中满新浊水,当知上源必有雨;"平等"指由二事的相类似而推知,如根据一般物体的改变位置,是因为有了移动,而观察太阳在一天的行程中位置不同,推知它也有移动。二谓"有前"指由以前的经验而推知,如由过去知烟与火之相连,现在隔岸有烟,比知有火;"有余"指通过淘汰的证明,如声音或为一种实体,或为一种属性,或为一种动作,既然知道它不是实体,也不是动作,所以声音一定是属性;"平等"指通过感觉可见之事的某部分的抽象相类似而证明不可感觉之事,如知斧头工具须有工匠,推知心为工具也必须有作者,这作者就是"自我"或"灵魂"。

依比量说,知识的真似,在乎理由的正确与否。正确的理由必须遵守中词三条规律,违背这三条规律就会产生谬误。尼也耶派谈错误的理由有不定、相违、不成、平衡理由和自违五类(详拙作《因明学发展过程简述》一文中,这里就不重复了)。

(三)比喻量,是由与已知物的相似而知未知物。《尼也耶经》说:"将一可能说明事件自身与既知者的类似而推定之,叫做比喻量。"如人未见水牛而闻其有似家牛,后于森林看见一动物有似家牛而知道这就是所谓水牛。比喻量主要有二:一、关于未知物的知识(闻其似家牛);二、见其相似点。早期尼也耶派论师注重前者,后期尼也耶派论师注重后者。比喻量所得的知识,为"名称与实物一致的知识"。如见一动物,因闻水牛似家牛而知这就是所谓家牛。这种知识乃在一物的名称与所名的实物能生联系,而其所以有此联系乃因此物和一已知的实物相似的缘故。

(四)声量,指真知之得自可信人的言说。这可信之人深知真理,并以正确的方式来表达。所以声量的价值在乎说者的真诚和表达能力。胜论不立声量,弥罗差派所谓声量仅指吠陀(Veda)经典。尼也耶派声量所包括比较广,无论属何种姓的人,有可信言说都可以为声量。如人迷了路,而问当地老人亦自可信,亦属此类。可信之言可分为二类:一谓可见境,如医师说某药可医某种病;二谓不可见境,如行善得升天,此则为仙圣所言。

三、弥勒的量论

佛灭度后九百年的弥勒,他认为一个论题是由一个理由及两个譬喻来证明的。真实的理由和譬喻不是需要根据现量、比量,就是需要根据正教量。他在《瑜伽师地论》卷十五分析现量、比量、正教量相当详尽。

> 现量者,谓有三种:(一)非不现见;(二)非已思应思;(三)非错乱境界。

"非不现见现量"者,复有四种:谓诸根不坏、作意现前相似生故,超越生故,无障碍故,非极远故。相似生者,谓欲界诸根于欲界境,上地诸根于上地境,已生已等生,若生若起,是名相似生。超越生者,谓上地诸根于下地境,已生等如前说,是名超越生。无障碍者,复有四种:(一)非复①障所碍;(二)非隐障所碍;(三)非映障所碍;(四)非惑障所碍。复障所碍者,谓黑暗无明暗,不澄清色暗所复障。隐障所碍者,谓或药草力……之所隐障。映障所碍者,谓少小物为广多之所映障,故不可得。……所谓日光映星月等,又如月光映夺众星。……无常苦无我作意,映夺常乐我相。……惑障所碍者,谓幻化所作,或色相殊胜,或复相似,或内所作目眩惛生梦、闷醉、放逸,或复颠狂,如是等类,名为惑障。若不为此四障所碍,名无障碍。非极远者,谓非三种极远所远。(一)处极远,(二)时极远,(三)损减极远。如是一切,总名"非不现见";非不现故,名为现量。

"非已思应思现量"者,复有二种:(一)才取便成取所依境,(二)建立境界取所依境。才取便成取所依境者,谓若境能作才取便成取所依止。犹如良医授病者药,色香味触皆悉圆满,有大势力,成熟威德,当知此药色香味触,才取便成取所依止。药之所有,大势威德,病若未愈,名为应思;其病若愈,名为已思。……建立境界取所依境者,谓若境能为建立境界取所依止。如瑜伽师,于地思惟水火风界。若住于地,思惟其水,即住地想,转作水想。若住于地,思惟火风,即住地想,转作火风想。此中地想,即是建立境界之取,地者,即是建立境界取之所依。……此中建立境界取所依境,非已思惟,非应思惟。地等诸界,解若未成名应思惟,解若成就名

---

① "复",疑作"覆",下同。——编者注

已思惟。如是名为"非已思应思现量"。

"非错乱境界现量"者,谓或五种:(一)想错乱者,谓于非彼相起彼相想。如于阳焰,鹿渴相中,起于水想。(二)数错乱者,谓于少数起多数增上慢。如医眩者,于一月处,见多月象。(三)影错乱者,谓山余形色,起余形色增上慢。如于旋火,见彼轮形。(四)显错乱者,谓于余显色,起余显色增上慢。如迦末罗病,损坏眼根,于非黄色,悉见黄相。(五)业错乱者,谓于无业事,起有业增上慢。如结拳驰走,见树奔流。……若非如是错乱境界,名为现量。

比量者,与思择俱,已思应思所有境界。此复五种:(一)相比量,(二)体比量,(三)业比量,(四)法比量,(五)因果比量。

"相比量"者,谓随所有相状相属,或由现在,或先所见推度境界。如见幢故,比知有车;山见烟故,比知有火;以角犎等,比知有牛;以肤细软、发黑、性躁、容色妍美,比知少年;以面皱发白等相,比知是老。……如是等类,名相比量。

"体比量"者,谓现见彼自体性故,比类彼物不现见体。或现见彼一分自体,比类余分。如以现在比类过去,……或以现在近事比远……又以一分成熟,比余熟分,如是等类,名体比量。

"业比量"者,谓以作用比业所依。如见远物无有动摇,鸟居其上,由是等事,比知是杌;若有动摇等事,比知是人。广迹住处,比知是象;曳身行处,比知是蛇;若闻嘶声,比知是马;若闻哮吼,比知狮子;……若见是处,草木滋润,茎叶青翠,比知有水;若见热灰,比知有火;丛林掉动,比知有风。……如是等类以业比度,如前应知。

"法比量"者,谓以相邻相属之法,比余相邻相属之法。如属生故,比有老法;以属老故,比有死法;以属有色有见有对,比有方所及有形质;属有为故,比知生住异灭之法;属无为故,比知无生住异灭法,如是等类,名法比量。

"因果比量"者,谓以因果辗转相比,……如见丰饮食,比知饱满;见有饱满,比丰饮食。若见有人食不平等,比当有病;现见有病,比知是人食不平等。见有静虑,比知离欲;见离欲者,比有静虑。……如是等类,当知总是因果比量。

"正教量"者,谓一切智所说言教,或从彼闻,或随彼法。

四、佛家因明学者陈那与法称的量论

弥勒所分析的现量和比量,虽阐因明之学,但他所宗实兼内明的现量和比量;至于正教量,则纯属内明,与严格的因明学无关了。

佛家因明学到了陈那,直探知识本源,又重在立破依据,唯立现比二量。因为所量之境不外自相与共相两种。事物的本身或者它特定的意义,各依附着它的本身而不通到其他方面的,就叫做自相(特殊)。譬如风声,无关其他的声音,就是事物的本身。只指风声,不指与其他共通之点,这就叫做特定的意义,都是属于自相。假如事物和它的意义可以贯通其他方面,如缕贯华,那就是共相。譬如声的概念,通于人声、鸟声、树声、风声、雨声等等。又如"不是永恒",通于瓶盆以及草木鸟兽,都是属于共相(一般性质)。认识"特殊"的智慧是现量,正因为它对于现在事显现证知的缘故。认识"一般"的智慧是比量,因为它有待推比而决知的缘故。在知识领域,除了特殊之事和一般之理,再也没有可知之境,所以能量的智慧,也不容增加或减少。

从这里可以看出尼也耶派另立比喻量和声量的荒谬性。"比喻量"的内容,人说未见水牛而听说它有似家牛,后来看见一动物有似家牛,而知此物即所谓水牛。但是,必须曾经见过家牛,后来见一动物才知是水牛;这曾经见过的就涉及现量范围,无须另立比喻量。在《集量论》第四章说到,理由或中词的三种特征,以及那已驳斥过要把比较作为单独证明方法的主张,批判比喻量的大意是这样。至于"声量"系指真知之得自可信人之言说。假使是指说者的可信,那么,它是属于比量;假使是指所说事情的可信,那么它又是属于现量;所以也无须另立声量。《集量论》第五章驳斥了口证,批判声量的大意是这样的。

商羯罗主《因明入正理论》说:

> 此中现量,谓无分别。若有正智于色等义,离各[①]种等所有分别,现现别转,故名现量。

这样看法,系根据他的老师陈那《因明正理门论》而来。陈那说:

> 此中现量除分别者,谓若有智于色等境,远离一切种类名言假立无异诸门分别。由不共缘,现现别转,故名现量。

现在合并起来,据它们的含义解释一下:

这里的"此中",是指现量和比量中的现量。"无分别"与"除分别者",是同一个意义,都指能取智对所取境,离开所有错误的分别。"若有正智于色等义"就是"谓若有智于色等境"。这里面包含

[①] "各",疑作"名"。——编者注

着两种意义:(一)能量智正。窥基《因明大疏》这样解释:若有正智,简彼邪智。谓患医①目见于毛轮、第二月等;虽离名种等所有分别而非现量。故《杂集》云:"现量者,自正明了无迷乱义。"此中正智,即彼无迷乱离旋火轮等。(二)所量境真。《大疏》说:"言色等者,等取香等,义谓境义。离诸膜障。""离名种等所有分别",和"离一切种类名言假立无异诸门分别"同。《大疏》这样解释:"此所离也。谓有于前色等境上,虽无膜障,若有名种等分别,亦非现量。故须离此名言分别、种类分别、诸门分别。""现现别转故"与"由不共缘现现别转"是同一意义。《因明正理门论》这样解释:"不共缘等"指"五根各各明照自境,名之为现,识依于此,名为现现。各别取境,名为别转。境各别故,名不共缘。"现量略有四类:(一)五识身。(二)五俱意。谓五识缘境时,皆有意识与之俱起,由意引五,令趣境敌,容是现量。(三)诸自证。谓一切心心所之自证分(陈那说一切心心所各各有相、见、自证三分。自证是体。相、见,即一体上所起二用。相分现似外境,见分缘之。俱时自证亦缘见。然见缘相通现、比、非量。自证缘见,则唯是现量)。(四)修定者,谓定中意识是现量。文轨《庄严疏》说:"五根照境分明名之为现。五根非一故云现现。依五现根别生五识,故云别转。"后三类所以亦列入现量,《庄严疏》这样解答:"以同缘意识、自证、定心各无分别,亦是正智于色等境离名种等诸分别故。"不过,别转的意义略有不同。前一,以五根五识各别取境不相贯通叫做别转;余三,以各附体缘,不贯多法,叫做别转。

以上是陈那因明学上现量的内容。

佛灭度后千一百年,法称的因明学尽量摆脱辩论术的羁绊,使

---

① "医",疑作"翳"。——编者注

逻辑与知识论紧密地结合在一起,他把逻辑部分抉择得更精纯,逻辑的基础——知识论树立得更巩固。就是对现量问题,他也有进一步的发挥。《正理一滴论》第一章这样说:

>谈到人类运用完全或有效的知识而达到一切对象有两种:(一)知觉(现量);(二)推理(比量)。知觉这种知识,它是通过感觉等等,它据说超越了预想并避免错误。预想是指似是而非的幻象的经验。这种幻象看过去好像已能够应对和接触到的那样真实。譬如一棵树的影子会现出树的本身;或者一条绳子会现出蛇形。错乱是由黑暗、迅速的动作、乘船旅行、摇动等等这些原因所引起的。例如对乘船旅行的人说:两岸的树看来好像是动的。知觉有四种:(一)五官的知觉(五根现量);(二)心的知觉(意识现量);(三)自我意识(自证现量);(四)沉思圣者知识(瑜伽现量)。知觉对象,一如它的本身;而推理对象,一如它的同类。例如一条牛,我看过去是特别一条牛,它具有某些和其他的牛不同的特性,而我推论一条牛是一般的牛,则具有一些其他的牛所共有的特性。这就是说:知觉是个别的知识,而推理是一般的知识。随着一个对象的远近,知觉因之而不同,这就是说,知觉一个对象的特殊性格,这种性格证明对象是绝对真实的。因为它指出对象具有某种实际功效,而这种性格也指出知觉是真实知识的源泉,因为它真实的和所接触的事物相适应的。

由此看来,尼也耶派和佛家旧说都着重在感官和它们的对象接触的关系上来解释现量。陈那用"现量,除分别"(见《因明正现门论》)来说明现量的特质,逾越这界限便不是真正现量而成为比量了。因为名言(概念)是将同类现象或对象分别其属性之共通的和不共通的,集其共通的而取之以成一个概念。例如桃李杏梅等花的属性,互有异同,择其同而舍其异,总名之曰花,花之一名,就是一概念的代表。概念必经比量,乃获构成,那是可以肯定的。陈那用"除分别"这一条件来规定现量的性质,可以说是他的创见。以后其他学派都提到这一点。离哪些是分别呢?就是上面所说的"名种等"。名,是单独概念。例如"此牛叫做吉祥",这吉祥就是单独概念。单独概念所指的是某一特定的对象、个别的对象。种,是种类概念。如说"这个牛是家牛"或者说"这个牛是野牛"等就是种类分别。等是等其属性(德)和动作(业)。如说"白牛",是指它的属性;说"耕牛"或"奔牛",是指它的动作。陈那说:"于诸种声(名),说为家牛;于诸功德声,说为白物(如经言'大白牛'等);于诸作业声,说为能饮;于诸实事声,说为有角。"此等(白物、能饮、有角)随一(与牛)相属,皆成差别(种类分别)。余复有以一空无异门差别一切义者,(一空无异门,兼指一空门与无异门。一空门唐译为"诸门"。基师说:种类同故,名为无异,种类别故,说为诸门),若离此(名言、概念)等分别,乃为现量。到了法称,提出构成真现量的另一个必要条件,那就不是错误。怎样是错误呢?根据法称的意见,要从内在原因、外在原因所发生的错觉来加以区别。有的错误是由于外在的原因,像黑暗见物不明;或由迅速的动作,如旋转火焰以为是火轮;都是明显的例子。有的错误乃由内在原因和外在原因而起的。像乘船旅行的人,两岸的树看过去好像是动的。其次,法称也注意到客观对象问题,他认为随着一个对象的远近,知觉(现量)因之而不同,这说明了现量是受着对象本身位置的限制,也就是说有空间的局限性。假如不论空间的远近而所得的知识都是正确的话,那已经是涉及推理(比量)而不是知觉(现量)之所有事了。《佛地论》卷六说:"诸法实义,各附己体为自相(特殊),假立分别,通在诸法为共相(一般)。"这是从对象现象本身与分别来区别自相和共相。法称主张"自相因为远近的关系,明昧的程度就不一样",就更加确切了。

人类的正确知识,除了现量,就只有比量。现量以纯感觉为主(有时亦称知觉知识),范围狭隘,假使仅仅靠现量而舍其他,人们知识的领域就非常缩小了。比量范围较广,通于概念、判断、推理各部分。什么叫做比量呢?商羯罗主《因明入正理论》说:

> 言比量者谓借众相而现于义。相有三种,如前已说。由彼为因,于所比义有正智生;了知有火,或无常等,是名比量。

比量是依靠中词或理由的三个特征(因之三相),使敌论者对所立论题(宗义)有决定智生,了解"隔岸有火"或者"声是无常"等,叫做比量。但是因有知觉(现)推理(比)不同,所以果也有火与无常的区别。例如:过去在厨房等处,见火有烟,而在沧海漪洋等处就不会看到,明确了烟与火有因果必然的联系,后来看到隔岸烟起,审此宗智,忆念到前知,合为比度,决定隔岸也是有火,这个决定智之果,就是知觉,由于了解烟与火的联系是从知觉因而起的。又如:我们曾经知道"产物"和"不是永恒"(无常)有必然的联系,后来听到含有"不是永恒"动物等声、风铃等声、击鼓、吹贝等声,忆念前知根据它来推论,决定声音也不是永恒,这个决定智,则是推理。由于了解"不是永恒",是被决定于"产物",是从推理而得,不是从知觉而得。

我们要知道无论从知觉或从推理来审了宗智,都是远因,因为它们不亲生智的缘故。忆因之念,才是近因,由回忆才知道中词与大词有必然联系,正面了解"有烟"应"有火"、"产物"应"不是永恒",反面也明确无火就无烟,永恒就不是产物。可见决定智(果)实合审宗智和忆因念远近二因而生。现在把比量成立过程,试表解如下:

(一)审宗智——远⎫
(二)忆因念——近⎬因
(三)决定智————果

可见比量是从因立名,关键在乎因。因是真比量,果也是真比量;因是似比量,果也是似比量。

比量析有两类:(一)为自比量(自身推理),自己了解事物逻辑上关联的作用;(二)为他比量(为人推理),就是把这逻辑上关联的作用传授给别人,这里指运用论据与论证证明某一论题的正确性使人信服。这两种推理的性质,基本是一致的;不过为自比量偏重在自己运用独立思维,而为他比量则是依据独立思维用语言文字来表达而已。

法称在《正理一滴论》第二章,对"为自比量"讲得比较具体,现在译述如下:

法称对为自比量被定义为经由、理由或中词带有三个形式或特征而得到的推理知识。例如此山有火,因为它有烟,此山有火知识得来是通过有烟,而烟就是理由或中词。

法称认为理由或中词带有三个形式特征,就是:(一)中词必须寓于小词;(二)中词必须只寓于与大词同类的事物;(三)中词必不寓于与大词异类的事物。这种看法和尼也耶派、佛家陈那等是一致的。不过,中词对大词的关系,法称分析有三类:

(一) 同一(Identity)，例如：

这是一棵树，因为它是醒沙巴(树名)。

(二) 结果(Effect)，例如：

这是有火，因为有烟。

(三) 非知觉(非现量)(Non-perception)分析有十一种：
1. 未见其同一性。例如：

这里没有烟，因为没有见到。

(固然烟是具有这种性质，如果它是存在，它就可被觉知)。
2. 未见其果。例如：

这里不存在烟的性能不受阻碍的原因，因为这里没有烟。

3. 未见其偏或总。例如：

这里没有醒沙巴，因为根本没有树。

4. 已见的与同一性相反。例如：

这里没有冷的感觉，因为有火。

5. 已见异果。例如：

这里没有冷的感觉，因为有烟。

6. 已见的与联系相反。例如：

即使过去实体的毁灭并不确定，因为它依存于其他原因。

7. 已见的与结果相反。例如：

这里不存在冷的性能不受阻碍的原因，因为有火。

8. 已见的与总的相反。例如：

> 这里没有寒冷的感觉，因为有火。

9. 未见其因。例如：

> 没有烟，因为没有火。

10. 已见的与因相反。例如：

> 他身上毛发并没有悚然，因为也坐在火旁。

11. 已见的果与因相反。例如：

> 这里没有任何人身上毛发悚然，因为这里有烟。

法称认为自身推理（为自比量）应具备中词或理由的三个特征，而中词视其与大词有必然的联系，又分为三类：就是以上所说的同一性，结果和非知觉。第一类，同一性应用于肯定判断（肯定判断中所指明的是对象有一定的属性，即指明对象是什么），但它是使用概念的"外延"（Extension）关系（所分的种类）来判断。如说"这是一棵树，因为它是醒沙巴"。这就是说，醒沙巴属于树的一类，就含有树的意义。第二类，结果也是应用于肯定判断。但它是依据经验从果推因来作判断，如说，"这里有火，因为有烟"。这就是从经验上认识烟是有火的结果，从而由烟就推出它的原因火来。第三类，全部应用于否定判断。否定判断中所指明的是对象没有一定的属性。换句话说，就是指明对象不是什么。吾师吕秋逸先生说："人们思维作否定判断的时候，对于所否定的事物必须有过经验，这样从清晰的记忆意识到现在不能再发现它，才决定说它没有。否则，像时间、地点乃至它本身都很遥远的境界，即使未曾发现也不能判断它的有无，作了判断也没有意义，因为无法作检验的缘故。"法称的非知觉，就是指这种情况依之而分析了十一种，使否定判断愈加明确起来。总之，法称把中词视其与大词有必然的联系分为三类，对我们理解"为自比量"这一方面，是有很大启发的作用。

最后谈一谈能量、所量、量果问题。佛家因明学者认为现量、比量的智体就是量果。既不同于尼也耶派以有觉之实（自我）为能量，以所知的对象为所量，由上面二者结合为量果；也不同于小乘以根为能量，境为所量，依据所起之心及心所为量果。因为佛家因明学者认为智为能量，境为所量，由能量智能证能观——事的自相和——理的共相，这能量智本身就是量果。理由是，因为能量的作用，假使它能符合境界得到正确的了解，就算有了结果，像用尺（能）量绢布（所）时，量完绢布就知道若干尺寸（果），所以能量指过程言，量果指结束言。

《因明入正理论》说："如有作用而显现故，亦名为量。"这里所谓作用，就是能量。佛家主张"一切法无我"，以有作用，便有主宰，所以只说"如有作用"。所谓显现，就是能量。如有作用，指见分而说，名为能量；影象显现，指相分而说，名为所量。能量所量都是依智体而得名，所以说"亦名为量。"试表解如下：

作用（能量）——见分
显现（所量）——相分

五、简短的结论

过去印度把获得知识的手段、知识的过程以及知识的本身，统称为量。尼也耶派认为知识的构成条件有四：即量者、所量、量果、量；知识的来源也有四：即现量、比量、比喻量、声量。佛家弥勒认为，一个论题是由一个理由两个譬喻来证明，而理由与譬喻非根据现量比量，即根据正教量。不仅他所说的正教量，就是现量比量的一部分，也不尽是因明学范围。因为因明现量比量是作为立破的依据，必须立敌极成而后可，涉及立敌不同的教义，就无法得到共许。陈那直探知识的本源，唯存现比二量。因为所量之境不外自相（特殊）和共相（一般）两种，所以知识的来源也不可能增加或减少。法称循着这样分类，不过他对于"为人推理"（为他比量）过类，有所废，也有所立（可能是受西纪第六世纪中叶耆那教（Jaina）逻辑学者悉檀犀那提婆迦罗《入正理论》的影响）；对于"自身推理"（为自比量）在中词与大词的关系上有进一步的发挥而已。

　　总之，人类认识外界事物的最初阶段，是先通过感官而来——赤白、圆方、冷热、硬软等等的感觉。在重复这些感觉的知识以后，我们把感觉到的东西利用思维的力量，加以比较、分析与综合，抽象与概括，然后才可以揭示出周围世界的规律性。如果只停留在纯感觉或知觉阶段，我们的认识显然不够全面，不够深化了。所以必须从纯感觉或知觉提高到推理。法称《正理一滴论》说："推理之所以有力量，就在于超感官的对象。"这句话的意义是很深远的。但是要从纯感觉或知觉进而为推理，要从个别的知识进而为一般的知识，那是要实践来引导的。实践是引导认识的线索。假若不与实践的问题结合起来，我们要认识周围的世界是无法解决的；而认识周围的世界之主体的人，决不是离开社会的个人，必然是社会的人和阶级的人。这些问题，过去因明学者受了一定的历史条件和一定的事情所限制，就有待我们进一步批判和钻研了。

法称在印度逻辑史上的贡献[*]

　　法称出生于南印度侏陀摩尼(Jrimalaya，或作提学摩罗 Jirumalla)的一个婆罗门家庭，受过婆罗门的教育，后来对佛学发生兴趣，为在家信徒。他决心向世亲的及门弟子求教，亲访当时著名佛教学术中心那烂陀。当时世亲高弟护法年事虽高，但还健在。法称遂就护法求教，旋以对逻辑问题深感兴趣。而陈那已逝世，遂向陈那及门弟子自在军(Lsvarasena)学习。传说法称十分聪明，他学陈那《集量论》一遍，就见与师齐；学第二遍，便超过老师而与陈那比肩；到第三遍，终于发现陈那学说的缺点。自在军觉得他成绩优异，鼓励他为《集量论》作注。

　　以后，法称也和当时一般学者一样，以从事著述、讲学以及参加公开辩论等终其一生。最后在羯棱迦(Kalingga)一所他自己创建的学院中，在弟子们的随侍下逝世。

　　尽管法称的弘传工作规模很大，成就也很高，但他毕竟无法阻止佛教在本土日趋衰微，不过起了一些延缓作用而已。佛教在印度的命运已成定局，最有才能的人，也扭转不了历史的趋向。婆罗门复兴运动的巨匠鸠摩梨罗(Kumarila)和商羯阿阇梨(Sankaraacarya)的时代正在到来。据传说，法称曾经和他们在公开辩论中进行过论战，并取得胜利。但这只不过是法称的门徒事后的设想

---

[*] 本文原载《哲学研究》1989年第2期。——编者注

与虔诚的愿望。同时这种想法,无异是间接承认这一个事实,就是说,这两个婆罗门巨匠已经遇不到像法称这样足以和他们抗衡的对手了。佛教在印度本土之不免衰落及其在若干边疆地区之持续存在,究竟还有哪些更深刻的原因,还弄不清楚。不过有一点是历史家共同的说法,就是佛教到了法称时代,已不可能再上升,已经不是像无著、世亲时代那样昌盛了。一般已经离弃了这个哲学批判的悲观的宗教,转而走向婆罗门的众神崇拜去了。佛教已经开始向北方流传,到西藏、蒙古以及其它国土中另辟新的家业。

佛教在印度前途黯淡,法称似乎已预感到。他的弟子中无人能够充分理解他的学说,足以继承他的重任。这一点也使他感到悲伤。陈那门下没有知名弟子,再传之后,才有后继人出现。法称的情况也是一样,他的真正继承人,也是在再传之后才有法上(Oharmottara)。法称的直接弟子帝释慧(Devendrabuddhi)是个艰苦向学的人,但限于天资,不能充分把握陈那和法称本人的认识论的逻辑的精义微言。从法称的一些感慨遥深的诗篇中,不难看出他的这种悲观心情。

法称的大著中有一篇作为引首的偈颂,其中第二章颂是对他的批评而发,据说是随后加进去的。在这里他这样写道:

> 人类多半习惯于陈言猥谈,而不肯探抉精微。对于深邃的词旨,不但不肯有所用心,甚至还要满怀憎恨、嫉妒,所以我也无心为这般人的利益而有所述作。但是在我的这本书中,我的心却感到满足。因为我生平所好就是对一切嘉言美词作深长的思索,通过这本书,我的素怀得以畅达了。

在这本书最后第二颂里,法称又说:

> 我的书在这世界找不到一个不感困难就能把握其中深义的人。看起来,它只会被我自身所吸收,在我自身中消失,有如河川入海那样被吸收进即而消失了。纵使有一些天赋智力并不寻常的人,也不能探测它的深度。纵使有一些勇气非凡敢于思维的人,也不能窥见它的最高真理。

在各种名诗选集中,还有一诗章,语意与此相似,因而被认为是法称的手笔。在这章诗里,诗人把自己的作品比拟为一个找不到如意郎君的美人。他写道:

> 造物者究竟是何居心,一定要造出这一件美的形象!他不借用尽美的素材,他不辞辛劳!人们本来一直是安静生活着的,他偏要在他们的心中燃起一点心灵之火!而她呢?也只落得苦恼万分,因为人世间永远找不到配得上她的夫婿!

法称个人的性格,据说是非常高傲而自负的。对于庸俗以及假充博雅的人,他极端鄙视。依据多罗那他(Daranatha)的记载,法称完成了他的大著之后,曾拿给当时的学者看,可是没有得到丝毫的赏识与善意。他的论敌们据说还把他的书页,拴在一只狗的尾上,让狗在街上乱跑,书页也纷纷散落。可是法称却这么说:"正如这只狗四处驱驰一样,我的著作也将在全世界散播开来。"(Just as this dog runs through all streets, as well my work be spread in all the world)

法称的逻辑著作有七种,即有名的七论,为我国西藏作为世界研究佛家逻辑——因明的根本典籍。"七论"虽然原为评释陈那作品而作的注疏,但其地位实已驾乎陈那原著之上。这七部论中以《量评释论》(Pramanbeartiha)为主要的一部,号为法称因明体系的"身体",其余六部是其从属,称为"六足"。"七"这个数字是有意思的,因为一切有部(Sarvastivada)的阿毗达磨也是以主要的一部论《发智论》为首,而其他六论:《集异门足论》《法蕴足论》《施设足论》《识身足论》《品类足论》《界身足论》为足。法称的意思很明显,他想以逻辑学和认识论的研究来代替早期佛教的旧哲学。法称给陈那的《集量论》做的是带有批评性的注释,即对原书有肯定,有补充,也有订正。书名即叫《量评释论》,是颂体。《集量论》原为六品,《评释》把原来的组织略加变动而成为四品,一是成量品,二是现量品,三是为自比量,四是为他比量品。后人因为法称对于第三品作了注,想必很重要,于是把它置于卷首,遂把原书的次序改动了。

另外,法称采取《量评释论》中一些精华写了《量抉择论》,分量适中,梵本已失,只有藏译流传于世。又有《正理一滴论》是他学说提要性的著作,相当简略。以上三书是法称逻辑学说中心。三者内容同属一类,不过有广中略不同而已。此外,法称还有几个因明专题研究的著作。如对比量的因(在比量中因是重要部分),就写了《因一滴论》;论逻辑关系,关于概念方面,写了《观相属论》;怎样认识别人的存在,写了《成他身论》;讨论艺术的,写了《议论正理论》。

除了《正理一滴论》以外,其他各论都未发现梵文原本。但都有藏文译本收在丹珠尔中。藏文佛藏中还收有传为法称的其他著述,如诗集①圣勇《本生鬘论》的疏和《律经》的疏等,这些著述是否

---

① "诗集",疑作"关于"。——编者注

真是法称所写，尚难断定①。

法称的著作影响极大。对他的著作进行注疏，现存于西藏就有十五家、廿一部、四百余卷之多。近五六十年来，各国研究因明多取材于法称的著作，特别是比较精要的《正理一滴论》一书，因为有梵文原本，意义明确，有俄、德、法、日等文字的翻译，还有各种专题研究。我们论法称在因明的贡献，也以《正理一滴论》的现量、为自比量、为他比量三方面为依据。

一、对于陈那现量学说的肯定和补充

印度各学派对于量各有一种看法。佛家因明在陈那之前也区分为现、比、声三量。陈那直探知识本源，又重在立破依据，唯立现、比二量。因为所量之境不外自相与共相两种。事物的本身或者它特定的意义，各依附着它的本身而不通到其他方面的，就叫做自相（特殊）。譬如风声，无关其他的声音，就是事物的本身，只指风声，不指与其他共通之点，这就叫做特定的意义，都是属于自相。假如事物和它的意义可以贯通其他方面，如缕贯华，那就是共相。譬如声的概念，通于人声、鸟声、树声、风声、雨声等等；又如"不是永恒"，通于瓶盆以及草木鸟兽，都是属于共相（一般性质）。认识"特殊"的智慧是现量，正因为它对于现在事物显现证知的缘故。在知识的领域，除了特殊之事和一般之理，再也没有可知之境，所以能量的智慧，也不容增加或减少。

---

① 参见 Stcherbatsky: *Buddhist Logic*, Introduction。

商羯罗主《因明入正理论》说:"此中现量,谓无分别。若有正智于色等义,离名种等所有分别,现现别转,故名现量。"

这种看法系根据陈那《因明正理门论》而来。陈那说:"此中现量除分别者,谓若有智于色等境,远离一切种类名言假立无异诸门分别,由不共缘,现现别转,故名现量。"

现在依据它们的含义合并起来解释一下:

这里的"此中",就是指现量。"无分别"与"除分别者"是同一个意义,都指能取智对所取境,离开所有错误的分别。"若有正智于色等义"就是"谓若有智于色等境"。这里面包含两层意义:(一)能量智正。窥基《因明大疏》这样解释:"若有正智,简彼邪智。谓患瞖目见于毛轮、第二月等;虽离名种等所有分别而非现量。"故《杂集》云:"现量者,自正明了无迷乱义。此中正智,即彼无迷乱离旋火轮等。"(二)所量境真。《大疏》说:"言色等者,等取香等义谓境义,离诸膜障。""离名种等所有分别"和"离一切种类名言假立无异诸门分别"同。《大疏》这样解释:"此所离也,谓有于前色等境上,虽无膜障,若有名种等诸门分别,亦非现量。故须离此名言分别、种类分别等取诸门分别。""不共缘等"指五根各各明照自境,名之为现。识依于此,名为现现。各别取境,名为别转。境各别,名不共缘。

法称认为构成真现量的另一要素,是不错乱。怎样叫不错乱呢?法称认为要从内外因所发生的错觉去加以分析。如眼睛有了瞖障便见着空华,生热病的人见闻有时会错乱,这是由于内因而产生的错觉;又如见了旋转的火焰以为是火轮,这是由于外因而产生的错觉;又如乘船旅行,两岸的树木好像是动的,这又是兼内外因所引起的。真正的现量一定要离开这些错觉,这是法称对陈那现量学说的补充。

二、法称对陈那为自比量因三相说的补充

人们的正确知识,除了现量,只有比量。现量以纯粹感觉或知觉为主,范围较狭,比量通于推理的绝大领域。陈那在《集量论》中把推理分作两大类:为自己而推理,叫做为自比量;提出自己的论题而加以论证的,叫做为他比量。这两类推理的性质、成因都一样,不过为自己而推理重点在于思维,为别人而推理重点在于语言,形式上有所不同。

为自己而推理就是经由理由或中词带有三个形式或特征而得到的推理知识。例如:此山有火,因为它有烟。此山有火知识之得到是通过烟推论而来,而烟就是理由或中词。

理由或中词具有三个形式或特征,有如下述:

1. 中词必须寓于小词,例如:

此山有火,
因为它有烟,
像一个厨房,但不像一个湖。

在这个推论中必须"山"上有"烟"。

2. 中词必须只寓于大词同类的事物,例如上面推论"烟"寓于"一个厨房",这就是同类的事物,它包含有火。

3. 中词必不寓于与大词异类的事物。例如"烟"必不寓于"一个湖",它是含有火的异类事物。

具备三个形式或特征的中词又有三种，这些都从中词和所要判断的"大词"的有无关系上来区分。

1. 同一性（自性的），例如：这是一棵树，因为它是醒莎帕（Simsapa，树名）。

2. 结果（果性的），例如：这里有火，因为有烟。

3. 非知觉（不可得的），分析有十一种：

（1）未见其同一性。例如：这里没有烟，因为没有见到（固然，烟具有这种性质，如果它是存在，它就可以被人看见）。

（2）未见其果。例如：这里不存在烟的性能不受阻碍的原因，因为这里没有烟。

（3）未见其遍或总。例如：这里没有醒莎帕，因为根本没有树。

（4）已见的与同一性相反。例如：这里没有冷的感觉，因为有火。

（5）已见异果。例如：这里没有冷的感觉，因为有烟。

（6）已见的与联系的相反。例如：即使过去实体的毁灭并不确定，因为它依存于其他原因。

（7）已见的与结果相反。例如：这里不存在不受阻碍性能冷的原因，因为有火。

（8）已见的与总相反。例如：这里没有寒冷的感觉，因为有火。

（9）未见其因。例如：没有烟，因为没有火。

（10）已见的与因相反。例如：他身上毛发并没有悚然，因为他坐在火旁。

（11）已见的果与因相反。例如：这里没有任何人身上毛发悚然，因为这里有烟。

以上十一种格式经常在思维领域运用，使否定判断愈加明确，所以是属于为自比量的差别。

三、法称对陈那为他比量说的删削和补充

为人推理被定义做三种形式的语言上中词的说明,这就是当推理用语言文字展开时,目的在于产生使他人信服,那就是被看做对他人的推理。

推理是一种知识,语言文字这里被叫做将结果归于原因的推理。虽然语言文字本身不是知识,但是会产生知识。为人推理有两种,即正的或同类及负的或异类,如下例:

a. 声音不是永恒,因为它是一种产物。凡是产物都不是永恒,像一个盆子。(正)

b. 声音不是永恒,因为它是一种产物。不是不是永恒,一定不是一种产物,像虚空。(负)

论题,小词与大词的关系有待证明,如此山有火,因为它有烟,在这推论中,"山"是小词,它有待证明有"火",火,就是大词。小词和大词连在一起,构成一个命题。一个命题有待证明,就是一个论题。

论题的错误,陈那析有五种:

(1) 与知觉相矛盾(奘译"现量相违");
(2) 与推理相矛盾(奘译"比量相违");
(3) 与一已知①的信仰或主义相矛盾(奘译"自教相违");
(4) 论题与公共意见相矛盾(奘译"世间相违");

---

① "一已知",疑作"一己"。——编者注

（5）论题与一己知的陈述相矛盾(奘译"自语相违")。
商羯罗主增加了四种，即：

（6）论题与不共许的大词相矛盾(奘译"能别不极成")；

（7）论题与不共许的小词相矛盾(奘译"所别不极成")；

（8）论题与不共许的小词及大词相矛盾(奘译"俱不极成")；

（9）众所公认的命题的谬误(奘译"相符极成")。

法称认为论题的谬误只有四种：

（1）知觉，例如说：声音是听不见的。

（2）推理，例如说：声音是永恒。

（3）概念，例如说：月亮不是月亮。

（4）自己的陈述，例如说：推理非知识的源泉。

中词的谬误。我们上面已谈到中词须具有三个特征，如果三个特征中任何一个特征有三种情况（即无法证实、不能决定、相互矛盾）之一，那就是中词的谬误。

1. 无法证实(奘译"不成")，例如：

（1）声音是永恒，因为它是可见的。声音可见，双方都不承认(奘译"两俱不成")。

（2）树木有知觉，因为如果把树皮剥脱就会枯死。对方不承认这一种树的特殊死法(奘译"随一不成")。

（3）此山有火，因为它有雾气。雾气为火的事实，还有疑问(奘译"犹豫不成")。

（4）灵魂是周遍一切，因为它到处可以觉察。灵魂是否到处可以觉察，两者有无必然联系(奘译"所依不成")。

以①无法证实，法称对陈那的剖析都肯定下来。

---

① "以"，疑作"对"。——编者注

2. 不能决定(奘译"不定")。例如：

(1) 声音不是永恒，因为它是可知的。可知的过于广泛，因为它包含永恒和不是永恒的东西(奘译"共不定")。

(2) 某人是全知，因为他是一个演说家。这个理过狭，因为演说家不一定是全知或非知的。

法称对陈那"不定"过只保留以上二种。至于(3)同品一分转异品遍转、(4)异品一分转同品遍转、(5)俱品一分转、(6)相违决定过四种，法称从删，并对相违决定一过，进行批判。

3. 矛盾的(奘译"相违")。陈那剖析有四种：

(1) 中词与大词相矛盾(奘译"法自相相违")；

(2) 中词与大词的隐义相矛盾(奘译"法差别相违")；

(3) 中词与小词相矛盾(奘译"有法自相相违")；

(4) 中词与小词的隐义相矛盾(奘译"有法差别相违")。

法称只保留两种。例如：

(1) 声音是永恒，因为它是一种产物。

这里"产物"与"永恒"不一致。这就是中词与大词相矛盾。

(2) 声音不是永恒，因为它是一种产物。

这里"产物"，对"不是永恒"并非相矛盾。

论证的谬误，陈那析有两类：正证(奘译"同喻")；反证(奘译"异喻")。正证析有五种，法称又增加四种，共有下列九种：

(1) 声音是永恒，因为它是无形的，像动作。"动作"不能充作正证，因为它不是永恒，这就是它排斥了大词。

(2) 声音是永恒，因为它是无形的，像原子。"原子"不能充作正证，因为它是有形的，这就是它排斥了中词。

(3) 声音是永恒，因为它是无形的，像一个盆子。"盆子"不能充作正证,因为它既非永恒也非无形,这就是它排斥了大词和中词。

(4) 此人是多情的,因为他是一个演说家,像街上的人。"街上的人"不能充作正证,因为他是否多情,还有问题。这就是大词的真实含义有疑问。

(5) 此人终有一死,因为他是多情的,像街上的人。这个正证,中词的真实含义有疑问,这就是街上的人是否多情还有问题。

(6) 此人非全知者,因为他是多情的,像街上的人。这个正证,大词和中词的真实都含有疑问。这就是"街上的人"是否多情的及非全智[①]的,都有问题。

(7) 此人是多情的,因为他是一个演说家,像某一个人。这个正证没有联合说明,因为是多情及是一个演说家之间并没有不可分割的联系。

(8) 声音不是永恒,因为它是一种产物,像一个盆子。这个正证含有缺乏联系的谬误。本来联系应明示,一切产物不是永恒,像一个盆子。

(9) 声音是一种产物,因为它不是永恒。一切不是永恒的事物是产物,像一个盆子。

这个正证含有颠倒联系的谬误,真正联系必须明示如下:一切产物都不是永恒,像一个盆子。

同样的,反证的谬误,法称也析有九种:

(1) 与大词相矛盾之事物并非不相同之一例的谬误(斐译"所立不遣")。如立声是常在论题,以无体质故为中词,若非常在见彼非无体质为异喻体,如原子为异喻依。异喻的作用原为简滥,所以必须与同喻相反。然此异喻依之原子,与中词(无体质)都是相异,

---

① "全智",疑作"全知"。——编者注

似堪作异喻,然原子是常在与论题的大词(宾词)却是相同了。所以说是与大词相矛盾并非不相同之一例的谬误。又如立蚂蚁是昆虫论题,以能合群故为中词,若非昆虫见彼不能合群为异喻体,以蟋蟀为异喻依,蟋蟀与中词合群是相异,然蟋蟀仍属昆虫与论题大词并非不同,其过同上。

(2) 与中词相矛盾之事物并非不相同之一例的谬误(奘译"能立不遣")。如立蚂蚁为昆虫论题,以能合群为中词,若非昆虫见彼不能合群为异喻体,如马等为异喻依。马与大词昆虫固然相异,然与能合群与中词并无不同,所以说是与中词相矛盾并非不相同之一例的谬误。

(3) 与中词及大词均非不相同之一例的谬误(奘译"俱不遣")。如立声是常在的论题,以无体质为中词,若非常在见彼非无体质为异喻体,如虚空为异喻依。然虚空之一例既是无体质,即与中词并非不同;虚空是常在,与大词又无不同。所以说是与中词及大词均非不相同之一例的谬误。

(4) 明示中词与大词间缺乏分离作法说明之一异喻的谬误(奘译"不离")。如立金刚石是可燃论题,以炭素物故为理由(中词),如冰雪为异喻依。此式未将中词与大词分离之关系说出,只举冰雪为例,不能作有力之反证。质言之,即缺乏"若不可燃,见彼非炭素物"异喻体作法之说明。

(5) 明示中词与大词之间并无颠倒分离之一异喻的谬误(奘译"倒离")。同喻正证,先合中词后合大词,以见"说因(中词)宗(大词)所随"。异喻反证,先离大词后离中词,以见"宗(大词)无因(中词)不有"。不然,同喻有"倒合"之过;异喻则有"倒离"之过。如立彼山有火论题,因为立有烟为理由(中词),若是有烟见彼有

389

火,如厨房,如若是无火见彼无烟,如江海。今若言"若是无烟见彼无火",则犯中词与大词间并无颠倒分离之说明的谬误,因无火一定无烟,无烟未必无火也。

以上五种为陈那所剖析,法称亦另加四种:

(6) 大词的除遣含有疑问之一异喻。如立:迦必罗(Kapila)及他人不是全知或绝对可靠,因为他们的知识经不起全知者和绝对可靠的考验,一个教天文学的人是全知者和绝对可靠,像雷沙哈、巴雷哈马那及其他。这里雷沙哈、巴雷哈马那及其他,不能充作异喻,因为他们对"不是全知和绝对可靠"这个大词能否除遣是有疑问的。

(7) 中词的除遣含有疑问之一异喻。如立:一个具有三种吠陀知识的婆罗门不应信任某某人,因为他们可能没有离欲。受信任的人一定要离欲,如乔答摩及其他法律的制订者。这里"乔答摩及其他法律的制订者"不能充作异喻,因为他们是否离欲,还有疑问。

(8) 大词与中词的除遣都含有疑问之一异喻。如立:迦必罗及其同伴没有离欲,因为他们有希求之心贪婪之心。离欲之人一定没有希求之心贪婪之心,像雷沙哈及其同伴。这里"雷沙哈及其同伴"不能充作异喻,因为他们是否离欲和没有希求之心贪婪之心,都有疑问。

(9) 大词与中词没有必然分离之一异喻。如立:他没有离欲,因为他会说话。离欲一定不会说话,像一块石头。"一块石头"不能充作异喻,因为"离欲"这个大词和"不会说话"这个中词,没有必然的相离。

法称把《正理一滴论》析为三部分代替陈那《集量论》的六章,

他曾主张譬喻在推理中不是重要部分,因为它已包含在中词之中。例如"此山有火,因为有烟,如厨房"这一推论,其实"烟"这个中词已含有火,包括厨房及其他有烟的东西了。所以譬喻是没有必要的。譬喻之所以有价值,就在于通过一种特殊的、因而是更明显的方式指出一般命题包含些什么东西。这在"为自己推理"(为自比量)是这样的。如果是"为别人推理"(为他比量),喻支终未能废,因为缺乏譬喻(例证)就等于削弱甚至于没有说服力了。陈那与商羯罗主的同异喻中都是着重"排斥"(Excluded)和包含(Included)的。换句话说,着重肯定的一面。其实带有疑问不定的性质,同样也是错误的。所以法称在《正理一滴论》中,同喻又加上"大词的真实性含有疑问"、"中词的真实性含有疑问"、"大词与中词的真实性都含有疑问"三种。在异喻又加上"大词的除遣含有疑问"、"中词的除遣含有疑问"、"大词与中词的除遣都含有疑问"三种。这一点可能是受尼干学派悉檀西那提婆迦罗(Siddhasena Divakara,约480—550)的影响。因为悉檀氏《入正理论》中早有这种主张。

其次,陈那、商羯罗主在喻体方面只有"无合"、"倒合"、"无离"、"倒离"的错误,法称在同喻又加上"中词与大词没有必然的联合"一种,在异喻又加上"大词与中词没有必然的分离"一种。这样,同喻过和异喻过就各有九种了。这是法称的贡献。

最后讨论一下法称对陈那的批判。中词与大词对立是错误的一种,叫做矛盾(奘译"相违"),那是陈那和法称所公认的。中词与大词的隐义(意许),即大词假若是含糊,在陈那《正理门论》中作为另一种错误,叫做隐义的矛盾。法称在《正理一滴论》中,否认这种观点。他主张这第二种矛盾已含在第一种之中。

第二种隐义的矛盾，例子是这样：

> 眼等必为他物所用，
> 因为它是组合物，
> 像一张床、坐具等。

这里大词"他物"是含糊的，由于它可以指组合物（如身体），也可以指非组合物（如灵魂）。中词与大词之间所以构成矛盾：是假如"他物"这个字，在发言人（指数论学派）是以"非组合物"（Uncomposite thing）来理解它；但在听者（指佛家）是以"组合物"（Composite thing）的含义来理解它，就在中词与大词的隐义造成矛盾。

法称在《正理一滴论》中，认为这种情况是第一种或固有的矛盾（中词与大词相矛盾），因为一个为论题的大词，只容有一种意义，假使字面的意义与隐藏的意义之间有含糊之处，那么真正的意义从上下文是可以确定下来的。假使隐藏的意义才是真正的意义的话，中词与大词之间还是固有的矛盾。

陈那又论述另一种谬误，叫做"矛盾并非错误"，他把这列入"不能决定谬误"之中。这种谬误就是"论题及其相反论题各有显然正确的理由支持它"（奘译"相违决定"）。例如：

一个胜论派（Vaisesiha）哲学家说：

> 声音不是永恒，因为它是一种产物。

一个弥曼差论者（Mimansaka）回答：

> 声音是永恒，因为它是可闻的。

根据胜论与弥曼差论二学派各自的教义,用在以上的情况认为都是正确的,但是它们导致矛盾的谬误,不能决定,所以结果是错误的。

法称在《正理一滴论》中否认有"矛盾并非错误"的谬妄,理由是:它既非从推理的联系而发生,甚至也不是基于经文。一个正确理由或中词必须与大词有同一性,结果,或非知觉的联系,也必须导致一正确的结论。

两个互相矛盾的结论,不可能都有正确的理由来支持,两套不同的经典也不可能有任何帮助来建立两个矛盾的结论,由于一个经典不能抹煞感觉和推理,而推理之所以有力量,就在于确定超感官的对象,所以"矛盾并非错误"的谬误是不可能的。

法称这一批判是非常精辟的,值得好好的体会。但是,我们觉得,两个相反的主张各具有显然健全的理由来支持它,各合推论的规律,因而无从判定其是非,在事实的判断骀未必有,但是价值的判断,则几乎无一不可作两无谬误的矛盾论题看待。

如姚燧《寄征衣》(越调凭阑人)云:"欲寄君衣君不还,不寄君衣君又寒。寄与不寄间,妾身千万难"。一方主张君衣欲寄,因为君寒故;他方又主张君衣不寄,因为君不还故。此亦两个相反的主张,各具显然健全的理由支持。

我们认为对于事物的价值欲作公正的衡量,应当善于运用两无谬误的矛盾论题。根据所有条件,考察其无益的而且甚至有害的方面。所以他人若有反对的主张应竭诚欢迎,借以补充自己思虑所不及,并以之补救自己的偏见。

两无谬误的矛盾论题,以其无法判定是非,故称之为"不定"过(即两者孰是孰非不能确定)。然而因明不是令其终于不定,须用全面看问题予以论定。至于我们衡量两无谬误的矛盾论题时，更非欲显示其是非不定。不过欲藉其有是处，只有辩证地思考，才能正确地提出和解决这个问题而已。

两无谬误的矛盾论题的效用，略当孙卿所谓"兼权"，事物一经兼权，其善恶可以毕露，利害可以并陈，即其积极与消极的价值可以全部把握了。只知道事物的有善有恶、有利有害而迷其所取舍，不能作究竟的抉择，则是非陷于不定而兼权反为赘疣，所以必须更进一步"兼权"之后，继以孙卿所说的"熟计"。所谓"熟计"，亦即普通所说的权衡轻重。兼权的结果，即将事物的价值罗列眼前，我们便可以于善恶之中比较其大小，于其利害之中比较其轻重，更可以依其善恶利害的大小轻重估其应得的价值。这样熟计之才不蔽于一曲。

总之，我们从法称的生平、著作及其对陈那逻辑学说的删削、补充、订正和批判，他在印度逻辑史上所作的贡献，不难想见。陈那逻辑学说在印度逻辑史上是一座高峰，法称又是一座高峰，这两座高峰闪耀着光辉。我们要善于继承这一优良传统，吸取其合理的核心，把逻辑学、比较逻辑或世界逻辑的研究工作，推向前进！

法称的生平、著作和他的几个学派[*]
——重点介绍《量释论》各章次序所引起的争论

佛家逻辑(Buddhist logic),一称因明(Hetuvidya),是印度逻辑史上一个重要的学派。这一学派,我们知道它是属于逻辑体系和认识论。它在第六、七世纪产生于印度,是杰出的佛家逻辑学者陈那和法称所开创的。他们的逻辑著作在印度逻辑史上发挥了继承和发展的作用。他们所继承的是什么,佛家逻辑文献虽有记载,但我们了解得不够全面;而他们的著作,却启发了后代佛家逻辑的发展。北传佛教为他们的著作写出了很多的注疏。这些逻辑文献都是研究印度逻辑史所必须掌握和了解的重要的资料。

陈那和法称的著作出世,在佛家逻辑史上出现了两座高峰。即第六世纪陈那创造性地把印度逻辑从论法发展到量论,他的立论精密,远远地超过了前人而自成体系,出现了佛家逻辑第一座高峰。威利布萨那博士的《印度逻辑史》极推崇陈那的著作,称陈那为"中古逻辑之父"。第七世纪法称继陈那之后,建立一个认识论逻辑的体系(A system of epistemological logic),这又是一座高峰。法称这个学术体系的火炬,照明了从七世纪到十二世纪佛家逻辑的道路。关于陈那在佛家逻辑史上的伟大成就,由于玄奘法师之汉文翻译及《正理门论》(陈那八论之一)之弘传,已为众所周知之

---

[*] 本文原载《现代佛学》1962年第1期。——编者注

事。而法称的著作及其学派的发展的文献,幸保存在我国藏文的译典中,而且弘传未衰。我以未谙藏文,现在仅就苏联科学院彻尔巴茨基院士[①]和伏士特里考夫先生(Wr. A. Vostrikov)研究有关法称逻辑问题所积累的成绩,结合自己的体会,有重点地来介绍法称的生平和他所有逻辑著作的主要内容、《量释论》各章的次序以及为法称著作进行注疏的几个重要的学派。

一、法称的生平

法称生于印度南方突利玛拉耶(Trimalaya,或译作提鲁玛拉Tirumalla)一个婆罗门的家庭并受过婆罗门教育。后来他对佛学发生了兴趣,想从世亲一位及门的弟子护法得到教义,而到了那烂陀,礼护法为师,跟他出家学习。法称对逻辑问题特别发生兴趣。这时逻辑学家陈那已不在世,法称改师自在军(Iśvarasena),跟自在军一道研究陈那的逻辑。法称不久对陈那著作的理解超过了他的老师。据说自在军承认法称比他自己更加了解陈那。法称在他的老师的赞同下,开始用容易记忆的偈颂形式写了关于陈那主要著作的注疏。

法称尽毕生的心力从事佛家逻辑的研究、著述、教学与公开辩论。他死在羯锒伽(Kalinga)地方的一所由他所建立的寺院中,寺院的周围尽是他的弟子。

尽管法称尽力阐扬佛家逻辑而不断地成功地扩大了佛学范围,但他只能暂时阻止而不能完全挽回佛教在印度走向下坡路。

---

① 参照 Th. Stcherbatsky: *Buddhist Logic*, Vol.1, pp.34—47。

这个时代的印度,正是以古玛雷拉(Kumarila)和善伽拉加雷耶(Sankaracarya)为首努力复兴婆罗门教——反佛教的浪潮正在到来。据说法称曾经以公开辩论的形式和婆罗门辩论过,并且胜利过。另一种说法,则是婆罗门的领袖们从来没有遇到法称反对过。这些说法,只能反映出法称个人对佛教的衰落趋势显得无能为力。历史学家一致告诉我们:法称时代的印度佛教,除婆罗门教的复兴外,加上教内对教理的研究和宗教仪式——秘密教的兴起更形复杂,佛教已不像无著、世亲兄弟时代那样的纯洁与勃勃有生气。同时,这个带有世界性的佛教已转向印度近邻各国传播,并通过各国社会的内因获得了不同情况的发展。

逻辑是人类实践的产物,它本身就是一种思想斗争的武器,是各个敌对学派所争取利用以立己破敌的思想武器。佛家逻辑一代大师的法称,他为缺乏充分了解他的逻辑体系到能继承他事业的弟子而感到悲哀。正如陈那没有著名的弟子一样,陈那的继承者法称是在一个世纪以后才出现的。法称真正的继承者法上也一样地是在一个世纪以后才出现的。当时法称的及门弟子帝释慧(Devendrabuddhi)虽然是一个忠心耿耿和勤学的人,但是限于天资,不足以担当法称的继承者。他既不能充分了解先人陈那的全部思想,也不能理解法称自己先验认识论的体系。因此法称在某些诗句中流露出悲观心理的最深挚感情。

在法称的伟大著作第二部分里,有一首作为导言的诗篇;对这诗篇有人认为是后来加进去的,是作为对批评他的人的一个答复。他说:"人类大半耽于陈腐之言,他们不讲求精巧。他们根本不顾深刻的教诲,他们充满憎恨和嫉妒的丑行。所以我不为他们的利益而写作。然而我的心在我的著作中感到满足,因为通过它我对每一善而美的言辞都经过深刻和长久的思考,这里充满着热爱。有这些我已经感到愉快。"又说:"我的著作在这个世界上将找不到一个合适的很容易理解它深义的人。它将由我本人所吸收和消失,正如一条河流流到海洋中被海洋所吸收和消失一样①。那一些没有赋予他们伟大理智力量的人,完全不能测量它的深度!就是思想卓越而大胆的人,也不能领悟它的最高的真理。"②这充分反映了法称自己为得不到得力的能继承他的学说的弟子而悲哀。同时,也反映他忠实于自己的写作事业而内心充满着自信。也曾有过为法称的著作得不到人们尊重而惋惜的诗人,在诗篇里描述法称的遭遇。诗人把法称的成功著作得不到知音比做女子找不到称心的郎君,从而寄托于诗篇以抒发其不平之情。其中有:"造物者创造这美人,他已在平静地生活着的人们心里燃起一支智慧的火焰。但美人却十分怅惘,因为她(当时)找不到真正爱她的未婚夫!"

  法称对在逻辑学方面的造诣,非常自负和自信,他对虚伪学者极其轻视。我国西藏史学家达纳那塔(Taranatha)告诉我们说:"当法称完成他的伟大著作之后,他把自己的著作拿给当时的学者们看,可是得不到赞赏和推许。甚至和法称敌对的人竟然把法称著作的书页挂在狗的尾巴上,让狗在各街道奔跑,书页纷纷散落。

---

  ① 西藏译文指出,与其阅读《倍耶伊瓦》(Payaiva),不如阅读《沙雷伊瓦》(Saridiva)。见 Th Stcherbatsky: *Buddhist Logic*, Introduction p.36, 1。

  ② 阿勃兴纳瓦古朴达(Abbinavagupts)在这些话中发现"施力莎"(Slesa)这个字,好像不是作者的本意。注疏家没有提到它。比较获万尼耶洛伽(Dhvanyaloka)的注疏第 217 页就知道了。根据耶玛雷(Yamari's)解释"阿脑巴底沙克知希"(Analpa-dhi-saktibhih)应分析为"何亚希"(S-ahi)与"欧巴底沙克知希"(Alpa-dhi-aktibhih)。它的意思将是:"它的深度怎样能被很少知识或根本没有知识的人所理解呢?"这一点将说明帝释慧的无能。

法称在这个侮辱面前却说：'我的著作正如这条狗穿过各街道一样，将传播全世界。'"

二、法称的著作

法称写过七部著名的逻辑的著作，即被称为"七论"（Seven Treatises）者是。"七论"，已经成为世界学者研究印度逻辑的基本文献，都保存在我国藏文译典中，我们不能不感谢先辈译师之努力为我们留下这个鸿文瑰宝的遗产。

法称的这些著作，原来是作为陈那逻辑著作的详细注疏的，但法称的卓越见解与精确性，却超过了陈那的原作。七部著作中的《量释论》是最主要的一部。这一部是他逻辑学说体系的"身体"，其他六部论是这个身体的附属部分称"六足"。以"一身六足"来说明法称著作的一个主要部分和六个次要部分，像北传的佛典一切有部阿毗达磨论部一样，也曾将《发智论》和《法蕴足论》等称为"一身六足"。但根据布席顿（Bu-ston）对法称著作的分类，"认为前三种著作是'身体'，后四种是'足'。"本来法称的《量释论》《量决定论》和《正理一滴论》都是发挥陈那《集量论》六章的要义，不过有广、中、略的不同，而其余四部论乃是对逻辑的专题进行讨论。所以布席顿的看法是有道理的。

法称所著的七论，虽有主要次要之分，写作形式和章次组织也各有不同，但内容都是互相联系的。同时，也很显然地看出法称对逻辑研究的看法：他认为逻辑与认识论的研究须代替早期佛教旧的哲学。

第一部《量释论》，包含四章：研究推理、知识的真实性、感官的知觉和推论式。以易于记忆的诗体写成。约两千个颂。

第二部著作是《量决定论》，内容是第一部著作的概要。它是以偈颂和散文写成的。占一半以上的偈颂是取材于《量释论》的。

第三部《正理一滴论》，是与《量决定论》同样主题而进一步的概括，都分成三章，用来讨论感官的知觉、推理和推论式。[①]

以下四部著作的主要内容是阐述特别问题：

第四部《因论一滴论》，是逻辑理由简略的分类。

第五部《观相属论》，是关系问题的探讨——富有作者自己的评述，以颂体写成的简短论文集。

第六部《论议正理论》，是论述关于辩论进展的艺术的论文集。

第七部《成他相续论》，是用来反对"唯我论"（Solipsism）关于他心的存在的论文集。

除了《正理一滴论》而外，其他著作都没有梵文本，但它们在我国西藏丹珠尔译文中都可以找到。在西藏的文献中，还有署法称名字的一些其他的著作，例如《修罗迦得格玛勒》（šuara's Jātakamālā）注疏和《毗奈耶—修多罗》（Vinaya Sūtra）注疏。但它们究竟是不是属于法称的著作，现在尚不能断定。

三、关于《量释论》各章的次序

法称的第一部著作《量释论》共分四章，是用偈颂的形式写成

[①] 参见拙译威利布萨那博士所著《法称〈逻辑一滴〉的分析》，载刘培育等编《因明论文集》，甘肃人民出版社1982年版，第329—337页。

的，须要辅以注疏。但他自己只为《量释论》的第一章——推理的一章做了注疏；其余三章注疏的任务，就交给他的弟子帝释慧去做。但帝释慧不能全部完成老师交给他的任务。达纳那塔曾经这样说："帝释慧为法称的《量释论》三章作注疏，头两次所作的都被谴责，到了第三次所作的也只有一半得到法称的同意。"法称最后说："这个原文的全部意旨帝释慧并没有全部用上，但是基本事实的意义是正确地处理了。"

《量释论》阐扬陈那《集量论》六章的要义，是讨论佛家逻辑的作品。这样作品，章次的安排应按照自然次序，便于依照次序开展逻辑主要问题的讨论。照一般习惯是先论知觉，次论推理，后论推论式。但法称的《量释论》的章次的安排却出乎常规，这令人感到奇异，也和法称自己的第二、第三部著作不一样。例如他的《量决定论》《正理一滴论》这两部节录性论著的章次安排是和一般自然次序一样的，首先一章论知觉，其次二章论推理和推论式，这和陈那的著作比较相一致。《量释论》章次的安排是把推理放在第一章，第二论知识的真实性，第三论感官的知觉，第四论推论式。这样次序似乎是倒置的。再如法称《量释论》第二章论知识的真实性的一整章，如果只包含注释陈那《集量论》开头那个颂的话，那么，把论知识的真实性放在第一章是更应该的。我们知道，陈那《集量论》一开头的归敬偈颂，是表示对佛陀的礼赞，把佛陀称为"具体表现的逻辑"[Embodied logic（Pramāna-bhuta）]，这样的内容如放在第一章处理，则整个大乘佛陀论，所有关于论绝对的、遍知者的存在的证明也都放在这个项目之下来讨论是比较合适的。

这部著作如以论述知识的真实性这章开始，以及论及遍知者的存在开始，然后转到知觉、推理和推论式的讨论，在安排次序上是较符合读者的要求的。

法称《量释论》的章次是从推理开始,把知识的真实性一章置于推理与知觉之间,把感官的知觉放在第三位来处理,以及把推理用其他的两章从推论式分离开来。这不仅违反了印度哲学的全部结构的习惯,而且违反了要讨论的问题的性质。也正由于如此,产生了后代意识上的分歧,也是自然的。首先是反映印度的和我国西藏的逻辑学家们的注意和争论,有的认为把《量释论》原来各章次序改变成为自然的次序,有的主张保持传统的次序。伏士特里考夫对法称《量释论》章次安排的原因作如下的看法外,并对这部论第二章"知识的真实性"也提出了他的看法[1]。

(一)关于维护传统次序所依据的事实,不外如此:法称本人只写了推理这一章的注疏而逝世,他本人由第一章开始注疏,这是很自然的,其他各章的注疏由他的门人帝释慧去写。

(二)更值得注意的即是:"知识的真实性"(佛陀论 Buddhology)的宗教部分是否为法称写的,写在什么时期这个问题。知识的真实性的宗教部分可能不是法称写的。因为法称在《成他相续论》中曾经最强调和最清楚地表示了他的意见。他认为被称为绝对的无所不知的佛陀是一个隐喻的实在。这是时间空间和经验以外的东西。而我们的逻辑知识是限于经验的,所以我们既不能想也不能说出关于它的任何肯定的事情。我们既不能断定、也不能否认它的存在。因此,如果佛陀论是法称写的,这一章必定是法称最早期的,是当他在自在军门下学习时开始著作的。

对第二个问题,伏士特里考夫认为法称后期的思想发展,是一

---

[1] 伏士特里考夫先生论文曾在列宁格勒佛学研究所会议上宣读,并为彻尔巴茨基院士所称引。

个转变。这个转变如果不是他宗教信念上的转变，就是他所采取的方法上的转变。因此法称在他成熟的年龄，放弃了注疏第一章的想法，他把关于知觉这一章交给帝释慧去写，而法称自己只写了推理这一章，因为这是最难的一章。

四、为法称著作注疏的几个学派

由于为法称的逻辑著作作注疏的人很多，而这些注疏又成为后世庞大注疏文献的起点，成为在佛典注疏文献上是最庞大的一种。我国西藏的译文所保存法称一系的著述中，如果根据注疏工作所指导的原则和见解的不同来划分，可分为语言学派、克什米尔或哲学的学派和宗教学派的三个派别。

1. 语言学派的注疏家——这个学派的开创人是帝释慧。它是一个语言学的解释的学派。它的目的在于用语言正确地处理注疏原文的直接意义，而不是把其中深邃的含义加以注疏者自己的理解来阐述的。在帝释慧之后属于这学派的人物有他的弟子和追随者释迦菩提（Sakyabuddhi）。释迦菩提的注疏保存在藏文中。普拉巴菩提（Prabhābuddhi）或许亦有这类的注疏，但他的著述已经遗失了。他们都只注疏《量释论》这部论，其余的《量决定论》和《正理一滴论》都未曾注意。关于后几部论是由律天（Vinitadeva）注疏的。他在注疏著述中援用了与帝释慧相同的简练的直译主义的方法。在西藏的作者中，宗喀巴（Tsoṅ-khapa，1357—1419）的弟子盖大普（Khai-dub），应该也是属于这一学派在西藏的继承者。

2. 克什米尔或哲学的学派的注疏家——这个学派根据它的

主要活动的国家来命名,称为克什米尔学派(Cashmerian School)。根据它在哲学上主要的倾向来区分,可称之为批判学派。这个学派的注疏家们,都不单纯地满足于法称著作原文的直接意义,而争取探讨它的更进一层深邃的哲学。据这个学派思想意识认为,作为绝对存在和绝对知识的一个化身的佛陀,也即大乘佛陀(Mahāyānistic Buddha)是一个隐喻的实在,所以我们不论是用一种肯定的或用一种否定的方法都不能认识他。《量释论》并非其他,只是关于陈那的《集量论》一部详尽的注疏,而《集量论》则是一部纯粹逻辑的论著。他们尤重视后者在开头表示归敬佛陀的偈颂里所提到了的大乘佛陀的伟大品质,而且把他和纯粹逻辑等同起来看待。它们认为这只是虔诚感情的一种宗教哲学传统的表现。这学派的目的是要发掘陈那和法称体系高深哲学的内容,把它看作是逻辑认识论的一种批判的体系,企图把这个体系由发展改进而成为完善性。

这一学派的创始人是法上(Dharmottara,约 760—830),虽非克什米尔人而讲学活动则在克什米尔。这个学派的积极成员经常是婆罗门种姓。法上一系,传到我国西藏后,受到研究逻辑的学者们的尊重,被誉为非常尖锐的辩论者。虽然他不是法称直接的弟子,但他在继承法称逻辑学上占有重要的地位。因为法上的注疏不仅能体现自己的深思,也能发表自己独立的看法,而且在重要题目上能成功地运用了新颖的公式来表述。但达纳那塔在西藏佛教历史著作中竟没有提起法上的自传,或许因为法上的活动范围限在克什米尔。《克什米尔年鉴》载:公元八百年左右当耶必大(Jayāpida)国王梦中看见"一个太阳从西方升起",他就邀请法上到克什米尔去访问。九世纪的瓦迦拍米出拉(Vācaspatimiśra)引用法上的著述好几次，从而得知法上也应是公元八百年左右的人物。

法上没有给法称主要的而且是第一部的著作《量释论》作注疏，却为法称的《量决定论》和《正理一滴论》作出了详尽的、被后人称为"大疏"和"小疏"注疏。甚至对《量释论》各章次序的问题也没有引起法上的注意。法上在继承法称的逻辑上，猛烈地攻击他的前辈律天的关于《正理一滴论》的注疏。律天原是第一学派的一个追随者。法上除了以上两部著作而外，还著了有关逻辑和认识论的特殊问题四种其他小部的著作①。

著名的克什米尔诗歌艺术作家，婆罗门种姓阿难陀瓦哈那（Anandavardhana）曾经著了法上的《量决定论注》（Pramāna-viniścaya-tikā）的补充注解，但这部著作尚未被发现。

克什米尔派婆罗门种姓建那那司利（Jñanasri）也作了法上的《量决定论注》的补充注疏，保存在我国藏译丹珠尔的文献中。最后有一位婆罗门善加难难陀（šankarānanьa）绰号"大婆罗门"的，从事于一个规模很大的、考虑包罗宏富的关于《量释论》的注疏，不幸他没有全部完成。现存的部分虽只包含第一章的注疏（按传统的次序）而且连这一章的注疏也没有全部完成，但在丹珠尔藏文中已是占有四卷的庞大篇幅了。

在我国西藏作家中宗喀巴的弟子鲁也查布（Rgyaltshab，1364—1432）和这个学派有些因缘，而且可以看作是这个学派在我国西藏的继承者。他毕生致力于逻辑研究的工作，几乎把陈那和法称所

---

① 法上有关逻辑和认识论的特殊问题的四种著作：即《成量论》（Prsmna-pariksa），《遮诠论》（Apoha-prakarana），《成就刹那灭论》（Paraloka-siddhi）和《成就彼世间论》（Ksana-bhanga-siddhi）。

有的著作都注疏过。

3. 宗教学派的注疏家——这个学派和第二学派一样,致力于发掘法称的著作的深邃的意义而发挥它潜在的根本倾向。这一学派也研究过第一学派的代表著作,它极端蔑视第一学派所谓直接意义的注疏。无论如何,这两个学派根本的区别点在于它们对于这个体系中心部分和根本的定义上的不同。根据这一学派的着法,认为《量释论》作者的目的,根本不是对陈那纯粹逻辑论著的《集量论》的注疏,只是大乘经典的注疏。这个注疏是用它建立了遍知者和佛陀其他本性以及"法身"的存在,建立在绝对存在和绝对知识的双重面。对于这个学派来说:这个体系的所有的批判和逻辑的部分,除了给予一个新的和净化了的形而上学说铺平道路外,别无其他目的。根据这一学派的以上看法,法称所有著作的中心和最重要的部分都被包括无遗。认为《量释论》第二章(在传统的次序中),是研究我们知识的真实性,以及在这种原因上所具有的宗教问题,这些问题对于佛家说来,是佛陀论的问题。

这个学派的创始人普拉那迦拉古朴达(Prajñakara Gupta)是孟加拉邦(Bengal)人。达纳那塔在《印度佛教史》没有描述他的生平,可是提到了他是佛家社团的一个外行者,而且说他是生活在普儿(Pal)王朝、玛希巴拉(Mahipala)的继承者玛哈巴拉(King Mahapala)国王的时代。根据这个说法,就是说普拉那迦拉古朴达生活于公元后十一世纪的。但是这未必是正确,因为十世纪的乌搭耶那—埃克理亚(Udayana-acarya)曾经引用过他的著作。也许是十世纪的人,是和乌塔耶那—埃克理亚同时代的人。法称自己已经为《量释论》第一章作了注疏,普拉那迦拉古朴达作了第二章到

第四章的注疏。这部著作在我国藏文译典中,补入丹珠尔的两大厚卷,仅仅第二章的注疏就占了整卷的篇幅。这部著作并不是以经常的注疏为标题,而是命名为《量释庄严论》,所以这位作者普拉那迦拉古朴达被人称为"庄严论的大师"(Master of the Ornament)。他用这个命名,希望向人昭示说:一部真正的注疏将需要更多的篇幅,并且需要富有非凡的启发性,这种启发性是门弟子所迫切需要的。所以他另外又著了一部短的《庄严论》,为那些爱浅尝为足的人指出这个学说突出之点。他猛烈攻击帝释慧以及那些只寻求所谓直接意义的注疏方法。他称帝释慧为笨汉。

普拉那迦拉古朴达有许多追随者,大概可分为三个小派。这三小派的代表人物是基那(Jina)、腊维古朴达(Ravi Gupta)和耶玛雷(Yamari)。

基那是普拉那迦拉古朴达最坚定和勇敢的追随者,而且是普拉那迦拉古朴达思想的发展者。基那的看法,认为《量释论》原来的次序如下:第一章研究知识的真实性,包括佛陀论。然后第二、第三、第四章对感官的知觉、推理和推论式的一个探讨。他认为这个章次本来是清楚的而且自然的,后来被愚者帝释慧所误解和倒置。基那认为帝释慧所以会误解和倒置,也是有一定的原因造成的,那就是法称自己只有时间写第三章偈颂的注疏。也许第三章是最难的一章,法称自己先注疏,或许法称自己并不觉得有能力去完成整部工作,选定了这一章在他的晚年来注疏。基那在指责和指出帝释慧误解和倒置的原因以后,并谴责腊维古朴达误解了大师的原意。

在基那指出《量释论》的章次是被帝释慧误解和倒置而违反自然次序这问题以后,也有人提出不同的意见,反对基那的看法。那就是普拉那迦拉古朴达的及门弟子中第二支派腊维古朴达。腊维古朴达的活动范围似乎是在克什米尔。也许是和建那那司利同时代的人。建那那司利和基那比起来，他是中和倾向的典型代表。他对《量释论》章次安排的看法又和基那不一样。他认为《量释论》各章原来的次序是帝释慧所接受的次序。他认为帝释慧虽然不是一个很聪明的人，但是并不至于是把他老师的主要著作的各章次序混淆起来的笨汉。此外他对法称著作《量释论》的目的看法也和基那不同。他认为法称写《量释论》目的并不是全部为陈那的逻辑体系作注疏，只注疏了一部分，其目的在于给大乘佛教创立一种哲学的基础。

普拉那迦拉古朴达学派第三支派的代表是耶玛雷。他是克什米尔人建那那司利的及门弟子。他活动的领域似乎是在孟加拉邦。根据达纳那塔的看法，他和克什米尔学派的最后代表"大婆罗门"善加难难陀是同一时代的人。这两个作者都生活于公元后十一世纪。耶玛雷也是中和倾向的人物，不过没有像腊维古朴达那样突出。他的著作充满着反对基那尖锐的辩论法。他指控基那有误解普拉那迦拉古朴达著作的地方。耶玛雷也认为帝释慧是法称及门弟子，不可能把《量释论》各章的次序基本的东西混淆。

耶玛雷的著作包括普拉那迦拉古朴达著作的整个三章的注疏。这个注疏丰富了我国西藏丹珠尔四大卷的内容。而且被认为是范围广泛包罗宏富的注疏，如同他同时代的人克什米尔学派最后代表善加难难陀的注疏一样。

第三学派从什么角度来理解法称的著作，对法称著作的见解如何，特别是对接受法称著作有关逻辑学说这一部分的看法如何,这一点的研究者是很广泛的。根据在西藏梵学者中传统流派的看法,认为第三学派开创人普拉那迦拉古朴达是极端相对论者。他是运用中观学派随应破派(Mādhymika-Prāsangika School)的观点来解释《量释论》。月称(Candrakirti)是中观随应破派伟大的代表,他完全反对陈那的逻辑改革,他宁愿采取尼也耶、婆罗门学派实在论者的逻辑。但是普拉那迦拉古朴达认为月称不是完全不可能接受陈那的逻辑改革。不过月称是中观随应破派的中坚,他认为"绝对"的东西是不能够完全用逻辑的方法来认识的。

善谛拉克司大(Šantiraksita)和喀马拉希拉(Kamalašila)虽然研究了陈那的逻辑体系而且对它作了一个精明的解释,但在他们精神上是中观学派的人物。这一点从他们的著作看得很清楚。他们属于中观瑜伽(Mādhyamikas-yogācāras)或中观学派的自立量派(Madhyamikas-Sautrāntikas)混合的学派。

萨司耶班底特(Sa-skya-pandital,1182—1251)所创立的西藏学派持有更不同的见解。这个学派认为逻辑是一种完全凡俗的科学,根本不包含有佛教的性质,正如药品或数学之不包含佛教的性质一样。著名的史学家布席顿和任波持(Rin-poche)有同样的见解。但是现在著名的基鲁司巴(Gelugspa)宗派反对这些观点,而且承认在法称的逻辑中,作为一个宗教来看,仍然是佛教一个坚固的基础。

以上是为法称著作作注疏的各学派。他们各根据自己的角度和见解来理解法称的著作。由于各持自己认为正确的见解,也进行了互相反对的争论。

当然,角度不同见解也必定有分歧。到底各个学派见解谁是谁非，我们还需要根据具体问题作具体分析。但从各派各家的见解及互相间的争论，充分反映出法称著作在印度逻辑史上所起反响的多面性和广泛性。

为了表达各个学派为《量释论》注疏的人和互相间的关系，作简单表解及说明如下：

表示《量释论》的七种注疏与补充注疏之间的关系，其中的五种注疏是没有注疏第一章的。

第一学派（"语言学的"学派）的《量释论》的直接注疏家

一、表解：

章次	1. 推　理	2. 知识的真实性	3. 感官知觉	4. 推论式
注疏	法称自己注疏	由帝释慧注疏		

由释迦菩提注疏

二、说明：这个学派的律天没有为《量释论》进行注疏，但是他注疏了法称其他的著作。在我国藏族的作者中，盖大普属于这个学派。

第二学派（克什米尔的批判学派）的《量释论》的注疏家

一、表解：

章次	1. 推　理	2. 知识的真实性	3. 感官知觉	4. 推论式
注疏	法称自己注疏			

由班底特、善加难难陀作补充注疏（未完成）

由鲁也查布作藏文的注疏

二、说明：属于这个学派的法上为《量决定论》和《正理一滴论》曾作了注疏。而建那那司利曾注疏这些著作的第一部分。他们都未曾对《量释论》进行注疏。

第三学派(孟加拉宗教的学派)的《量释论》的主要和补充的注疏家

一、表解：

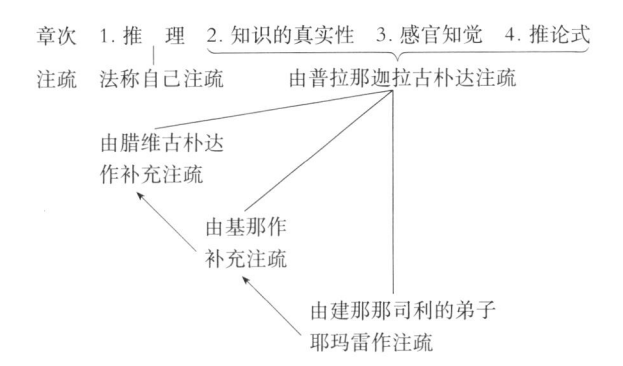

```
章次    1. 推  理    2. 知识的真实性  3. 感官知觉  4. 推论式
注疏    法称自己注疏        由普拉那迦拉古朴达注疏

        由腊维古朴达
        作补充注疏

                由基那作
                补充注疏

                        由建那那司利的弟
                        子耶玛雷作注疏
```

二、说明：各箭头表示了所攻击的对象。

因明在中国的传播和发展*

一、前　言

　　因明即佛家逻辑,是公元第四至六世纪中由印度瑜伽行学派弥勒、无著、世亲、陈那、法称等论师,在尼也耶派十六范畴中有关逻辑思想上逐渐发展起来的。"因"梵语称为"醯都"(Hetu),含有理由、原因、知识的意思。"明"梵语称为"费陀"(Vidya),在汉语意译为"学"。所以"因明"就是有关于因的学问。"因"的狭义的解释,当指五分(宗、因、喻、合、结)或三支中的"因"而言;至于因明的"因",意义就较为广泛。因明命名的主旨在以五分或三支最重要的因来表示及概括一切关于证明的形式和事物,一切证明最终要归到使宗(论题)能正确地建立起来的"因"(论据),所以这门学问称为因明。这里仅就"因明"一名作简单解释,至于这门学问的内容,当然还有一个逐步深化的过程。

　　从因明的发生发展的过程来看:最初,因明偏重于辩论的探索和总结;继而,创立能立(证明)、能破(驳斥)的学说;最后,形成一个"认识论的逻辑",讨论知识的起源、知识的形式和知识的语言表现。这三个主要题目叫做感觉(现量)、推理(为自比量)和推论式

---

* 本文原载《哲学研究》1986 年第 11—12 期。——编者注

（为他比量）。但是在讨论当中，也可以把感觉性作为我们对外在真实的知识的原始来源，把智力作为产生这种知识形式的来源，把推论式作为充分表达这一认识过程的语言形式而从事研究。

彻尔巴茨基在《什么是佛家逻辑》（Buddhist Logic What）中说，佛家逻辑的内容，首先是三段论法的说法，单凭这一点，就可以称得上逻辑。三段论法的发展，必然要求对判断的本质、名词的含义和推理进行理论上的探讨，这一点和欧洲的情况正好一样。但因明还不止这些，它还包含一种感觉理论。说得更准确些，就是探讨人们认识可靠性的理论。一般来说，以上这些都是认识论研究的问题，因此也可以说，因明体系叫做一个认识论逻辑的体系。它一开始就是一种感觉的理论，毫不含糊地证明外部世界是存在着的，接着它发展成了一种协调理论。人们的认识通过意象和概念反映外部世界，把人们的这种反映和外部世界协调起来的理论。以后又出现了判断、推理和三段论法的理论；最后又加上在大庭广众面前进行哲学辩论（一种艺术）的理论。因此，因明包括了人类认识的全部领域，从初级的感觉开始，直至一整套复杂的公开辩论规则为止。佛家论师把他们自己这一学科，叫做逻辑推理学说，或者叫做正确认识之来源的学说，或者索性叫"做正确认识的调查研究，它是一种探讨真理与谬误的学说。"这是很恰当的论断。

二、汉传因明

印度佛典在中国传播，从第四世纪相伴而来的因明有汉传和藏传两大支流。这对人们进行逻辑思维以及对丰富中国逻辑史的内容说来都是有益的。

汉传因明有两次：第一次是后魏延兴年(472)西域三藏吉迦夜与沙门昙曜所译的《方便心论》。陈天笠三藏真谛译的《如实论》和后魏(541)三藏毗目智仙共瞿昙流支所译的《回诤论》。

《方便心论》相传为龙树所造。有些本子没写作者是谁，宇井伯寿则认为它是龙树以前小乘学者的作品。此论作者因胜论学派及其他学说立说有分歧，故造此论阐明辩论的方法和思维的正轨，兼有逻辑与雄辩法性质。全论共有四品：(一)明造论品，列八种论法，即：譬喻、随所执、语善、言失、知因、座时语、似因、随语难。(二)明负处品，约为九种，即：颠倒、不机警或不巧、缄默、语少、语多、无义语、非时语、义重、舍本宗(放弃自己的主张)。(三)辩证论品，对辩论中的意见的辨别方法，以"常与无常"和"有与无"论辩为例，从中辨别真伪，使学者有所依据。(四)相应品，相应略当逻辑的异物同名。相应有二十种问答法，即：增多、损减、同异、问多答少、问少答多、因同、果同、遍同、不遍同、时同、不到、到、相违、不相违、疑、不疑、喻破、闻同、闻异、不生。

《如实论》为世亲所造。共有三品：(一)无道理难品，是将所谓无道理的言说反复辩难，析有九种：(1)汝称我言说无道理，若如此者，汝言说亦无道理。(2)汝称我言说异，不相应故，我今共汝辩决是处。(3)汝称我说义不成就，我今共汝辩决是处。(4)若汝说不诵我难，则不得我意，若不得我意，则不得难我，我今共汝辩决是处。(5)汝说我语前破后，我今共汝辩决是处。(6)汝说我因说别，我今共汝辩决是处。(7)若汝说我说别义，我今共汝辩决是处。(8)汝说我今语犹是前语，无异语者，我今共汝辩决是处。(9)若汝言一切所说我皆不许，我今共汝辩决是处。（二）道理难品，此品说难有三种过失：（1）颠倒难，是立难不与正义相应。析有十种，即：同相难对于物的同相立难；异相难是从其不相应立难；长相难是于同相显出别相，指出立者的因与论题的宾辞不相离；无异难是敌者以或一同相立一切无所异，所主张不独以同相为因，并须具备因之三相，所以不为敌者所击败；至不至难是问因为至所立义？为不至所立义？若因至，所立义则不成因，因若不至，所立义亦不成因；无因难对于三世说无因；显别因难是依着其他的因来显无常之法即是非因；疑难是在异类上依同相而疑的难；未说难未说之前，未有无常，是名未说难；事异难是以为事不同，所论定亦不能相同，如声与瓶不同，不能说同是异常。（2）不实义难，析有三种，即：显不许义难，是在现前证见的事物上更觅他因；显义至难，是于所对的义说这义义至；显对譬义难，是因对譬的力而成就义。（3）相违难，义不并立，名为相违。譬如明暗、坐起等不并立，是名相违难。此难有三种，即未生难，是对于前世未生的时候，因为不关于功力（勤勇），故应是未生的难；常难，是因为在常中有无常，所以发出声即是常的难；自义相违难，是因难他义而坏自义的难。此品除以上所举道理难以外，还提出五种正难，即破所乐义、显不乐义、颠倒义、显不同义、显一切无道理成功义。（三）堕负处品，析有二十二种，即：坏自立义、取异义、因与立义相违、舍自立义、立异因义、异义、无义、有义不可解、无道理义、不至时、不具足分、长分、重说、不能论、不解义、不能难、立方便避难、信许他难、于堕负处不显堕负、非处说堕负、为悉檀多所违似因。

《回诤论》是龙树为批评尼也耶派足目所立的量论而造的。这部论梵本已佚，在我国西藏"丹珠尔"中题作《压眼诤论颂》，为印度智藏(Jnana—gaubha)所译。在藏译《回诤论》中，龙树批评量的真际说："为你因量或知识的本质建立一种对象，这个量亦当因着别的量而成立，别的量也用着更远量而成，如是量量相因，终归使你走到无穷错误的地步。反过来说，你为试欲离量建立对象，你所谓一切对象都是因量而成的教理便不能成立。量不是自己建立的。如量能自建立，无明便当完全消灭。量能自建立与能建立对象的理论是不能成立的。譬如灯可以照见别的对象，使物体上的黑暗除掉，但不能自照，因为光明未尝与黑暗共同存在，无黑暗可照的原故。""如量全因对象或所量而成立，则不能谓之量。进一步说，如量依于所量，则其自身并不存在，怎能建立所量呢？"

此论汉译本，析有三分：偈初分第一；偈上分第二；释初分第三。其中先后论述言语有体无体、遮与所遮、现比譬喻等四量。善法有无自体、能取与所取、量离量成所量之物为量成等问题，都贯串着中观学派缘起性空的思想。也就是认为一切事物皆由相依相待的条件而成（缘起），其中并没有一个天生的永恒不变的实体（性空）。这些都涉及佛家辩证思维观点，不纯属因明的问题。但其中言语有无自体，判断中有表诠、遮诠的不同，能量与所量有什么关系等也是因明的基本问题，所以这部论还值得因明研究工作者予以重视。

第一次传入的以上三论，没有发生重大的影响，因为只有印度因明的汉译本或藏译本，并没有由此而产生什么自己的因明著作，也没有重要的注疏，可以说影响不大。

因明第二次传入，主角是玄奘。他从印度带回一大批因明经卷，并于贞观二十年（647）在弘福寺译出商羯罗主的《因明入正理论》。作者商羯罗主的历史已难详考。据一些材料推知,他可能是南印度人,属婆罗门种姓,是陈那的早年弟子①。

《因明入正理论》的全部内容,在开头有总结一颂说:"能立与能破及似,唯悟他。现量与比量及似,唯自悟。"依英译把这个颂译成现代汉语就是:"证明和驳斥连同谬误的证明与谬误的驳斥是用来同别人争辩的;而知觉和推理以及谬误的知觉与谬误的推理是用来供自己理解的。"②这就是后人通称的"八门"、"二益",实际包涵诸因明论所说的要义。"八门"的内容,窥基《因明大疏》作了精要的解释:"一者能立,因喻具正,宗义图成,显以悟他,故名能立。二者能破,敌申过量,善斥其非,或妙征宗,故名能破。三者似能立,三支在阙,多言有过,虚功自陷,故名似立。四者似能破,敌者量圆,委生弹诘,所申过起,故名似破。五者现量,行离动摇,明证众境,亲冥自体,故名现量。六者比量,用已极成,证非先许,共相智决,故名比量。七者似现量,行有筹度,非明证境,妄谓得体,名似现量。八者似比量,妄兴由(因)况(喻),谬成邪宗,相违智起,名似比量。"现比二智,洞鉴事物的自相和共相,从疏远的方面说,虽有悟他的作用,但从亲缘来说是用来供自己理解的。所以说"唯自悟"。作者认为证明是用来和别人争辩,现、比二智,只是能立的资具,非正能立,所以颂中先说"悟他",后说"自悟"。

此论依着这个颂概括为六个问题进行分析。(一)明能立。先示宗相,强调需要将宗依即"有法"(论题中的主辞)和"能别"(论题中的宾辞)同宗体(整个论题)区别开来,主张宗依两部分须分别得

---

① 详见拙作:"《因明入正理论》的内容特点及其传习",《现代佛学》1959年第1期。
② 译自威利布萨那:《印度逻辑史》。

到立论者和论敌的共同承认而达于极成,而论题是由立论者和论敌一致承认的宾辞区别而成的。论中"谓中极成有法,极成能别,差别性故。"就是这个意思。次示因相,因相有三:遍是宗法性,同品定有性,异品遍无性。缺第一相,"不成"过起。缺第二相,"相违"过生。缺第三相,不定过成。三者缺一不可,分割不得。后示喻相,强调同喻"若于是处,显因同品,决定有性";异喻"若于是处,说所立无,因遍非有"。与陈那所主张的"说因(中词)宗所随(大词),宗(大词)无因(中词)不有"的精神,完全一致。(二)明似能立。依照宗、因、喻整理出三十三过。似宗九过,似因十四过,似喻十过,都举了适当的例子,以便实用。(三)明二真量,先辨现量体,次辨比量体。(四)明二似量,先辨似现量,后辨似比量。(五)明真能破。(六)明似能破。

作者在因明的运用方面有很大推进。像他对因的初相分析,连带推论到宗的一支,需要将宗依从宗体区别开来,宗依两部分须各别得到立敌共许而达于极成,否则似宗就会有"能别不极成""所别不极成""俱不极成"的逻辑谬误。其次,他对第二、三相的分析,连带将陈那所立因过的"相违决定"和"四种相违"一一明确起来,这些都是陈那著作中所未明白提出的。吕秋逸先生说:"破立的轨式,经天主的发展,始臻完备。"①洵非过誉。

本论是一部极其精简的著作,词约而义丰,但仍包括不尽,所以在论末更总结了一颂说,"已宣少句义,为始立方隅。其间理非理,妙辩于余处。"这是要学者更进一步学习陈那所著的《正理门论》《因轮抉择论》等而力求深入的。

玄奘于贞观二十三年(649)又在弘福寺译出陈那的《因明正理

---

① 吕澂:《印度佛学源流略讲》,上海人民出版社1979年版,第225页。

门论》。《大藏》中另存义净(635—713)所译《因明正理门论》一卷,论本部分和奘译完全一样,仅仅开头多了"释论缘起"一段。这一段的最后说:"上来已辩论主标宗,自下本文随次当释。"可见义净拟译的是一种释论而非论本。他只译了一点,后人取奘译凑足一卷,录家因而误传,《大藏》中亦相沿未改。

关于作者陈那,我国西藏史学家达纳那塔布顿(Daranatha Bustn)和其他人所记载的情况都充满着难以置信的神话故事。所以要在这些资料中得到真实性的史实是件困难的事。但是,关于陈那等人的师承关系记载,却大有可能是确实的。在记载中说,世亲是陈那的老师。但当陈那去听世亲授课的时候,世亲已经是一位年长而有名的人物。法称不是陈那直接的弟子。在他们之间有一位名为自在军(Isvarasena)者,他是陈那的弟子又是法称的老师。关于自在军学派的历史记载,虽然没有提到他,但法称曾提到自在军,并指责自在军对陈那的学问有误解之处。这样,我们可以得到下列的师承关系:世亲—陈那—自在军—法称。因为法称是在第七世纪中叶享盛名,而世亲生存不会早于六世纪之末。

陈那出生于印度南部建志城(Kānci)附近,属婆罗门种姓,早岁研究佛学是受犊子部(Vātsiputriva)这一部派的影响,并接受他们的思想。但是,陈那因为不同意他的老师关于承认真实人格的存在的意见而离开了寺院。后来陈那旅行到北方,在摩竭陀接受世亲的指导而继续研究。世亲在印度佛学史上占着非常重要的地位,他是得到第二佛陀(Second Buddha)称号的大师,在那时已名震当世。他的著作是百科全书式的,包括着他的时代印度培植起来的科学。他有许多弟子,但只有四人最负盛名,陈那是其中之一。陈那在因明问题上和他的老师世亲意见不同,正如在真实人格问题上和他的第一位教师不同一样。

陈那的著作除早期有两本关于佛教哲学的袖珍书外,其余都是有关因明的。他对因明不但有深刻研究,而且有重大贡献。史学家称他为"中古逻辑之父"。陈那有关因明的著作凡有八论。《正理门论》即其中一种,余七为《观三世论》《观总相论》《观所缘论》《因门论》《似因门论》《取事施设论》及《集量论》。其中《因门论》和《似因门论》二论现不传,余有汉译或藏译本。陈那因明著述,可分两个时期:前期以论法为中心,可以《正理门论》为代表;后期以认识论为中心,可以《集量论》为代表。《集量论》分为六章,即:知觉作用,为自己而推理,为他人而推理,理由或中词的三个特征以及那已驳斥过的把比较作为单独证明方法的主张,驳[①]对口证的驳斥,三段推论式。这部论是他晚年精彩的著作,非常简括,如果没有耆难陀菩提(Jinendra buddhi)详细全面的解释的话,就很难理解了。

当陈那结束研究之后,和当时有名的教师一样过着平凡的生活。在那烂陀,陈那和一位绰号为"极难胜"的婆罗门进行辩论,得到了权威的因明学家的声誉。从此以后,他由一个寺转到另一个寺,进行讲授、编写著作及参加公开辩论。这种辩论是古代印度公共生活显著的特征。按当时社会,一个寺如遇到波折影响到它的繁荣和继续维持的话,但在合法辩论会获得胜利,就会得到国王和政府的照顾和支持。陈那由于辩论中得到的声誉,使他变成为最有名的佛学传播者之一,他既是辩论成功的胜利者,又是全面传播因明的大师。他似乎没有到过克什米尔,但这地方的代表访问过

[①] "驳",疑衍。——编者注

他,后来这些代表在克什米尔创办了学院,这些学院开展陈那著作的研究,产生了许多有名的因明学者。

《正理门论》为陈那前期代表作。此论一开始即标出宗旨:"为欲简持能立能破义中真实,故造斯论。"全论可分两段:第一大段论述能立及似能立;第二大段论述能破及似能破。

本论首段分真能立和立具。在真能立方面,唯取随自意乐而立宗义,并须避免种种相违的似宗。此类似宗包括:自语相违,自教相违,世间相违,现量相违,比量相违。其次,依因之三相改五支论式为三支比量,使因明证明开始具有演绎推理的必然性。论式中的因须立敌共许,方能令敌生忆念,依此忆念方生了智,依此了智方能成宗。所以违背因之初相——遍是宗法性,就犯四不成过:两俱不成,随一不成,犹豫不成,所依不成。依因之后二相——同品定有性与异品遍无性,配合成为九句,以为因的真似的刊定。九句即:(1)同异品共有,(2)同品有异品无,(3)同品有异品俱,(4)同品无异品有,(5)同异品均无,(6)同品无异品俱,(7)同品俱异品有,(8)同品俱异品无,(9)同品俱异品俱。在这九句中,只有(2)(8)是正因。(4)(6)属"法自相相违因"(中词与大词相矛盾),其他都犯"不定"过。威利布萨那《印度逻辑史》认为,发现(2)(8)为正因,陈那为第一人。(2)(8)所以成为正因,其关键不在于同有或同俱,主要在于异品。如立"声是无常,所作性故,同喻如瓶,异喻如空。"同品之"瓶",有"所作性故"这个因,而异品之"空"却没有;同有异无,当然是正因。但如立"声是无常,勤勇无间所发性故",同喻如"瓶"如"闪电",异喻如"空"。这"勤勇无间所发性故"因,于"瓶"有、而于"闪电"无,虽不同于(2)同遍有,而依"勤勇无间所发"性"因,仍然成立。声是无常宗,不会声是常宗,所以也是正因。玄奘所译因明论书,对于因之第二相,不译同品遍有性而译成同品定有性,正是体现了陈那将正因分为同有异无和同俱异无两类的精神。陈那由(4)(6)句和正因相反的方面,又发展说有四相违与"相违决定"(矛盾并非错误,就是论题及其相反论题,各有显然充足的理由来支持它)。在喻支方面,陈那又明确了论式上合和离的正确作法。同喻的合作法,是以"因"合"宗"。举例说:什么法上的所作性,就什么法是无常。异喻的离作法是由"宗"离"因"。举例说:什么法是常,什么法上便没有所作性。因此,就有"倒合"(显示中词与大词之间具有颠倒联系之一同喻的谬误)和"倒离"(显示中词与大词之间并无颠倒分离之一异喻的谬误)。其次,谈到立具,即是现量与比量。现量有四类,即五识无分别,和五识同起的意识,贪等心所的自证分,定中离教分别的瑜伽现量。比量有两层:一是从现量或从比量而来的审了宗智,这是远因;二是忆因之念,才是近因,因为由于回忆才明白因与宗有必然的联系,如正面了解有烟应有火,所作应是无常,反面也明确了无火必无烟,常必非所作。可见比量的决定智(果)实合审宗智(远因)与忆因念(近因)而生。至于陈那为什么只说现、比二量,其根本理由,就是所量之境不外自相(特殊)与共相(一般)。事物的本身或者它的特定的意义,各依附着它的本身而非通到其他方面的叫做自相。譬如风声无关其他的声音,就是事物的本身,无常只指风声而不指其他,这叫做特定的意义,都是属于自相。如有法体或义像缕贯华,那就是共相,譬如"声"的概念,通于人声、钟声、鸟声、树声、雨声等,又如"无常"的概念,通于瓶、盆、草、木、鸟、兽等,都属于共相。认识自相的叫做现量,因为是对现在事显现现成证知的。认识共相的叫做比量,因为是有待三相推比才知道的。在人类知识的领域内,除了自相、共相,再也没有所量之境,所以能知之量也只限于现量和比量,不容增减。

本论第二大段分能破与似能破。在能破方面,可分为六类,即支缺、宗过、因过不成、因过不定、因过相违、喻过。似能破方面,用以上能破的标准,衡量过去所说的过类,只取其似宗过破、似缺因过破、似喻过破、似不成因破、似不定因破、似相违破等六类十四过。

本论详于立破,对于现、比量论述则较少,这表示陈那在著此论时,还保留一些旧观点,并未形成量论(包括认识论和逻辑)的整个体系。但作者不久即以本论为基本资料,而另著《集量论》,不再以现、比量为能立的资具,而予以独立的地位,大成了量论组织,所以本论也含有从论法到量论的过渡的意义。

玄奘在印度游学时,对于因明反复钻研,有很深的造诣。回国后,相继译商羯罗主《入正理论》和本论,可见他对此十分重视。译本既出,门下诸师奉为秘宝,竞作注疏。《入正理论》以大庄严寺文轨和慈恩寺窥基注疏最为流行。轨疏四卷,制作较早,后称"旧疏";基疏八卷,解释繁广,后称"大疏"。奘门最后唯窥基一系独盛,他门下慧沼相继撰《义断》三卷、《纂要》一卷、《续疏》(这是补足基疏末卷的)一卷。再传智周又撰《前记》三卷、《后记》二卷,都是简别他家异义而宣扬基师之说的。此外还有道邑的《义范》三卷、道巘的《义正》一卷、如理的《纂要记》一卷,也是发挥基师学说的,可惜已佚不传。《正理门论》注疏,可考者有神泰的《述记》一卷(今存本不全),太贤的《古迹记》一卷,大乘光的《记》二卷,圆测的《疏》二卷,文轨的《疏》三卷,净眼的《疏》三卷,胜庄的《述记》二卷,憬兴的《义钞》一卷,道证的《疏》二卷、《钞》二卷,玄范的《疏》二卷,定宾的《疏》六卷,文备的《疏》三卷,《注释》一卷,崇法师的《注》四卷,以上可惜也大都佚失不传。此外,窥基《因明大疏》尝引本论诠文(日人宝云等尝引用以注疏本论),也详前略后。但自会昌变后,继以五季之乱,赵宋禅宗勃兴,义学不作,因明遂不受重视。窥基《因明大疏》沦落海外,历宋、元、明三朝,不见因明真面目,长达数百年。清末石埭杨仁山居士从日本取回,锓板流通,讹谬仍多。近从《续藏》取《前记》《后记》等,详为参考,更得日人云英晃耀氏之冠注及《瑞源纪》以为范本,向之诘屈聱牙不可通者,乃渐释然。直至近代研究者才较多,成果也较大,其荦荦大者有欧阳竞无撰《因明正理门论本叙》(1930);吕澂与释沧合撰《因明正理门论本证文》(1927);丘檗撰《因明正理门论斠疏》六卷等;日人宇井伯寿撰《因明正理门论解说》(1929),更于1950年将《正理门论》译成日文;意人杜芝(G. Tucci)将奘译《正理门论》译成英文(1930)。

以上是我国汉族两次因明传播及其对日本、意大利的影响。

三、藏传因明

因明在我国西藏的传播和在汉族地区的传播大不相同。世亲的因明著作在西藏最早是什么情况,不得而知,只知道有《如实论》等的引文。显然,世亲的因明著作不是没有翻译出来,就是被后来著作淹没了。而陈那的主要作品,耆难陀菩提关于《集量论》的伟大注疏,法称的七论,法上的著作以及其他因明家的作品全部都有忠实的藏译本。可见善谛拉克斯(Šantisaksita)和喀马拉希拉(Kamalašila)到达西藏这个冰雪之乡以后,印藏之间的交往是很活跃的。印度所有的佛教杰作几乎全都译成了藏文。当佛教在印度衰微之后，西藏学者开始独立撰写自己的因明著作，并且继承了印度的传统。法称的因明七论是在西藏佛教后传的初期（第十一世纪末）经俄译师（Rnog Blo-ld anserab，1059—1109）的努力才全部译成。西藏的因明传播可分为新、旧两期，以宗喀巴划线，在他以前为旧时期，在他以后为新时期。

在藏传因明系统里，第一个独立撰述因明著作的，是俄译师的三传弟子法师子（1109—1169）。他主持桑朴寺十八年，写了一部关于法称的《量决择论》的注解，还把他本人对因明的理解用便于记忆的韵文写成一种独立的因明著作，叫做《量论略义去蔽论》。他创立了一种特别的因明风格，这一点以后再介绍。他的弟子精进师子弘扬其说，也写了一种关于《量决择论》的注疏。在这一时期，萨迦派地区的大喇嘛五世，著名的萨班庆喜幢（1182—1251），综合陈那《集量论》和法称七部因明论著的要义，另撰《正理藏论》的短论，用的是便于记忆的韵文（颂本），阐明了自己的见解，转变了西藏学者一向只重视《量决择论》的偏向。他的弟子正理师子更详作解释，批判了当时有关因明的各种说法，给学者以指归。《正理藏论》在西藏得到极高的评价，明代永乐初编刻西藏佛教各部门要籍为"六论"，即以它和法称的《量评释论》并列为因明部门的经典著作，备受推崇，已不难想见。《正理藏论》共有十一品，解释了陈那、法称因明著述中的一切问题。全书由所知方面的"境论"和能知方面的"量论"两部分构成。第一部分七品，分别解说所知境本身、了解境的心以及心如何了解境。第二部分四品，分别解说量的总相、现量、为自比量和为他比量。吕秋逸先生说："原来陈那、法称的因明著述，只以现量、比量等分章，而《正理藏论》则从其中提出各种要义另行组成通论性质的各品。"同时,在各品中"随处先批判西藏和印度的旧说,再提出正确的说法,并还解释了种种疑难。特别是在萨班以前,西藏因明以《量决择论》为主要典据。此论在法称所著三部根本论中只算是详略酌中之作,义理并不完备。萨班改宏《量评释论》,不但讲究得更全面,而且由为自比量中发展了'遮诠'(apsha,这是陈那对于'概念纯以否定其余为本质'的创说,法称也沿用之)的说法,又取成量品(《量评释论》的第二品)之说阐明了量的通相,以及说到释迦牟尼其人堪为定量的道理,联系瑜伽现量(佛家所认为现量的最高阶段)而谈,都有独到的见解。"吕先生还指出:"萨班等所公认的传统师承,都是从陈那、法称而下,依次为天主慧、释迦慧、慧护、法上、律天、商羯罗难陀等人。但在萨班等著述里,对于诸家的学说却以道理的长短为标准而有所取舍。这种学风给予后人的自由立说以很好的启发。"[①]

这一时期最后的一位作者是仁达瓦(Rendapa-zhonnu-lodoi,1340—1412)。他是宗喀巴的老师,写了一部关于陈那体系总倾向的著作,有他自己独特的见解。

新时期因明,可分为系统的著述和课本两大类。宗喀巴写过一篇短文,题为《法称七论的研究入门》。但他的三个弟子贾曹杰(1364—1432)、克立杰(1385—1438)和根敦主巴(1391—1474)却为陈那和法称的所有著作几乎都写了注疏,这个领域的述作,从未中断。西藏地区各寺院自己印刷的因明著作的数量也非常之多。

至于各寺院学校用的因明课本都是由西藏大喇嘛编写的。有一套课本继承了色、哲、甘、松寺的老传统。宗喀巴创立了新教(黄

[①] 吕澂:《西藏所传的因明》,载刘培育等编:《因明论文集》,甘肃人民出版社1982年版,第269—270页。

教），属于新教的寺院学校至少有十所,丹萨松寺有三个学校,色拉寺有一个学校,哲蚌寺有两个学校,甘丹寺有三个学校,各有自己的课本和学术传统,其它寺院的学校按各自传统依从上述各学校中的一个,沿用其课本。但在蒙古的寺院都依从哲蚌寺的学校。这个学校是著名大喇嘛（Jam-yan-zhad-pa,1648—1722）创立的。他是一位杰出的人物,著述繁富,涉及佛学的各个方面。他原是东藏 Amdo 人,后来到中藏哲蚌寺的（Losaliṅ）学校学经,因为和老师的意见不合,回到家乡（Amdo）创立一座拉如椤寺。这个寺后来成为一个学术基地。

寺院学校的因明课程一般为期四年,四年内要背诵法称的《量评释论》简易的本颂两千多个。这些颂是基础读物,也是直接渊源于印度的唯一著作。作为对它的讲解,各校以西藏十大学校的课本之一为依据。因为印度所有的论疏,甚至法称为自己的第一本著作而写的论疏也已散佚,因此它们完全被西藏的论述所代替。

法称的《量评释论》在西藏独受重视,只有这部著作是人人所必读的。法称的其他作品,世亲、陈那、法上以及其他著名作者的著述都不那么受重视了。大部分有学问的喇嘛对世亲等著作甚至可以说遗忘了。为什么会这样？这是因为《量评释论》的"成量品"一开头就有个皈敬颂,赞叹释迦牟尼堪称为定量之人。宗喀巴的弟子们遂认为因明具有解脱道次的意义,带上特殊的宗教色彩,从而大大地限制了因明的健康发展。法称的因明在我国西藏地区的地位可与亚里士多德的《工具论》在欧洲的地位相媲美,而西藏对待因明与中世纪经院哲学对待《工具论》,也相类似。西藏利用因明来为佛教教义辩护；经院哲学则利用《工具论》来为基督教教条和教义作论证,使基督教变成完整的神学体系。这是值得注意的。

不过,西藏的因明著作与欧洲中世纪的逻辑著作相比,一个突出的特点,是所有的定义都非常精确,辨别精微。西藏因明著作把"论辩的思维"分解为正规三段论法的三个词,即大词、中词和小词。三段论法的前提形式无关紧要,重要的是三个词。

辩论用一个推论式支持另一个推论式以表达一连串的思想。第一个推论式的理由是第二个推论式的大词,如此接连,一直达到原来的原则为止。于是一连串的思想采取以下的形式:假如有 S 就有 P,因为有 M;所以如此,因为有 N;又所以如此,因为有 O;如此等等。然而论敌可以反驳说:以上任何一个理由都不对或不确定。这种一连串的推理有一个简明的公式,用文雅的话说,叫做"继续与理由"的方法(The Method of Sequense and Reason),据说这种方法是由法师子所创立的[①]。

四、结 论

印度因明在中国汉族和藏族传播情况,略如上述。西藏学者所译的一些因明论著,已被意大利杜芝、日本宇井伯寿、苏联彻尔巴茨基等译成英语或日语,早已流传于世。至于印度因明通过藏译之后,在西藏思想界起了哪些影响,现在尚难做出全面估计。汉族玄奘把《入正理论》《正理门论》译出之后,不仅他的门人依据所闻写出大量的注疏,而且从这些大量注疏、特别是窥基的《因明大疏》中,可以看出他们对因明的贡献,非印度所能有的。我曾将玄奘回国后对因明的贡献,归纳为五点:(1)区别论题为"宗体"与"宗

---

① 参见 Stcherbatsky: *Buddhist Logic*, Introduction。pp.52—58。

依";(2)为照顾立论者发挥自由思想,打破顾虑,提出"寄言简别"(即预加限制的言词)的办法就不成为过失;(3)立论者的"生因"与论敌的"了因",各分出言、智、义而成六因,正意唯取"言生因"和"智了因";(4)每一过类都分为全分的、一分的,又将全分的、一分的分为自、他、共;(5)具体分析宗、因、喻中有体和无体问题。①可见玄奘对因明是有所发展,有所创新的,都是消化印度的因明而创成中国的因明之一大产物。吕秋逸先生对西藏萨班庆喜幢的《正理藏论》的评价中曾提到,此论不仅批判了西藏的旧说,也批判了印度旧说,这说明因明在我国西藏地区也是有所前进、有所创新。这方面尚有待进行发掘,进行科学总结。

当时日本佛学界非常重视玄奘翻译的因明两论。道昭仰慕玄奘,远道来中国,拜玄奘为师,学习因明。回国后,道昭创立一个因明学派,后来叫做"南寺传"。八世纪日本玄昉,把窥基的《因明大疏》和其它因明著作传入日本,并创立一个因明新的学派,后来称之为"北寺传"。

再从中国汉族来考察,玄奘传播的因明,对中国思想家、哲学家也发生了深远的影响。特别突出的是,出现了将因明与中国固有的名学之比较研究。乾隆道光之际的思想家、诗人龚自珍(1792—1841)有关佛学著作很多,不仅写了《发大心文》,而且运用因明宗因喻三支比量成立《中不立境》和《法性即佛性论》。②主张维新变法启蒙的思想家梁启超(1873—1929)对因明也很熟悉。他说:"印度的因明,是用宗因喻三支组织而成……《墨经》引说就经,便得三支,其式如下:

---

① 详见拙作:《玄奘对因明的贡献》,参见本书第434—451页。
② 参见《龚自珍全集》第6辑,第371—372页。

宗——'知、材也。'
　　因——何以故？'所以知'故。
　　喻——凡材皆可以知，'若目'。

这条是宗在经，因喻在说。《经上》《经说上》多半是用这种形式。《经下》《经说下》则往往宗因在经。喻在说，如：

　　宗——'损而不害'。
　　因——说在余。
　　喻——'若饱者去余，若疟病人之于疟也。'

全部《墨经》，用这两种形式最多，和因明的三支极相类，内中最要紧的是'因'，'因'即'以说出故'之'故。"①参加资产阶级民主革命与立宪保皇派进行论战的章太炎（1869—1930），对唯识、因明都深有研究。早岁有《齐物论唯识释》之作，晚年讲"诸子略说"，又喜欢以唯识思想来衡量诸子百家。在《国故论衡》之《原名篇》和《明见篇》，他用因明三支来和逻辑、《墨经》作比较。他说："辩说之道，先见其旨，次明其柢，取譬相成，物故可形，因明所谓宗因喻也。印度之辩，初宗、次因、次喻（兼喻体、喻依）。大秦之辩，初喻体（近人译为大前提），次因（近人译为小前提），次宗（近人译为断案），其为三支比量一矣。《墨经》以因为故，其立量次第：初因、次喻体、次宗，悉异印度、大秦。"②当代谭戒甫以《入正理论》二益（悟他、自悟）与墨辩作对照。他说："按因明以宗、因、喻为悟他法门；现、比

---

① 梁启超：《墨子学案》，第107—109页。
② 章太炎：《国故论衡·原名》。

量为自悟法门。其先他后自,以示'权衡主制,本以利人'(引《大疏》语),则所重者在悟他也。墨辩首以摹略万物之然(亲知),论求群言之比(说知)为自悟法门;次将以名举实,以辞抒意,以说出故,以类取,以类予(即辞、说、类三者)为悟他法门。其先自后他,以示'同归之物,信有误者'(引墨子答弦唐子语,见《贵义篇》),故所急者在自悟也。"谭戒甫认为墨辩"故、理、类"三物,正如因明之三支。他说:"《墨子》本有《三辩》篇,今存其目,文已亡矣。窃意《大取》此章,或即《三辩》篇之逸文。所谓故、理、类三物,三物者分言之,三辩者合言之耳。夫墨辩称'物',正犹因明之称'支'。盖因明三支,实亦四支,以喻支又分为理喻(即喻体)、事喻(即喻依)之故。今理、事二喻,既与理、类二物同,而宗与辞同,因与故同,则二者可谓大同;所异者因明以喻兼理、事而称宗、因、喻之三支,墨辩以一辞独立而称故、理、类为三辩,殆即墨家后学所定之轨式如是也。……陈那定因明之宗为所立……故、理、类三物可视为能立,'辞'因三辩而后能立,故能立称之为辩;所以故、理、类名为三辩也。若以论式体性言,一辞与三辩只可分为二事耳。"关于知识的来源和种类,谭戒甫也做了比较。他说:"因明以论式为'悟他法门'。其'自悟法门',初时立'量'甚多;……至陈那始限立'现、比'二量;天主绍之,遂成定论。墨家之论'知'也,初亦有闻、说、亲三者;……逮至《小取》,只论亲知、说知,闻知则不言矣。……其改进之功,不让陈那独专其美焉。"[①]仅就以上四家,也看出玄奘翻译《入论》《门论》之后,在我国汉族思想家中已发生深远的影响。因明在中国传播和发展之后,早成为浩浩荡荡中国逻辑史长流中不可分割的组成部分。陈寅恪认为:"若玄奘其唯识之学,虽震荡一

---

① 谭戒甫:《墨辩发微》,第 422—464 页。

时之人心,而卒归消沉歇绝。"这种论断,单从与唯识宗同时传来的因明来看,已不符合历史的实际。我们有理由、也有必要,把由隋唐到明代,在中国逻辑史上另辟一个时代。这和从明代到新中国成立前夕,西方逻辑在中国传播之后,通过中国学者的研究有所创造,应另辟一个新的历史时期一样。

最后,谈一谈因明的特色和开拓研究问题。印度有因明、中国有名学、西欧有逻辑,在世界逻辑史上,堪称鼎足而三。三者互不相谋,而它们的形式(概念、判断、推论)以及这些形式在发生作用方面的规律,基本上是一致的,这充分说明"逻辑之名,起于欧洲,而逻辑之理则存乎天壤。"[①]说西欧有逻辑,印度或中国无逻辑是臆言。但三者产生的时代毕竟不同,社会背景也各异,也必然各有各的特点。例如:在概念问题上,因明认为概念都不是从正面表示意义,而是通过否定一方,承认另一方的方法,即所谓"遮诠"(Apoha)构成的。比如绿色的"绿"这一概念是如何构成的呢? 就是表示"绿"为非"非绿",由否定一方(遮)来表示另一方(诠)。这种遮诠说,不但西欧逻辑没有谈到,就是中国名学也没有谈到。在推理方面,因明认为从感觉或推比来审了宗智,都是远因,忆因之念才是近因;"决定智"是综合"审宗智"与"忆因念"远近二因而生。这种分析,也是西欧逻辑与中国名学所没有的。还有,因明把推理分为两种:自己了解事物,属于思维方面,叫做为自己而推理(奘译"为自比量");把自己的知识传授给别人,或提出论题,用论据(因)和论证(喻)来加以证明,属于语言表达方面,叫做为"他人而推理"(奘译"为他比量")。它如成立自比量用"自许"言简,他比量用"汝执"言简,共比量用"胜义"或"真故"言简;过类有一分过、全分过之

[①] 章行严:《逻辑指要》序言。

分；宗、因、喻析有有体、无体等等，都是西欧逻辑和中国名学没有涉及的。因明可以补逻辑或名学所未逮，其值得研究者，或在于斯。为推进逻辑科学的研究，在前贤比较研究所获得成果的基础上，以逻辑为经，因明、名学为纬，从概念、判断、推理、演绎、归纳、证明、驳斥各个方面，密密比较，看有哪些相同或相通之处，又有哪些相异之处，这对继承过去逻辑这门学科的文化遗产，汲取其精华，剔除其糟粕，以促进人们的逻辑思维从而提高理论水平，完全有必要。同时，研究因明对于中国逻辑史、西方逻辑史、比较逻辑学及至认识论等也是不可或缺的。

玄奘对因明的贡献*

因明即佛家逻辑,是印度逻辑史上一个重要体系。"因"梵语为"醯都"(Hetu),含有理由、原因、知识之因的意思。"明"梵语称为"费陀"(Vidya),含义略当于汉语的"学"字。这门学问大体上是由佛家瑜伽行学派的学者弥勒、无著、世亲、陈那、法称、法上等在反对全盘怀疑论体系的精神上建立起来的。最初,因明偏重于辩论术的探索;继而创立比较完整的能立(证明)、能破(驳斥)的学说;最后形成一个认识论的逻辑体系。

首先,介绍因明这门知识到中国汉地的玄奘(600—664)[①]是河南洛州缑氏县(今河南偃师县南境)人。幼年出家,便从事佛学研讨,游学于洛阳、四川名德之门,执经问难,便露头角。于《涅槃》《摄论》《毗昙》《杂心》诸学,特有心得。曾讲学于荆湘间,声誉鹊起;行脚河渭,入长安,"遍谒众师,备餐异说,详考其理,各擅宗途,验之圣典,亦隐现有异,莫知适从,乃誓游西方,以问所惑,并取《十七地论》以释众疑,即今《瑜伽师地论》也。"他曾说:"昔法显、智严亦一时之士,皆能求法导利群生,岂使高迹无追,清风绝后,大丈夫

---

* 原载《中国社会科学》1981 年第 1 期。——编者注

① 玄奘逝世年月,为麟德元年(664)二月五日,这是没有疑问的。但生年不详。依据显庆四年(659)玄奘表启自述:"岁月如流,六十之年飒焉已至"一语,上推生年应在隋开皇二十年(600),享寿六十五岁,较为可信。

当继之。"①这时(626)恰逢印度佛教学者波颇蜜多罗(明友)来华，介绍了当时那烂陀寺宏大的讲学规模以及一代宗师戒贤所授的《瑜伽师地论》，肯定这才是总赅三乘学说的大乘佛学体系，玄奘就更立下西游求法的壮志。贞观二年(628)，他从长安出发，经兰州、瓜州、过了玉门关外五烽，度莫贺延碛，到了伊吾、高昌，再横绝中亚细亚，渡过锡兰河、阿母河，越过帕米尔高原西部，通过铁门，再翻过大雪山，历尽了艰难险阻，终于到达印度，入那烂陀寺戒贤之门而满足了他的志愿。他游学印度十七年，除了在那烂陀寺学习五年而外，还费二年时间，跟杖林山胜军(Jayasena)学习《唯识抉择论》《因明论》等；又去印度各地参学，当时所有各种学说，他几乎都学遍了，而且能融会贯通，因而有甚深造诣，在印度得到极高的声誉。他于贞观十九年，携带梵本六百五十七部回到长安，备受朝廷的礼遇。唐太宗、高宗父子为他提供了很好的译经场所。他在这里从事译经事业达十九年，先后译出经论包括因明，共七十五部，一千三百三十五卷。在此期间，他把全副精力投入翻译，无暇撰述，只在翻译间随时对门人口说。其因明思想绝大部分见于窥基(632—682)的《成唯识论述记》《因明入正理论疏》。此外，尚可从慧沼(650—714)、智周(668—723)注疏中窥见一部分。

一、玄奘游学印度时期对因明的贡献

玄奘游学印度的时候，参访精通因明的论师很多，见于传记

---

① 见《大慈恩寺三藏法师传》。

的，除了戒贤、胜军以外，还有僧称和南侨萨罗国婆罗门智贤两家。玄奘跟他们反复学习了陈那、商羯罗主等有关因明论著，不局限于一家，务使眼界广阔，以求大成。在回国前，玄奘对因明的贡献，具体表现在对胜军"诸大乘经皆是佛说"一量的修改上①。相传胜军四十余年立一比量云：

诸大乘经皆佛说（宗）——论题
两俱极成非诸佛语所不摄故（因）——论据
如《增一》等《阿笈摩》②（喻）——论证

此量流行很久，没有人能发觉它的逻辑谬误。可是玄奘到了杖林山之后，详加研究，发现胜军此量原来的论据或中词，对小乘学派说来，就有他随一不成过（即论敌认为中词缺乏真实性）的逻辑谬误。因为小乘学派不承认大乘经典是佛说，便可提出如下质

---

① 见窥基：《因明入正理论疏》卷六。
② 《阿笈摩》即《阿含》(Agama)，是北方所传原始佛教经典汇编的名称，其意义为依着师承的辗转所传。一般佛教文献里都将它作为声闻三藏中的经藏看待。它区分为四大部，称为四《阿含》，主要是依据所收经典篇幅的长短以及形式上和法数的关系，同时也照应到各经所说的义理及其适用的范围。一、《长阿含》(Dirghāgama)的篇幅最长，所说事实多涉及长远的时间，如过去七佛以及世界成坏劫数等，又有重点地显示佛说和其他学说的不同，故为宣教者所专习。二、《中阿含》(Madhyamāgama)篇幅酌中，且常有成对的同类经典，所说义理合乎中道，又着重阐明四谛，就是：（一）生是一场忧虑不安的挣扎；（二）它的起源是由于邪恶的欲望；（三）永恒的寂静是最后的目的；（四）使所有协力组成生命的功能逐渐走向消灭的道路，所以为学问者所专习。三、《杂阿含》(Samyuktāgama)篇幅短小，近于杂碎，记诵较难，重点在说各种禅法，故为修禅者所专习。四、《增一阿含》(Ekottarikāgama)，各经大都与法数有关，从一到十或十一顺序编次，所说多为施、戒、升天、涅槃渐次趋入的道理，其侧重之处在于随着世人的根机，由各方面而说一法，并吸收种种因缘故事，所以为劝化者所专习。释迦牟尼涅槃之后，其弟子们就结集了四《阿含》，但实际《阿含》编成的时期是比较在后的。

问：究竟像自许《发智论》两俱极成（彼此共许）非佛语所不摄故，汝大乘经典非佛语呢？还是像《增一》等《阿笈摩》两俱极成非佛语所不摄故，汝大乘经典并佛语呢？玄奘将论据改为"自许极成非诸佛语所不摄故"。"两俱"二字删去，在极成之前用"自许"预加限制的言词来简滥，这样改正之后，完全符合了因之三相即理由或中词的三个特征。不仅这一论据或中词与"诸大乘经"这一小词有必然联系，符合"中词必须寓于小词"的第一特征；同时，这一论据或中词，只能容纳佛说的《增一阿笈摩》（大词），又符合"中词必须只寓于大词同类的事物"的第二特征；而绝不容纳非佛说的《发智论》，即符合"中词必不寓于与大词异类的事物"的第三特征。当然，要解决诸大乘经典是不是佛说这一问题，必须占有丰富材料，在历史科学的观点、方法指导下，从大量材料中引出正确的结论，不是单靠一因明的三支比量所能为力的。但专就因明证明方式与善于运用预加限制的言词来说，玄奘确实做到无懈可击，不愧为胜军的高足，而且是青出于蓝而更胜于蓝了。此其一。

二、具体表现在解答正量部师般若毱多的难题上。正量部（Sammitiya）是部派佛教时期犊子部（Vātsiputriyas）分化出来的一个学派。它们的学说中，有些唯物主义因素。正量部认为"色""心"二法（物质和精神两种现象）性质，各不相同。"色法"有时暂住，"心法"则刹那生灭，因而主张色、心分离，各自独立。这一点和瑜伽行学派主张"心法"是最殊胜，"色"是"心"及"心所"所变现的影像，"色"不能离"心"及"心所"而独存，恰恰对立。正量部又认为心之缘境，可以直取，不待另变影像。这又和瑜伽行学派主张心之缘境只是人们交遍宇宙的潜在功能（种子），托物的自体（本质尘），依感官（根）而变现的影像（相分），至于物之体则非人之耳目等所能亲缘,又是根本对立。瑜伽行学派在印度盛行之日,正量部势力仍未衰竭,南印摩腊婆国(Morvi)特盛,西印信度国(Sahwan)次之。南印正量部师般若毱多被[①]瑜伽行学派集中在"所缘缘"一点上。自从陈那发表《观所缘缘论》以后,认为识托质而变似质之相,就是所缘缘。如天上月亮,能缘之识托月亮之质而生,就是第二个"缘"字的意思;而复变似月亮的影像,就是"所缘"的意思。因此,陈那主张能缘是内识,所缘也是内识。南印般若毱多"(智护)抓住这一点,作了七百颂的《破大乘论》,重新破瑜伽行学派陈那的说法。他认为即使识托质(如月亮自体)而变似质之相(如所见到的月亮)为所缘缘的说法正确,但瑜伽行学派向来主张"正智"缘"真如"时不许带有似如之相,那么,所缘"真如"望能缘"正智",就没有所缘缘义了。假使承认"正智"缘"如",也有似如之相,就违反瑜伽行学派所崇奉的经论。般若毱多这一驳斥,可谓击中要害。因为"正智"缘"如"时,既非"真如"为"所缘缘",那么,诸识缘一切境相时,就都无"所缘缘"义了。相传瑜伽行学派学者,经过十二年时间,没有人能救得了所缘缘义。一直到玄奘写了一部一千六百颂的《制恶见论》才解答了这个难题。玄奘解答般若毱多所提的问题,乃将"带相"分为"变带"和"挟带"两种:陈那所主张的识托质而变似质之相,仅就"变带"(即再变现相状)一义而言。这种"变带"义,玄奘认为不适用于"正智"缘"如"上面。"正智"缘"如"问题,乃属于"挟带"性质问题。所谓"挟带",就是两物相并而起,逼近亲附的意思,也就是能缘"正智"挟带所缘"真如"体相而起,能所不分冥合若一的意思。玄奘根据"挟带"一义,对般若毱多进行了反驳斥。《制恶见论》时梵本已佚,玄奘回国后又未译出,只在窥基的《成唯

---

① "被",疑作"破"。——编者注

识论述记》中记载有玄奘反驳般若毱多时这样说："汝不解我义。带者挟带，相者体相。谓正智生时，即挟带'真如'体相而起。'智'与'真如'不一不异，'真如'非相，非非相，故此'真如'是所缘缘。"①玄奘认为"正智"缘"如"，"正智"是能缘，"真如"是所缘，所以是不一；能所冥合若一，所以又是不异。真如不是一件东西，所以说非相；但"真如"是诸法实性，没有被曲解为种种施设形象的本来面目，是绝对真实，所以说非非相。通过玄奘一解围之后，瑜伽行学派的营垒又重新巩固起来，而陈那"变带"一义，也可以并行而不悖了。

玄奘反驳正量部相当深刻，因而引起戒日王的重视，特地为玄奘在曲女城召开了一无遮大会，与会者有十八个国王，各国大小乘僧三千余人，那烂陀寺僧千余人，婆罗门及尼乾学派二千余人，设一宝床，玄奘坐为论主，遣那烂陀沙门明贤读示大众，别令写一本悬会场门外示一切人，若其间有一字无理能难破者请斩首相谢。经十八天无一人能难，这样便将正量部反对说折服了。

玄奘在无遮大会上所立的唯识量，在窥基的《因明入正理论疏》中并未将上述的内容直接表达出来。真唯识量很可能就是以《制恶见论》的中心思想之一——"变带"一义，用三支比量的格式把它确定下来。今将此量以次胪列，然后再分析其主要内容。

真故极成色不离于眼识（宗）——论题

自许初三摄眼所不摄故（因）——论据

犹如眼识（喻）——论证②

玄奘在论题的主辞"色"上所以要加"极成"二字，因为参加无

---

① 见窥基：《成唯识论述记》，卷四十四。
② 见窥基：《因明入正理论疏》，卷五。

遮大会小乘、大乘别宗、各种学派的人都有，假使只说"色"，就各有各的解释。玄奘一说"极成色"，知道是指大家所一致承认的视觉的对象，"色"这个概念就明确了。宾辞说"不离于眼识"，有人会认为这样主张是和世间相违反，因为一般人都认为视觉对象（色境）是离视觉（眼识）而独立存在，所以玄奘又用"真故"来预加限制（即寄言简别），表明这样的主张是依据唯识义理并非泛泛之谈。

论据是说明"色"之所属。玄奘所宗瑜伽行学派将宇宙万有归为十八界，复分六类（即六根、六尘、六识），每类有三：就是根、尘（境）、识。色境定不离于眼识，眼根就不一定，所以说："初三界摄"；又简别说"眼所不摄"，意思就是说："自许初三除眼（根）随一摄故。"今表解如下：

初三 ⎰ 眼所摄……不定（色境，初三摄故，非定不离于眼根）
　　 ⎨ 色所摄……正，成
　　 ⎱ 识所摄……定，自不离自（色境，初三摄故，定不离于眼识）

此初三界所对，各家也有不立的，所以加"自许"来简别。但极成色之为自宗，初三界所摄，则为立论者与论敌所一致承认的，所以没有"随一不成"过。这里所加"自许"，只简初三，不贯所摄，故与一般所谓"为自比量"（为自己推理）不同。

玄奘这种证明方法，在因明叫做"以总立别"。"色境"一界是别，初三界摄是总，总属于一类的，一定有必然联系，所以可用类推法来证明。本来大乘学派立根、尘（境）、识，即依据能缘（能知）所缘（所知）而设。凡有能、所缘的关系，一定是和合，这一点小乘也是承认的。不过，小乘与其他学派，都以"眼根"为能缘，唯识学派则以"眼识"为能缘。因为眼根只能"映照"而不能"了别"，所以真正能缘是眼识而非眼根。玄奘立这个量，用"初三摄眼（根）所不摄故"来做论据,用眼识做同喻(正证),无非是要启发对方对"色不离于眼识"这一论题,也就是对唯识"同体不离"的论点有所理解。因为他考虑周到,避免了逻辑上各种谬误,所以经十八天没有人能驳倒它,创造了运用因明攀登高峰的一个光辉记录。

二、玄奘回国后对因明的贡献

贞观十九年玄奘回到长安,二十一年(647)就在弘福寺译出商羯罗主的《因明入正理论》(Nyāyapravesa)。"因明"(Hetuvidya)一词,梵本原来没有,乃玄奘为表示此论的性质才加上的。

本论之名"入正理",含有两层意义:其一,陈那早年关于因明的重要著作是《正理门论》,文字简奥,不易理解,本论之作即为其入门阶梯,所以称为入正理。其二,正理是因明论法的通名,本论为通达论法的门径,所以称为入正理。

本论依照宗、因、喻三支整理出三十三过,其辨别三支过失那样的精细,完全是以构成论式的主要因素"因的三相"为依据。这三相即遍是宗法性、同品定有性[1]、异品遍无性。三相的理论虽然早已提出,经过陈那用九句因刊定而渐臻完备[2],但到了商羯罗主才辨析得极其精微。像他对于因的初相分析,连带推论到宗的一支,需要将

---

[1] 玄奘所译的《因明入正理论》及《因明正理门论》对于因之第二相,不译成"同品遍有性",而译为"同品定有性",正是体现了因明将正因分为"同品有,异品非有"和"同品有非有,异品非有"两类精神。

[2] 九句就是:一同异品共有;二同品有异品无;三同品有异品俱;四同品无异品有;五同异品均无;六同品无异品俱;七同品俱异品有;八同品俱异品无;九同品俱异品俱。在这九句中,只有第二同有异无与第八同俱异无是正因,第四第六属"法自相相违",其他五种都犯"不定"过。威利布萨那《印度逻辑史》中认为发现二、八为正因,据他所知道的是以陈那为第一人。

宗依即有法（论题中的主辞）和能别（论题中的宾辞），从宗体（整个论题）区别开来，而主张宗依的两部分须各别得到立论者和论敌的共同承认而达于极成。因此在似宗的九过里也就有了能别不极成、所别不极成、俱不极成三种，这些都是陈那著作中所未明白提出的。另外，他对因的第二、三相的分析，连带将陈那所立因过里的相违决定和四种相违一一明确起来，不能不说是一种学说上的发展。

玄奘于贞观二十三年（649）又在弘福寺译出陈那《因明正理门论》（Nyayamukha）。书名"因明"一词，也是译者为要表示此论的性质才加上去的。《大藏》中另存义净所译《因明正理门论》一卷，论本部分和奘译完全一样，仅仅开头多了"释论缘起"一段。这一段最后说："上来已辩论主标宗，自下本文随次当释。"可见义净拟译的是一种释论而非论本，他只译了一点，后人取奘译论本凑足一卷，录家因而误传，《大藏》中亦相沿未改。

作者陈那，传说是世亲门人，擅长因明。其有关因明的著书凡有八论，《正理门论》即其一种。[①]陈那因明著述，可分为两个时期：前期以论法为中心，后期以认识论为中心，《集量论》为后期代表作，《正理门论》则为前期代表作。故《正理门论》开首即标出宗旨："为欲简持能立能破义中真实，故造斯论。"全论共分两段：第一大段论述能立及似能立，第二大段论述能破及似能破。

《正理门论》详于立破，对于现比量论述则较少，这表示陈那在著此论时，还保留一些旧观点，并未形成量论（包括认识论和逻辑）的整个体系。但作者不久即以《正理门论》为基本资料，而另著《集量论》（Pramāṇasamuccaya），不再以现量、比量为能立的资具，而予以独立的地位，成为量论的组织。所以《正理门论》也含有从证明

---

① 见义净：《南海寄归传》卷四。

驳斥到认识论的逻辑体系的过渡的意义。

　　译者玄奘在印度游学时,对于因明反复钻研,有极深的造诣。他回国五年继译商羯罗主《入正理论》之后,又译出了陈那《正理门论》,可见他对因明的重视不是一般的。因明在当时是一门崭新的学问,译本既出,玄奘又口授讲义,所以他门下诸师,奉为秘宝,竞作注疏。《入正理论》以大庄严寺文轨和慈恩寺窥基注疏最为流行。轨疏四卷,制作较早,后称"旧疏"。基疏八卷,解释繁广,后称"大疏"。奘门最后惟窥基一系独盛,他门下慧沼相继撰《义断》三卷、《纂要》一卷、《续疏》(这是补足基疏末卷的)一卷,再传智周又撰《前记》三卷、《后记》二卷,都是简别他家异义而宣扬基师之说的。此外还有道邑的《义范》三卷、道巘的《义心》一卷、如理的《纂要记》一卷,也是发挥基师学说的,可惜已佚失不传。《正理门论》注疏可考者,有神泰的《述记》一卷(今存本不全),太贤的《古迹记》一卷,大乘光的《记》二卷,圆测的《疏》二卷,文轨的《疏》三卷,净眼的《疏》三卷,胜庄的《述记》二卷,憬兴的《义钞》一卷,道证的《疏》二卷、《钞》二卷,玄范的《疏》二卷,定宾的《疏》六卷,文备的《疏》三卷、《注释》一卷,崇法师的《注》四卷。以上可惜大都已佚失不传。此外,窥基《因明大疏》尝引本论诠文(日人宝云等尝引用以注疏本论),但也详前略后。

　　玄奘回国以后,对因明的贡献,不仅表现在翻译二论和讲授上,还表现在纠正吕才对因明的误解上。永徽六年(655),尚药奉御吕才对玄奘所译因明二论发生许多误解:如"生因"与"了因",本来是指立论者的启发作用和论敌的了解作用。而吕才却认为,只能说"了",不能说"生"。日本秋篠善珠所著《因明论疏明灯钞》保存了吕才有关"生因"、"了因"的论旨与对之批评的一段话:

居士吕才云:"谓立论言,既为'了因',如何复说作'生因'也?论文既云'由宗等多言开示诸有问者未了义故说名能立'。果既以'了'为名,'因'亦不宜别称:不尔,岂同一因之上,乃有半'生'半是'了因'?故立论言,但名'了因',非'生因'。"

此虽实见,义实未通,非直不耻于前贤,亦是无惭于后哲。立言虽一,所望果殊,了宗既得为生智,岂非所以此乃对所生"了",合作二因,难令生了半分?吕失实为孟浪。如灯显瓶,既得称"了",能起瓶智,岂不名"生"?……。①

《大唐大慈恩寺三藏法师传》卷八也提及这一问题:

(吕才)且据生因、了因,执一体而亡二义,能了、所了,封一名而惑二体。②

再如"宗依"和"宗体"。原来"宗依"是指论题中的主辞或宾辞,宗体是指整个论题。吕才却主张,留"依"去"体"以为宗。

又如"喻体"和"喻依",本来是指混成设言判断(Mixed hypothetical judgment)的肯定方式或否定方式及其例证,吕才却主张去"体"留"依"以为喻。

还有,《因明入正理论》解释宗支,有一句奘译是:"极成能别,差别为性"。这一句的意思,如用现代汉语翻译,就是说"论题是由立论者和论敌一致认识的宾辞区别了而成的"。而吕才改"极成能别,差别为性"为"差别为性"。

---

① 见《大正藏》卷六八,第258页。
② 见《大正藏》卷五〇,第265页。

玄奘感到这些错误是相当严重的。正如窥基在《因明大疏》所批判的:"或有于此,不悟所由,遂改论云差别为性,非直违因明之轨辙,亦乃暗唐梵之方言。辄改论文,深为可责。"①因而玄奘亲自和吕才展开争辩。真理必须反复辩论而后明,疑似必经辗转推求而后见。通过玄奘的耐心说服,吕才才辞屈谢退。唐段少卿有这样一段记载:"慈恩寺……初三藏翻因明,译经僧栖玄以论示尚药奉御吕才,才遂张之广衢,指其长短,著《破义图》。"其序云:"岂谓象系之表,犹开八正之门,形象之先,更弘二知之教?"立难四十余条,诏才就寺对论。三藏谓才云:"檀越平生未见太玄,诏问须臾即解。由来不窥象戏,试造旬日即成。以此有限之年,逢事即欲穿凿。因重申所难,一一收摄,析毫藏耳,充充不穷。凡数千言,才屈不能领,辞屈礼拜。"②

正因为吕才对因明译本在文字上产生不少误解,玄奘从此就更加强翻译中润文、证义工作,并请求朝廷派文学大臣协助。即此一端,不难看出玄奘对待因明的解释和翻译是何等认真严肃。这种治学精神永远是值得我们学习的。

这里值得提出的就是:玄奘在印度游学时,对于因明反复钻研,为什么只译商羯罗主的《入正理论》和陈那前期代表作《正理门论》,而不译陈那晚年代表作《集量论》呢?

苏联科学院院士澈尔巴茨基(Th. Stcherbatsky)认为:"最能使人讲得通的解释,将是玄奘自己对佛教宗教这一方面更加有兴趣,而对逻辑与认识论的探索则只具中等兴趣。"(Th. Stcherbatsky: Buddhist Logic, Introduction, 16, Buddhist Logic in China and

---

① 见窥基:《因明入正理论疏》卷二。
② 见段少卿:《酉阳杂俎》卷七。

Japan)我们认为这种看法,还是值得商榷的。因为因明虽以认识论(唯识)为理论基础,但在玄奘心目中,可能认为因明更重要的是研究证明(能立)和驳斥(能破)。玄奘所译陈那《正理门论》,第一大段论述证明和虚假证明;第二大段论述驳斥和虚假驳斥。玄奘所译商羯罗主的《入正理论》,虽然不出"八门(能立、似能破等)二益(悟他、自悟)",但在虚假证明(似能立)一门里,依照论题(宗)、论据(因)、论证(喻)三段论式,整理出三十三种逻辑谬误,仍然不出证明和驳斥的范围。陈那《正理门论》详于证明和驳斥,把感觉知识与推理知识作为证明的资具。到了晚年造《集量论》分为六章:一说到感觉作用,二说到为自己而推理,三说到为他人而推理,四说到理由或中词的三个特征以及那已驳斥过的要把比较作为单独的证明方法的主张,五驳斥了口证,六说到三段论式。可以看出《集量论》是属于认识论的逻辑著作,在前期《正理门论》的基础上,迈进了一大步。

其次,再从玄奘糅译《成唯识论》而以护法学说为正宗来推测,玄奘对陈那认识论学说,也许不能完全同意:一、护法主张每一有情无量种子(潜在功能)皆含藏于"阿赖耶识",陈那则认为阿赖耶识不过是"灵魂的假扮"。二、陈那就缘见分的功能,仅立"自证分",因为陈那认为缘"相"之"见",如不被缘,则此"见"后应不能记忆,因为不被缘的缘故,如不曾更之境。然过去之"见",今竟能记忆,故知"见分"起时,同时有"自证"以缘"见"。到了护法则就缘"自证分"的功能,更立"证自证分"。如"自证分"缘"见分","证自证分"即缘"自证分",至于缘"证自证分"又为"自证分"。因为护法认为"自证分"与"证自证分"都是"现量"所摄,可相互为缘,不必再立第五分,而"见分"或量(正确)或非量(不正确),不能缘"自证分",所以必须立"证自证分"。玄奘在印度虽然钻研过陈那《集量论》,回国以后不译《集量论》,仅译《入正理论》和《正理门论》,主要原因是玄奘对因明研究的对象和对因明的理论基础看法问题,而不是兴趣浓淡问题。

尽管玄奘只译《入正理论》与《正理门论》,但是通过他的翻译、讲授和他的弟子的注疏,对于因明仍有所发展、有所创造,今归纳为几个要点,分述如下:

(一)区别论题为"宗体"与"宗依"。宗体指整个论题,宗依则指论题中的"主辞"或"宾辞"。窥基说:"有法(论题的主辞)能别(论题的宾辞),但是宗依,而非是宗(整个论题)。"此依(主辞与宾辞二依)必须两宗共许(两宗谓立论者与论敌),至极成就。为依义立,宗体方成。所依(主辞宾辞)若无,能依(整个论题)何立?由此宗依,必须共许。至于宗体,乃指整个论题。窥基说:"此取二中互相差别不相离性,以为宗体。如言'色蕴无我'。色蕴者,有法也;无我者,法也。此之二种,若体若义,互相差别。谓以色蕴简别无我,色蕴无我,非受蕴无我;及以无我简别色蕴,无我色蕴,非我色蕴。以此二种,相互差别,合之一处,不相离性,方是其宗。"又宗体在遍所许宗(即普遍的,如眼见色,彼此两宗普遍共许)、先业禀宗(即自宗的,如佛家立诸法空,数论立有神我)、傍准义宗(即旁推的,如立"声无常"旁推及"无我")、不顾论宗(即随意的,随乐者情,所乐便立。如佛家立佛法义,不顾他义,为成自故。或若善外宗,乐之便立。不顾自我,为破他故)里,唯取第四不顾论宗,随自意乐而建立,不受任何拘束(随自,说明随立论者自所乐故。意乐,发言的原因,由于意乐,才发出言论)。他又说:"今简前三,皆不可立。唯有第四不顾论宗,可以为宗,是随立者自意所乐。前三者皆是自不乐故。"

（二）为照顾立论发挥自由思想，打破顾虑，提出"寄言简别"的办法就不成为过失。如果只是自宗承认的，加"自许"；他宗承认的加"汝执"；两家共认又不是泛泛之谈，则加"胜义"或"真故"等，这样就有了自比量、他比量、共比量的区别。窥基说："凡因明法，所能立中（能立指因、喻，即是论据与论证，所立指宗即是论题），若有简别，便无过失。若自比量，以'许'言简，愿自许之，无他随一等过。若他比量，'汝执'等言简，无违宗等失。若共比量，以'胜义'等言简，无违世间、自教等失。"玄奘、窥基在这一方面的发展，不仅在三支比量（三段推理）的运用富有灵活性，同时对于当时佛家立量以及理解清辨、护法等著作，均有很大帮助。

（三）立论者的"生因"与论敌的"了因"，各分出言、智、义而成六因，正意唯取"言生"、"智了"。从立量使别人理解来说：六因是应该以言生因（语言的启发作用）和智了因（智力的理解作用）二因最为重要。窥基说："分别生、了虽成六因，正意唯取言生、智了。由言生故，敌证解生；由智了故，隐义今显：故正取二，为因相体，兼余无失。"又说："由言生故，未生之智得生；由智了故，未晓之义今晓"。

（四）每一过类都分为全分的、一分的，又将全分的、一分的分为自、他八俱。如"现量相违"（论题与感觉相矛盾），析为全分的四句：甲、违自现非他；乙、违他现非自；丙、自他现俱违；丁、自他俱不违。一分的亦析为四句：甲、违自一分非他；乙、违他一分非自；丙、自他俱违一分；丁、自他俱不违。其他过类，也分为全分的、一分的两类四句（以正面对自许、他许、共许而为三句，反面全非又为一句）。这种分析发自玄奘，由窥基传承下来。如依"基疏"分析，在宗过（论题错误）中，有违现非违比，乃至违现非相符，有违现亦违比，乃至违现亦相符，错综配合，总计合有二千三百零四种四句。

这虽不免类似数学演算，流于形式化，但在立破相对的关系上，穷究了一切的可能，不能不说是玄奘对于因明的一种发展。

（五）有体无体。"基疏"推究有体与无体约有三类：甲、有体无体，指别体的有无。有体，意即别有其体，如烟与火，各为一物；无体意即物体所具的属性，如热与火，热依火存，非于火外别有热体。乙、指言陈的有无。言陈缺的叫无体，不缺的叫有体。丙、此类又分三种：1.以共言为有体，以不共言为无体。2.约法体有无以判有体无体。3.以表诠为有体，如立"声是无常"，即是表诠；以遮诠为无体，如立"神我是无"，即是遮诠。这三种有体无体，就宗、因、喻三支分别来说，就不是固定一种。宗的有体无体，意取表诠遮诠。"基疏"所谓以无为宗（谓无体宗），以有为宗（谓有体宗），即指此而言。因的有体无体，意取共言、不共言。共言有体之中又分有无二种，以表诠为有体，以遮诠为无体。喻体的有体、无体亦取第三表遮之义。喻依的有体、无体，指物体的有无。有物者是有体，无物者是无体。如立"声是无常"，其"无常"法，表诠有体。如瓶等喻，有物有体。又如立"过去未来非实有"宗，其"非实有"，遮诠无体。以"现常"为因，共言有体。"若非现常见非实有"，遮诠无体。如"龟毛"喻，非实有物，故亦无体。"基疏"解释有体无体，不是纯依一个意义，要视宗、因、喻三者分别判定。一般说来，异喻作用在于止滥（即预防"中词"外延太宽，通于大词的对立面），不妨用无体之法为喻依。至于三支之有体无体，就应当互相适应，有体因喻成有体宗，无体因喻成无体宗。然亦不可拘泥，在"破量"亦得用有体因喻成无体宗。如大乘破经部，立"极微非实"宗，"有方分故"因，"如瓶等"喻。此宗的有法（主辞）"极微"，大乘不许为有体，能别（宾辞）说它"非实"，即是遮诠。

以上五点，虽散见在"基疏"之中，但寻其来源咸出自玄奘的传授。相传玄奘为窥基(632—682)讲唯识，圆测(613—696)去窃听抢先著述，窥基很有意见。玄奘对窥基说，圆测虽为《唯识论》作注解，却不懂因明，便以因明之秘传之窥基。宋《高僧传·窥基传》这些话虽不尽可信，但不难看出"基疏"对因明的论述盖出自玄奘。故以上五点也不妨看作是玄奘对因明的贡献。

最后，简单地谈一下有关《入正理论》的作者与《正理门论》的影响问题。《入正理论》在汉族只有玄奘一种译本，而在我国西藏，曾有过两种译本。初译的一种是从汉译本重翻，题为 Tshad-mahi bstan-bcos rigs-pa-la hjug-pa，这是汉人胜藏主(Sin-gyan-ju)和度语教童(Ston-gshon)所译，并经汉人法宝校订，但误题《入正理论》作者之名为方象(Fang-siang，即域龙的同义语，乃陈那一名的翻译)。后译的一种是从梵本直接译出，题为 Ts had-ma rigs-par hjug-pahi ego。这是迦湿弥罗一切智护(Sarvajna raks ita)和度语名称幢祥贤(Grags-pa rgyalmtshan dpal bzaṅ-po)所译，时间较晚，故在《布敦目录》等旧录上未载。这一译本，大概是受了旧译本误题作者名字的影响，也将著论者题作陈那，并还错认《入正理论》即是陈那所作的《正理门论》，而在译题之末加上一个"门"(Sgo)字。以上两种译本都收入《西藏大藏经丹珠尔》经译部第九十五函中，但德格版、卓尼版均缺第二种译本，又第二种译本 1927 年 V. Bhatta Charya 校勘出版，收在 G.C.S.No.39，为 Nyayāpravesa 之第二部分。

就因为西藏译本上一再存在着错误，近人威利布萨那《印度逻辑史》中依据藏译详细介绍了《入正理论》，也看成它是《正理门论》同本而出于陈那手笔，由此在学者间对于《入正理论》与《正理门论》是一是二,以及作者是陈那还是商羯罗主,引起很长久的争论,始终未得澄清认识。其实,如要相信最早传习《入正理论》的玄奘是学有师承的,那末,他说《入正理论》作者为商羯罗主,也一定确实不容置疑的。至于《入正理论》和《正理门论》全为两事,则玄奘另有《正理门论》的译本存在,更不待分辨而明了。

陈那《正理门论》,玄奘于贞观三年在弘福寺译出之后,他门下诸师虽竞作注疏,但只有神泰的《述记》一卷(今存本不全),其余都佚失不传,直至近代研究《正理门论》才较多,成果也较多。举其荦荦大者来说:

(一)欧阳竟无撰:《因明正理门论本叙》(1930)将此论的要义以及和《入正理论》与法称因明的同异详略问题,做了极其扼要的叙述。

(二)吕澂与释印沧合撰:《因明正理门论本证文》(1927),此作对勘《集量论》,考正释文,注出同异,可助理解,兼明学说的渊源。

(三)丘檗撰:《因明正理门论斠疏》六卷,依据证文广为辑引解释。据其例言:"斠疏辑成,綦难匪易,一疑之析,动经浃旬,一词之出,编征众籍,采缀纶贯,几经审慎",显见他费了不少功力。

(四)日人宇井伯寿撰:《因明正理门论解说》(1929),篇首有序论,将陈那的因明、《正理门论》在因明的地位以及西欧与印度学者对《正理门论》及《入正理论》混淆的说法,都作了相当详尽的批判叙述。其解释部分,除依据旧说,更采取欧西学者新的研究并征引梵本,作出正确的解释。宇井伯寿于1950年更将《正理门论》译成日文,列入所著《东洋之论理》附录。

(五)意大利人 G. Tucci 将《正理门论》译成英文(Nyāyamukha of Dignāga, Heid of elbery, 1930),对照《集量论》,详加附注。

因明学概论[*]

一、什么是因明学

因明就是佛家逻辑,我们无需隐晦它的佛教实质。它是印度逻辑史上一个重要的体系。

这个学科是公元四、五世纪中,由印度瑜伽行学派的学者在尼也耶派有关的逻辑思想的基础上逐渐发展起来的。开始,因明是作为反对全盘的怀疑论的面貌出现的。这种怀疑论是彻底怀疑人类的全部知识,并把它看作一堆无法解决的矛盾,例如他们有一个命题叫"一切言皆妄"。因此,因明所关心的问题是知识的可靠性,也就是说,走在一切成功的目的性行动之前的那种心理现象的可靠性。法称在《正理一滴论》开头的一句话讲得很精彩:"人类一切成功的行动必须以正确的知识为先导,所以我们就着手来探讨它"。法称用这句话对因明科学的范围、目的下了定义,他的著作也正是为此而写的。

什么是因明?一两句话是交代不清的。我认为,把它的历史

---

[*] 虞愚先生于1982年9—12月在中国社会科学院哲学所举办的佛学讲习班上讲授因明课,其内容包括导言、古因明、新因明、因明在世界上的影响和地位等。本文为导言部分,是根据听课笔记整理的。——编者注

发展过程交待清楚了，它的内容才可能更充实一些。因明在最初的阶段，值得重视的是弥勒。他的《瑜伽师地论》第十五卷有许多论述因明的材料。简单地说，他曾对古代辩论术做了一次总结。辩论时怎样算得胜，怎样算输了，就好像打球时有许多规则一样必须遵守。弥勒对古代辩论术的总结，就是因明的萌芽。这在欧洲也有相似的情况，辩论是逻辑发展的因素，当然不是唯一的因素。中国的"墨辩"也突出一个"辩"字。大概这三个体系的逻辑思想都与这个辩是有关的。在辩的基础上，到了陈那、商羯罗主，就发展成了一个能立、能破的体系了。能立就是证明，能破就是驳斥。这是因明发展的第二阶段，其中包括了一个有推论和各种逻辑谬误规则的理论体系。到了法称，他注意到要从根本上解决因明的内容，所以他转入到探讨知识的来源的问题。他认为，感觉知识和推理知识的来源是因明的关键所在，于是形成了一个认识论的逻辑体系。中国有的前辈写文章说："因明论离不开认识论的立场。"他们有的人没有看到法称的著作，其实因明不是离不开认识论，而是后来它就变成认识论的逻辑了。苏联学者彻尔巴茨基说，公元六世纪到七世纪，印度两位伟大光辉的人物佛学大师陈那和法称，他们创立了一套逻辑和认识论的体系，我们就称它为佛家逻辑。佛家逻辑的论式也是三段论，单这一点就可以称它为逻辑。三段论的发展必然要求对判断的本质、名词的含义和推论进行理论性的探讨，这一点同欧洲的情况正好是一样的。但佛家逻辑还不只这一点，它包含着一些知觉理论，说得更准确一点，就是探讨人们在认识事物的总过程当中纯粹属于感觉部分的理论，探讨人们认识的可靠性的理论，也探讨人们的知觉和意象认识外部世界的现实性的理论。因此，也可以说，佛家逻辑体系是认识论逻辑的体系。

佛家逻辑包括了人类认识的全部领域，从初级的知觉开始，一直到一整套很复杂的公开辩论的规则为止。佛家把他们自己的这种科学叫做逻辑推理学（即因明），或者叫做正确认识的来源的学说，或者索性叫做正确论式的调查研究，它是一种探讨真理同谬论的学说。

总之，佛家逻辑是印度逻辑思想的一个组成部分，在瑜伽学派之前就已经初具规模，同时又是在佛家逻辑建立之后得到发展，因此我们说起印度逻辑，就当然包括因明在内，这就好像"墨辩"是中国逻辑的一个组成部分一样。但是，从彻尔巴茨基的论述看来，佛家逻辑有自己极其重要的特质，具有变革的意义。因此对它加以理解，对于从事逻辑或者世界逻辑史研究的工作者来说，是有必要的。佛家逻辑既然是印度逻辑的一个组成部分，因此论述佛家逻辑必然同时要论到印度逻辑。

二、印度逻辑的性质

即使可以把因明看成是相当于形式逻辑的一个学科，但它决不止是形式逻辑，不能等同形式逻辑。它有自己的特点，它包括从认识论到论辩法的各个方面，而且是以论辩的部分为主的。它在论述的时候，总是有一个主与客，即立论者和论敌。这个情况很突出，与西方逻辑相比较，它的辩的特征很明显。它的辩也超过"墨辩"。它主要是讲证明，所以也可以说是证明学，即用我的论据，证明我的论题的正确性的学问，它是以证明为中心的学问。然而，证明就是推理的应用，是属于方法论的范畴。同时它又是研究知识论的。从知识论来说，它主要是说明知识的种类、性质和起源的学说。其中，包含了推理的内容，而推理通常又把它的构成和结果一起加以考虑，不把二者截然分开。所以，作为推理，印度逻辑意味着通过推理而获得的知识。把这种知识昭示给别人，同时使别人也认识这种知识的时候，就成为证明，这是印度逻辑的主要内容。

作为这种证明的东西，还有几点必须注意：

第一，讨论作为逻辑的知识在形成以前的内在条件。

第二，确定证明在语言上的各种条件。

第三，论辩事物的外在条件。

这三者之中，第一点是基本的，没有第一点就不可能有证明；第二点是论证的要素；第三点是附带的。但是，从印度逻辑的变迁来看，古代比较重视第三点，而第一点是略加说明，没有形成一个根本核心，第二点是逐渐完成的。总之，因明不是一时就成为逻辑的一门科学，而是有一个发展过程。因此，通过这个发展过程来看，从以证明为中心来看的时候，就可以看到它的全貌。

三、论式的种类及其意义

因明认为，人的知识只能来源两种途径，一是感觉，二是推理。这是用现代的话说。唐朝的翻译，知识叫做量。量是知识的构成，知识的本身。印度因明家说量有三种内容，一个是能量，一个是所量，一个是量果。能量如尺，所量如布，用尺量布量出几尺几寸，就是量果。从印度哲学史看，两个量的得出不是简单的，它经过了激烈的斗争和淘汰。过去的量很多，有什么圣教量、譬喻量、声量等七八种。陈那确认人类的知识只能有两种：一种是感觉知识，一种是推理知识，不能多也不能少。在这方面，陈那在印度逻辑史上做了很大的贡献。这一点很不容易，他从事的是佛家逻辑，那释迦牟尼的东西是不是圣教量呢？陈那很厉害，因为他的兴趣已转移到认识论逻辑方面来了，牌子尽管挂佛家的，却不一定每句话都听佛家的。他说哪有什么圣教量、圣言量，释迦牟尼的认识也离不开现量和比量，这是谁也不能违反的。陈那晚期的《集量论》主要是以"量"做中心，他虽然开了端，但不够彻底。到了法称时期才把这两个量贯穿到逻辑的全部。法称的《正理一滴论》一共三章，第一章专门讨论感觉的知识，就是现量；第二章讲推理的知识，即比量。他把推理的知识又分为两种，一个是为自推理（即为自比量），一是向别人推理（为他比量）。他用知识论贯穿逻辑的全部，简单明了。这个为自己和为他人的推理，据我看，形式逻辑是不谈的，推理哪有什么为自己和为他人？事实上，区别是有的。为什么有区别呢？我们细琢磨一下就会知道，为自己推理的时候，有许多东西都可以省略掉。比如一个人会做诗，他做诗时，不一定说平平仄仄仄平，在什么位置用什么韵，他对这些了然于胸中，不需多加考虑，心中有数。可为他人呢，就不一样了，要详细地讲，才能让对方理解，对方才能信服。在这方面，因明是有它自己特点的。

推论式并不是知识的来源，就像推理不等于就是三段法，三支比量也不完全等于比量。但是要把推理的知识传给别人，推理式又是不可少的。从因明的角度看，什么是推论式呢？"推理式是听的人脑筋里面产生的一种判断的理由"。更具体一点说，从因明的观点来看，推论式是通过逻辑的三个方面把知识传授给别人的方法。逻辑的三个方面就是中词的三个规律（因之三相），即：

第一,整个的中词与小词必须有联系(遍是宗法性)。

第二,中词所举的事物必须与大词表示的事物相一致(同品定有性)。

第三,凡是与大词相异的事物,一定不与中词相一致(异品遍无性)。

现在回溯一下印度逻辑本身的发展过程。

首先从尼也耶派讲起。尼也耶派的首领叫乔达摩。他把过去的推论式的十个部分改为五个部分,陈那又把它精减为三个部分。这不仅是推论形式上的简化,实际上是意味着推论性质的改变,意味着变革。从尼也耶派的经典我们可以看到,乔达摩关于逻辑推理的一般联系的重要学说的材料是很有限的,但他在推论形式方面的贡献还是很大的,很有价值的。价值何在呢? 就是他指出了从单纯的辩论术逐渐过渡到逻辑的一个过程。给《尼也耶经》做注释的伐兹雅那说:"乔达摩所讲过的推理过程是相当细致的,不大容易理解,只有博学有才能的人才能掌握它。"乔达摩在世时就建立起的五分推论式,中文译为"宗、因、喻、合、结"。英译更容易理解一些,宗即论题,因即理由,喻即例证,合即应用,结即结论。如常举的例:彼山有火(宗),因为有烟(因),如厨房等(喻),彼山就是这样(合),所以彼山有火(结)。这就是五分论式。伐兹雅那还告诉我们,在尼也耶派的时期,别的学派把推论式增加到十个部分,很可能代表尼也耶派以前流行的一种看法,而乔答摩的贡献就在于把十支改为五支。他去掉的五个部分是:①求知的欲望,②质疑,③对于解答问题可能的信心,④达到结论的目的和企图,⑥淘汰疑问。这五个部分,实际上是辩论、推论以前的某种愿望和条件,显然是不重要的。乔达摩去掉它们,是一个重要的发展。佛家前期，通常也是用五分推论法，如大乘佛教大师，也是大文学家、大诗人马鸣，在他著的《大庄严论》中就是使用的五分论式。一直到陈那，才把宗、因、喻、合、结改成宗、因、喻三支。宗是论题，因是论据，喻是论证。一般逻辑把从论据到论题叫做论证，或叫证明。喻有同喻，有异喻，同喻就是正证，异喻就是反证。陈那的三支论法是这样排列的：

彼山有火（宗），因为有烟（因）。若是有烟，它就有火（同喻体），如厨房等（同喻依）；若是无火，一定无烟（异喻体），如池塘（异喻依）。

陈那的贡献绝不是简单地去掉了五支中的两支（合、结），而是把三支论式提高到了规律的高度，提出了三相说。请注意，因明的论式也是三个词，不能是四个词。上例中"山"是小词，"火"是大词，"烟"是中词。一个词单独说，无法定它的大、中、小，没有比较不行，要根据它概括的种类、外延包括的多少来规定。

陈那在把五分推论式变成三分推论式的过程中，始终贯穿着一个精神（因三相），即整个的小词必须与中词有联系；凡是中词所举的事物必须与大词相一致，这样中词就跟大词建立起联系。但是只是这些是不够的，中词如果大到比大词还大的地步也不行，那样就会跑到相反的方向去。所以要立一条规则限制一下，即凡是与大词相异的事物一定不与中词相一致。这样一来，后两条规则相反相成，一个正证，一个反证，非常重要，非常严密。后来，法称一方面说喻不重要，可以省略，一方面又增加了几种关于喻的错误，好像存在前后矛盾。我考虑了一下，觉得并不矛盾。我认为他废除喻,是说为自己推理时,喻可以不要;但是为别人推理,喻不但不能少,而且越详细越好,这样才有说服力。

因明的三个部分,缺一不可,否则不能真是完整的推论式。陈那认为,不但三支一个也不能缺,而且喻没有同喻体都不行。

现在简单总结一下:

论题(宗)是我们所要讨论的命题,它的正确性需要用其他的判断来证明。论题和命题不一样。印度逻辑的一个特点是论辩性很突出。印度常常公开论争,输了的要以首相谢。如果提出一个大家都承认的命题,这在逻辑里不一定错,而在因明里却是错误的,叫"相符极成"。论据(因),是被引用来做论题的充分理由,证明论题的正确性的判断。论证(喻)是引用设言判断、正面的实例(同喻)和反面的实例(异喻)来证明论题与论据之间的合与离的关系,正证是合的关系,反证是离的关系。概括地说,论题是解决要证明什么的问题。论据是解决用什么来证明的问题。论证是解决怎样去证明的问题。三者构成因明的三支论式。所以,三支论式可以说是通过正确的论式与论证的逻辑证明过程。

四、古因明与新因明

因明对于过去的尼也耶派的学说虽然有所继承,也有所发展,但是"因明"(Hetuvidyā)这个词,却是佛家专用的,别的学派不一定使用这个词。吕秋逸先生说,印度出版的《正理经》(Nyayakosa)大词汇的第三版,里面搜罗"正理"学说的有关术语二千五百多个,但没有"因明"这个词,可见"因明"一词的专利权是佛家逻辑的。古印度的逻辑学说绝大多数还保存在《尼也耶经》里的十六范畴中。到了弥勒、无著、世亲这些人时，初步建立了因明的体系，一般历史上称他们的体系为古因明。经过陈那、商羯罗主、法称变革后的因明就叫新因明。古、新因明有许多不同的地方，主要有以下几点：

（一）改五支推论式为三支推论式

这是就全貌讲。现在我们就用因明通常用的例子来排列比较一下：

	五支，依《正理疏》例	三支，依陈那《理门论》例
宗	声是无常	声是无常
因	所作性故	所作性故
同喻	犹如瓶等，于瓶见是所作性与无常	若是所作，见彼无常，犹如空等
合	声亦如是，是所作性	
结	故声是无常	
异喻	犹如空等，于空见是常住与非所作	若是其常，见非所作，犹如空等

陈那把五支改为三支，不是简单地取消了两支，吕秋逸先生在《因明纲要》里说："盖历久研求，至约至精，乃成定式。"我认为，要结合因的三相说来看新因明的价值，才有高度。因为它使论式有了必然性的联系。

（二）对能立与所立的划分不同

陈那以前把宗看作是能立，把自性和差别（即主词和宾词）看作是所立。新因明大师陈那认为，宗依（单独的主词、单独的宾词，如

"声"和"无常")并不是我们争论的所在,如单讲"声"或"无常"是立敌共许的,所以就不能成为所立。"声是无常"这个宗体才有许有不许,即违他顺自,这才是争论之所在。所以,立的人才用因喻来证明论敌所未许的宗,因此宗体是所立。陈那的《门论》说:"以所立性说是名为宗"。商羯罗主《入论》云:"随自乐为所立性是名为宗。"

陈那称因与喻为能立。所成立性是论题的一个特点,这里所谓"成立"有证明的意思,是用来证明论题的。宗因喻三者虽然是判断,但其作用却是大不相同。为了使三者之间不相混淆起见,陈那、商羯罗主特别提出所成立性来作为论题的特质。在宗、因、喻中,宗是"所立"即被证明的,因喻是"能立"即用来证明的。可见对能立、所立的解释,古、新因明大不一样。我们列个图表对照一下:

	古 因 明	新 因 明
所立	自性(宗之"声") 差别(宗之"无常")	宗(声是无常)
能立	宗 因 喻	因 喻

另外,有一个问题需要讲清楚。陈那、商羯罗主都说宗是所立,但商羯罗主在《入论》中有一段话又说:"此中宗等多言名为能立,由宗因喻多言开示诸有问者未了义故。""宗等多言"是构成宗因喻的许多文字语言,"开示"是启发、开导之义,"未了义"是还没有了解的义理。从这句话看,宗是所立乎,是能立乎,岂不是矛盾了吗?其实不然,我认为问题的关键是因明所用"能立"一词包含有两种意义,其所针对的对象不同,意思也不一样。第一层:因、喻若对宗来讲,因、喻是能立,宗是所立。第二层的能立不是针对宗因喻这个范围讲的,而是对"似立"说的("似立"就是错误的论式)。

就像我们的某部队能打仗,可以针对敌人讲,也可以针对我们的整个部队讲。第二层意义的"能"字针对"似"字讲,有不堪一击,我自岿然不动的意思。所以说商羯罗主所说的并没有抵触,只是针对的方面不同而已。

(三) 宗依、宗体的辨证

宗是论题,如"声是无常"。古因明有以"声"为宗依的,也有以"无常"为宗依的,同时又有以"声"为宗体、也有以"无常"做宗体的,很乱。到了陈那,他就把宗依、宗体区别开了。他认为,前陈(主词)后陈(宾词)都是组织论题的要素,并非立敌所争的焦点,所以前陈与后陈都可以称做宗依。只有联贯前陈、后陈才能表达一个思想、一个主张,这才是立敌争论的焦点,所以叫宗体。因明对宗依、宗体的要求是根本不同的。因明要求宗依必须共许,即立敌双方都承认,不然无法讨论。但是当宗依构成一个宗体,即变成一个论题的时候就不能立敌共许了,而要"顺自违他"。否则就无需辩论,没有论辩的价值了。现在简单列一个表,比较一下:

	宗　　依	宗　　体
分合关系	前陈后陈分开,故称宗依。	前陈后陈构成论题,宗体方成。
成立条件	前陈体 {语言发表("声")为自相; 意思含蕴为差别。 (自相、差别都是主词) 后陈义 {语言发表("无声")为自相; 意思含蕴为差别 (自相、差别都是宾词)	① 每一宗体只表现后陈之差别前陈,不表现前后二陈之互相差别。 ② 前陈体与后陈义结合起来,方成宗体。
依体特点	宗依极成有法(前陈)、极成能别(后陈),立敌共许。	前陈体与后陈义成一宗体,必须立许敌不许(顺自违他),方兴诤论。

(四) 因三相之俱缺

古、新因明区别的核心问题就在这里。尼也耶派对错误的理由做了分析,有不定(不能确定)、相违(自相矛盾)、不成(无法证明)、平衡理由、自违。但这里没有一个正确的标准。新因明则不同,它用三相之俱缺来做区别邪正的准绳,这可说是对因明的创新。

这样一来因的重要性就更加突出了,就与宗、喻建立起了必然的联系,用共许的因喻就能确立尚待证明的论题的真实性。

玄奘译的三个规律是:第一,遍是宗法性,即整个的小词必须与中词有联系。第二,同品定有性,即中词所举的事物必须与大词相一致。第三,异品遍无性,即凡与大词相异的事物必不与中词相一致。佛弟子对声论师立的"声是无常"这个量,若要使其必然成立,"所作性故"这个因就必须解决好两个问题,即因果关系和属性关系。因果关系由二、三两相解决了,属性关系是第一相解决的。通过上述,我们可以看到"声"包括两个内容,即所作性这个"因"和无常性这个"果",前者是立敌共许的"宗之法",后者是立许敌不许的"宗即法",以宗之法来成立宗即法,这是二、三相的任务,但无常与声还没建立起必然的联系,所以第一项"遍是宗法性"就使已与无常联系起来的所作性与声建立起联系,使声置于所作性之内,就是小词联系到中词,使三者建立起内在的联系。其中后两相是相辅相成互相补充的。"所作性"这个中词不能太宽,否则就会包括大词的反面的东西。万一有个东西是"所作",而非"无常",那论敌就会根据这一点把你的论式全部推翻。所以,要从反面的事物(异品)观察因是否超出无常之外。这是研究因相的必要方法。这是陈那变革的核心内容。

463

（五）喻体和喻依的辨证

"喻"在印度称为"见边"。什么叫"见边"？凡能同圣人见解一致的事件就叫见边，也就是一般人共认无违的事例。古书说，由此比况，令宗成立，名边；他智解起，能照宗极，名见。所以无著说立喻是："以所见边举未所见边，和合正说，名喻。"即用已知道的东西，比喻不知道的东西。正如师子觉说："所见边者谓已显了分，未所见边者谓未显了分。以已显了分显未显了分，名喻。"根据他的意思，我们汉译叫喻，因为说见边不好懂。喻包含有比况、譬喻的意思，由譬、况晓明所立宗，就叫喻。

古因明的论式有五支，所以喻支里就没有喻依、喻体的分别。陈那在去掉合、结两支的同时，改造了喻支，把喻支分成两个部分，前一部分叫喻体，是用中词和大词构成的一个设言判断，它具有普遍性，如前例中的"若是所作，见彼无常"，是通过"若……则……"的句式把"所作"（中词）与"无常"（大词）联接起来构成的。举出实例为证，就叫"喻依"，例如上例中的"如瓶"部分。这实质是体现因的第二相（同品定有性）的，这是正面。在反面有异喻体、异喻依，即"若是其常，见非所作"，这是异喻体，"如空"是异喻依，这体现了因的第三相（异品遍无性）。而古因明则认为"瓶""空"就是喻体，没有设立喻体和喻依。这是两者的区别。

请注意，喻支里的喻体是设言判断，不要拔高到直言判断的大前提。而喻依在因明里的推导是从特殊到特殊，不是归纳推理，因为后者是从特殊到一般。

另外，陈那认为同喻要遵循"说因宗所随"的规则。即说喻要先合中词,后合大词;异喻要遵循"宗无因不有"的规则,即要先离大词,后离中词。

讲新因明要注意法称的思想。新因明的三支是三分天下有其一,喻是其中的一支,它很重要也很庞大,有喻体有喻依。法称在《正理一滴论》中说,喻支不是推理式的主要部分,因为它已包含在中词之中。这好像是他否定了喻支的重要性,但不能轻率地这样认为。法称是经过慎重分析后得出上述看法的。他认为,喻支是否重要决定于是哪一种推理。他把推理分为两种:一个是为自比量,即为自己推理;一个是为他比量,即为他人推理。这两种推理的性质不一样,一个重点在思维,一个重点在语言。法称说喻不重要是对为自比量来说的,因为你已心中有数。但为他比量,喻就是重要的了。若没有喻,就会没有说服力。关于这一点,欧阳竟无在《因明正理门论叙》说:"譬如立支,唯一宗因已堪自悟,以故尼乾、法称废喻有文。然必悟他,他非义了,故凡孤证,未足畅情,即不废喻,以是对治相违及与不定喻又须二。"这个问题,欧阳先生说得很明白。

因为陈那、商羯罗主所说的同喻与异喻的逻辑错误,着重点摆在排斥与包含(同喻"应含而离"叫排斥,异喻"应离而含"叫包含)以及决定性(确定性)。可是,法称认为带有疑问性质时,同样是错误的,所以他在同喻方面又增加了三种错误:大词的真实性包含有疑问,中词的真实性包含有疑问,大词与中词的真实性都包含有疑问;在异喻方面也加了三种错误:大词的排遣含有疑问,中词的排遣含有疑问,大词与中词的排遣都含有疑问。

其次,对喻体在语言上的说明,陈那、商羯罗主只提到同喻要有合作法的说明,不能无合作法的说明;异喻要有离作法的说明,不能无离作法的说明。假如没有合作法的说明或者没有离作法的说明，对别人推理就都是不完备的，错误的。法称在实践当中总结，又增加了两种过失，即在同喻上增加了"中词与大词没有必然联系"，在异喻上增加了"大词与中词没有必然的分离"。这样一来，在法称的书里，同喻与异喻的错误就各有九种。

（六）对量的刊定

"量"这个概念在因明里很重要。在印度，凡是获得知识的手段、过程以及知识的本身都叫量。古印度有许多量，如世传量、圣教量、义准量、多分量、无体量等。这是尼也耶派以前的认识。尼也耶派把量归纳为"现量""比量""譬喻量""声量"四种。弥勒时期，把量的来源说成是现量、比量和圣教量。陈那的新因明进一步探讨知识的本源，以立破为根据，认为知识的来源只有现量和比量。陈那做为一个佛家弟子把圣教量去了，这个不简单。结合中国的名学和西方的哲学看，对这个问题的认识具有普遍性。如在"墨辩"里，亲知相当现量，说知相当比量。墨辩多一个"闻知"。其实这个"闻知"也是由他人的亲知或说知得来的。严复说："名学为求诚之学。诚者非他，真实无妄之知也。人之得是知也，有二道焉：有径而知者，有纡而知者。径而知之谓之元知，谓之觉性；纡而知者，谓之推知，谓之证悟。"（《穆勒名学·导言》）可见人类对知识的看法有共通的东西。但为什么只有这两种知识，根据何在呢？中国名学和穆勒名学都没有说明，而陈那却说得很清楚："所量之境，不外自、共相故。""自相"用今天的话说就是特殊，共相就是一般。我们中国人讲"事理"，"事"偏于个别、特殊，多指自相；"理"大概是共相、一般。现量的"现"字有三个意义：一现在，区别于过去和未来。二现显,区别于隐晦的。三现成,区别于非造作的。现量是对现在的、显现的、现成的东西的直接认识。比量是通过类推和推论才能得到的知识。从陈那的角度来说,在人类知识领域里,除了自相、共相之外再也无所知之境了,所以能知之量也限于现量、比量,无法增减。这在哲学上是很根本的问题。

到了法称,它认为因明所要分析的是论辩的思维,可分为三个主要部分,即讨论知识的起源、讨论知识的形式和知识的语言表现。这三个题目,第一个叫现量(感觉),第二是比量(推理),第三个是为他比量(推论式)。但在讨论中可以把感觉的东西,作为我们对外在真实的知识的原始来源,把智力做为产生这种知识的形式的来源,而推论式可以作为充分表达这个知识过程的语言形式来从事研究,因此到了法称时代,因明即包含认识论,又包含形式逻辑,所以叫它是认识论的逻辑。

从这里鸟瞰一下,可见因明有两个高峰,一个是陈那时期,一个是法称时代。

总起来说,古新因明的不同,大约有以上六点。陈那以前是古因明,陈那以后是新因明。陈那的证明和驳斥的学说还有古因明的残余,这一点由他的弟子商羯罗主加以提炼、补充后反映在《入论》里。陈那的《门论》主要分两大部分:一是能立、似能立,二是能破、似能破,而对现量和比量谈得很少。可以看出,陈那早年把因明主要看成立与破体系,还没有形成一个量论的体系。但陈那的晚年就不是这样的了,到晚年他以《门论》做基础,又写了《集量论》,给现量、比量以独立地位,成了量论之集大成者。这一点对法称影响很大。

古、新因明之不同,不在时代的划分,而是理论体系之不同。

(乐逸鸥整理,1992年4月10日)

说"有"谈"空"话因明*

承蒙学院领导的盛情邀请,我来给大家讲一讲有关因明的基本知识。

大家知道,因明是古印度的逻辑学。作为一种知识体系,因明早在佛教产生之前就已经有了。但是,因明的高度发展乃至臻于完善,则是在佛教产生之后。特别是当佛教思想文化史的发展进入第三时期以后,信仰佛教的诸大论师,对因明体系的发展和完善,作出了永远不可磨灭的伟大贡献。

近现代以来,学术界的很多著名专家和学者们认为,因明是佛家逻辑或佛教逻辑。这是有一定道理的。大家作为中国佛教未来的中流砥柱,应当并且必须很好地学习和掌握因明这一弘法利生的有力工具,并争取在实践之中进一步去发展它、完善它。

大家知道,古印度佛教思想文化史的发展大致经历了三大时期,这三个时期,习惯的说法叫三转法轮。

学术界一般认为,第一时期又叫做原始佛教时期,此期的教法主要是讲"四谛""五蕴"等道理,重点在于阐明"我空"的道理。

第一时期所讲的"苦、集、灭、道""四谛",用今天的话说就是四个真理。这四大真理,我相信大家都是明白的,所以我不多说。我

---

* 本文根据虞愚先生1987年4月18日在中国佛学院讲课录音整理。——编者注

只重点讲原始佛教之称谓之所以然。

大家知道,释迦牟尼佛说法时,既没有用文字记录,更没有今天这样先进的录音机录音,而是佛的诸大弟子耳闻心记。在佛涅槃以后,由于每个人的根性不同,对佛所说教法的理解和传授就有许多出入。面对这种情况,迦叶尊者即召集五百名证得阿罗汉果的上座比丘在王舍城七叶窟进行了意义深远的"结集"。结集就是会诵的意思。参加这次结集的都是上座长老,而大多数比较年轻的比丘们对这次结集的经典有异议,后来便明目张胆地分裂为上座部和大众部。大众部也有自己结集的经典。

说到派部之争,佛教里面的派性也是很厉害的。即以部派佛教初期来说,有时几乎是水火不相容的。现在仍然各行其是,各执己见。比如今天的东南亚的某些国家和地区,至今还坚持遵守着原始佛教的规矩,如过午不食等。他们认为像日本那样的出家人是不大对头的,过午不但吃,并且大吃特吃,这根本就不对呀!还有冬天穿多少衣服等,都是有严格规定的。所以上座部(即最早的长老派)是保守派;大众部(即人数众多的年轻教徒)是激进的。大众部是很活跃的,它在以后又逐渐演变为十八派。《异部宗轮论》就是讲部派佛教的书。

原始佛教虽然发展为二部十八派,但各派的主要主张其实是大同小异的。如戒律和教理等问题,只是在某些枝节上有差异。但其中大众部是很重要的,因为它是大乘佛教的萌芽。大乘佛教是最会扩大佛教影响的。因为原始佛教的戒律非常严,凡信教的人绝大多数都是出家的,并且要守持各种各样的戒律,而这些清规戒律一般人又守不住。这样一来,能够接受佛教教化的人就很少,佛教传播的范围就非常小,信徒既不多,势力也就不大。而当时的印度,社会各方面情况都有了很大的变动,并且由奴隶社会进入了封建社会初期,佛教只有相应地变革才能与社会打通,才能存在和发展。只要你信仰佛教,出家固然很好,不出家也没有什么妨碍。只要你思想上出家,不一定要披袈裟。这样一来,人们对于佛教就比较容易接受,佛教的势力大了,传播的范围也就更加扩大了。但是,这里面有一个非常非常重要的问题,那就是说,你必须大发菩提心!只要你大发菩提心,广行菩萨道,一切为了利乐有情的话,你当医生也可以,当护士也可以!所以大乘佛教好厉害啊,它使整个佛教具有了无穷无尽的生命力!

大家想想:要使每一个人都来出家那是不可能的事。你总得有从事各种各样职业的人。比如说,你经商不要紧嘛,只要你发菩提大心嘛,你不要奇货自居、抬高物价,这样就可以嘛!这样也就是行菩萨道嘛!

大家知道,龙树菩萨的出世是佛教史上的第二个时期,也是大乘佛教突飞猛进向前发展的时期。这时期的教理主要是讲"万法皆空"的。什么是空?空就是说一切法都没有一个固定不变的实体,都是由因缘合成的,所以又叫"缘起性空"。"法"就是指法界内外的一切所有。不过这个"法"字,一般人只简单地理解为代指一切事物,这只对了一部分。因为佛教认为,客观存在(即我们能够用六根觉察到的)的一切事物固然叫法,还有种种意念所虚构的东西也是"法"。比如茶杯是法,粉笔是法,电灯是法,但我们想象的真虚不实的东西也是法。比如佛教常说的"龟毛兔角",究竟有没有呢?龟哪里有毛?兔哪里有角呢?牛有毛,羊有毛,鹿有毛。牛有角,羊有角,鹿有角。可是我们的意念却可以想象:把牛、羊、鹿等身上的毛拔下来栽到龟的身上;把牛、羊、鹿等头上的角取下来安在兔子的头上;这样一来不就是龟有毛、兔有角了吗？但是,这是根本不可能的事。这样的影像,在三境里面叫做独影境。这种独影境即龟毛兔角等虽然是不存在的,但也是"法"。所以这个"法"字,就包括了客观存在的事物和主观想象中产生的一切虚幻的东西。

第二时期主要是讲二谛的,即世俗谛和第一义谛。二谛中主要是讲"法空"的。简单地说,二谛就是两个真理。"俗谛"用今天的话说就是"相对的真理";"真谛"用今天的话说就是"绝对的真理"。这两个概念在佛教里面是很重要的。但是大家必须注意:离开相对的真理就没有绝对的真理,离开绝对的真理也就没有相对的真理,此二者是密不可分的。什么"道"啊,"理念"啊,等等,像这样认为一切事物均是由一绝对的真理所产生的观点,都是根本错误的。这样的看法和理论,佛教历来就是坚决反对的。因为那样以来,就同上帝创造天地万物的论调一样的荒谬。比如老子的思想,佛教认为就不对,因为他所说的"道",由一生二,二生三,三生万物;这个"道"的功能作用不也就是上帝的代名词吗？所以佛教强调,不应该也不可能从相对之外去找绝对,也不能够从绝对之外去找相对。这就是要看你真正了解不了解,你真正了解了,这个所谓相对的真理,就是像庐山的真面目那样容易认识。

大家知道,庐山的云雾很厉害。云雾笼罩着庐山,使我们看不清庐山的真面目。但庐山的真面目就在这茫茫的云雾之中,而并非在真正的庐山以外又有庐山,虽然云雾把它的真容遮掩了,但剥开云雾,庐山仍然是庐山。比如演员们打花脸,戴兽脸或其他的假面具,就会从一个仪态端方的"美人儿"变为"丑小鸭",或者由表情平淡的人变为"笑面虎",但是,当演员们卸装之后,演员还是自己原来的样子，并没有因化装打扮而有什么潜移默化。所以说相对即在绝对之中，绝对也在相对之内。但是，佛教讲法空是从一切法没有自性这一角度去讲，有的人不能正确理解，就因而产生了一种流弊，即所谓"恶取空"，就是空得一无所有了，没有任何东西可以捉拿了。

为了纠正第二时期"恶取空"的过失，就出现了"三性"的主张，亦即是印度佛教思想文化的发展进入了第三时期。

"三性"就是三个真理。从我个人的体会来说，佛教的典籍是很不容易读懂的。单说这个"性"字，我说不出有多少种意思。"性"可以说是特征，也可以说性质，也可以说为真理等。有时候"性"与"相"又是可以通用的。举个例子来说，《因明入正理论》中关于"因三相"中就有"遍是宗法相"，还有的就不用"相"字，而是"遍是宗法性，同品定有性，异品遍无性。"所以说这"性"与"相"，二字有时是可以通用的。

"三性"即依他起性、遍计所执性、圆成实性。依他起性的"他"字，不是第三人称的意思，而是某法生起或产生的因缘条件之义；遍计执又叫毕竟无，即是绝对没有的；圆成实即是绝对的真理，即绝对真实的。

古印度的思想家们，为了使人们对以上三个真理容易理解，打了一个非常巧妙的比方：依他起性如"绳子"，遍计执性如"蛇"，圆成实性如"麻"。因为印度的毒蛇很多，人们白天走在路上就左顾右盼，晚上更加提心吊胆，生怕一脚下去踩在蛇身上。由于这样的心理作怪，即使晚上走路时脚踩着了地上的绳子，也会怕得魂飞魄散，以为这下踩着了蛇了。但你其实是踩了绳子，根本就没有踩着蛇。像这样把绳子误认为是蛇的心理意识，就是毕竟无。而绳子一般人都知道它是由很多麻拧在一起而构成的,但这麻也没有一个天造地设固定不变的实体,也是由因缘和合所产生的。因此,我们只要借助于"麻、绳、蛇"这三个字之间的关系,对于"三性"就容易理解了。

前面说过,因明的高度发展和臻于完善,是在佛教思想文化发展的第三时期。此第三时期亦即是唯识学(在印度叫瑜伽派)抬头的时期,此时期的主要代表人物有弥勒、无著、世亲、陈那、法称等。无著、世亲兄弟二人都是承传弥勒菩萨的《瑜伽师地论》而主张三性说的,他二人对唯识学有特别突出的贡献。但从因明角度来讲,陈那与法称等人的功绩更是非常了不起的。

唯识学的根本所在是"识有境无",即外境是虚妄不实的,是人们的内识所变现的,因此,唯识学也叫外境空。这是第三时期教理的要点。

大家一定要牢牢记住,比方有人问:佛教主要讲什么?你们就告诉他:佛教主要讲宇宙人生的真理,因各个时期人们的根性不同,佛教的讲法大致说来有三个不同的时期:第一时期讲"我空",第二时期讲"法空",第三时期讲"外境空"。这个答案,对于回答印度佛教史来说,大致是不会错的。这也就是我前面为大家谈的古印度佛教思想文化史的大纲。

前面粗略地追溯了一下佛教思想文化发展源流,在第三时期讲到了陈那、法称等诸大论师对因明体系的发展和完善等,都有了不起的伟大贡献。下面我就转入正题,先向大家谈一下因明发展的简要过程,然后谈谈因明在我国的情况。比如玄奘法师从印度回来,译了多少经书?这些经书对我们汉族有什么影响,对中国的大思想家有什么影响?在国外有什么影响?等等。

因明的发展依我看来有三个阶段，前两个阶段对我们今天学习因明来说不大重要，只需知道第三阶段以前的因明，今天人们称为"古因明"就行了。第三阶段也正是佛教史上的第三时期。特别是陈那、法称生活的时代，是古印度的笈多王朝统治时期，也正是文化和科学技术最发达、最文明的时代。陈那、法称等论师，结合佛教的理论而深刻地改造了古印度的因明，在很大程度上发展和完善了因明体系，形成了自己独特新颖的体系，因此人们称其学说为"新因明"。

大家知道，因明与佛教有很密切的关系，它是要成立佛教的道理而与佛教结上缘的，特别是第三时期。佛教史上的第二时期时也还没有借助于因明。龙树菩萨没有应用因明与外道辩论，而是用的辩证法。用今天话讲，就是辩证逻辑。龙树是辩才无碍的大菩萨，他精妙的辩论，敏捷的思维，使得邪执邪见者自叹弗如。他讲的"不生亦不灭，不常亦不断，不一亦不异，不来亦不出"的所谓"八不中道"，有人对此中妙理不理解，反而信口开河地说龙树菩萨是滑头，是诡辩等。他们认为，大家都看见世界上林林总总的事物中有生有灭，你怎么能说它们是不生不灭呢？哎呀！我说这不是么简单！你不要马上就给人家扣帽子！什么诡辩呀，滑头呀，等等。你要是真正研究明白的话，大千世界的真实情况，就是像龙树所说的那样"不生不灭……"。对此"不生不灭"的道理，你要好好地体会和分析。其实，我们可以避免用"真如"、"法性"之类常人不熟悉的名词给人们讲"不生不灭"的道理，我们只要告诉他们，你要了解什么是"不生不灭"的道理，就必须首先了解"生"和"灭"的意义。或者我们问他们，什么是"生"？什么是"灭"？看他们怎么回答，他们一定会说：生就是从无到有，灭就是从有到无。但佛教的看法就与此观点不同。佛教认为,哪里有什么从无到有的东西呢?根本就不会从无到有嘛。变戏法的人都知道从无到有是怎么的一回事。如果能从无到有,那就是很危险的。

举个例子来说,今年的菊花是从哪里来的?你能说它是从无到有的吗?不能!因为它根本就不是从无到有的,而是去年的菊花留下来的种子,在空气、阳光、水分、肥料、季节等等因缘都具足以后,所现显在人们面前的一段生命过程,即由发芽、长叶、开花、到结果后枯萎的生命期,但这花瓣的凋落和花枝等的枯干,并非是菊花的死亡——即从有到无的所谓"灭"了,而是它这一期生命的结束。如果菊花真的"灭"了,那明年肯定就不会再有菊花供我们欣赏了。佛教讲的是究竟的真理,是从起根发苗到归根究底而彻底地研究宇宙和人生的来龙去脉的。佛教研究的结果证明,大千世界中林林总总的事物,就是"不生不灭"的。向前看不是从无到有,向后看也不是从有到无。因此,宇宙人生是相续无断的。这样一来就会使人们基本上理解不生不灭的道理了。

"非常非断"的道理也很简单。比如说水流,从这一段看它是断的,整个地来看就是常流滚滚的嘛,相似而相续的嘛!

佛教所讲的并不是简单的东西,"相似"是两个,"相续"就是一个。比如大家看电影,看见银幕上的人一发脾气,手臂猛地一挥;就这么一个简单的动作,其实是很多张的片子连接在一起才构成的,并且那速度快得很哪。如果放慢速度,我们就会发现,前面的片子与后面的片子上的影像非常地相似,但速度一快,这一动作的高低可就悬殊得很了。

所以我实在地告诉大家,佛教是大有学问的,各位要百千万倍地珍惜现在的学习机会,要认真地学习,勤奋地钻研,要对佛教抱着深厚的感情。无论学习哪种知识,不同其在感情上彻底沟通,肯定是学不好的。有的人还没有学好就想骂佛教,那他就永远学不好。所以说在学的时候一定要专心去学。但是,学完以后,精通以后还应该出得来,还要进一步通过广泛地学习而掌握更多的知识,获得更高的本领,这样,我们才能了解到宇宙人生的全貌,了解佛教与社会的关系等等。比如佛教怎样产生?怎样发展?你不仅要知道佛教的历史,还必须学好古代印度史和中国历史等,这样子你的学问就多了。还有,佛教同其他宗教或哲学派别有斗争,斗争的焦点即是对立面,你要清楚这些问题,就必须对其他宗教的教义或哲学派别的理论有相当地了解,只有这样,你的知识面才可说比较广博啦,你才有道理对人们讲。因此佛教导说:"菩萨当于五明处求。"

"五明"就是五种学问。"明"字是指知识、技能、学问等而言的。五明之中,第一叫做"内明",即是研究佛法的学问。如现在香港出版流通的佛教刊物叫《内明》,过去南京的佛学院叫"支那内学院"等。"明"也有处的意思,在古代叫"明处",现在简称为"明"。五明之中第二叫因明,用今天话说,就是逻辑学。"因"有理由、准则、规律、体系、论式等义,而不是因果律中"因"字那样的意思,这一点大家要牢牢记住。第三为"声明",即文字声韵之学问和技巧。第四为"工巧明",即是工艺、美术、数学、天文、历算、星象之类学问技能。第五为"医药明",即是医护、药物学方面的知识。我们今天只讲"五明"之中的"因明"。

这里所讲的"因明",是指陈那、法称诸大论师以来的所谓"新因明"的简称。它有"宗、因、喻"三个重要组成部分。

因明之中的"宗"有其特定的意义,且不可望文生解而乱加穿凿,牵强附会。这个"宗"是指论题,即是自己的主张。"因"是理由,即是自己所立论题之根据和道理。"喻"即是比方、譬喻的意思,亦指论证,是用来证明和成立自己的主张的。此中证明有两个方面,一个是正面的证明,一个是反面的证明。正面的证明简称正证,过去叫同喻;反面的证明简称反证,过去叫异喻。以上"宗、因、喻"三者合称为"三支比量"。"比量"就是推理的意思。这个问题解决好了,不但对大家学习和研究佛法提供了一个有力的工具,也给大家的演讲、写文章及与人交谈或辩论等带来很大的利益,使大家可以得心顺理。如果你所主张或坚持的观点理由不充足,对人家讲解时逻辑性不强,人家要提出问题来责难你,那你就很难使人家承认你的主张和观点的正确性了。因此,学好因明是很重要的。

依《因明正理门论》的说法,你的主张要能在理论上站得住脚(即"宗"能够成立),必须避免九个错误——亦即"九过"。"因"分三类,即不成、不定、相违,要避免十四个错误。于"喻"之中,同喻要避免五个错误,异喻要避免五个错误。所以,宗、因、喻三支合起来就必须避免三十三个错误。只有这样,你的"宗"才能真正立得起来。这决不是简单的一回事。

如果把因明作为一门功课来学习,那大家至少也得一年时间才能基本上入门。这门学问与佛教的联系很广泛,因此大家都应当熟练地掌握。比如读书,遇到作者一个错误的推理和结论,你要能迅速准确地指出其在因明上犯了什么错误,这样才能活学活用。以别人的错误作为例子来帮助和启发我们认识其错误之所以然,这就把学到的知识灵活地运用到了实际生活之中。

大乘佛教的弘传,离不开因明这个武器。比如《成唯识论》第一卷,就是运用了因明之中的"量"。因明共有两个东西,宗、因、喻

"三支"叫做正理,就是说你要证明自己的观点和主张是正确的。用什么方法呢?用充分的理由,举出大量的事例来,正证、反证,使别人无懈可击,那就证明你的观点和主张是正确的,你所讲的道理是可以成立的,这个就叫"能立"。人家的推理和结论有错误,你给指出来并把他驳倒,这叫"能破"。"破"有很多种方法,这在因明中是很有讲究的。

《唯识三十论》一开头即说:"由假说我法,有种种相转,彼唯识所变,此能变唯三。"因为由假说的我和法,就有种种的相跟着起来,主张有我的有很多派,主张有法的有很多派。在印度的外道里,什么甲论、乙论,这派、那派等,都讲到这个法。《成唯识论》则列了很多的量来破斥外道的错误主张。从大的方面来讲,破斥有两种方法,一种叫显过破,即是说,你的道理讲错啦,我给你挑出来,看你怎么回答。一种叫立量破,就是我用自己所建立的量把你的推翻。另外还有一种叫关闭破的方法,即是双管齐下,你无论如何也逃不脱,因为你不论落于那一边,那就表明你失败了。

第一个阶段的因明还不是由宗、因、喻"三支"构成体系的,而是着重讲辩论之术的。那么,因明是怎样产生的呢? 一方面是尼也耶派创立的十六句义,十六句义就是十六个范畴,都是有关逻辑的材料。至因明大家陈那、法称出世,他们把尼也耶派的理论,纠正其错误并加以发挥而运用于辩论,辩论就是从实践中学习。辩论之双方,自然各有一通大道理的,你用什么标准来定其是非呢? 比如打球,怎样算合法? 怎样算犯规? 没有一个法规是不行的。如《瑜伽师地论》中有一个"七因明",讲的是辩论的场所、方法、参加的人员、辩论的态度、语言等等一系列应该注意的问题,这也就是辩论的"法规"。比如说,你本来是有理的,但你辩论时的态度傲慢,语言尖刻,人家看你那个盛气凌人的样子，就不愿意同你讲道理了，因为你嘴巴上在讲理，对对方却一点儿也无"礼"！所以在与任何人辩论之时，各方面都要注意，既要使对方心悦诚服，又不要伤害对方自尊心。这样，即使你被对方的理论驳倒了，也不至于下不了台。

第二阶段，就是立、破体系建立的阶段。这里面最主要的是现量和比量的问题。陈那有一个非常高明的地方，就是他把人类对宇宙人生的知识来源，简明扼要地概定为两个方面，即现量和比量。这在当时来说，毫无疑义是人类认识阶段上的一次成功的"革命"。因为古印度思想界的"量"太多了。这个"量"，即是把握人类一切知识的来源。印度对人类知识的来源的讲法很多，如"圣教量"、"声量"等等。若详细地统计一下，至少有二十种之多。陈那义正辞严地驳斥那些"量"，认为那些说法都是不能成立的，而只有"现量"与"比量"才是人类一切知识的来源之处。不可能有第三种量，更不可能将此二量合为一量。这一观点在当时是很不平凡的。

我们今天评论一个思想家或哲学家，说他对人类有多大贡献的标准，就是分析他的观点和理论，前人有没有？同时代的人有没有？如果他所讲的东西，在他之前无人讲过，在他同时代也有没人讲，是他讲了，并且经过历史和实践的考验，证明他确实讲对了，那么，这就可以大胆地说他对人类文明的发展作出了一定的贡献。陈那在一千五百多年前清楚地认识到：人类认识世界、改造世界的全部知识来源，只有现量和比量这两个方面。实事求是地讲，陈那的现、比二量与今天科学的讲法是相通的。

大家知道，今天的科学家和哲学家们都讲感性认识和理性认识，此感性认识即相当于陈那所讲的"现量"，理性认识即相当于"比量"。

陈那建立了现、比二量的因明体系之后，就把古印度思想界中形形色色的量全部淘汰了。陈那建立的二量，直至今天还得到学者专家们的承认和赞赏，这也雄辩地说明了陈那的伟大。

大家一定要牢记，现、比二量是不可分割也不可组合的。因为你想要了解自相，就肯定要靠现量。自相用今天话讲就是特殊性，亦即个性，你只要知道了某一事物的自相，那你对其同类事物之自相也就知道了。比如我们都看见这根粉笔是白色的，这就是现量。我们为什么一看就知道这是一根白色的粉笔呢？因为我们在第一次见到它时，老师或别的什么人就告诉我们：这是白色的粉笔。从此以后，我们只要一看到这个圆圆的小东西，且能在黑板上写出字来，我们马上就会断定：这是白色的粉笔。就这么一个简单的问题，其实我们也是在作了很严格地推理之后才确定无疑的。

但是，有的人只迷信感觉，认为只有感觉到的才是实实在在的，千真万确的。然而，事实并非皆然。比如一双筷子，当你把它放在水中的时候，你所看到的筷子，是又粗又弯的，但在你的意识之中，决不会相信筷子是弯的。这时你说说看，是你的眼睛看错了呢？还是你原来对筷子是直的认识错了呢？再比如船行岸移，究竟是船在动呢？还是岸在动呢？或者是船同岸一起在动呢？还有，当湖水被投入的石块打破如镜面的平静而产生出向四周扩散的水波环时，湖边的树木花草映现在湖面的影子也在动荡，这时你说说，究竟是湖水在动呢？还是湖边的树木花草在动？或是它们的影子在动？这说明，现量有时也会导致人们认识的错乱。由此得知，我们在认识事物时就要认真分辨，也就是需要比量。比量是可以推理类比而知的，所以说比量能认识事物的普遍性，事物的共相。

人类历史上的各种学派的思想学说，都有相通的地方。我国古代的墨子，也是一位伟大的思想家。《墨经》里面也讲人类认识的来源问题，前边讲有三个，后边归结为两个，即是"亲知"和"说知"。墨子对"亲知"下的定义多好啊！他说："身观焉，亲也。"意思就是说：由自己亲身观察而体验到的知识，就叫亲知。这里的"亲知"，恰好相当于陈那所建立的"现量"。墨子又说："方不㿗（通'障'字），说也。"意思是说，不受空间和地区限制的知识，就是说知。此处的"说知"，即相当于陈那的"比量"。比如，凡是人都难免一生一死，无论中国人，还是美国人，或世界各国的人，都无一幸免于死。两个人的友爱再真诚，也不能代替对方去死而换取对方的永生不死。又如：中国的梅花是香的，外国的梅花也是香的，决不会因国家或地区不同而有所差异。这就是我说的人类思想家之学说都有相通之处的理由。

第二阶段的因明，虽然是建立了能立与能破的大体系统，但其赖以建立的重要资具却是现、比二量。比如玄奘法师翻译的《因明入正理论》，一开头就有一首颂偈："能立与能破，及似唯悟他；现量与比量，及似唯自悟"。这首颂偈，大家在未听老师的讲解之前，将去怎样理解呢？

我当初读这首颂偈时好苦啊！我在上大学时，老师只说：西方有逻辑，印度有因明！但我们根本就不知道因明究竟是什么东西。后来我在南普陀佛学院兼课，那时我才二十岁。我从《大藏经》中读到这首颂偈，对于"能立与能破"和"现量与比量"这两句还勉强地理解得来，但对"及似"二字的意思，怎么也不能理解，后来有幸得到一本英译的《因明入正理论》，看了书中的英译我才知道，这"及似"二字贯穿于上下文之中，向我们交待了能立、能破，以及似能立、似能破四个道理；下句则是现量、比量，以及似现量、似比量四个道理。我说这样的文法，在世界上也恐怕是由玄奘法师创立的独一无二的，在中国百家学林之中的经、史、子、集里，根本就找不到。所以我说，玄奘法师的翻译太精练啦！要不是英文在翻译时加入了很多的文字的话，我那时怎么也猜不到玄奘法师这种独出心裁的文法。英文说：证明与驳斥（驳斥即是反驳），以及虚假的证明和虚假的驳斥，这四种东西是同别人辩论时用的。正确的感觉知识和正确的推理知识，以及虚假的感觉知识和虚假的推理知识，这四种东西是帮助自己解悟的。这样讲来，虽然很繁琐，但是好懂。我们看：玄奘法师用十二个字（即能立、能破、及似；现量、比量、及似），就讲清了八个大道理，而英文却用了将近一百字，英文把玄奘法师的"及似"二字，译为"以及虚假的"等等。由此我想，玄奘法师翻译的一千三百三十五卷经论，要是让今天的人来翻译，真不知道要成为部头多大的《藏经》呢？！所以我说，玄奘法师的译文，干脆利落，一点泥水儿也没有。大家在真正理解了玄奘法师的译品之后，才会相信他译的太好啦，太美妙啦！

大家应该并且必须知道，像玄奘法师这样的杰出天才太难得啦。因为玄奘法师在印度时创作了很多不朽的著作，如《会宗论》《制恶见论》等，大胆地破斥印度学者的邪执和偏见，勇敢地捍卫正法的根本宗旨和义理。他回国之后，孜孜不倦、一丝不苟地翻译佛经和诸大菩萨所制之论，而没有把自己的作品译为汉文。大家想想，他若翻译自己的作品，真是不费吹灰之力的一件事。然而，玄奘法师始终没有这样去做。如此难能可贵的举动，在世界史上是找不出第二个人的。

为了安安静静地翻译经典，玄奘法师要求把译经场搬到少林寺去。但是，唐王朝一心要用玄奘法师做"统战工作"，无论如何也不肯放他走。这下可就苦了我们的法师了。他虽然译经工作很繁忙，每天的任务很重，但京城内外的军政要员还是三番五次地要求同他讲论，有的一来就是大半天，弄得玄奘法师只有在晚上放弃休息而补译白天应译的经典。他的休息本来就是徒有虚名，因为他根本不像我们现在一样的呼呼而卧，而是端端正正地坐着或站着作每天如此的课诵，有时就是五体投地的拜佛。这样成年累月的操劳，把我们伟大的玄奘法师的身体也就劳垮了。

因为玄奘法师的学识卓越，声名远播，唐王朝不敢放他到京城以外去，他就只好忍气吞声地应付皇帝和大臣们的打扰，完了又回过头来紧张地进行译经的伟大工作，所以说玄奘法师是非常非常之伟大的，是个当之无愧的大菩萨。现在留传下来有关玄奘法师自己的东西，最可靠的说法就是唯识中之"三境"，即所谓带质境、独影境、性境。

玄奘法师对世界人类思想文化的贡献是空前绝后的。单论他所译的一千三百三十五卷经典，其数量和质量都是很可观的。他所开创的"五不翻"的译经原则，恰当而雄辩地表明了他对译经工作的科学态度和科学方法。如佛经中的"般若"二字，虽然有智慧的意思，但此"智慧"二字却不能完全代表"般若"。所以玄奘法师采用翻字不翻音的译法，就非常巧妙地保存了"般若"的本意，这一类的例子很多，今天就不多说了。

现在说"立"、"破"，即所谓"八门二益"。"八门"即能立、能破、似能立、似能破、现量、比量、似现量、似比量。"二益"是指"悟他"与"自悟"而言。"八门二益"详细讲起来多得很，今后老师给你们讲《因明入正理论》时会讲到，所以我也不多说了。

前边我讲过,因明在印度的发展有三个时期,第一时期是辩论术的总结——归纳为七因明;第二时期是立破体系的建立;到了第三时期——即陈那晚年。

　　《因明正理门论》是陈耶早期的重点讲能立、能破的著作。《因明入正理论》是商羯罗主建立能立与能破的体系,并用"八门二益"来解释陈那的《因明正理门论》的,是学习《因明正理门论》的入门工具书。商羯罗主是陈那早期的学生,所以他强于"立"与"破",而对于"量"则讲得较少,并且视之为"资具"而置之于附属的地位。

　　陈那晚年有一部非常重要的著作叫《集量论》。此论是以知识论为中心的量,我们现在叫什么什么论,而古印度时"量"有三个方面的意义:一、能量;二、所量;三、量果。比如我用尺子量桌子,这把尺子就叫"能量";桌子是被量的对象,叫"所量";用尺子量桌子而得出桌子的长、宽、高的尺数,就叫"量果"。因此,"量"是古印度对知识产生的过程和知识本身的代称。又比如你去买菜,称菜的衡器就是能量,所称的菜就叫所量,菜的重量就是量果。这就是第三时期以"量"为中心的因明,这也叫认识论的逻辑或"量论"的逻辑。其实这主要的还是现、比二量。

　　陈那在《集量论》中,把人类全部知识的来源分为两个方面,一是现量,二是比量。陈那又进一步把比量也分为两个方面,一是为自比量,二是为他比量。这在西方逻辑里是没有的。陈那这一区分,是非常有意义的! 对于人们的认识来说,它不但是非常重要的,也是非常必要的。"为自比量"靠的是智慧,"为他比量"靠的是语言。为自己与为他人在认识上就不一样。比如,一个数学知识很好的人,再难的数学题,他也会立刻解算出精确的答案。但是,作为老师来说,就必须用通俗易懂又生动有趣的语言为学生们讲解,使学生们都能彻底明白其中的道理。这就不但需要一定的智慧,并且必须有较高的语言表达能力。因此语言也是非常重要的,而逻辑学更离不开语言,尤其是离不开生动、有力和恰如其分的语言。

玄奘法师对陈那的《集量论》没有翻译。原因何在? 我个人的猜测是这样的:

陈那论师是主张唯识"三分说"的。三分即见分、相分、自证分。见分是指我们了别事物的主观能力;相分是指我们认识和了别的客观影像;我们清楚地知道自己有了别事物的能力和所了别的影像的这种功能,就是自证分。到了护法论师,则把陈那的"三分说"发展为"四分说",即在前三分的基础之上,又增加了一个"证自证分"。此"证自证分",即是证明前三分中之"自证分"真实不虚的功能。而玄奘法师是从戒贤论师那里承传护法的学说的,他认为唯识一定要讲四分才比较合理,因此便不翻译陈那论师以"三分说"为体系的《集量论》。

以上虽然是我自己的浅见,但并不是完全没有理由。从佛教的角度来看,"三分说"是不了义的,只有"四分说"才是了义的。不然,玄奘法师对因明那样地精通,又是那样地重视,是一定会把《集量论》翻译过来的。

陈那的《集量论》深刻地影响了法称,法称继承和弘传了《集量论》。但法称的老师不是陈那,而是陈那的学生自在军,所以法称是陈那的再传弟子。法称有一部《正理一滴论》,是他的著作中最简明扼要的一本书。

此书我早年译过,可惜"文革"时被抄掉了。我现在又在重新翻译,前两章已经译完,第三章即是全书的最后一章,篇幅较大,还没有全部译出来。我译的是现代汉语,力争使人一看就懂。因为让人翻过来倒过去地看不懂的东西,是不受人们的喜爱的。我们佛教的经典很多,懂的人不用看,不懂的人是再看也不懂!佛教的辞典就没有搞好,因为那只是经论大搬家。已故北京大学哲学系教授熊十力先生所著的《佛家名相通释》,对于初学者来说,确不失为一本较好的启蒙书。虽然他也有些偏见,并且尖锐地批判佛教的某些方面,但他是从自己内心的体会中发出的议论,是有血有肉的东西。我就准备将余生精力用于《正理一滴论》的翻译工作中,争取使大家都能一目了然地明白其中所讲的道理。

以上简略地讲了因明的发展过程,以及因明在世界思想文化史上的贡献和地位。陈那、法称等人,他们的兴趣是从佛教而转向因明的,而因明的发展和完善又回过头来对证明佛教的真理起到了巨大的作用,并成为弘扬佛教的有力工具。在《成唯识论》之中,就用宗、因、喻来立"量"。因明破斥敌论的方法也非常巧妙,常用的如"显过破"、"关闭破"等等。我举个例子——

印度有一种"精微论"。"精微"就相当于今天所说的原子之类非常微小的东西。这一理论比一般理论要高明一些,所以很多论师都很欣赏。但佛教的论师厉害啊!他们要破斥所谓的"精微论"!问:所谓"精微"有没有"方分"?如果有"方分","方分"就是占有一定空间,具有一定质量,那就可以再分;既能再分,你就不能说是"精微"呀!如果这个"精微"是没有方分的,那就等于空无所有了;你不能凭空抓一把说:这就是精微呀!这样推到底,你的"精微"在哪里呢?

又如一块豆腐干,尽管你已切到非常非常的微小,但总还可以再切得更小、更碎,由一粒切为两粒,两粒再切成四粒,四粒再切又成为八粒,这样一直切下去的话,就成为十六粒、三十二粒、六十四粒等成倍地递增,但豆腐干的"粒"仍然有方分,仍然不能说"精微"。

这两个例子,用的都是双管齐下的"关闭破法"。这个破法好厉害啊,敌论者怎么也逃不了。

前边我已讲过,因明这个东西在思想界是很有影响的。我国的玄奘法师对于因明是有伟大贡献的。我从前写过一篇题为《玄奘在因明上的贡献》的文章,发表在《中国社会科学》上面,有人说玄奘法师的译本太印度化了,因为那不是中国社会的经济基础的上层建筑,所以就像昙花一现。这种说法是欠妥的。因为玄奘法师当时讲的因明对中国人来说是最新鲜的一门学问,比我们今天讲电子或信息之类新兴科学还要新鲜。我举个例子:跟玄奘法师平辈的圆测法师那时住在长安西明寺,他经常来听玄奘法师讲解因明,听完回去后就立即也给大众讲,真可谓现货现卖!这样久而久之,我们的窥基法师可有意见了,他说:你圆测怎么能把我师父的法"偷"去并且"贩卖"呢?玄奘法师看见自己心爱的高足不高兴,就对窥基说:让圆测尽管去讲,那没有什么关系!我以后把因明的真髓传授给你。这样,窥基法师就满心欢喜了。

玄奘法师与窥基之间,有一段十分有趣的故事:

玄奘法师立志西行求法之时,唐朝正闹饥荒,朝廷不得不放宽管治律令,允许人们四出求食谋生。玄奘法师就乘机从敦煌那边混了出去,兴高采烈地向印度跋涉,一路受尽了千辛万苦。那时也没有像今天的飞机、轮船等先进的交通工具。玄奘法师走在荒无人烟的大沙漠里,常常好多天滴水不沾牙;有的国王又强留他作驸马,他说:我是西行求法的僧人,不是来贵国求爱的公子!但那国王又不放他走,他就索性一连七天七夜水米不进,头不挨枕,端端正正地坐在那里。国王亲自给他敬送食物,他理也不理;国王又要分一半国土给他,他一声不响,最后国王终于被感动得五体投地礼拜玄奘法师,又给玄奘法师填写了度关文牒,亲率众位大臣送玄奘法师上路。

玄奘法师从印度归来时,心中还惦记着那位国王,但那国王已不幸地亡故了。玄奘法师回国之后,夜以继日地翻译经典。但是,他一次偶然于郊外田间散步时,看见一个非常英俊可爱的小男孩,他想收这小男孩作徒弟。他就打听这小男孩是谁家的孩子,后来根据别人的指点而来到了窥基的家里。窥基的父母亲一见是玄奘法师到来非常高兴,就像见到了活佛一样地给玄奘法师顶礼,接着就非常恭敬地招待他。等玄奘法师一席话说完,他们才知道了玄奘法师的来意是为了度窥基出家,这夫妇二人心中虽不大乐意,但又不好意思拒绝大师的要求,于是就推脱说:我们同意孩子出家,但不知孩子愿意不愿意?玄奘法师高兴地说:只要你二位同意就好办了!他亲自问窥基:你愿不愿意跟我出家?窥基说:我跟你出家可以,但你必须答应我三个条件:一允许我吃酒肉;二允许我娶妻生子;三允许我读佛经。玄奘法师完全答应了窥基提出的三个条件,窥基就高高兴兴地跟玄奘法师出家了。

因此,后来人写窥基法师的传记,就称他为"三车法师"!这其实是对窥基法师的严重诬蔑,我们今天也应该给窥基法师来一个公平合理的"平反"!

我们必须认识到,玄奘法师是非常重视培养自己称心如意的接班人的。他更了解小孩子的脾气,你要糖我就给你糖;你要吃酒吃肉,我也答应你;你要淘气,我就由着你;因为小孩子毕竟不懂事，等他后来懂事了，自然就不淘气了，也就主动不吃肉、不吃酒、不要妻子了嘛！

后来的事情果然不出玄奘法师所料。窥基一举一动以玄奘法师为榜样，加之他自己聪慧异常，悟解超卓，很快就成为学识渊博的人，成为玄奘法师的重要助手。窥基法师承传玄奘法师的因明，真是深得神髓。他作了《因明大疏》，是因明方面的权威著作，是学习因明的津梁，这里面除了窥基法师的勤劳汗水之外，更深深地记载着玄奘法师伟大智慧的心声！

《大疏》传入日本之后，到现在已有八十多种注本。在意大利，也有《大疏》的英译本流通。玄奘、窥基师徒弘传的因明，对国际思想文化界的影响，于此可略见一斑！

中国众多的思想家们中间，首先受到因明直接影响的是大诗人龚自珍，他推崇天台宗的教义教理，用因明的"宗、因、喻"三支来阐释天台宗的道理。其次是章太炎和梁启超等人，另外还有著作《墨经发微》的谭戒甫。章太炎晚年曾东渡日本讲学，可惜他的讲稿现在找不到了。他用唯识的道理来解释庄子的《齐物论》，叫做《齐物论唯识疏》。传说他精心制作，人称一字千金！他后来在苏州讲学，其影响是很大的。因此，有人说玄奘法师的东西是昙花一现，也是不符合历史事实的。

特别是在近代，戊戌变法中被称为"六君子"之一的谭嗣同，他的《仁学》一书的主题思想，与佛教有很大的关系。他对唯识宗和华严宗都有研究。

今天我给大家很简单地讲了一下因明在印度的发展情况，以及它被玄奘法师译传到中国之后，经过玄奘、窥基等人的讲解与发挥，至今仍对世界思想文化等方面起着巨大的作用和影响等问题。

这里必须着重说明：大家是佛教事业的后继人才，是将来弘法利生的生力军。佛法就是大家上求下化的精神法宝，因明是这个法宝中不可或缺的一个部分。如果把因明学习好了，就可以灵活地运用因明的知识与持异见的学者们进行巧妙地辩论，就可以驳倒对方的论调，显明佛法的正确与伟大。另外，因明学好了，大家无论在写文章、作演说或是与别人谈话，就不至于犯逻辑性的严重错误，严密的推理和论证往往使对方感到你的思辨敏捷和无懈可击。当然，我们也不可因为自己学习了因明而目空一切，要谦虚谨慎，戒骄戒躁。与论敌进行面对面辩论时，注意不要伤害对方的自尊心，要讲礼貌，措辞不可太凌厉，更不可盛气凌人。要用文明的手段使对方认识自己在理论上的错误，即使对方一时固执己见，那也没有什么。须知从古到今，为了辩正某一事物之为是为非，往往是要经过很长时间的反复辩论的。

（演瑞整理，1987年5月11日）

图书在版编目(CIP)数据

虞愚文集/虞愚著;单正齐编.—北京:商务印书馆,2018
(中华现代佛学名著)
ISBN 978-7-100-15659-2

Ⅰ.①虞… Ⅱ.①虞…②单… Ⅲ.①因明(印度逻辑)—文集 Ⅳ.① B81-093.51

中国版本图书馆 CIP 数据核字(2017)第 305081 号

本丛书由南京大学人文基金资助出版。

权利保留,侵权必究。

虞愚文集

虞愚 著　单正齐 编

商 务 印 书 馆 出 版
(北京王府井大街36号 邮政编码100710)
商 务 印 书 馆 发 行
江苏凤凰新华印务有限公司印刷
ISBN 978-7-100-15659-2

2018年7月第1版	开本 889×1194 1/32
2018年7月第1次印刷	印张 15¼

定价:59.00元